技能应用速成系列

AutoCAD 2016 机械设计
从入门到精通
（第 2 版）

CAX 技术联盟

杨红亮　王　珂　编著

電子工業出版社.

Publishing House of Electronics Industry

北京 · BEIJING

内容简介

内 容 简 介

本书以理论结合实践的写作手法，全面系统地介绍 AutoCAD 2016 在机械设计领域的应用。全书采用"完全案例"的编写形式，兼具技术手册和应用技巧参考手册的特点，技术实用、逻辑清晰，是一本简明易学的参考书。

全书共 19 章，详细介绍机械设计基础知识、绘图环境的设置、机械平面元素的绘制与编辑、复合图形结构的创建、零件图中的文字与表格、零件图中的尺寸与公差、图形资源的管理与共享、三维辅助设计、曲面网格和实体的创建与细化编辑、机械设计绘图样板的制作、绘制轴套类零件、绘制盘盖类零件、绘制叉杆类零件、绘制箱壳类零件、各类零件立体造型设计及机械零件图的后期输出等内容。另外，书中的案例以视频演示方式进行讲解，使读者学习起来更加方便。

本书解说详细，操作实例通俗易懂，实用性和操作性极强，层次性和技巧性突出，既可以作为高等院校或社会培训机构的教材，也可以作为机械制图领域广大读者和机械设计人员的学习参考书。

未经许可，不得以任何方式复制或抄袭本书之部分或全部内容。
版权所有，侵权必究。

图书在版编目（CIP）数据

AutoCAD 2016 机械设计从入门到精通 / 杨红亮，王珂编著. —2 版. —北京：电子工业出版社，2016.5
（技能应用速成系列）
ISBN 978-7-121-28495-3

Ⅰ. ①A… Ⅱ. ①杨… ②王… Ⅲ. ①机械设计—计算机辅助设计—AutoCAD 软件 Ⅳ. ①TH122

中国版本图书馆 CIP 数据核字（2016）第 066143 号

策划编辑：许存权
责任编辑：许存权 特约编辑：谢忠玉 钟志芳
印　　刷：三河市华成印务有限公司
装　　订：三河市华成印务有限公司
出版发行：电子工业出版社
　　　　　北京市海淀区万寿路 173 信箱　邮编　100036
开　　本：787×1 092　1/16　印张：35.5　字数：908 千字
版　　次：2016 年 5 月第 1 版
印　　次：2017 年 3 月第 2 次印刷
定　　价：79.00 元（含 DVD 光盘 1 张）

凡所购买电子工业出版社图书有缺损问题，请向购买书店调换。若书店售缺，请与本社发行部联系，联系及邮购电话：（010）88254888，88258888。

质量投诉请发邮件至 zlts@phei.com.cn，盗版侵权举报请发邮件至 dbqq@phei.com.cn。

本书咨询联系方式：（010）88254484，xucq@phei.com.cn。

前　言

本书是"技能应用速成系列"丛书中的一本，主要针对机械设计领域，以 AutoCAD 2016 中文版为设计平台，详细而系统地介绍使用 AutoCAD 进行机械设计的基本方法和操作技巧，使读者能全面地掌握 CAD 的常用命令及作图技巧，还可以学会使用 CAD 进行机械图样的设计，领悟绘制机械图样的精髓。

书中工具解说精细，操作实例通俗易懂，具有很强的实用性、操作性和技巧性。本书在章节编排上一改同类计算机图书手册型的编写方式，在介绍每章的基本命令和概念功能的同时，始终与实际应用相结合，将学以致用的原则贯穿全书，使读者对讲解的工具命令有深刻和形象的理解，有利于培养读者应用 AutoCAD 基本工具完成设计绘图的能力。

本书特点

★ 循序渐进、通俗易懂：本书完全按照初学者的学习规律和习惯，由浅入深、由易到难地安排每个章节的内容，可以让初学者在实战中掌握 AutoCAD 的所有基础知识及其在机械设计中的应用。

★ 案例丰富、技术全面：本书的每章都是 AutoCAD 的一个专题，每个案例都包含了多个知识点。读者按照本书进行学习，同时可以举一反三，从而达到入门并精通的目的。

★ 视频教学、轻松易懂：本书配有高清语音教学视频，编者手把手地精心讲解，并进行相关点拨，使读者领悟并掌握每个案例的操作难点，轻松掌握，进而提高学习效率。

本书内容

全书分为 4 篇共 19 章，详细介绍了 AutoCAD 的基本绘图技巧及其在机械设计中的应用。

1. 软件的基础操作技能为第 1 篇，包括 4 章内容。

第 1 章　AutoCAD 机械设计基础知识　　第 2 章　机械绘图环境的基本设置
第 3 章　机械平面元素的绘制功能　　　　第 4 章　机械平面元素的编辑功能

2. 软件的高效绘图技能为第 2 篇，包括 4 章内容，通过该篇的学习使读者能快速高效地绘制复杂零件。

第 5 章　快速创建复合图形结构　　　　　第 6 章　零件图中的文字与表格
第 7 章　零件图中的尺寸与公差　　　　　第 8 章　机械图形资源的管理与共享

3．AutoCAD 的三维制图功能为第 3 篇，包括 4 章内容，通过该篇的学习帮助读者掌握快速构建零件的面、网格及实体造型的技能。

第 9 章　三维机械设计辅助功能　　　第 10 章　创建机械零件的面与网格
第 11 章　创建机械零件实体模型　　　第 12 章　三维机械模型的编辑细化

4．第 4 篇通过 7 章内容，以理论结合实践的写作手法，系统讲述了 AutoCAD 在机械制图领域内的实际应用技术，将软件与专业有效地结合在一起。

第 13 章　制作机械设计绘图样板　　　第 14 章　绘制轴套类零件图
第 15 章　绘制盘盖类零件图　　　　　第 16 章　叉杆类零件设计
第 17 章　箱壳类零件设计　　　　　　第 18 章　各类零件立体造型设计
第 19 章　机械零件图的后期输出

5．附录　附录中列举了 AutoCAD 的一些常用命令快捷键和常用系统变量，掌握这些快捷键和变量，可以有效改善绘图的环境，提高绘图效率。

注：受限于本书篇幅，为保证图书内容的充实性，故将本书第 19 章及附录内容附在光盘文件中，以便读者学习使用。

🔲 随书光盘

本书附带了 DVD 多媒体动态演示光盘，书中所有综合范例最终效果及在制作范例时所用到的图块、素材文件等都收录在随书光盘中。光盘内容主要有以下几部分。

★ "\效果文件\" 目录：书中所有实例的最终效果文件按章收录在光盘中的该文件夹下。
★ "\图块文件\" 目录：书中所使用的图块收录在光盘中的该文件夹下。
★ "\素材文件\" 目录：书中所使用到素材文件收录在光盘中的该文件夹下。
★ "\视频文件\" 目录：书中所有工程案例的多媒体教学文件按章收录在光盘中的该文件夹下。

🔲 本书作者

本书主要由杨红亮、王珂编著，另外还有陈洁、王栋梁、王硕、王庆达、王晓明、刘昌华、张军、田家栋、陈磊、丁磊、张建华、赵洪雷、何嘉扬、陈晓东、周晓飞、王辉、李秀峰、张杨、李诗洋、丁金滨。书中欠妥之处，恳请读者及各位同行进行批评指正，在此致以诚挚的谢意。

🔲 读者服务

为了方便解决本书疑难问题，读者朋友在学习过程中遇到与本书有关的技术问题，可以发邮件到邮箱 caxbook@126.com，或访问作者博客 http://blog.sina.com.cn/caxbook，作者会尽快给予解答，我们将竭诚为您服务。

编　者

目　录

第二篇　绘图技能篇

第四篇　实用技能篇

第一篇　基础技能篇

扫描二维码，观看视频

建议 WiFi 情况下观看

第1章

AutoCAD机械设计基础知识

通过本章的学习，应认识和了解 AutoCAD 2016 的用户界面及界面设置；掌握软件的初级操作技能，掌握 AutoCAD 文件的创建、保存、应用等基础知识。除此之外，还需要了解和掌握坐标点的精确定位、命令的调用、对象的选择等基本操作技能。

内容要点

- ◆ 了解 AutoCAD 2016
- ◆ AutoCAD 2016 界面及操作
- ◆ 初级操作技能
- ◆ 机械制图基础知识
- ◆ 上机实训——绘制简单零件图
- ◆ 启动 AutoCAD 2016
- ◆ 图形文件的管理操作
- ◆ 退出 AutoCAD 2016
- ◆ 机械制图相关规范

1.1　了解 AutoCAD 2016

　　AutoCAD 2016 是由美国 Autodesk 公司开发研制的计算机辅助设计绘图软件，它凭借其精确的数据运算能力和高效的图形处理能力，被广泛应用于机械、建筑、园林、模具、服装等诸多设计领域，使广大设计人员能够轻松高效地进行图形的设计。

　　Auto 是英语 Automation 单词的词头，意思是"自动化"；CAD 是英语 Computer-Aided Design 的缩写，意思是"计算机辅助设计"；而 2016 则表示 AutoCAD 软件的版本号。

1.2　启动 AutoCAD 2016

　　当用户成功将 AutoCAD 2016 安装到计算机上之后，双击桌面上的图标，或者单击桌面下方的任务栏"开始"→"程序"→Autodesk→"AutoCAD 2016"中的 AutoCAD 2016 - 简体中文选项，即可启动该软件，进入工作空间。

　　如果用户是 AutoCAD 初始用户，那么启动 AutoCAD 2016 后，则会进入如图 1-1 所示的"草图与注释"工作空间，用户可以根据需要自定义工作空间。

图 1-1　"草图与注释"工作空间

　　除了"草图与注释"工作空间外，AutoCAD 2016 软件还继续保留了上一版本的"三维建模"和"三维基础"两种工作空间，其中"三维建模"工作空间如图 1-2 所示。

图 1-2   "三维建模"工作空间

另外，用户可以根据自己的作图习惯和需要，进行切换工作空间，主要有以下几种方式。

♦   单击菜单 "工具" → "工作空间" 下一级菜单选项，如图 1-3 所示。

♦   单击 "快速访问" 工具栏上的 草图与注释 按钮，从弹出的下拉列表中选择所需工作空间，如图 1-4 所示。

图 1-3   "工作空间"级联菜单   图 1-4   "工作空间"按钮菜单

♦   单击状态栏上的 ⚙ ▾ 按钮，从弹出的 "按钮" 菜单上切换所需空间，如图 1-5 所示。

图 1-5   按钮菜单

1.3 AutoCAD 2016 界面及操作

从图 1-1 和图 1-2 中可以看出，AutoCAD 2016 界面主要包括标题栏、菜单栏、命令面板、绘图区、命令行、状态栏、功能区等，下面将简单讲述各部分的功能及其操作。

1.3.1 标题栏

标题栏位于 AutoCAD 操作界面的最顶部，如图 1-6 所示。标题栏主要包括应用程序菜单、快速访问工具栏、程序名称显示区、信息中心和窗口控制按钮等内容。

图 1-6　标题栏

单击界面左上角的按钮 **A**，可打开如图 1-7 所示的"应用程序"菜单，通过此菜单可以访问常用工具、搜索命令和浏览文档等。

图 1-7　"应用程序"菜单

"快速访问工具栏"不但可以快速访问某些命令，而且还可以添加、删除常用命令按钮到工具栏上、控制菜单栏的显示和各工具栏的开关状态等。

> ### 小技巧
>
> 在"快速访问工具栏"上单击鼠标右键（简称单击右键，或单击右端的下三角按钮），从弹出的右键菜单上就可以实现上述操作。

"程序名称显示区"主要用于显示当前正在运行的程序名和当前被执行的图形文件名称；"信息中心"可以快速获取所需信息、搜索所需资源等。

"窗口控制"按钮位于标题栏最右端，主要有"■最小化"、"□ 恢复/ □ 最大化"、"× 关闭"，分别用于控制 AutoCAD 窗口的大小和关闭。

1.3.2 菜单栏

菜单栏位于标题栏的下侧，如图 1-8 所示。AutoCAD 的常用制图工具和管理编辑等工具都分门别类地排列在这些主菜单中，用户可以非常方便地启动各主菜单中的相关菜单项，进行必要的图形绘制工作。具体操作就是在主菜单项上单击鼠标左键（简称单击左键），展开此主菜单，然后将光标移至需要启动的命令选项上，再单击左键即可。

文件(F) 编辑(E) 视图(V) 插入(I) 格式(O) 工具(T) 绘图(D) 标注(N) 修改(M) 参数(P) 窗口(W) 帮助(H)

图 1-8 菜单栏

小技巧

默认设置下，"菜单栏"是隐藏的，当变量 MENUBAR 的值为 1 时，显示菜单栏；为 0 时，隐藏菜单栏。

AutoCAD 共为用户提供了"文件"、"编辑"、"视图"、"插入"、"格式"、"工具"、"绘图"、"标注"、"修改"、"参数"、"窗口"、"帮助"12 个主菜单，各菜单的主要功能如下。

◇ "文件"菜单主要用于对图形文件进行设置、保存、清理、打印以及发布等。

◇ "编辑"菜单主要用于对图形进行一些常规的编辑，包括复制、粘贴、链接等。

◇ "视图"菜单主要用于调整和管理视图，以方便视图内图形的显示，便于查看和修改图形。

◇ "插入"菜单用于向当前文件中引用外部资源，如块、参照、图像、布局以及超链接等。

◇ "格式"菜单用于设置与绘图环境有关的参数和样式等，如绘图单位、颜色、线型及文字、尺寸样式等。

◇ "工具"菜单为用户设置了一些辅助工具和常规的资源组织管理工具。

◇ "绘图"菜单是一个二维和三维图元的绘制菜单，几乎所有的绘图和建模工具都在此菜单内。

◇ "标注"菜单是一个专用于为图形标注尺寸的菜单，它包含了所有与尺寸标注相关的工具。

◇ "修改"菜单是一个很重要的菜单，用于对图形进行修整、编辑和完善。

◇ "参数"菜单是一个新增的菜单，主要用于为图形添加几何约束和标注约束等。

◇ "窗口"菜单用于对 AutoCAD 文档窗口和工具栏状态进行控制。

◇ "帮助"菜单主要为用户提供一些帮助性的信息。

菜单栏左端的图标就是"菜单浏览器"图标，菜单栏最右边的图标按钮是 AutoCAD 文件的"窗口控制"按钮，如"■最小化"、"🗗还原/□最大化"、"✕关闭"，用于控制图形文件窗口的显示。

1.3.3　绘图区

如图 1-9 所示的区域为绘图区，位于用户界面的正中央，即被工具栏和命令行所包围的整个区域，此区域是用户的工作区域，图形的设计与修改工作就是在此区域内进行操作的。默认状态下绘图区是一个无限大的电子屏幕，无论尺寸多大或多小的图形，都可以在绘图区中绘制和灵活显示。

图 1-9　绘图区

当移动鼠标时，绘图区会出现一个随光标移动的十字符号，此符号为"十字光标"，它由"拾点光标"和"选择光标"叠加而成，其中"拾取点光标"是点的坐标拾取器，当执行绘图命令时显示为拾点光标；"选择光标"是对象拾取器，当选择对象时显示为选择光标；当没有任何命令执行时显示为十字光标，如图 1-10 所示。

⊕　　　　＋　　　　□

（十字光标）　（拾点光标）　（选择光标）

图 1-10　光标的三种状态

在绘图区左下部有 3 个标签，即模型、布局 1、布局 2，分别代表了两种绘图空间，即模型空间和布局空间。模型标签代表了当前绘图区窗口是处于模型空间，通常在模型空间进行绘图。布局 1 和布局 2 是默认设置下的布局空间，主要用于图形的打印输出。用户可以通过单击标签，在这两种操作空间中进行切换。

1.3.4　命令行

命令行位于绘图区的下侧，它是用户与 AutoCAD 软件进行数据交流的平台，主要功能就是提示和显示用户当前的操作步骤，如图 1-11 所示。

图 1-11　命令行

Note

命令行分为"命令输入"窗口和"命令历史"窗口两部分，上面两行为"命令历史"窗口，用于记录执行过的操作信息；下面一行是"命令输入"窗口，用于提示用户输入命令或命令选项。

⠿ 小技巧

通过按 F2 功能键，系统会以"文本"窗口的形式显示更多的历史信息，如图 1-12 所示，再次按 F2 功能键，即可关闭"文本"窗口。

图 1-12　文本窗口

1.3.5　状态栏

如图 1-13 所示的状态栏，位于 AutoCAD 操作界面的最底部，它由坐标读数器、辅助功能区、状态栏菜单三部分组成。

图 1-13　状态栏

状态栏左端为坐标读数器，用于显示十字光标所处位置的坐标值；在辅助功能区左端的按钮，是一些重要的辅助绘图功能按钮，主要用于控制点的精确定位和追踪；中间的按钮主要用于快速查看布局、查看图形、定位视点、注释比例等；右端的按钮主要用于对工具栏和窗口等固定、工作空间切换以及绘图区的全屏显示等，都是一些辅助绘图的功能。

单击状态栏右侧的小三角，将打开如图 1-14 所示的状态栏快捷菜单，菜单中的各选项与状态栏上的各按钮功能一致，用户也可以通过各菜单项以及菜单中的各功能键控制各辅助按钮的开关状态。

图 1-14　状态栏快捷菜单

1.3.6　功能区

　　如图 1-15 所示的功能区，代替了 AutoCAD 众多的工具栏，它以面板的形式将各工具按钮分门别类地集合在选项卡内。用户在调用工具时，只需在功能区中展开相应选项卡，然后在所需面板上单击"工具"按钮即可。由于在使用功能区时无须再显示 AutoCAD 的工具栏，这使得应用程序窗口变得单一、简洁而有序。通过这单一简洁的界面，功能区还可以将可用的工作区域最大化。

图 1-15　功能区

1.4　图形文件的管理操作

　　通过前文的学习，对 AutoCAD 2016 的工作空间及界面有了一定的了解和认识，那么接下来将学习 AutoCAD 绘图文件的新建、存储、打开以及清理等基本操作功能。

1.4.1　新建公制文件

　　系统默认设置下，"新建"命令主要用于以预置样板文件作为基础样板，新建空白的绘图文件。执行"新建"命令主要有以下几种方式。

　　◇　单击"快速访问"工具栏→"新建"按钮。
　　◇　选择菜单栏"文件"→"新建"命令。
　　◇　单击"标准"工具栏→"新建"按钮。
　　◇　在命令行输入 New 后按 Enter 键。
　　◇　按组合键 Ctrl+N。

::::➡ 小技巧

在命令行输入命令后，要按 Enter 键，才可以执行该命令（以下不再提示）。

　　执行"新建"命令后，打开如图 1-16 所示的"选择样板"对话框。在此对话框中，选择 acadISo-Named Plot Styles 或 acadiso 样板文件后单击 打开(O) 按钮，即可创建一个公制单位的空白文件，进入 AutoCAD 默认设置的二维操作界面。

Note

┅┅ 小技巧

如果用户需要创建一个三维操作空间的公制单位绘图文件，则可以执行"新建"命令，在打开的"选择样板"对话框中，选择 acadISo-Named Plot Styles3D 或 acadiso3D 样板文件作为基础样板，如图 1-17 所示，即可以创建三维绘图文件，进入三维工作空间。

图 1-16　"选择样板"对话框

图 1-17　选择 3D 样板

1.4.2　保存与另存文件

"保存"命令用于将绘制的图形以文件的形式进行存盘，存盘的目的就是方便以后查看、使用或修改编辑等。

执行"保存"命令主要有以下几种方法。

- ◇　单击"快速访问"工具栏→"保存"按钮 💾。
- ◇　选择菜单栏"文件"→"保存"命令。
- ◇　单击"标准"工具栏→"保存"按钮 💾。
- ◇　在命令行输入 Save 后按 Enter 键。
- ◇　按组合键 Ctrl+S。

执行"保存"命令后，可打开如图 1-18 所示的"图形另存为"对话框，在此对话框内设置存盘路径、文件名和文件格式后，单击 保存(S) 按钮，即可将当前文件存盘。

图 1-18　"图形另存为"对话框

> ### ⚏ 小技巧
>
> 默认的存储类型为"AutoCAD 2013 图形（*.dwg）"，使用此种格式将文件存盘后，只能被 AutoCAD 2013 及其以后的版本所打开，如果用户需要在 AutoCAD 早期版本中打开此文件，必须使用低版本的文件格式进行存盘。

当用户在已存盘图形的基础上进行了其他的修改工作，又不想将原来的图形覆盖时，可以使用"另存为"命令，将修改后的图形以不同的路径或不同的文件名进行存盘，执行"另存为"命令主要有以下几种方式。

    ✧   选择菜单栏"文件"→"另存为"命令。

    ✧   按组合键 Ctrl+Shift+S。

1.4.3 打开存盘文件

当用户需要查看、使用或编辑已经存盘的图形时，可以使用"打开"命令，将此图形打开，执行"打开"命令主要有以下几种方式。

    ✧   单击"快速访问"工具栏→"打开"按钮 ➢。

    ✧   选择菜单栏"文件"→"打开"命令。

    ✧   单击"标准"工具栏→"打开"按钮 ➢。

    ✧   在命令行输入 Open 后按 Enter 键。

    ✧   按组合键 Ctrl+O。

执行"打开"命令后，系统将打开"选择文件"对话框，在此对话框中选择需要打开的图形文件，如图 1-19 所示，单击其中的 打开(0) ▾ 按钮，即可将此文件打开。

1.4.4 清理垃圾文件

有时为了给图形文件进行"减肥"，以减小文件的存储空间，可以使用"清理"命令，将文件内部的一些无用的垃圾资源（如图层、样式、图块等）进行清理掉。

执行"清理"命令主要有以下种方法。

    ✧   选择菜单栏"文件"→"图形实用程序"→"清理"命令。

    ✧   在命令行输入 Purge 后按 Enter 键。

    ✧   使用命令简写 PU。

执行"清理"命令，系统可打开如图 1-20 所示的"清理"对话框，在此对话框中，带有"+"号的选项，表示该选项内含有未使用的垃圾项目，单击该选项将其展开，即可选择需要清理的项目，如果用户需要清理文件中的所有未使用的垃圾项目，可以单击对话框底部的 全部清理(A) 按钮。

图 1-19　"选择文件"对话框　　　　　图 1-20　"清理"对话框

1.5　初级操作技能

本节主要讲述一些最基础、最简单的软件操作技能，具体有坐标输入、命令的调用、对象的选择、几个简单常用的工具以及几个常用的键盘操作键。

1.5.1　坐标点的基本输入技能

AutoCAD 为用户提供了方便实用的点输入功能，以精确定位图形中的各点位置。本小节主要讲述坐标系与几种坐标输入技能。

● WCS 和 UCS

AutoCAD 默认坐标系为 WCS，即世界坐标系。此坐标系是 AutoCAD 的基本坐标系，它由三个相互垂直并相交的坐标轴 X、Y、Z 组成，X 轴正方向水平向右，Y 轴正方向垂直向上，Z 轴正方向垂直屏幕向外，指向用户，坐标原点在绘图区左下角，在二维图标上标有 W，表明是 WCS，如图 1-21 所示。

为了更好地辅助绘图，用户需要修改坐标系的原点和方向，为此，AutoCAD 为用户提供了一种可变的 UCS 坐标系（即用户坐标系）。在默认情况下，UCS 和 WCS 是相重合的，用户可以在绘图过程中根据需要来定义 UCS。

● 绝对笛卡儿坐标的输入

绝对笛卡儿坐标是以原点（0,0,0）为参照点来定位所有的点，其表达式为（x,y,z），用户可以通过输入点的实际 x、y、z 坐标值来定义点的坐标。

在如图 1-22 所示的坐标系中，B 点的 X 坐标值为 3（即该点在 X 轴上的垂足点到原点的距离为 3 个图形单位），Y 坐标值为 1（即该点在 Y 轴上的垂足点到原点的距离为 1

个图形单位），那么 B 点的绝对笛卡儿坐标表达式为（3,1）。

图 1-21　世界坐标系

图 1-22　绝对坐标系的点

- **绝对极坐标的输入**

绝对极坐标是以原点作为极点，通过相对于原点的极长和角度来定义点的，其表达式为（L<α）。在图 1-22 所示的坐标系中，假若直线 OA 的长度用 L 表示，直线 OA 与 X 轴正方向夹角使用 α 表示，如果这两个参数都明确的话，就可以使用绝对极坐标来表示 A 点，即（L<α）。

- **相对笛卡儿坐标的输入**

相对笛卡儿坐标就是某一点相对于对照点 X 轴、Y 轴和 Z 轴三个方向上的坐标变化，其表达式为（@x,y,z）。在实际绘图中常把上一点看作参照点，后续绘图操作是相对于前一点进行的。

例如在图 1-22 所示的坐标系中，C 点的绝对坐标为（6,4），如果以 A 点作为参照点，使用相对直角坐标表示 C 点，那么表达式则为（@6-4,4-4）=（@2,0）。

> **小技巧**
>
> AutoCAD 为用户提供了一种变换相对坐标系的方法，只要在输入的坐标值前加"@"符号，就表示该坐标值是相对于前一点的相对坐标。

- **相对极坐标的输入**

相对极坐标是通过相对于参照点的极长距离和偏移角度来表示的，其表达式为（@L<α），L 表示极长，α 表示角度。

例如在图 1-22 所示的坐标系中，如果以 A 点作为参照点，使用相对极坐标表示 C 点，那么表达式则为（@2<0），其中 2 表示 C 点和 A 点的极长距离为 2 个图形单位，偏移角度为 0°。

> **小技巧**
>
> 默认设置下，AutoCAD 是以 X 轴正方向作为 0° 的起始方向，逆时针方向计算的，如果在图 1-22 所示的坐标系中，以 C 点作为参照点，使用相对坐标表示 A 点，则为"@2<180"。

1.5.2 AutoCAD 命令的调用方法

一般情况下，软件与用户交流的方式大多通过"对话框"或"命令面板"的方式进行，但是 AutoCAD 除了上述方式外，还有其独特的交流方式，具体如下。

● 通过菜单与快捷菜单

单击"菜单"中的命令选项，是一种比较传统、常用的命令启动方式。为了更加方便地启动某些命令或命令选项，AutoCAD 为用户提供了右键菜单，所谓右键菜单，指的就是单击右键弹出的快捷菜单，用户只需单击右键菜单中的命令或选项，即可快速执行相应的功能。

根据操作过程的不同，右键菜单归纳起来共有以下三种。

- ◇ 默认模式菜单。此种菜单是在没有命令执行的前提下或没有对象被选择的情况下，单击右键显示的菜单。
- ◇ 编辑模式菜单。此种菜单是在有一个或多个对象被选择的情况下单击右键出现的快捷菜单。
- ◇ 模式菜单。此种菜单是在一个命令执行的过程中，单击右键而弹出的快捷菜单。

● 通过工具栏与功能区

与其他计算机软件一样，单击工具栏或功能区上的"命令"按钮，也是一种常用、快捷的命令启动方式。通过形象而又直观的"图标"按钮代替 AutoCAD 的一个个命令，远比那些复杂烦琐的英文命令及菜单更为方便直接，用户只需将光标放在"命令"按钮上，系统就会自动显示出该按钮所代表的命令，单击该按钮即可执行该命令。

● 输入命令表达式

命令表达式，指的就是 AutoCAD 的英文命令，用户只需在命令行的输入窗口中输入 CAD 命令的英文表达式，然后再按 Enter 键，就可以启动命令。此种方式是一种最原始的方式，也是一种很重要的方式。

小技巧

如果用户需要执行命令中的选项功能，可以在相应步骤提示下，在命令行输入窗口中输入该选项的代表字母，然后按 Enter 键，也可以使用右键快捷菜单方式启动命令的选项功能。

● 功能键与快捷键

功能键与快捷键是最快捷的一种命令启动方式。每一种软件都配置了一些命令快捷组合键，如表 1-1 列出了 AutoCAD 自身设定的一些命令快捷键，在执行这些命令时只需要按下相应的键即可。

表 1-1　AutoCAD 常用功能键

功 能 键	功　　能	功 能 键	功　　能
F1	AutoCAD 帮助	Ctrl+N	新建文件
F2	文本窗口打开	Ctrl+O	打开文件
F3	对象捕捉开关	Ctrl+S	保存文件
F4	三维对象捕捉开关	Ctrl+P	打印文件
F5	等轴测平面转换	Ctrl+Z	撤销上一步操作
F6	动态 UCS	Ctrl+Y	重复撤销的操作
F7	栅格开关	Ctrl+X	剪切
F8	正交开关	Ctrl+C	复制
F9	捕捉开关	Ctrl+V	粘贴
F10	极轴开关	Ctrl+K	超级链接
F11	对象跟踪开关	Ctrl+0	全屏
F12	动态输入	Ctrl+1	特性管理器
Delete	删除	Ctrl+2	设计中心
Ctrl+A	全选	Ctrl+3	特性
Ctrl+4	图纸集管理器	Ctrl+5	信息选项板
Ctrl+6	数据库连接	Ctrl+7	标记集管理器
Ctrl+8	快速计算器	Ctrl+9	命令行
Ctrl+W	选择循环	Ctrl+Shift+P	快捷特性
Ctrl+Shift+I	推断约束	Ctrl+Shift+C	带基点复制
Ctrl+Shift+V	粘贴为块	Ctrl+Shift+S	另存

另外，AutoCAD 还有一种更为方便的命令快捷键，即 CAD 英文命令的缩写，用此类快捷键时需要配合 Enter 键。例如，"直线"命令的英文缩写为 L，用户只需按下键盘上的 L 字母键后再按下 Enter 键，就能执行画线命令。

1.5.3　几种简单的对象选择方法

图形的选择也是 AutoCAD 的重要基本技能之一，它常用于对图形进行修改编辑之前。本小节将学习三个最为常用的对象选择方式，具体如下。

● 点选

"点选"是最基本、最简单的一种选择方式，此种方式一次仅能选择一个对象。在命令行"选择对象"的提示下，系统会自动进入点选模式，此时光标指针切换为矩形选择框状，将选择框放在对象的边沿上单击左键，即可选择该图形，被选择的图形对象以虚线显示，如图 1-23 所示。

图 1-23　点选示例

● **窗口选择**

　　"窗口选择"也是一种常用的选择方式，使用此方式一次可以选择多个对象。在命令行"选择对象"的提示下从左向右拉出一矩形选择框，此选择框即为窗口选择框，选择框以实线显示，内部以浅蓝色填充，如图 1-24 所示。

　　当指定窗口选择框的对角点之后，所有完全位于框内的对象都能被选择，如图 1-25 所示。

图 1-24　窗口选择框

图 1-25　选择结果

● **窗交选择**

　　"窗交选择"是使用频率非常高的选择方式，使用此方式一次也可以选择多个对象。在命令行"选择对象："提示下从右向左拉出一矩形选择框，此选择框即为窗交选择框，选择框以虚线显示，内部以浅绿色填充，如图 1-26 所示。

　　当指定选择框的对角点之后，所有与选择框相交和完全位于选择框内的对象都能被选择，如图 1-27 所示。

图 1-26　窗交选择框

图 1-27　选择结果

1.5.4　学习几个简单工具

　　本节将学习几个简单的制图工具，具体有画线、图形的移动、删除以及撤回和恢复等。

● **直线**

　　"直线"命令是一个非常常用的画线工具，使用此命令可以绘制闭合或不闭合的线图形，所绘制的各条直线段系统将其分别看作是一个独立的对象。

　　执行"直线"命令有以下几种方式。

◇　单击"默认"选项卡→"绘图"面板→"直线"按钮 ╱。
◇　选择菜单栏"绘图"→"直线"命令。
◇　在命令行输入 Line 后按 Enter 键。
◇　使用快捷键 L。

下面绘制长度为 150、宽度为 100 的四边形轮廓图，其操作步骤如下。

Step 01　单击"默认"选项卡→"绘图"面板→"直线"按钮 ╱，执行命令。

Step 02　执行"直线"命令后，根据 AutoCAD 命令行的步骤提示，使用坐标输入功能精确画图，命令行操作如下。

```
命令: _line
指定第一点:                        //在绘图区单击左键，拾取一点作为起点
指定下一点或 [放弃(U)]:           //@150,0 Enter，定位第二点
指定下一点或 [放弃(U)]:           //@0,100 Enter，定位第三点
指定下一点或 [闭合(C)/放弃(U)]:   //@-150,0 Enter，定位第四点
指定下一点或 [闭合(C)/放弃(U)]:   //c Enter，闭合图形，结果如图 1-28 所示
```

图 1-28　绘制结果

⠿ 小技巧

巧妙使用命令中的"放弃"选项，可以取消上一步的错误操作；而使用"闭合"选项则可以绘制封闭图形，并结束命令。

● **删除**

"删除"命令也是一个修改工具，用于将不需要的图形删除。当执行该命令后，选择需要删除的图形对象，单击右键或按 Enter 键，即可将图形删除。此工具起到的作用，相当于手工绘图时的橡皮擦，用于擦除无用的图形。

执行"删除"命令主要有以下几种方式。

◇　单击"默认"选项卡→"修改"面板→"删除"按钮 ✐。
◇　选择菜单栏"修改"→"删除"命令。
◇　在命令行输入 Erase 后按 Enter 键。
◇　使用快捷键 E。

● **撤销与恢复**

当用户需要撤销或恢复已执行过的操作步骤时，可以使用"放弃"和"重做"命令。其中"放弃"命令用于撤销所执行的操作，"重做"命令用于恢复所撤销的操作。AutoCAD

支持用户无限次放弃或重做操作，而且"重做"必须紧跟"放弃"。

单击"标准"或"快速访问"工具栏→"重做"按钮⟲，或选择菜单"编辑"→"放弃"命令，或在命令行输入 Undo 或 U，即可执行"放弃"命令。

同样，单击"标准"或"快速访问"工具栏→"重做"按钮⟳，或选择菜单"编辑"→"重做"命令，或直接在命令行输入 Redo，可执行"重做"命令，恢复放弃的操作。

● 视图的平移

使用 AutoCAD 绘图时，当前图形文件中的所有图形并不一定全部显示在屏幕内，因为屏幕的大小是有限的，必然有许多在屏幕外而确实存在的实体。如果要看到在屏幕外的图形，可执行"平移"命令，系统将按用户指定的方向和距离移动所显示的图形而不改变显示的比例，可以平移观察图形的不同部分。视图的"平移"菜单如图 1-29 所示。

各菜单项功能如下。

图 1-29 "平移"菜单

❖ "实时"用于将视图随着光标的移动而平移。

❖ "点"平移是根据指定的基点和目标点平移视图。定点平移时，需要指定两点，第一点作为基点，第二点作为位移的目标点。

❖ "左"、"右"、"上"和"下"命令分别用于在 X 轴和 Y 轴方向上移动视图。

:::: 操作提示：

执行"平移"命令后光标变为"✋"形状，此时可以按住鼠标左键向需要的方向平移视图，移动过程中的任何时候都可以按 Enter 键或 Esc 键来停止平移。

● 实时缩放

执行"实时缩放"🔍功能后，屏幕上将出现一个放大镜形状的光标，此时便进入了实时缩放状态，按住鼠标左键向下拖动鼠标，则视图缩小显示；按住鼠标左键向上拖动鼠标，则视图放大显示。

1.5.5 了解几个键盘操作键

为了提高绘图效率，AutoCAD 绘图软件为个别键盘操作键赋予了某种重要功能，当在命令行输入命令或命令选项时，按下 Enter 键即可执行命令或选项功能，结束命令时则按下 Enter 键，起到一种回车确定功能或按 Enter 响应的功能。

另外，当执行完某命令时按下 Enter 键，可以重复执行该命令；如果用户需要中止正在执行的命令时，可以按下 Esc 键，即可立即中止命令；如果用户需要删除图形时，可以在选择图形后按下 Delete 键，系统会自动删除图形，此功能等同于"删除"命令。

1.6 退出 AutoCAD 2016

当用户需要退出 AutoCAD 2016 绘图软件时，则首先需要退出当前的 AutoCAD 文件，如果当前的绘图文件已经存盘，那么，用户可以使用以下几种方式退出 AutoCAD 绘图软件。

◇ 单击 AutoCAD 2016 标题栏控制按钮 ⊠。
◇ 按组合键 Alt+F4。
◇ 选择菜单栏〝文件〞→〝退出〞命令。
◇ 在命令行输入 Quit 或 Exit 后按 Enter 键。
◇ 展开〝应用程序菜单〞，单击 退出 AutoCAD 按钮。

如果用户在退出 AutoCAD 软件之前，没有将当前的 AutoCAD 绘图文件存盘，那么系统将会弹出如图 1-30 所示的提示对话框，单击 是(Y) 按钮，将弹出"图形另存为"对话框，用于对图形进行命名保存；单击 否(N) 按钮，系统将放弃存盘并退出 AutoCAD 2016；单击 取消 按钮，系统将取消执行的退出命令。

图 1-30 AutoCAD 提示框

1.7 机械制图基础知识

本节简单讲述有关机械设计的一些基础知识，包括零件形体的表达、零件剖视图及种类、零件视图的选择原则及其绘制要点。

1.7.1 零件形体的表达

三视图是用于表达机械零件形体的基本设计图样，主要包括主视图、俯视图和左视图。在机械工程上一般采用三视图（即三面正投影图）来准确表达机械零件的形状，而三面正投影图则是使用三组垂直于三个投影面的平行投射线投影而得到的物体在三个不同方向上的投影图，其中由上向下垂直投影而产生的投影图称为水平投影图（即俯视图）；由前向后垂直投影而产生的投影图称为正面投影图（即前视图或主视图）；由左向右垂直投影而产生的投影图称为侧面投影图（即左视图）。

同一物体的三个正投影图之间具有以下三等关系。

◇ 正面投影图（前视图）和水平投影图（俯视图）——长对正；
◇ 正面投影图（前视图）和侧面投影图（左视图）——高平齐；
◇ 水平投影图（俯视图）和侧面投影图（左视图）——宽相等。

"长对正、高平齐、宽相等"是绘制和识读物体正投影图必须遵循的投影规律。

1.7.2 零件剖视图及种类

由于三面投影图只能表明形体外形可见部分的轮廓线，对于形体上不可见部分的轮廓线在投影图中用虚线表示，这对于内部构造比较复杂的形体来说，必然形成图中的虚、实线重叠交错，混淆不清，因此在机械制图中常采用剖视图来表达复杂形体的内部构造。

所谓剖视图，就是假想用一个剖切面将形体剖开，移去剖切面与观察者之间的形体，将剩余部分与剖切面平行的投影面所作的投影图，并将剖切面与形体接触的部分画上剖面线或材料图例。

● 全剖视图

用剖切面完全地剖开物体所得到的剖视图称为全剖视图。此种类型的剖视图适用于结构不对称的形体，或者虽然结构对称但外形简单、内部结构比较复杂的物体。

● 半剖视图

当物体内外形状均匀为左右对称或前后对称，而外形又比较复杂时，可将其投影的一半画成表示物体外部形状的正投影；另一半画成表示内部结构的剖视图。当对称中心线为竖直时，将外形投影绘制在中心线左方，剖视绘在中心线的右方；当对称线为水平时，将外形投影绘于水平中心线上方，剖视绘在水平中心线的下方。这种投影图和剖视图各占一半的图称为半剖视图。

● 局部剖视图

使用剖切面局部地剖开物体后所得到的视图称为局部剖视图。局部剖视图仅是物体整个形状投影图中的一部分，因此不标注剖切形，但是局部剖视图和外形之间要用波浪线分开，且波浪线不得与轮廓线重合，也不能超出轮廓线之外。

1.7.3 零件视图的选择原则

在绘制零件图时，主视图的选择是快速绘制零件图的关键，在选择并定位主视图时，需要遵循以下原则。

- ◇ 满足形体的特征：根据零件图的结构特点，要能使零件在加工过程中满足工件旋转和车刀移动。
- ◇ 符合工作位置：主视图的位置应尽可能与零件在机器或部件中的工作位相一致。
- ◇ 符合加工位置：主视图所表达的零件位置要与零件在机床上加工时所处的位置相一致，这样方便加工人员在加工零件时看图。

另外，对于较简单的零件，有时只需要一个视图即可，而对于复杂的零件，除了主视图之外，还需要左视图、俯视图或其他一些辅助视图，如局部剖视图、局部放大视图等，这要视机械形体的复杂程度而定。

1.7.4　零件视图的绘制要点

零件图应有一组视图，一组视图就是能够完整、清晰地表达零件的结构和形状的所有视图。一般情况下，一组视图包括主视图、左视图和俯视图，所有视图要能满足以下要求。

（1）完全。零件各部分的结构、形状、相对位置等要表达完全，并且唯一确定，便于零件的加工。

（2）正确。零件图各视图之间的投影关系以及表达方法要正确无误，避免加工出错误的零件。

（3）清楚。所有视图中所画图形要清晰易懂，便于加工人员识图和加工。

1.8　机械制图相关规范

国家标准《机械制图》是一项机械专业的制图标准，它是绘制图样和看图的准绳。在绘制机械图形时，必须要遵守标准中的有关规定。

1.8.1　比例

零件图和装配图的标题栏中，都有"比例"这个项目。比例是指图中图形与实物相应要素的线性尺寸之比。比例分为原值比例、放大比例和缩小比例。原值比例是指图中图形与实物相应要素的线性尺寸之比为 1，即图形与实物一样大小；放大比例是指图中图形与实物相应要素的线性尺寸之比大于 1，如 2:1、5:1 等；缩小比例是指图中图形与实物相应要素的线性尺寸之比小于 1，如 1:2、1:5 等。

为了从图样上直接反映实物的大小，一般绘图时尽量采用原值比例。因各种实物的大小与结构千差万别，所以在某种情况下，可以根据实际情况采用放大和缩小比例。表1-2 所示为图样中采用的比例系列。

表 1-2　机械制图比例系列

与实物相同	缩　　　小		放　　　大
	1:1.5	$1{:}1.5 \times 10^n$	
	1:2	$1{:}2 \times 10^n$	2:1
	1:2.5	$1{:}2.5 \times 10^n$	2.5:1
1:1	1:3		
	1:4		4:1
	1:5	$1{:}1.5 \times 10^n$	5:1
	$1{:}10n$		$10n{:}1$

小技巧

应用比例的一般规定：绘制同一机件的各个视图一般要用相同的比例，并在标题栏的"比例"一栏中填写清楚，如1:1；如果其中某一视图需要采用不同的比例，必须在该视图的上方标明其比例，如2:1。

1.8.2　图纸幅面

机械图幅面基本规格有五种，如表1-3所示，表中的L表示图纸的长边尺寸，B为图纸的短边尺寸，图纸的长边尺寸L等于短边尺寸B的$\sqrt{2}$倍。当图纸带有装订边时，a为图纸的装订边，尺寸为25mm；c为非装订边，A0~A2号图纸的非装订边边宽为10mm，A3、A4号图纸的非装订边边宽为5mm。当图纸为无装订边图纸时，e为图纸的非装订边，A0~A2号图纸边宽尺寸为20mm，A3、A4号图纸边宽为10mm，各种图纸图框尺寸如图1-31所示。

表1-3　图纸幅面和图框尺寸（mm）

尺寸代号	A0	A1	A2	A3	A4
L×B	1188×841	841×594	594×420	420×297	297×210
c	10			5	
a	25				
e	20		10		

图1-31　图纸图框尺寸

小技巧

每一规格的图纸又分为横装图纸和竖装图纸两种。

1.8.3　标题栏

标题栏是用来记录该图纸的有关信息的，一般情况下，每张图样都需要画出标题栏，标题栏的格式和尺寸如图 1-32 所示。

图 1-32 标题栏

小技巧

标题栏的长边置于水平方向图纸的右下角,看图的方向与看标题栏的方向一致。

1.8.4 线型

在平时的绘图过程中,不同的结构需要采用不同的线型进行表达,按照国家标准
GB4457.4—84,机械设计绘图时应采用表 1-4 规定的图线。

表 1-4 机械制图标准图线

形 状	名 称	宽 度	应用范围
———————	粗实线	b	可见轮廓线
———————	细实线	约 b/3	尺寸线及尺寸界线
			剖面线
			重合剖面的轮廓线
			螺纹牙底线和齿轮齿根线
			引出线
			分界线和范围线
∿∿∿∿	波浪线	约 b/3	断裂处的边界线
			视图和剖视的分界线
～⌐～	双折线	约 b/3	断裂处的边界线
- - - - - - -	虚线	约 b/3	不可见的轮廓线
— · — · — · —	细点画线	约 b/3	轴线
			对称中心线
			轨迹线
			节圆及节线
—·—·—	粗点画线	b	特殊线或表面表示线
— ·· — ·· —	双点画线	约 b/3	相邻辅助零件轮廓线

1.8.5 尺寸标注

尺寸是图样中的重要内容之一，是零件制造或装配的直接依据，也是图样中指令性最强的部分。

● **尺寸标注的基本规则**

✧ 尺寸数值应与零件的真实大小一致，与图形的大小及绘图的准确度无关。

✧ 图样的尺寸以 mm 为单位，不需要标注计量单位的代号和名称。

✧ 对零件的每一尺寸，一般只需标注一次。

✧ 标注尺寸时，应尽可能使用符号或字母代号（缩写），常用的符号和字母代号如表 1-5 所示。

表 1-5　常用的符号和字母代号

名　称	符号和代号	名　称	符号和代号
直　径	$\varnothing$	45° 倒角	C
半　径	R	深　度	$\downarrow$
球直径	$S\varnothing$	沉孔或锪平	$\sqcup$
球半径	SR	埋头孔	$\vee$
厚　度	t	均　布	EQS
正方形	$\square$		

● **常见尺寸的标注方法**

✧ 线性尺寸的数字一般标注在尺寸线的上方，也允许标注在尺寸线的中断处。线性尺寸的数字应尽量避免标注在 30° 角的范围内。

✧ 尺寸的数字不可被任何图线穿过，当不可避免时，图形必须断开。

✧ 标注线性尺寸时，尺寸线应使用细实线，并且必须与所标注的线段平行。轮廓线、中心线或它们的延长线都不可作为尺寸使用。

✧ 尺寸界线用细实线绘制，也可以利用轮廓线或中心线作为尺寸界线。

✧ 在标注光滑过渡的尺寸时，必须使用细实线将轮廓线延长，从它们的交点处引出尺寸界线。

✧ 在标注一连串小尺寸时，可以使用小圆点或斜线代替箭头，但最外两端仍需使用箭头。

✧ 角度尺寸的数字一律水平放置，一般情况下，角度数字应写在尺寸线的中断处，必要时允许写在外面或引出标注。

✧ 角度的尺寸界线必须沿径向引出。

● **常见尺寸的简化标注方法**

✧ 标注尺寸时，可以使用单边箭头。

✧ 标注尺寸时，可采用带箭头的指引线。

✧ 标注引线尺寸时，也可采用不带箭头的指引线。

❖ 从同一基准出发的尺寸可按简化后的形式标注。

❖ 一组同心圆弧或圆心位于一条直线上的多个不同心圆弧的尺寸,可使用共用的尺寸线和箭头依次表示。

❖ 一组同心圆或尺寸较多的台阶孔的尺寸,也可使用共同的尺寸线和箭头依次表示。

❖ 在同一图形中,对于尺寸相同的孔、槽等组成要素,可以只在一个要素中标注出其尺寸和数量。

❖ 标注正方形结构的尺寸时,可在正方形边长尺寸数字前加注"□"。

1.9 上机实训——绘制简单零件图

下面通过绘制如图 1-33 所示的简单零件轮廓图,对本章知识进行综合练习和应用,体验一下文件的新建、图形的绘制以及文件的存储等图形设计的整个操作流程,操作步骤如下。

图 1-33　实例效果

Step 01 单击"快速访问"工具栏→"新建"按钮 □ ,在打开的"选择样板"对话框中选择 acadISO-Named Plot Styles 作为基础样板,如图 1-34 所示,以创建空白文件。

图 1-34　"选择样板"对话框

Step 02 单击"默认"选项卡→"绘图"面板→"直线"按钮 ,执行"直线"命令,使用相对坐标的输入功能绘制外侧的闭合轮廓线,命令行操作如下。

```
命令：_line
指定第一点：                        //在绘图区拾取一点
指定下一点或 [放弃(U)]：            //@-36,0 Enter
指定下一点或 [放弃(U)]：            //@130<90 Enter
指定下一点或 [闭合(C)/放弃(U)]：    //@126,0 Enter
指定下一点或 [闭合(C)/放弃(U)]：    //@0,-30 Enter
指定下一点或 [闭合(C)/放弃(U)]：    //@48<0 Enter
指定下一点或 [闭合(C)/放弃(U)]：    //@86<-90 Enter
指定下一点或 [闭合(C)/放弃(U)]：    //@30<180 Enter
指定下一点或 [闭合(C)/放弃(U)]：    //@48<120 Enter
指定下一点或 [闭合(C)/放弃(U)]：    //@-52,0 Enter
指定下一点或 [闭合(C)/放弃(U)]：    //C Enter，闭合图形，绘制结果如图1-35所示
```

Step 03 由于图形显示太小，可以将其放大显示。选择菜单"视图"→"缩放"→"实时"命令，或单击"标准"工具栏→"实时缩放"按钮，执行"实时缩放"命令，此时当前光标指针变为一个放大镜状，如图1-36所示。

图 1-35　绘制结果

图 1-36　实时缩放

Step 04 按住鼠标左键不放，慢慢向右上方拖曳光标，此时图形被放大显示。

小技巧

如果拖曳一次光标，图形还是不够清楚时，可以连续拖曳光标，进行连续缩放。

Step 05 按下 F3 功能键，打开"对象捕捉"功能。

Step 06 在命令行输入 UCS 后按 Enter 键，更改坐标系的位置，命令行操作如下。

```
命令：ucs                          //Enter
当前 UCS 名称：*世界*
指定 UCS 的原点或 [面(F)/命名(NA)/对象(OB)/上一个(P)/视图(V)/世界(W)/X/Y/Z/Z
轴(ZA)] <世界>：                   //捕捉如图1-37所示的端点
指定 X 轴上的点或 <接受>：          //Enter，坐标系的移动结果如图1-38所示
```

图 1-37　捕捉端点

图 1-38　移动结果

> ▦ 小技巧
>
> 当图形被放大显示之后，图形的位置可能会出现偏置现象，为了美观，可以将其移至绘图
> 区中央。

Step 07 按下 F12 功能键，关闭状态栏上的"动态输入"功能。

Step 08 单击"默认"选项卡→"绘图"面板→"直线"按钮 ，执行"直线"命令，使用绝对点的坐标输入功能绘制内侧闭合轮廓线，命令行操作如下。

```
命令: _line
指定第一点:                        //14,-20 Enter
指定下一点或 [放弃(U)]:           //104,-20 Enter
指定下一点或 [放弃(U)]:           //104,-40 Enter
指定下一点或 [闭合(C)/放弃(U)]:   //14,-40 Enter
指定下一点或 [闭合(C)/放弃(U)]:   //C Enter, 闭合图形, 绘制结果如图 1-39 所示
```

Step 09 在命令行输入 UCS 后按 Enter 键，将当前坐标系恢复为 WCS，命令行操作如下。

```
命令: _ucs                       //Enter
当前 UCS 名称: *没有名称*
指定 UCS 的原点或 [面(F)/命名(NA)/对象(OB)/上一个(P)/视图(V)/世界(W)/X/Y/Z/Z
轴(ZA)] <世界>:                  //Enter, 最终结果如图 1-40 所示
```

图 1-39　绘制结果

图 1-40　最终结果

Step 10 单击"快速访问"工具栏→"保存"按钮 ，执行"保存"命令，在打开的"图形另存为"对话框中，设置存盘路径及文件名，如图 1-41 所示，将图形命名存储。

图 1-41　"图形另存为"对话框

> ∴∴∴∴ **小技巧**
>
> 当结束某个命令时，按下 Enter 键，可以重复执行该命令。另外也可以在绘图区单击右键，从弹出的右键快捷菜单中选择刚执行过的命令。

1.10 小结与练习

1.10.1 小结

本章在介绍 AutoCAD 2016 功能概念和系统配置的前提下，主要讲述了 AutoCAD 2016 的启动退出、软件的工作界面、软件初级操作技能以及机械制图理论知识与相关规范等精确定位的知识，并通过一个完整简单的实例，对本章知识进行了全面贯穿和综合巩固，引导读者亲自动手操作 AutoCAD 2016 图形设计软件，掌握和体验一些最初级的软件操作技能。

通过本章的学习，能使初学者轻松掌握一些最基本的操作，真正进入 AutoCAD 软件的设计空间。

1.10.2 练习

1. 绘制如图 1-42 所示的图形，并将此图形命名存盘。
2. 绘制如图 1-43 所示的图形，并将此图形命名存盘。

图 1-42 练习一

图 1-43 练习二

第2章

机械绘图环境的基本设置

　　本章主要学习机械绘图环境的设置功能、点的捕捉与追踪，以及 AutoCAD 视图的实时调整与控制功能。通过点的捕捉和追踪功能，可以快速地定位图形中的点，是精确画图的关键；通过视图的实时调整与控制功能，可以非常方便地放大或缩小视图，以利于观察和编辑视窗内的图形。

内容要点

◆ 设置绘图环境　　　　　　　◆ 视图的缩放与平移

◆ 设置捕捉与栅格　　　　　　◆ 设置对象捕捉模式

◆ 设置与应用追踪功能　　　　◆ 上机实训一——绘制零件粗糙度

◆ 上机实训二——绘制基垫零件图

2.1　设置绘图环境

本节主要学习机械绘图单位、单位精度、绘图界限以及绘图区背景色等绘制环境的设置技能。

2.1.1　设置绘图单位

"单位"命令（Units）主要用于设置长度单位、角度单位、角度方向以及各自的精度等参数，执行此命令主要有以下几种方法。

- ◇　选择菜单栏"格式"→"单位"命令。
- ◇　在命令行输入 Units 后按 Enter 键。
- ◇　使用快捷键 UN。

执行"单位"命令后，可打开如图 2-1 所示的"图形单位"对话框，在此对话框中可以进行以下参数设置。

- ◇　在"长度"选项组中展开"类型"下拉列表框，设置长度的类型，默认为"小数"。
- ◇　在"长度"选项组中展开"精度"下拉列表框，设置单位的精度，默认为"0.000"。

⚙ 小技巧

AutoCAD 提供了"建筑"、"小数"、"工程"、"分数"和"科学"五种长度类型，单击该下拉列表框中的 ✔ 按钮可以从中选择需要的长度类型，如图 2-2 所示。

- ◇　在"角度"选项组中展开"类型"下拉列表，设置角度的类型，默认为"十进制度数"。
- ◇　展开"精度"下拉列表框，设置角度的精度，默认为"0"，用户可以根据需要进行设置。

⚙ 小技巧

"顺时针"单选按扭用于设置角度的方向，如果选中该按钮，那么在绘图过程中就以顺时针为正角度方向，否则以逆时针为正角度方向。

- ◇　"插入时的缩放单位"选项组用于确定拖放内容的单位，默认为"毫米"（mm）。
- ◇　设置角度的基准方向。单击对话框底部的　方向(D)...　按钮，打开如图 2-3 所示的"方向控制"对话框，用来设置角度测量的起始位置。

图 2-1　"图形单位"对话框　　图 2-2　"类型"下拉列表框　　图 2-3　"方向控制"对话框

小技巧

系统默认方向是以水平向右为 0° 角。

2.1.2　设置图形界限

"图形界限"命令主要用于设置当前文件内的绘图区域,执行"图形界限"命令主要有以下几种方式。

- ◇　选择菜单栏"格式"→"图形界限"命令。
- ◇　在命令行输入 Limits 后按 Enter 键。

● **设置图形界限**

所谓图形界限,指的就是绘图的区域,它相当于手工绘图时事先准备的图纸。设置"图形界限"的目的,就是满足不同范围的图形在有限绘图区窗口中的恰当显示。

Step 01 创建空白文件。

Step 02 选择菜单栏"格式"→"图形界限"命令,在"指定左下角点或 [开(ON)/关(OFF)]:"提示下按 Enter 键,以默认原点作为图形界限的左下角点。

小技巧

在设置图形界限时,一般以坐标系的原点作为图形界限的左下角点。

Step 03 在命令行"指定右上角点:"提示下输入"240,120",并按 Enter 键。

Step 04 选择菜单栏"视图"→"缩放"→"全部"命令,将图形界限最大化显示。

小技巧

在默认设置下，图形的界限为 3 号横向图纸的尺寸，即长边为 420、短边为 297 个绘图单位。

当设置了图形界限之后，可以开启状态栏上的"栅格"功能，通过栅格点，可以将图形界限直观地显示出来，如图 2-4 所示。

图 2-4　图形界限的显示

● **图形界限的检测**

当用户设置了图形界限后，如果禁止绘制的图形超出所设置的图形界限，那么可以使用绘图界限的检测功能，将坐标值限制在设置的作图区域内，这样就不会使绘制的图形超出边界，具体操作如下。

Step 01 继续上述操作。

Step 02 选择菜单栏"格式"→"图形界限"命令。

Step 03 在命令行"指定左下角点或 [开(ON)/关(OFF)] <0.0000,0.0000>："提示下输入 on 并按 Enter 键，打开图形界限的检测功能。

Step 04 如果用户需要关闭图形界限的检测功能，可以执行"关"命令，此时，AutoCAD 允许用户输入图形界限外部的点。

小技巧

界限检测功能只能检测输入的点，所以对象的某些部分可能会延伸出界限。

2.1.3　设置绘图背景

绘图区域的背景色是可以修改的，下面将绘图区背景色更改为白色，操作步骤如下。

Step 01 选择菜单栏"工具"→"选项"命令，或使用快捷键 OP 激活"选项"命令，打开如图 2-5 所示的"选项"对话框。

Step 02 在"选项"对话框中展开"显示"选项卡，如图 2-6 所示。

Step 03 在"窗口元素"选项组中单击　颜色(C)...　按钮，打开如图 2-7 所示的"图形窗口颜色"对话框。

Step 04 在对话框中展开如图 2-8 所示的"颜色"下拉列表框，在此下拉列表内选择"白"。

图 2-5　"选项"对话框　　　　　　　　图 2-6　展开"显示"选项卡

图 2-7　"图形窗口颜色"对话框　　　　　图 2-8　"颜色"下拉列表框

Step 05 在"图形窗口颜色"对话框中单击 应用并关闭(A) 按钮，返回"选项"对话框。

Step 06 在"选项"对话框中单击 确定 按钮，此时绘图区的背景色显示为"白色"，如
图 2-9 所示。在"选项"对话框内不仅可以设置绘图区的背景色，还可以设置其他
多种绘图环境。

图 2-9　更改背景色

Note

2.2 视图的缩放与平移

AutoCAD 为用户提供了众多的视窗调整功能，这些功能菜单如图 2-10 所示，其面板命令如图 2-11 所示。使用这些视图调整工具，用户可以随意调整图形在当前视窗的显示，以方便用户观察、编辑视窗内的图形细节或图形全貌。

图 2-10　功能菜单 　　　　　图 2-11　"视图调整"工具栏

2.2.1　视图的缩放

● **窗口缩放**

所谓"窗口缩放"，指的是在需要缩放显示的区域内拉出一个矩形框，将位于框内的图形放大显示在视窗内。

⠿ 小技巧

当选择框的宽高比与绘图区的宽高比不同时，AutoCAD 将使用选择框宽与高中相对当前视图放大倍数的较小者，以确保所选区域都能显示在视图中。

● **动态缩放**

"动态缩放" 功能用于动态地浏览和缩放视图，此功能常用于观察和缩放比例比较大的图形。激活该功能后，屏幕将临时切换到虚拟显示屏状态，此时屏幕上显示以下三个视图框。

◇ "图形范围或图形界限"视图框是一个蓝色的虚线方框，该框显示图形界限和图形范围中较大的一个。

◇ "当前视图框"是一个绿色的线框，该框中的区域就是在使用这一选项之前的视图区域。

◇ 以实线显示的矩形框为"选择视图框"，该视图框有两种状态，一种是平移视图框，其大小不能改变，只可任意移动；另一种是缩放视图框，它不能平移，但可调节大小。可用鼠标左键在两种视图框之间切换。

> ⣿⣿ **小技巧**
>
> 如果当前视图与图形界限或视图范围相同，蓝色虚线框便与绿色虚线框重合。平移视图框
> 中有一个"×"号，它表示下一视图的中心点位置。

● **比例缩放**

所谓"比例缩放"，指的是按照输入的比例参数进行调整视图，视图被比例调整后，中心点保持不变。在输入比例参数时，有以下三种情况。

❖ 直接在命令行内输入数字，表示相对于图形界限的倍数。
❖ 在输入的数字后加 X，表示相对于当前视图的缩放倍数。
❖ 在输入的数字后加字母 XP，表示系统将根据图纸空间单位确定缩放比例。

● **中心缩放**

所谓"中心缩放"，指的是根据所确定的中心点进行调整视图。当执行该功能后，用户可直接用鼠标在屏幕上选择一个点作为新的视图中心点，确定中心点后，AutoCAD 要求用户输入放大系数或新视图的高度，具体有以下三种情况。

❖ 直接在命令行输入一个数值，系统将以此数值作为新视图的高度来调整视图。
❖ 如果在输入的数值后加一个 X，则系统将其看作视图的缩放倍数。
❖ 在输入的数字后加 XP，表示系统将根据图纸空间单位确定缩放比例。

● **缩放对象**

所谓"缩放对象"，指的是最大限度地显示当前视图内选择的图形，使用此功能可以缩放单个对象，也可以缩放多个对象。

● **放大 和缩小**

前一功能用于将视窗放大一倍显示，后者用于将视窗缩小一倍显示。连续单击按钮，可以成倍地放大或缩小视窗。

● **范围缩放**

所谓"范围缩放"，指的是将所有图形全部显示在屏幕上，并最大限度地充满整个屏幕，此种选择方式与图形界限无关。

● **全部缩放**

所谓"全部缩放"，指的是按照图形界限或图形范围的尺寸，在绘图区域内显示图形。如果图形完全处在图形界限之内，那么全部缩放视图后，即会最大化显示文件内的整个图形界限区域，如图 2-12 所示。

如果绘制的图形超出了图形界限区域，那么执行"全部缩放"功能后，系统将最大化显示图形界限和图形范围，如图 2-13 所示。

图 2-12　全部缩放　　　　　　　　　　　　　图 2-13　全部缩放

2.2.2　视图重生成

"重生成"命令用于刷新显示当前视图，并重新计算当前视窗中所有对象在屏幕上的坐标值，重新生成整个图形，同时还将重新建立图形数据库索引。执行"重生成"命令主要有以下几种方式。

❖　选择菜单栏"视图"→"重生成"命令。
❖　在命令行输入 Regen 后按 Enter 键。
❖　使用快捷键 RE。

如果系统变量 Regenauto 的模式设置为"开"，那么当用户执行了一个需要重生成的操作时，AutoCAD 系统将自动重生成图形。

另外，用户在图形中定义图块或文本字型、重新设置线型比例或冻结/解冻图层时，系统都将自动进行重生成操作。

2.2.3　视图的恢复

当用户对视窗进行调整之后，以前视窗的显示状态会被 AutoCAD 自动保存起来，使用软件中的"缩放上一个" 功能可以恢复上一个视窗的显示状态，如果用户连续单击该工具按钮，系统将连续地恢复视窗，直至退回到前 10 个视窗。

2.3　设置捕捉与栅格

除了点的坐标输入功能外，AutoCAD 还为用户提供了点的捕捉和追踪功能，具体有"步长捕捉"、"对象捕捉"和"精确追踪"三类。这些功能都是辅助绘图工具，其工具按钮都位于状态栏上，如图 2-14 所示，运用这些功能可以快速、准确、高精度地绘制图形，大大提高绘图的精确度。

图 2-14　捕捉追踪的显示状态

本节将学习点的精确捕捉功能，具体有"捕捉"、"栅格"和"正交模式"等。

2.3.1　设置捕捉

所谓"捕捉"，指的就是强制性地控制十字光标，使其根据定义的 X、Y 轴方向的固定距离（即步长）进行跳动，从而精确定位点。例如，将 X 轴的步长设置为 20，将 Y 轴方向上的步长设置为 30，那么光标每水平跳动一次，则走过 20 个单位的距离，每垂直跳动一次，则走过 30 个单位的距离，如果连续跳动，则走过的距离是步长的整数倍，"捕捉"功能主要有以下几种执行方式。

◇　选择菜单栏"工具"→"绘图设置"命令，在打开的"草图设置"对话框展开"捕捉和栅格"选项卡，勾选"启用捕捉"复选框。
◇　单击状态栏上的▦按钮。
◇　按下功能键 F9。

下面通过将 X 轴方向上的步长设置为 20、Y 轴方向上的步长设置为 30，学习"步长捕捉"功能的参数设置和启用操作，命令行操作过程如下。

Step 01 选择菜单栏中的"工具"→"绘图设置"命令，打开如图 2-15 所示的"草图设置"对话框。

Step 02 在对话框中勾选"启用捕捉"复选框，即可打开捕捉功能。

Step 03 在"捕捉 X 轴间距"文本框内输入数值 10，将 X 轴方向上的捕捉间距设置为 10。

Step 04 取消勾选"X 轴间距和 Y 轴间距相等"复选框，然后在"捕捉 Y 轴间距"文本框内输入数值，如 30，将 Y 轴方向上的捕捉间距设置为 30。

图 2-15　"草图设置"对话框

Step 05 单击 确定 按钮，完成捕捉参数的设置。

▦▦ 小技巧

"捕捉类型"和"栅格样式"选项组用于设置捕捉的类型及样式，建议使用系统默认设置。

2.3.2 设置栅格

Note

"栅格"功能主要以栅格线或栅格点的形式直观显示作图区域，给用户提供直观的距离和位置参照，如图 2-16 所示，"栅格"功能主要有以下几种执行方式。

✧ 选择菜单栏"工具"→"绘图设置"命令，在打开的"草图设置"对话框中展开"捕捉和栅格"选项卡，然后勾选"启用栅格"复选框，如图 2-17 所示。

✧ 单击状态栏上的 ▦ 按钮。

✧ 按功能键 F7。

✧ 按组合键 Ctrl+G。

图 2-16　栅格示例　　　　　　　　　　　　图 2-17　启用栅格

栅格线或栅格点是一些虚拟的参照对象，它仅仅显示在图形界限内，只作为绘图的辅助工具出现，不是图形的一部分，也不会被打印输出。

另外，栅格点和栅格线之间的距离可以随意调整，如果用户使用步长捕捉功能绘图时，最好是按照 X、Y 轴方向的捕捉间距来设置栅格间距。

2.3.3 应用正交模式

"正交模式"功能用于将光标强行控制在水平或垂直方向上，以绘制水平和垂直的线段，"正交模式"功能主要有以下几种执行方式。

✧ 单击状态栏上的 ┗ 按钮。

✧ 使用快捷键 F8。

✧ 在命令行输入 Ortho 后按 Enter 键。

图 2-18　绘制效果

下面通过绘制如图 2-18 所示的图形，学习正交模式功能的使用方法和操作技巧，具体操作步骤如下。

Step 01 新建文件。

Step 02 按 F8 功能键，执行"正交模式"功能。

Step 03 选择菜单栏"绘图"→"直线"命令，配合"正交模式"功能精确绘图，命令行操作如下。

```
命令：_line
指定第一点：                        //在绘图区拾取一点作为起点
指定下一点或 [放弃(U)]：            //向右引导光标，输入 5000 Enter
指定下一点或 [放弃(U)]：            //向上引导光标，输入 400 Enter
指定下一点或 [闭合(C)/放弃(U)]：    //向左引导光标，输入 200 Enter
指定下一点或 [闭合(C)/放弃(U)]：    //向下引导光标，输入 200 Enter
指定下一点或 [闭合(C)/放弃(U)]：    //向左引导光标，输入 300 Enter
指定下一点或 [闭合(C)/放弃(U)]：    //c Enter，闭合图形
```

2.4 设置对象捕捉模式

除了 2.3 节讲述的辅助功能之外，AutoCAD 还为用户提供了更为强大、方便的"对象捕捉"功能，使用此种捕捉功能，可以非常方便快速地捕捉到图形上的各种特征点，比如直线的端点和中点、圆的圆心和象限点等。

2.4.1 捕捉功能的启动

"对象捕捉"功能的启动，主要有以下几种方式。

◇ 选择菜单栏"工具"→"绘图设置"命令，在打开的对话框中展开"对象捕捉"选项卡，然后勾选"启用对象捕捉"复选框。
◇ 单击状态栏上的 按钮。
◇ 按功能键 F3。

2.4.2 设置自动捕捉

AutoCAD 共为用户提供了 14 种对象捕捉功能，如图 2-19 所示。使用这些捕捉功能可以非常方便精确地将光标定位到图形的特征点上，在所需捕捉模式上单击，即可开启该种捕捉模式。

一旦在此对话框内设置了某种捕捉模式后，系统将一直保持着这种捕捉模式，直到取消为止，因此，此对话框中的捕捉常被称为"自动捕捉"。在设置对象捕捉功能时，不要开启全部捕捉功能，这样会起到相反的作用。

图 2-19 "草图设置"对话框

2.4.3　设置临时捕捉

为了方便绘图，AutoCAD 为这 14 种对象捕捉提供了"临时捕捉"功能。所谓"临时捕捉"，指的就是执行一次功能后，系统仅能捕捉一次；如果需要反复捕捉点，则需要多次执行该功能。这些临时捕捉功能位于图 2-20 所示的临时捕捉菜单上，按住 Shift 键或 Ctrl 键，然后单击鼠标右键，即可打开此临时捕捉菜单。

● **14 种捕捉功能的含义与功能**

图 2-20　临时捕捉菜单

✧ 端点捕捉 ⌐。此种捕捉功能用于捕捉图形的端点，比如线段的端点，矩形、多边形的角点等。执行此功能后，在命令行"指定点："提示下将光标放在对象上，系统将在距离光标最近位置处显示出端点标记符号，如图 2-21 所示。此时单击左键即可捕捉到该端点。

✧ 中点捕捉 ⌐。此功能用于捕捉线、弧等对象的中点。执行此功能后，在命令行"指定点："提示下将光标放在对象上，系统在中点处显示出中点标记符号，如图 2-22 所示，此时单击左键即可捕捉到该中点。

图 2-21　端点捕捉

图 2-22　中点捕捉

✧ 交点捕捉 ╳。此功能用于捕捉对象之间的交点。执行此功能后，在命令行"指定点："提示下将光标放在对象的交点处，系统显示出交点标记符号，如图 2-23 所示，此时单击左键即可捕捉到该交点。

> ### 小技巧
>
> 如果捕捉对象延长线的交点，那么需要先将光标放在其中的一个对象上单击左键，拾取该延伸对象，如图 2-24 所示，然后再将光标放在另一个对象上，系统将自动在延伸交点处显示出交点标记符号，如图 2-25 所示，此时单击左键即可精确捕捉到对象延长线的交点。

图 2-23　交点捕捉

图 2-24　拾取延伸对象

图 2-25　捕捉延长线交点

✧ 外观交点 ╳。此功能主要用于捕捉三维空间内对象在当前坐标系平面内投影的交点。

◇ 延长线捕捉 ▭ 。此功能用于捕捉对象延长线上的点。执行该功能后，在命令行"指定点："提示下将光标放在对象的末端稍一停留，然后沿着延长线方向移动光标，系统会在延长线处引出一条追踪虚线，如图 2-26 所示，此时单击左键，或输入一距离值，即可在对象延长线上精确定位点。

图 2-26 延长线捕捉

◇ 圆心捕捉 ◎ 。此功能用于捕捉圆、弧或圆环的圆心。执行该功能后，在命令行"指定点："提示下将光标放在圆或弧等的边缘上（也可直接放在圆心位置上），系统在圆心处显示出圆心标记符号，如图 2-27 所示，此时单击左键即可捕捉到圆心。

◇ 象限点捕捉 ◇ 。此功能用于捕捉圆或弧的象限点。执行该功能后，在命令行"指定点："提示下将光标放在圆的象限点位置上，系统会显示出象限点捕捉标记，如图 2-28 所示，此时单击左键即可捕捉到该象限点。

图 2-27 圆心捕捉   图 2-28 象限点捕捉

◇ 切点捕捉 ○ 。此功能用于捕捉圆或弧的切点，绘制切线。执行该功能后，在命令行"指定点："提示下将光标放在圆或弧的边缘上，系统会在切点处显示出切点标记符号，如图 2-29 所示，此时单击左键即可捕捉到切点，绘制出对象的切线，如图 2-30 所示。

图 2-29 切点捕捉   图 2-30 绘制切线

◇ 垂足捕捉 ⊥ 。此功能常用于捕捉对象的垂足点，绘制对象的垂线。执行该功能后，在命令行"指定点："提示下将光标放在对象边缘上，系统会在垂足点处显示出垂足标记符号，如图 2-31 所示，此时单击左键即可捕捉到垂足点，绘制对象的垂线，如图 2-32 所示。

图 2-31　垂足捕捉

图 2-32　绘制垂线

❖ 平行线捕捉 //。此功能常用于绘制线段的平行线。执行该功能后，在命令行"指定点："提示下把光标放在已知线段上，此时会出现一平行的标记符号，如图 2-33 所示。移动光标，系统会在平行位置处出现一条向两方无限延伸的追踪虚线，如图 2-34 所示，单击左键即可绘制出与拾取对象相互平行的线，如图 2-35 所示。

图 2-33　平行标记

图 2-34　引出平行追踪线

❖ 节点捕捉 ∘。此功能用于捕捉使用"点"命令绘制的点对象。使用时需将拾取框放在节点上，系统会显示出节点的标记符号，如图 2-36 所示，单击左键即可拾取该点。

图 2-35　绘制平行线

图 2-36　节点捕捉

❖ 插入点捕捉 ⬚。此种捕捉方式用来捕捉块、文字、属性或属性定义等的插入点，如图 2-37 所示。

❖ 最近点捕捉 ⅄。此种捕捉方式用来捕捉光标距离对象最近的点，如图 2-38 所示。

图 2-37　插入点捕捉

图 2-38　最近点捕捉

2.5　设置与应用追踪功能

　　使用"对象捕捉"功能只能捕捉对象上的特征点，如果需要捕捉特征点之外的目标点，则可以使用 AutoCAD 的追踪功能。常用的追踪功能有"极轴追踪"、"对象追踪"、"捕捉自"和"临时追踪点"四种。

2.5.1　使用极轴追踪

　　所谓"极轴追踪"，指的就是根据当前设置的追踪角度，引出相应的极轴追踪虚线，进行追踪定位目标点，如图 2-39 所示。

　　"极轴追踪"功能有以下几种执行方式。

图 2-39　极轴追踪示例

- ✧　单击状态栏上的 按钮。
- ✧　按功能键 F10。
- ✧　选择菜单栏"工具"→"草图设置"命令，在打开的对话框中展开"极轴追踪"选项卡，勾选"启用极轴追踪"复选框，如图 2-40 所示。

　　下面通过绘制长度为 240mm、角度为 45° 的倾斜线段，学习极轴追踪的参数设置以及使用技巧，具体操作步骤如下。

Step 01　新建空白文件。在 按钮右侧下拉箭头上单击，在弹出的快捷菜单中选择"正在追踪设置"选项，打开如图 2-40 所示的"草图设置"对话框。

Step 02　勾选对话框中的"启用极轴追踪"复选框，打开"极轴追踪"功能。

Step 03　单击"增量角"列表框，在展开的下拉列表框中选择 45，如图 2-41 所示，将当前的追踪角设置为 45° 。

图 2-40　"极轴追踪"选项卡

图 2-41　设置追踪角

⁙ 小技巧

在"极轴角设置"组合框中的"增量角"下拉列表框内，系统提供了多种增量角，如 90° 、60° 、45° 、30° 、22.5° 、18° 、15° 、10° 、5° 等，用户可以从中选择一个角度值作为增量角。

Step 04　单击 确定 按钮关闭对话框，完成角度跟踪设置。

Step 05 选择菜单栏"绘图"→"直线"命令，配合"极轴追踪"功能绘制长度斜线段，命令行操作如下。

```
命令：_line
指定第一点：                    //在绘图区拾取一点作为起点
指定下一点或 [放弃(U)]：         //在45°方向上引出如图2-42所示的极轴追踪虚线，然
                                  后输入240 Enter
指定下一点或 [放弃(U)]：         //Enter，绘制结果如图2-43所示
```

小技巧

AutoCAD 不但可以在增量角方向上出现极轴追踪虚线，还可以在增量角的倍数方向上出现极轴追踪虚线。

如果要选择预设值以外的角度增量值，需事先勾选"附加角"复选框，然后单击 新建(N) 按钮，创建一个附加角，如图2-44所示，系统就会以所设置的附加角进行追踪。另外，如果要删除一个角度值，在选取该角度值后单击 删除 按钮即可。注意，只能删除用户自定义的附加角，而系统预设的增量角不能被删除。

图2-42　引出45°极轴矢量

图2-43　绘制结果

图2-44　创建3°的附加角

小技巧

"正交模式"与"极轴追踪"功能不能同时打开，因为前者是使光标限制在水平或垂直轴上，而后者则可以追踪任意方向矢量。

2.5.2　使用对象追踪

所谓"对象追踪"，指的是以对象上的某些特征点作为追踪点，引出向两端无限延伸的对象追踪虚线，如图2-45所示。在此追踪虚线上拾取点或输入距离值，即可精确定位到目标点。

图2-45　对象追踪虚线

"对象追踪"功能主要有以下几种执行方式。

◇　单击状态栏上的 ∠ 按钮。

◇　按功能键 F11。

◇　选择菜单栏上的"工具"→"绘图设置"命令，在打开的对话框中展开"对象捕捉"选项卡，勾选"启用对象捕捉追踪"复选框，如图 2-46 所示。

"对象追踪"功能只有在"对象捕捉"和"对象追踪"同时打开的情况下才可使用，而且只能追踪对象捕捉类型里设置的自动对象捕捉点。下面通过绘制如图 2-47 所示的图形，学习"对象捕捉追踪"功能的参数设置和具体的使用技巧，具体操作步骤如下。

Step 01 选择菜单栏中的"工具"→"绘图设置"命令，打开"草图设置"对话框。

图 2-46　"草图设置"对话框

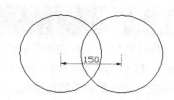

图 2-47　绘制效果

Step 02 在对话框中分别勾选"启用对象捕捉"和"启用对象捕捉追踪"复选框。

Step 03 在"对象捕捉模式"选项组中勾选所需要的对象捕捉模式，如圆心捕捉。

Step 04 单击 确定 按钮完成参数的设置。

Step 05 选择菜单栏"绘图"→"圆"→"圆心、半径"命令，配合圆心捕捉和捕捉追踪功能，绘制相交圆，命令行操作如下。

```
命令: _circle
指定圆的圆心或 [三点(3P)/两点(2P)/切点、切点、半径(T)]:
                                //在绘图区拾取一点作为圆心
指定圆的半径或 [直径(D)] <100.0000>:  //100 Enter，绘制半径为 100 的圆
命令:_ circle                    //Enter，重复画圆命令
指定圆的圆心或 [三点(3P)/两点(2P)/切点、切点、半径(T)]:
//将光标放在圆心处，系统自动拾取圆心作为对象追踪点，然后水平向右引出如图 2-48 所示的
对象追踪虚线，输入 150 Enter，定位下一个圆的圆心
指定圆的半径或 [直径(D)] <100.0000>:
                        //Enter，结束命令，绘制结果如图 2-49 所示
```

图 2-48　圆心追踪

在默认设置下，系统仅以水平或垂直的方向进行追踪点，如果用户需要按照某一角度进行追踪点，可以在"极轴追踪"选项卡中设置追踪的样式，如图2-50所示。

图 2-49　绘制效果

图 2-50　设置对象追踪样式

小技巧

"仅正交模式"单选按钮与当前极轴角无关，它仅水平或垂直地追踪对象，即在水平或垂直方向才出现向两方无限延伸的对象追踪虚线；而"用所有极轴角设置追踪"单选按钮是根据当前设置的极轴角及极轴角的倍数出现对象追踪虚线，用户可以根据需要进行取舍。

2.5.3　使用"捕捉自"功能

"捕捉自"功能是借助捕捉和相对坐标定义窗口中相对于某一捕捉点的另外一点。使用"捕捉自"功能时需要先捕捉对象特征点作为目标点的偏移基点，然后再输入目标点的坐标值。"捕捉自"功能的启动主要有以下几种方法。

◇　按住 Ctrl 或 Shift 键单击右键，选择临时捕捉菜单中的"自"选项。
◇　在命令行输入_from 后按 Enter 键。

2.5.4　使用临时追踪点

"临时追踪点"与"对象追踪"功能类似，不同的是前者需要事先精确定位出临时追踪点，然后才能通过此追踪点引出向两端无限延伸的临时追踪虚线，以进行追踪定位目标点。

执行"临时追踪点"功能主要有以下几种方法。

◇　按住 Ctrl 或 Shift 键单击右键，选择临时捕捉菜单中的"临时追踪点"选项。
◇　使用快捷键_tt。

2.6　上机实训一——绘制零件粗糙度

通过上述各节的详细讲述，相信读者对各种基本操作功能有了一定的理解和掌握，下面以绘制如图 2-51 所示的粗糙度符号为例，主要对"中心缩放"、"极轴追踪"、"对象追踪"以及"端点捕捉"、"垂直捕捉"等多种功能进行综合练习和巩固，操作步骤如下。

图 2-51　实例效果

Step 01 单击"快速访问"工具栏→"新建"按钮 📄，在打开的"选择样板"对话框中，以"无样板打开-公制"方式新建一个公制单位的空白文件，如图 2-52 所示。

图 2-52　"选择样板"对话框

Step 02 选择菜单栏"视图"→"缩放"→"中心点"命令，将当前视图的高度调整为 15 个绘图单位，命令行操作如下。

```
命令：_zoom
指定窗口的角点，输入比例因子 (nX 或 nXP)，或者[全部(A)/中心(C)/动态(D)/范围(E)/
上一个(P)/比例(S)/窗口(W)/对象(O)] <实时>：_c
指定中心点：              //在绘图区拾取一点作为新视图中心点
输入比例或高度 <210.0777>：    //15 Enter，输入新视图的高度
```

Step 03 选择菜单栏"工具"→"绘图设置"命令，打开"草图设置"对话框。

Step 04 在对话框中展开"极轴追踪"选项卡，勾选"启用极轴追踪"复选框，并设置对象增量角参数，如图 2-53 所示。

Step 05 展开"对象捕捉"选项卡，分别勾选"启用对象捕捉"和"启用对象捕捉追踪"复选框，并设置对象捕捉模式，如图 2-54 所示。

图 2-53 设置极轴参数　　　　　　　图 2-54 设置对象捕捉模式

Step 06 选择菜单栏"绘图"→"直线"命令，或在命令行输入 L 并按 Enter 键，启动命令。

Step 07 在"指定第一点："提示下，在绘图区中央位置拾取一点作为起点。

Step 08 在"指定下一点或 [放弃(U)]："提示下，向右下侧移动光标，引出如图 2-55 所示的极轴追踪虚线，此时在命令行输入 4 并按 Enter 键，即可精确定位第二点。

Step 09 继续在命令行"指定下一点或[放弃(U)]："提示下，向右上侧移动光标，引出 60°的极轴追踪虚线，如图 2-56 所示。

Step 10 此时在命令行输入 8 并按 Enter 键，即可精确定位第三点。

Step 11 在命令行"指定下一点或 [闭合(C)/放弃(U)]："提示下，直接按 Enter 键结束命令，绘制结果如图 2-57 所示。

图 2-55 引出极轴虚线　　　　图 2-56 引出 60° 矢量　　　　图 2-57 绘制结果

Step 12 选择菜单栏"绘图"→"圆"→"圆心、半径"命令，在命令行"指定圆的圆心或 [三点(3P)/两点(2P)/相切、相切、半径(T)]："提示下，以下侧端点作为对象追踪点，引出如图 2-58 所示的对象追踪虚线。

Step 13 在引出的垂直追踪虚线上输入 1.8 并按 Enter 键，定位圆的圆心。

Step 14 在"指定圆的半径或 [直径(D)] <0.1000>："提示下，配合垂足捕捉功能，捕捉如图 2-59 所示的垂直点，定位半径的长度，绘制结果如图 2-60 所示。

Step 15 单击"快速访问"工具栏→"保存"按钮 🔳，将图形另名存储为"上机实训一.dwg"。

图 2-58　引出对象追踪虚线　　图 2-59　垂足捕捉　　　图 2-60　绘制圆

2.7　上机实训二——绘制基垫零件图

本例通过绘制如图 2-61 所示图形,在综合练习"直线"、"捕捉自"、"比例缩放"等功能的前提下,主要学习"极轴追踪"工具的操作方法和操作技巧,操作步骤如下。

Step 01 单击"快速访问"工具栏→"新建"按钮 ，创建公制单位的空白文件。

Step 02 使用快捷键 Z 执行视窗的缩放功能,将当前视口放大五倍显示,命令行操作如下。

```
命令: Z                                    //Enter
ZOOM 指定窗口的角点,输入比例因子 (nX 或 nXP),或者[全部(A)/中心(C)/动态(D)/范围
(E)/上一个(P)/比例(S)/窗口(W)/对象(O)] <实时>: //s Enter
输入比例因子 (nX 或 nXP):                   //5x Enter
```

Step 03 在状态栏上的 按钮上单击右键,从弹出的菜单上选择"正在追踪设置"选项,打开"草图设置"对话框。勾选"启用极轴追踪"复选框,并将当前的增量角设置为15°,如图 2-62 所示。

图 2-61　实例效果

图 2-62　设置极轴追踪参数

技巧：

当设置了极轴角(即增量角)并启用极轴追踪功能后,随着光标的移动,系统将在极轴角或其倍数方向上自动出现极轴追踪虚线,定位角度矢量。

Step 04 选择菜单栏"文件"→"直线"命令，配合"极轴追踪"功能绘制外框轮廓线，命令行操作如下。

```
命令: _line
指定第一点:                    //在绘图区单击鼠标左键，拾取一点作为起点
指定下一点或 [放弃(U)]:        //水平向左移动光标，引出 180° 的极轴追踪虚线，
                               如图 2-63 所示，输入 50 Enter
指定下一点或 [放弃(U)]:        //垂直向上移动光标，引出 90° 的极轴追踪虚线，如
                               图 2-64 所示，输入 28 Enter
```

图 2-63　引出 180° 的极轴追踪虚线

图 2-64　引出 90° 的极轴追踪虚线

```
指定下一点或 [闭合(C)/放弃(U)]:   //在45°方向上引出极轴追踪虚线，如图2-65所示，
                                  输入 13 Enter
指定下一点或 [闭合(C)/放弃(U)]:   //在315°方向上引出极轴追踪虚线，如图2-66所
                                  示，输入 12 Enter
```

图 2-65　引出 45° 的极轴追踪虚线

图 2-66　引出 315° 的极轴虚线

```
指定下一点或 [闭合(C)/放弃(U)]:   //在45°方向上引出极轴追踪虚线，如图2-67所示，
                                  输入 34 Enter
指定下一点或 [闭合(C)/放弃(U)]:   //在135°方向上引出极轴追踪虚线，如图2-68所
                                  示，输入 12 Enter
```

图 2-67　引出 45° 的极轴追踪虚线

图 2-68　引出 135° 的极轴追踪虚线

```
指定下一点或 [闭合(C)/放弃(U)]:   //引出45°的极轴追踪虚线时输入 13 Enter
指定下一点或 [闭合(C)/放弃(U)]:   //在0°方向上引出极轴追踪虚线，如图2-69所示，
                                  输入 28 Enter
```

指定下一点或 [闭合(C)/放弃(U)]:	//在 270°方向上引出极轴追踪虚线, 如图 2-70 所 示, 输入 51 Enter
指定下一点或 [闭合(C)/放弃(U)]:	//c Enter, 闭合图形, 绘制结果如图 2-71 所示

图 2-69　引出 0°的极轴追踪虚线　图 2-70　引出 270°的极轴追踪虚线　图 2-71　绘制结果

Step 05 按 Enter 键, 重复"直线"命令, 配合"捕捉自"和"极轴追踪"功能绘制内部的直角三角形。命令行操作如下。

命令: _ line	//Enter, 重复"直线"命令
指定第一点:	//执行"捕捉自"功能
_from 基点:	//捕捉左下角点
<偏移>:	//@7,8 Enter, 输入目标点的相对坐标
指定下一点或 [放弃(U)]:	//向左上方移动光标, 引出如图 2-72 所示的极轴追 踪虚线, 输入 15 Enter
指定下一点或 [放弃(U)]:	//向右下方移动光标, 引出如图 2-73 所示的极轴追 踪虚线, 输入 30 Enter
指定下一点或 [闭合(C)/放弃(U)]:	//c Enter, 闭合图形, 绘制结果如图 2-74 所示

图 2-72　引出 90°的极轴追踪虚线　图 2-73　引出 330°的极轴追踪虚线　图 2-74　绘制直角三角形

Step 06 按 Enter 键, 重复"直线"命令, 配合"捕捉自"和"极轴追踪"功能绘制内部的平形四边形, 命令行操作如下。

命令:_line	//Enter, 重复执行"直线"命令
指定第一点:	//按住 Shift 键单击右键, 选择右键菜单上的"自"选项

小技巧

用户按住 Ctrl 键单击右键, 也可以打开对象捕捉临时快捷菜单。

_from 基点:	//捕捉如图 2-75 所示的三角形右角点
<偏移>:	//@12,0 Enter
指定下一点或 [放弃(U)]:	//向右上方移动光标, 引出如图 2-76 所示的极轴追踪虚线, 输入 23 Enter

指定下一点或 [放弃(U)]:   //向左上方移动光标，引出如图2-77所示的极轴追踪虚线，
                     输入18 Enter

图2-75　定位基点　　　　图2-76　引出45°的极轴追踪虚线　　　图2-77　引出120°的极轴追踪虚线

指定下一点或 [闭合(C)/放弃(U)]:   //向左下方移动光标，引出225°的极轴追踪虚
                   线，输入23 Enter
指定下一点或 [闭合(C)/放弃(U)]:   //c Enter，闭合图形

Step 07 单击"快速访问"工具栏→"保存"按钮，将图形另名存储为"上机实训二.dwg"。

2.8 小结与练习

2.8.1 小结

    本章主要学习了 AutoCAD 软件的一些基本操作技能，具体有绘图单位及界限的设置、点的精确捕捉、点的精确追踪以及视窗的实时调整与控制等。熟练掌握本章所讲述的各种操作技能，不仅能为图形的绘制和编辑操作奠定良好的基础，同时也为精确绘图以及简捷方便地管理图形提供了条件，希望读者认真学习、熟练掌握，为后续章节的学习打下牢固的基础。

2.8.2 练习

    1. 综合相关知识，绘制如图2-78所示的零件图。
    2. 综合相关知识，绘制如图2-79所示的零件图。

图2-78　练习一

图2-79　练习二

第3章

机械平面元素的绘制功能

本章主要学习机械制图中各类平面元素的基本绘制功能，如点、线、圆、弧、多边形等。这些图元都是构图的最基本元素，要学好 CAD 绘图，就必须学习和掌握这些元素的绘制方法和技巧，为以后更加方便灵活地组合复杂图形作好准备。

内容要点

◆ 绘制直线类元素　　　　　　　　◆ 绘制作图辅助线

◆ 绘制曲线类元素　　　　　　　　◆ 绘制多边形、面域与边界

◆ 绘制点与等分点　　　　　　　　◆ 绘制图案填充

◆ 上机实训一——绘制扳手零件图　◆ 上机实训二——绘制零件剖面线

3.1 绘制直线类元素

本节将学习"直线"、"多线"、"多段线"三个绘图命令，以绘制直线、多线和多段线。

3.1.1 直线

"直线"命令主要用于绘制一条或多条直线段，也可以绘制首尾相连的闭合图形，执行"直线"命令主要有以下几种方式。

♦ 单击"默认"选项卡→"绘图"面板→"直线"按钮 。
♦ 选择菜单栏"绘图"→"直线"命令。
♦ 在命令行输入 Line 后按 Enter 键。
♦ 使用快捷键 L。

执行"直线"命令后，命令行操作提示如下。

```
命令: _line
指定第一点:                      //定位第一点
指定下一点或 [放弃(U)]:           //定位第二点
指定下一点或 [放弃(U)]:           //定位第三点
指定下一点或 [闭合(C)/放弃(U)]:    //定位第四点，或闭合或按 Enter 键结束命令
```

3.1.2 多线

多线是由两条或两条以上的平行元素构成的复合线对象，执行"多线"命令主要有以下几种方式。

♦ 选择菜单栏"绘图"→"多线"命令。
♦ 在命令行输入 Mline 后按 Enter 键。
♦ 使用快捷键 ML。

下面通过绘制闭合的多线，学习"多线"命令的使用方法和操作技巧，具体操作如下。

Step 01 新建空白文件。

Step 02 选择菜单栏"绘图"→"多线"命令，配合点的坐标输入功能绘制多线，命令行操作过程如下。

```
命令: _mline
当前设置: 对正 = 上，比例 = 20.00，样式 = STANDARD
指定起点或 [对正(J)/比例(S)/样式(ST)]:     //s Enter，激活"比例"选项
```

·::·· 小技巧

巧妙使用"比例"选项,可以绘制不同宽度的多线。默认比例为 20 个绘图单位。另外,如果用户输入的比例值为负值,这多条平行线的顺序会产生反转。

```
输入多线比例 <20.00>:                          //120 Enter, 设置多线比例
当前设置: 对正 = 上, 比例 = 120.00, 样式 = STANDARD
指定起点或 [对正(J)/比例(S)/样式(ST)]:         //在绘图区拾取一点
指定下一点:                                   //@0,1800 Enter
指定下一点或 [放弃(U)]:                        //@3000,0 Enter
指定下一点或 [闭合(C)/放弃(U)]:                //@0,-1800 Enter
指定下一点或 [闭合(C)/放弃(U)]:                //c Enter, 结束命令
```

·::·· 小技巧

巧用"样式"选项,可以随意更改当前的多线样式;"闭合"选项用于绘制闭合的多线。

Step 03 使用视图调整工具调整图形的显示,绘制效果如图 3-1 所示。

● 多线对正方式

"对正"选项用于设置多线的对正方式,AutoCAD 共提供了三种对正方式,即上对正、下对正和中心对正,如图 3-2 所示。

图 3-1　绘制效果　　　　　　　　　　　　图 3-2　三种对正方式

如果当前多线的对正方式不符合用户要求,可在命令行中输入 J,执行该选项,系统出现提示:"输入对正类型 [上(T)/无(Z)/下(B)] <上>:"系统提示用户输入多线的对正方式。

● 设置多线样式

使用系统默认的多线样式,只能绘制由两条平行元素构成的多线,如果用户需要绘制其他样式的多线时,需要使用"多线样式"命令进行设置,操作过程如下。

Step 01 选择菜单栏"格式"→"多线样式"命令,或在命令行输入 Mlstyle 并按 Enter 键,打开"多线样式"对话框。

Step 02 单击对话框中的 [新建(N)...] 按钮,在弹出的"创建新的多线样式"对话框中输入新样

式的名称，如图 3-3 所示。

Step 03 单击 [继续] 按钮，打开如图 3-4 所示的"新建多线样式"对话框。

图 3-3 "创建新的多线样式"对话框　　　　图 3-4 "新建多线样式"对话框

Step 04 单击 [添加(A)] 按钮，添加 0 号元素并设置颜色为红色，如图 3-5 所示。

Step 05 单击 [线型(Y)...] 按钮，在弹出的"选择线型"对话框中单击 [加载(L)...] 按钮，打开"加载或重载线型"对话框，如图 3-6 所示。

图 3-5 添加多线元素　　　　图 3-6 选择线型

Step 06 单击 [确定] 按钮，结果线型被加载到"选择线型"对话框内，如图 3-7 所示。

Step 07 选择加载的线型，单击 [确定] 按钮，将此线型赋给刚添加的多线元素，结果如图 3-8 所示。

图 3-7 加载线型　　　　图 3-8 设置元素线型

Step 08 在左侧"元素"选项组中，设置多线两端的封口形式，如图 3-9 所示。

Step 09 单击 ┃ 确定 ┃ 按钮返回 "多线样式" 对话框，结果新线样式出现在预览框中，如图 3-10 所示。

图 3-9　设置多线封口

图 3-10　样式效果

小技巧

如果用户为多线设置了填充色或线型等参数，那么在预览框内显示不出这些特性，但是用户一旦使用此样式绘制出多线时，多线样式的所有特性都将显示。

Step 10 单击 ┃ 保存(A)... ┃ 按钮，在弹出的 "保存多线样式" 对话框中设置文件名如图 3-11 所示，将新样式以 "*mln" 的格式进行保存，以方便在其他文件中进行重复使用。

Step 11 返回 "多线样式" 对话框单击按钮 ┃ 确定 ┃，结束命令。

Step 12 执行 "多线" 命令，使用刚设置的新样式绘制一条多线，结果如图 3-12 所示。

图 3-11　设置样式的格式

图 3-12　绘制结果

3.1.3　多段线

所谓 "多段线"，指的是由一系列直线段或弧线段连接而成的一种特殊折线，如图 3-13 所示。

图 3-13　多段线示例

使用"多段线"命令不但可以绘制一条单独的直线段或圆弧，还可以绘制具有一定宽度的闭合或不闭合直线段和弧线序列，无论绘制的多段线包含有多少条直线或圆弧，AutoCAD 都把它们作为一个单独的对象。

执行"多段线"命令主要有以下几种方式。

◇　单击"默认"选项卡→"绘图"面板→"多段线"按钮🔄。
◇　选择菜单栏"绘图"→"多段线"命令。
◇　在命令行输入 Pline 后按 Enter 键。
◇　使用快捷键 PL。

● **绘制键槽**

下面通过绘制键槽轮廓线，主要学习"多段线"命令的使用方法和操作技巧，具体操作如下。

Step 01 新建空白文件。

Step 02 按下 F12 功能键，关闭状态栏上的"动态输入"功能。

Step 03 单击"默认"选项卡→"绘图"面板→"多段线"按钮🔄，配合绝对坐标的输入功能绘制多段线，命令行操作如下。

```
命令: _pline
指定起点:                                    //9.8,0 Enter，定位起点
当前线宽为 0.0000
指定下一个点或 [圆弧(A)/半宽(H)/长度(L)/放弃(U)/宽度(W)]:   //9.8,2.5 Enter
```

▒▒ 小技巧

"长度"选项用于定义下一段多段线的长度，AutoCAD 按照上一线段的方向绘制这一段多段线。若上一段是圆弧，AutoCAD 绘制的直线段与圆弧相切。

```
指定下一点或 [圆弧(A)/闭合(C)/半宽(H)/长度(L)/放弃(U)/宽度(W)]://@-2.73,0 Enter
指定下一点或 [圆弧(A)/闭合(C)/半宽(H)/长度(L)/放弃(U)/宽度(W)]:
                                             //a Enter，转入画弧模式
指定圆弧的端点或[角度(A)/圆心(CE)/闭合(CL)/方向(D)/半宽(H)/直线(L)/半径(R)/第
二个点(S)/放弃(U)/宽度(W)]:                    //ce Enter
指定圆弧的圆心:                                //0,0 Enter
指定圆弧的端点或 [角度(A)/长度(L)]:              //7.07,-2.5 Enter
指定圆弧的端点或[角度(A)/圆心(CE)/闭合(CL)/方向(D)/半宽(H)/直线(L)/半径(R)/第
二个点(S)/放弃(U)/宽度(W)]:                    //l Enter，转入画线模式
指定下一点或 [圆弧(A)/闭合(C)/半宽(H)/长度(L)/放弃(U)/宽度(W)]:
```

```
                                         //9.8,-2.5 Enter
指定下一点或 [圆弧(A)/闭合(C)/半宽(H)/长度(L)/放弃(U)/宽度(W)]:
                          //c Enter，闭合图形，结果如图 3-14 所示
```

图 3-14　绘制结果

小技巧

使用"多段线"命令中的"半宽"选项可以设置多段线半宽，"宽度"选项用于设置多段线起始宽度值，起始点的宽度值可以相同也可以不同。在绘制具有宽度的多段线时，变量 Fillmode 控制着多段线是否被填充，变量值为 1 时，宽度多段线将被填充；为 0 时，将不被填充。

● "圆弧"选项

使用命令中的"圆弧"选项，可以绘制由弧线组合而成的多段线。执行此选项后系统自动切换到画弧状态，并且命令行出现如下提示。

```
指定圆弧的端点或 [角度（A）/圆心（CE）/闭合（CL）/方向（D）/半宽（H）/直线（L）/
半径（R）/第二个点（S）/放弃（U）/ 宽度（W）]
```

各选项功能如下。

◇ "角度"选项用于指定要绘制的圆弧的圆心角。
◇ "心"选项用于指定圆弧的圆心。
◇ "闭合"选项用于用弧线封闭多段线。
◇ "方向"选项用于取消直线与圆弧的相切关系，改变圆弧的起始方向。
◇ "半宽"选项用于指定圆弧的半宽值。执行此选项功能后，AutoCAD 将提示用户输入多段线的起点半宽值和终点半宽值。
◇ "直线"选项用于切换直线模式。
◇ "半径"选项用于指定圆弧的半径。
◇ "第二个点"选项用于选择三点画弧方式中的第二个点。
◇ "宽度"选项用于设置弧线的宽度值。

3.2　绘制作图辅助线

本节主要学习"构造线"和"射线"两个命令，以绘制构造线和射线，用于辅助绘图。

3.2.1 构造线

"构造线"命令用于绘制向两端无限延伸的直线，如图 3-15 所示，此种图线常被用作图形的辅助线。

图 3-15 构造线

执行"构造线"命令主要有以下几种方式。

❖ 单击"默认"选项卡→"绘图"面板→"构造线"按钮 ✎。
❖ 选择菜单栏"绘图"→"构造线"命令。
❖ 在命令行输入 Xline 后按 Enter 键。
❖ 使用快捷键 XL。

使用"构造线"命令可以绘制向两端延伸的作图辅助线，此辅助线可以是水平的、垂直的，还可以是倾斜的。下面通过具体的实例，学习各种辅助线的绘制方法。

Step 01 新建空白文件。

Step 02 单击"默认"选项卡→"绘图"面板→"构造线"按钮 ✎，执行"构造线"命令，绘制水平构造线，命令行操作如下。

```
命令:_xline
指定点或 [水平(H)/垂直(V)/角度(A)/二等分(B)/偏移(O)]: //HEnter，激活"水平"选项
指定通过点:                //在绘图区拾取一点
指定通过点:                //继续在绘图区拾取点
指定通过点:                //Enter，结束命令，绘制结果如图 3-16 所示
```

图 3-16 绘制水平辅助线

Step 03 重复执行"构造线"命令，绘制垂直的构造线。命令行操作如下:

```
命令:_xline
指定点或 [水平(H)/垂直(V)/角度(A)/二等分(B)/偏移(O)]: //VEnter，激活"垂直"选项
指定通过点:                //在绘图区拾取点
指定通过点:                //继续在绘图区拾取点
指定通过点:                // Enter，结束命令，绘制结果如图 3-17 所示
```

Step 04 重复执行"构造线"命令，绘制倾斜构造线，命令行操作如下。

```
命令:_xline
```

指定点或 [水平(H)/垂直(V)/角度(A)/二等分(B)/偏移(O)]:　// A Enter，激活 "角度" 选项
输入构造线的角度 (0) 或 [参照(R)]:　　　//30 Enter，设置倾斜角度
指定通过点:　　　　　　　　　　　　　//拾取通过点
指定通过点:　　　　　　　　　　　　　//Enter，结束命令绘制结果如图 3-18 所示

⁂ 小技巧

使用 "构造线" 命令中的 "二等分" 选项功能，可以绘制任意角度的角平分线，如图 3-19 所示。

图 3-17　绘制垂直辅助线　　　图 3-18　绘制倾斜辅助线　　　图 3-19　绘制等分线

3.2.2　射线

射线也是一种常用的作图辅助线，使用 "射线" 命令可以绘制向一端无限延伸的作图辅助线，如图 3-20 所示。

执行 "射线" 命令主要有以下几种方式。

◇　单击 "默认" 选项卡→ "绘图" 面板→
　　　"射线" ⟋按钮。

◇　选择菜单栏 "绘图" → "射线" 命令。

◇　在命令行输入 Ray 后按 Enter 键。

图 3-20　绘制射线

执行 "射线" 命令，AutoCAD 命令行的操作如下。

```
命令: _ray
指定起点:                   //在绘图区拾取一点作为起点
指定通过点:                 //在绘图区拾取一点作为通过点
指定通过点:                 //在绘图区拾取一点作为通过点
指定通过点:                 //在绘图区拾取一点作为通过点
指定通过点:                 //Enter，绘制结果如图 3-20 所示
```

3.3　绘制曲线类元素

本节将学习 "圆"、"圆弧"、"椭圆"、"椭圆弧"、"修订云线"、"样条曲线" 等绘图

命令。

3.3.1 圆

AutoCAD 共为用户提供了六种画圆方式，如图 3-21 所示，执行"圆"命令主要有以下几种方式。

图 3-21　六种画圆方式

❖　单击"默认"选项卡→"绘图"面板→"圆"按钮⊘。
❖　选择菜单栏"绘图"→"圆"级联菜单中的各种命令。
❖　在命令行输入 Circle 后按 Enter 键。
❖　使用快捷键 C。

● **半径或直径画圆**

"半径画圆"和"直径画圆"是两种基本的画圆方式，默认方式为"半径画圆"。当定位出圆心之后，只须再输入圆的半径或圆的直径，即可精确画圆，命令行操作过程如下。

```
命令：_circle
指定圆的圆心或 [三点(3P)/两点(2P)/切点、切点、半径(T)]：
                        //在绘图区拾取一点作为圆的圆心
指定圆的半径或 [直径(D)]：      //150 Enter，绘制结果如图 3-22 所示
```

图 3-22　"定距画圆"示例

▓ 小技巧

执行"直径"选项，即可进行直径方式画圆。

● **两点或三点画圆**

"两点画圆"和"三点画圆"指的是定位出两点或三点，即可精确画圆。所给定的两点被看作圆直径的两个端点，所给定的三点都位于圆周上，如图 3-23 和图 3-24 所示。

图 3-23　两点画圆

图 3-24　三点画圆

● **画相切圆**

　　AutoCAD 为用户提供了两种画相切圆的方式，即"相切、相切、半径"和"相切、相切、相切"等。前一种相切方式是分别拾取两个相切对象后，再输入相切圆的半径，后一种相切方式是直接拾取三个相切对象，系统自动定位相切圆的位置和大小。

　　绘制相切圆的操作过程如下。

Step 01 绘制如图 3-25 所示的圆和直线。

Step 02 单击"绘图"面板→"圆"按钮 ⊙，根据命令行提示绘制与直线和已知圆都相切的圆，操作如下。

```
命令：_circle
指定圆的圆心或 [三点(3P)/两点(2P)/切点、切点、半径(T)]：
                               //T Enter，激活"切点、切点、半径"选项
指定对象与圆的第一个切点：    //在直线下端单击左键，拾取第一个相切对象
指定对象与圆的第二个切点：    //在圆下侧边缘上单击左键，拾取第二个相切对象
指定圆的半径 <56.0000>：      //100 Enter，给定相切圆半径，结果如图 3-26 所示
```

Step 03 选择菜单栏"绘图"→"圆"→"切点、切点、相切"命令，绘制与三个已知对象都相切的圆，命令行操作如下。

```
命令：_circle
指定圆的圆心或 [三点(3P)/两点(2P)/切点、切点、半径(T)]：_3p 指定圆上的第一个点：
_tan 到                      //拾取直线作为第一相切对象
指定圆上的第二个点：_tan 到    //拾取小圆作为第二相切对象
指定圆上的第三个点：_tan 到
                             //拾取大圆作为第三相切对象，绘制结果如图 3-27 所示
```

图 3-25　绘制结果　　　　图 3-26　相切、相切、半径　　　图 3-27　绘制结果

小技巧

　　在拾取相切对象时，系统会自动在距离光标最近的对象上显示出一个相切符号，此时单击左键即可拾取该对象作为相切对象。另外，光标拾取的位置不同，所绘制的相切圆位置也不同。

3.3.2 圆弧

"圆弧"命令用于绘制圆弧，此命令共为用户提供了五类共十一种画弧方式，如图 3-28 所示。

执行"圆弧"命令主要有以下几种方式。

图 3-28　画弧菜单

- ◇ 单击"默认"选项卡→"绘图"面板→"圆弧"按钮 。
- ◇ 选择菜单栏"绘图"→"圆弧"子菜单中的各命令。
- ◇ 在命令行输入 Arc 后按 Enter 键。
- ◇ 使用快捷键 A。

● **"三点"方式画弧**

所谓"三点画弧"，指的是直接拾取三个点即可定位出圆弧，所拾取的第一点和第三个点作为弧的起点和端点，如图 3-29 所示，此种画弧方式的命令行操作如下。

```
命令：_arc
指定圆弧的起点或 [圆心(C)]：    //拾取一点作为圆弧的起点
指定圆弧的第二个点或 [圆心(C)/端点(E)]：
                    //在适当位置拾取圆弧上的第二点
指定圆弧的端点：        //在适当位置拾取第三点作为圆弧的端点
```

● **"起点圆心"方式画弧**

此种画弧方式又分为"起点、圆心、端点"、"起点、圆心、角度"和"起点、圆心、长度"三种方式。当用户确定出圆弧的起点和圆心后，只需要再给出圆弧的端点，或角度、弧长等参数，即可精确画弧。

图 3-29　三点画弧

"起点、圆心、端点"画弧方式命令行操作如下。

```
命令：_arc
指定圆弧的起点或 [圆心(C)]：                //在绘图区拾取一点作为圆弧的起点
指定圆弧的第二个点或 [圆心(C)/端点(E)]： //c Enter，激活"圆心"选项
指定圆弧的圆心：                //在适当位置拾取一点作为圆弧的圆心
指定圆弧的端点或 [角度(A)/弦长(L)]：//拾取一点作为圆弧的端点，绘制结果如图 3-30 所示
```

图 3-30　绘制结果

小技巧

当用户指定了圆弧的起点和圆心后，直接输入圆弧的包含角或圆弧的弦长，也可精确绘制圆弧，如图 3-31 所示。

图 3-31　另外两种画弧方式

● **"起点端点"方式画弧**

此种画弧方式又可分为"起点、端点、角度"、"起点、端点、方向"和"起点、端点、半径"三种方式。当用户定位出弧的起点和端点后，只需再确定弧的角度、半径或方向，即可精确画弧。

"起点端点"画弧方式的命令行操作过程如下。

```
命令: _arc
指定圆弧的起点或 [圆心(C)]://定位弧的起点
指定圆弧的第二个点或 [圆心(C)/端点(E)]: _e
指定圆弧的端点:        //定位弧的端点
指定圆弧的圆心或 [角度(A)/方向(D)/半径(R)]: _a 指定包含角:
                      //输入190 Enter，定位弧的角度，绘制结果如图 3-32 所示
```

图 3-32　绘制结果

小技巧

如果用户输入的角度为正值，系统将按逆时针方向绘制圆弧，反之将按顺时针方向绘制圆弧。另外，当用户指定了圆弧的起点和端点后，直接输入圆弧的半径或起点切向，也可精确绘制圆弧，如图 3-33 所示。

图 3-33　另外两种画弧方式

● "圆心起点"方式画弧

此种画弧方式分为"圆心、起点、端点"、"圆心、起点、角度"和"圆心、起点、长度"三种。当用户确定了圆弧的圆心和起点后，只需再给出圆弧的端点，或角度、弧长等参数，即可精确绘制圆弧。

"圆心起点"画弧方式的命令行操作过程如下。

```
命令: _arc
指定圆弧的起点或 [圆心(C)]: _c 指定圆弧的圆心:    //拾取一点作为弧的圆心
指定圆弧的起点:                              //拾取一点作为弧的起点
指定圆弧的端点或 [角度(A)/弦长(L)]:
                        //拾取一点作为弧的端点，绘制结果如图 3-34 所示
```

图 3-34　绘制结果

⠿ 小技巧

当用户给定了圆弧的圆心和起点后，输入圆弧的圆心角或弦长，也可精确绘制圆弧，如图 3-35 所示。在配合"长度"绘制圆弧时，如果输入的弦长为正值，系统将绘制小于 180° 的劣弧；如果输入的弦长为负值，系统将绘制大于 180° 的优弧。

图 3-35　圆心、起点方式画弧

● "连续"圆弧

选择菜单栏"绘图"→"圆弧"→"继续"命令，进入连续画弧状态，绘制的圆弧与上一个弧自动相切。另外在结束画弧命令后，连续两次按 Enter 键也可进入"相切圆弧"绘制模式，所绘制的圆弧与前一个圆弧的终点连接并与之相切，如图 3-36 所示。

图 3-36　连续画弧方式

3.3.3 椭圆

"椭圆"是由两条不等的椭圆轴所控制的闭合曲线，包含中心点、长轴和短轴等几何特征，如图 3-37 所示。

执行"椭圆"命令主要有以下几种方式。

✧ 单击"默认"选项卡→"绘图"面板→"椭圆"按钮 ◯ 。

✧ 选择菜单栏"绘图"→"椭圆"子菜单命令，如图 3-38 所示。

✧ 在命令行输入 Ellipse 后按 Enter 键。

✧ 使用快捷键 EL。

图 3-37　椭圆示例　　　　　　　　　图 3-38　椭圆子菜单

● **"轴端点"方式画椭圆**

所谓"轴端点"方式是指定一条轴的两个端点和另一条轴的半长，即可精确画椭圆。此方式是系统默认的绘制方式，其命令行操作过程如下。

```
命令：_ellipse
指定椭圆轴的端点或 [圆弧(A)/中心点(C)]：        //拾取一点，定位椭圆轴的一个端点
指定轴的另一个端点：                            //@200,0 Enter
指定另一条半轴长度或 [旋转(R)]：                //40 Enter，绘制结果如图 3-39 所示
```

▦ 小技巧

如果在轴测图模式下执行了"椭圆"命令，那么在此操作步骤中将增加"等轴测圆"选项，用于绘制轴测圆，如图 3-40 所示。

图 3-39　轴端点示例　　　　　　　　图 3-40　等轴测圆示例

● **"中心点"方式画椭圆**

"中心点"方式画椭圆首先需要确定出椭圆的中心点，然后再确定椭圆轴的一个端

点和椭圆另一半轴的长度。下面以绘制同心椭圆为例，学习"中心点"方式画椭圆。

选择菜单栏"绘图"→"椭圆"→"中心点"命令，使用"中心点"方式绘制椭圆，命令行操作如下。

```
命令：_ellipse
指定椭圆的轴端点或 [圆弧(A)/中心点(C)]：_c
指定椭圆的中心点：               //捕捉刚绘制的椭圆的中心点
指定轴的端点：                   //@0,60 Enter
指定另一条半轴长度或 [旋转(R)]： //35 Enter，绘制结果如图 3-41 所示
```

图 3-41   "中心点"方式画椭圆

小技巧

"旋转"选项是以椭圆的短轴和长轴的比值，把一个圆绕定义的第一轴旋转成椭圆。

3.3.4　椭圆弧

椭圆弧也是一种基本的构图元素，它除了包含中心点、长轴和短轴等几何特征外，还具有角度特征，执行"椭圆弧"命令主要有以下几种方式。

◇　单击"默认"选项卡→"绘图"面板→"椭圆弧"按钮◍。
◇　选择菜单栏"绘图"→"椭圆弧"命令。

下面绘制长轴为 120、短轴为 60、角度为 90 的椭圆弧，其命令行操作如下。

```
命令：_ellipse
指定椭圆的轴端点或 [圆弧(A)/中心点(C)]：  //A Enter，激活"圆弧"功能
指定椭圆弧的轴端点或 [中心点(C)]：        //拾取一点，定位弧端点
指定轴的另一个端点：                      //@120,0 Enter，定位长轴
指定另一条半轴长度或 [旋转(R)]：          //30 Enter，定位短轴
指定起始角度或 [参数(P)]：                //90 Enter，定位起始角度
指定终止角度或 [参数(P)/包含角度(I)]：
                        //180 Enter，定位终止角度，绘制结果如图 3-42 所示
```

图 3-42   椭圆弧示例

> **小技巧**
>
> 椭圆弧的角度就是终止角和起始角度的差值。另外，用户也可以使用"包含角"选项功能，直接输入椭圆弧的角度。

3.3.5　修订云线

　　"修订云线"命令用于绘制由连续圆弧构成的图线，所绘制的图线被看作是一条多段线，此种图线可以是闭合的，也可以是断开的，如图 3-43 所示。

图 3-43　修订云线

　　执行"修订云线"命令主要有以下几种方式。

　　❖　单击"默认"选项卡→"绘图"面板→修订云线系列按钮。
　　❖　选择菜单栏"绘图"→"修订云线"命令。
　　❖　在命令行输入 Revcloud 后按 Enter 键。

　　下面以绘制如图 3-44 所示的修订云线为例，学习使用"修订云线"命令，操作过程如下。

Step 01 选择菜单栏"绘图"→"修订云线"命令，执行"修订云线"命令。

Step 02 根据 AutoCAD 命令行的提示进行设置弧长和绘制云线，命令行操作如下。

```
命令: _revcloud
最小弧长: 15　最大弧长: 15　样式: 普通
指定起点或 [弧长(A)/对象(O)/样式(S)] <对象>:　//a Enter, 激活"弧长"选项
指定最小弧长 <15>:　　　　　　　　　　　　　　//30 Enter, 设置最小弧长
指定最大弧长 <30>:　　　　　　　　　　　　　　//60 Enter, 设置最大弧长
```

> **小技巧**
>
> 在设置弧长时需要注意，最大弧长不能超过最小弧长的 3 倍。

```
指定起点或 [弧长(A)/对象(O)/样式(S)] <对象>:　//在绘图区拾取一点
沿云线路径引导十字光标...　　　　　　　　　　　//按住鼠标左键不放, 沿着所需闭合路
径引导光标, 即可绘制闭合的云线, 如图 3-44 所示
修订云线完成。
```

图 3-44　绘制云线

Note

● "样式"选项

"样式"选项用于设置修订云线的样式。AutoCAD
共为用户提供了"普通"和"手绘"两种样式，默认
情况下为"普通"样式。如图 3-45 所示的云线就是在
"手绘"样式下绘制的。

图 3-45　手绘样式

● "对象"选项

"对象"选项用于将非云线图形，如直线、圆弧、矩形以及圆图形等，按照当前的
样式和尺寸，将其转化为云线图形，如图 3-46 所示。另外，在编辑过程中还可以修改弧
线的方向，如图 3-47 所示。

图 3-46　"对象"选项示例　　　　　图 3-47　反转方向

3.3.6　样条曲线

所谓"样条曲线"，指的是由某些数据点（控制点）拟合生成的光滑曲线，如图 3-48
所示。

图 3-48　样条曲线

执行"样条曲线"命令主要有以下几种方式。

◇　单击"默认"选项卡→"绘图"面板→"样条曲线"按钮 ～。
◇　选择菜单栏"绘图"→"样条曲线"命令。
◇　在命令行输入 Spline 后按 Enter 键。
◇　使用快捷键 SPL。

执行"样条曲线"命令后，其命令行操作如下。

```
命令：_spline
当前设置：方式=拟合    节点=弦
指定第一个点或 [方式(M)/节点(K)/对象(O)]:              //定位第一点
输入下一个点或 [起点切向(T)/公差(L)]:                   //定位第二点
输入下一个点或 [端点相切(T)/公差(L)/放弃(U)]:           //定位第三点
输入下一个点或 [端点相切(T)/公差(L)/放弃(U)/闭合(C)]:   //定位第四点
…
输入下一个点或 [端点相切(T)/公差(L)/放弃(U)/闭合(C)]:   //Enter，结束命令
```

● 选项解析

✧ "对象"选项用于把样条曲线拟合的多段线转变为样条曲线。执行此选项后，如果用户选择的是没有经过"编辑多段线"拟合的多段线，系统无法转换选定的对象。

✧ "闭合"选项用于绘制闭合的样条曲线。执行此选项后，AutoCAD 将使样条曲线的起点和终点重合，并且共享相同的顶点和切向，此时系统只提示一次让用户给定切向点。

✧ "公差"选项主要用来控制样条曲线对数据点的接近程度。拟合公差的大小直接影响当前图形，公差越小，样条曲线越接近数据点，如果公差为 0，则样条曲线通过拟合点；输入大于 0 的公差将使样条曲线在指定的公差范围内通过拟合点，如图 3-49 所示。

拟合公差为 0   拟合公差为 15

图 3-49   拟合公差

3.4 绘制多边形、面域与边界

本节将学习多边形、面域以及边界等图元的绘制技能，具体有"矩形"、"面域"、"边界"和"正多边形"四个命令。

3.4.1 矩形

"矩形"是由四条直线元素组合而成的闭合对象，AutoCAD 将其看作是一条闭合的多段线，执行"矩形"命令主要有以下几种方式。

✧ 单击"默认"选项卡→"绘图"面板→"矩形"按钮□。
✧ 选择菜单栏"绘图"→"矩形"命令。
✧ 在命令行输入 Rectang 后按 Enter 键。

❖ 使用快捷键 REC。

默认设置下，绘制矩形的方式为"对角点"，下面通过绘制长度为 200、宽度为 100 的矩形，学习此种方式，具体操作过程如下。

Step 01 单击"默认"选项卡→"绘图"面板→"矩形"按钮 ⬚，执行"矩形"命令。

Step 02 根据命令行的提示，使用默认对角点方式绘制矩形，命令行操作如下。

```
命令：_rectang
指定第一个角点或 [倒角(C)/标高(E)/圆角(F)/厚度(T)/宽度(W)]：
                                    //在适当位置拾取一点作为矩形角点
指定另一个角点或 [面积(A)/尺寸(D)/旋转(R)]：
                                    //@200,100 Enter，指定对角点
```

Step 03 绘制结果如图 3-50 所示。

图 3-50　绘制结果

⫶⫶⫶ 小技巧

由于矩形被看作是一条多段线，当用户编辑某一条边时，需要事先使用"分解"命令将其分解。

● **绘制倒角矩形**

执行"矩形"命令中的"倒角"选项，可以绘制具有一定倒角的特征矩形，命令行操作过程如下。

```
命令：_rectang
指定第一个角点或 [倒角(C)/标高(E)/圆角(F)/厚度(T)/宽度(W)]：
                                    //c Enter，激活"倒角"选项
指定矩形的第一个倒角距离 <0.0000>：      //25 Enter，设置第一倒角距离
指定矩形的第二个倒角距离 <25.0000>：     //10 Enter，设置第二倒角距离
指定第一个角点或 [倒角(C)/标高(E)/圆角(F)/厚度(T)/宽度(W)]： //在适当位置拾取一点
指定另一个角点或 [面积(A)/尺寸(D)/旋转(R)]：   //d Enter，激活"尺寸"选项
指定矩形的长度 <10.0000>：              //200 Enter
指定矩形的宽度 <10.0000>：              //100 Enter
指定另一个角点或 [面积(A)/尺寸(D)/旋转(R)]：
                                    //在绘图区拾取一点，结果如图 3-51 所示
```

图 3-51　倒角矩形

▓▓▓ 小技巧

此步操作仅仅是用来确定矩形的位置，具体就是确定另一个顶点相对于第一顶点的位置。如果在第一顶点的左侧拾取点，结果另一个对象点位于第一个顶点的左侧，反之位于右侧。

● **绘制圆角矩形**

使用"矩形"命令中的"圆角"选项，可以绘制具有一定圆角的特征矩形，其命令行操作过程如下。

```
命令：_rectang
指定第一个角点或 [倒角(C)/标高(E)/圆角(F)/厚度(T)/宽度(W)]:
                              //f Enter，激活"圆角"选项
指定矩形的圆角半径 <0.0000>:    //20 Enter，设置圆角半径
指定第一个角点或 [倒角(C)/标高(E)/圆角(F)/厚度(T)/宽度(W)]:
                              //拾取一点作为起点
指定另一个角点或 [面积(A)/尺寸(D)/旋转(R)]:  //a Enter，激活"面积"选项
输入以当前单位计算的矩形面积 <100.0000>:   //20000 Enter，指定矩形面积
计算矩形标注时依据 [长度(L)/宽度(W)] <长度>:  //L Enter，激活"长度"选项
输入矩形长度 <200.0000>:       //Enter，绘制结果如图 3-52 所示
```

● **其他选项**

✧ "标高"选项用于设置矩形在三维空间内的基面高度，即距离当前坐标系的 XOY 坐标平面的高度。

✧ "厚度"和"宽度"选项用于设置矩形各边的厚度和宽度，以绘制具有一定厚度和宽度的矩形，如图 3-53 和图 3-54 所示。矩形的厚度指的是 Z 轴方向的高度。矩形的厚度和宽度也可以由"特性"命令进行修改和设置。

图 3-52　圆角矩形

图 3-53　宽度矩形

图 3-54　厚度矩形

> **⚡ 小技巧**
>
> 如果用户绘制一定厚度和标高的矩形时，要把当前视图转变为等轴测视图，才能显示出矩形的厚度和标高，否则在俯视图中看不出明显变化。

3.4.2 面域

"面域"其实就是实体的表面，是一个没有厚度的二维实心区域，它具备实体模型的一切特性，不但含有边的信息，还含有边界内的信息，可以利用这些信息计算工程属性，如面积、重心和惯性矩等，执行"面域"命令主要有以下几种方式。

- ✧ 单击"默认"选项卡→"绘图"面板→"面域"按钮◎。
- ✧ 选择菜单栏"绘图"→"面域"命令。
- ✧ 在命令行输入 Region 后按 Enter 键。
- ✧ 使用快捷键 REN。

面域不能直接被创建，而只能通过其他闭合图形进行转化。在执行"面域"命令后，只需选择封闭的图形对象，即可将其转化为面域，如圆、矩形、正多边形等。

封闭对象在没有转化为面域之前，仅是一种线框模型，没有什么属性信息；这些封闭图形一旦被创建为面域之后，它就转变为一种实体对象，从而包含实体对象所具有的一切属性。当闭合对象被转化为面域后，看上去并没有什么变化，如果对其进行着色就可以区分开，如图 3-55 所示。

图 3-55　线框与面域

3.4.3 边界

所谓"边界"，指的是一条闭合的多段线或面域。使用"边界"命令，可以从多个相交对象中提取一条或多条闭合多段线，也可以提取一个或多个面域，执行"边界"命令主要有以下几种方式。

- ✧ 单击"默认"选项卡→"绘图"面板→"边界"按钮▯。
- ✧ 选择菜单栏"绘图"→"边界"命令。
- ✧ 在命令行输入 Boundary 后按 Enter 键。
- ✧ 使用快捷键 BO。

下面通过具体实例，学习"边界"命令的使用方法和技巧，具体操作过程如下。

Step 01 新建空白文件并绘制如图 3-56 所示的矩形和对角线。

Step 02 选择菜单栏"绘图"→"边界"命令，打开如图 3-57 所示的"边界创建"对话框。

图 3-56　绘制结果　　　　　图 3-57　"边界创建"对话框

小技巧

"对象类型"下拉列表框用于确定导出的是封闭边界还是面域，默认为多段线。如果需要导出面域，可将面域设置为当前。

Step 03 单击"拾取点"按钮，返回绘图区，在命令行"拾取内部点："提示下，在矩形内部区域内单击左键拾取一点，系统自动分析出一个虚线边界，如图 3-58 所示。

Step 04 继续在命令行"拾取内部点："提示下，在下侧区域内单击左键，创建另两个边界，如图 3-59 所示。

图 3-58　创建边界　　　　　　　　图 3-59　创建边界

Step 05 继续在命令行"拾取内部点："提示下按 Enter 键结束命令，结果创建了两条闭合的多段线边界。

小技巧

使用"边界"命令创建的闭合多段线或面域与原图形对象的轮廓边是重合的。

Step 06 使用快捷键 M 执行"移动"命令，将创建的三个闭合边界从原图形中移出，结果如图 3-60 所示。

图 3-60　移出边界

● "边界集"选项组

此选项组用于定义从指定点定义边界时 AutoCAD 导出来的对象集合，共有"当前视口"和"现有集合"两种类型，其中前者用于从当前视口中可见的所有对象中定义边界集，后者是从选择的所有对象中定义边界集。

单击"新建"按钮⊕，在绘图区选择对象后，系统返回"边界创建"对话框，在"边界集"组合框中显示"现有集合"类型，用户可以从选择的现有对象集合中定义边界集。

3.4.4 正多边形

所谓"正多边形"，指的是由相等的边角组成的闭合图形，如图 3-61 所示。正多边形也是一个复合对象，不管内部包含有多少直线元素，系统都将其看作是一个单一的对象。

图 3-61　正多边形

执行"正多边形"命令主要有以下几种方式。

 ✧ 单击"默认"选项卡→"绘图"面板→"正多边形"按钮⬠。
 ✧ 选择菜单栏"绘图"→"正多边形"命令。
 ✧ 在命令行输入 Polygon 后按 Enter 键。
 ✧ 使用快捷键 POL。

● "内接于圆"方式画多边形

此种方式为系统默认方式，在指定了正多边形的边数和中心点后，直接输入正多边形外接圆的半径，即可精确绘制正多边形，其命令行操作过程如下。

```
命令：_polygon
输入边的数目 <4>：                          //5 Enter，设置正多边形的边数
指定正多边形的中心点或 [边(E)]：            //在绘图区拾取一点作为中心点
输入选项 [内接于圆(I)/外切于圆(C)] <I>：    //I Enter，激活"内接于圆"选项
指定圆的半径：              //120 Enter，输入外接圆半径，结果如图 3-62 所示
```

● "外切于圆"方式画多边形

当确定了正多边形的边数和中心点之后，使用此种方式输入正多边形内切圆的半径，就可精确绘制出正多边形，其命令行操作过程如下。

```
命令：_polygon
输入边的数目 <4>：                          //5 Enter，设置正多边形的边数
指定正多边形的中心点或 [边(E)]：            //在绘图区拾取一点定位中心点
```

输入选项 [内接于圆(I)/外切于圆(C)] <C>：　　//c Enter，激活"外切于圆"选项
指定圆的半径：　　　　　　　　//120 Enter，输入内切圆的半径，绘制结果如图 3-63 所示

图 3-62　"内接于圆"方式示例　　　　　　　图 3-63　"外切于圆"方式

● "边"方式画多边形

此种方式是通过输入多边形一条边的边长，来精确绘制正多边形的。在具体定位边长时，需要分别定位出边的两个端点，其命令行操作过程如下。

命令：_polygon
输入边的数目 <4>：　　　　　　　　//6 Enter，设置正多边形的边数
指定正多边形的中心点或 [边(E)]：　　//e Enter，激活"边"选项
指定边的第一个端点：　　　　　　　//拾取一点作为边的一个端点
指定边的第二个端点：　　//@100,0 Enter，定位第二个端点，绘制结果如图 3-64 所示

图 3-64　"边"方式示例

⠿ 小技巧

使用"边"方式绘制正多边形，在指定边的两个端点 A、B 时，系统按从 A 至 B 顺序以逆时针方向绘制正多边形。

3.5　绘制点与等分点

本节将学习"单点"、"多点"、"定数等分"和"定距等分"四个命令，以绘制单个点、多个点以及等分点。

3.5.1　单点

使用"单点"命令一次绘制一个点对象。当执行该命令绘制完单个点后，系统自动结束此命令，所绘制的点以一个小点的方式进行显示，如图3-65所示。

执行"单点"命令主要有以下几种方式。

◇　选择菜单栏"绘图"→"点"→"单点"命令。

◇　在命令行输入 Point 后按 Enter 键。

◇　使用快捷键 PO。

•

图 3-65　单点

默认设置下，点图形以一个小点显示，如果用户需要在某图形轮廓线上绘制点，那么用户就会看不到所绘制的点，为此，AutoCAD 提供了多种点的样式，用户可以根据需要设置当前点的显示样式。

点样式及点尺寸的设置步骤如下。

Step 01 单击"默认"选项卡→"实用工具"面板→"点样式"按钮 ，或在命令行输入 Ddptype 后按 Enter 键，打开如图3-66所示的对话框。

Step 02 AutoCAD 共为用户提供了20种点样式，在所需样式上单击左键，即可将此样式设置为当前样式。在此设置"⊗"为当前点样式。

Step 03 在"点大小"文本框内输入点的大小尺寸。其中，"相对于屏幕设置尺寸"选项表示按照屏幕尺寸的百分比来显示点；"用绝对单位设置尺寸"选项表示按照点的实际尺寸来显示点。

Step 04 单击 确定 按钮，结果绘图区的点被更新，如图3-67所示。

图 3-66　"点样式"对话框

图 3-67　更新点样式

3.5.2　多点

"多点"命令可以连续地绘制多个点对象，直到按下 Esc 键结束命令为止，如图3-68所示，执行"多点"命令主要有以下几种方式。

❖　单击"默认"选项卡→"绘图"面板→"多点"按钮 。

❖　选择菜单栏"绘图"→"点"→"多点"命令。

执行"多点"命令后 AutoCAD 系统提示如下。

```
命令: Point
当前点模式: PDMODE=0  PDSIZE=0.0000 (Current point modes:  PDMODE=0
PDSIZE=0.0000)
指定点:                //在绘图区给定点的位置
指定点:                //在绘图区给定点的位置
指定点:                //在绘图区给定点的位置
    ⋮
指定点:                //继续绘制点或按 Esc 键结束命令, 绘制结果如图 3-68 所示
```

图 3-68　绘制多点

3.5.3　定数等分

"定数等分"命令用于按照指定的等分数目进行等分对象, 对象被等分的结果仅仅是在等分点处放置了点的标记符号（或者是内部图块）, 而源对象并没有被等分为多个对象, 执行"定数等分"命令主要有以下几种方式。

❖　单击"默认"选项卡→"绘图"面板→"定数等分"按钮 。

❖　选择菜单栏"绘图"→"点"→"定数等分"命令。

❖　在命令行输入 Divide 后按 Enter 键。

❖　使用快捷键 DVI。

下面通过具体实例, 学习"定数等分"命令的使用方法和技巧, 具体操作步骤如下。

Step 01 新建空白文件。

Step 02 绘制一条长度为 200 的水平线段作为等分对象。

Step 03 选择"格式"菜单中的"点样式"命令, 将当前点样式设置为"⊗"。

Step 04 单击"绘图"菜单栏中的"点"→"定数等分"命令, 然后根据 AutoCAD 命令行提示进行定数等分线段, 命令行操作如下。

```
命令:_divide
选择要定数等分的对象:           //选择刚绘制的水平线段
输入线段数目或 [块(B)]:          //5 Enter, 设置等分数目, 同时结束命令
```

Step 05 等分结果如图 3-69 所示。

图 3-69　等分结果

小技巧

"块(B)"选项用于在对象等分点处放置内部图块，以代替点标记。在执行此选项时，必须确保当前文件中存在所需使用的内部图块。

3.5.4　定距等分

"定距等分"命令是按照指定的等分距离进行等分对象，执行"定距等分"命令主要有以下几种方式。

- ❖　单击"默认"选项卡→"绘图"面板→"定距等分"按钮。
- ❖　选择菜单栏"绘图"→"点"→"定距等分"命令。
- ❖　在命令行输入 Measure 后按 Enter 键。
- ❖　使用快捷键 ME。

下面通过典型的小实例学习"定距等分"命令的使用方法和相关技巧，具体操作步骤如下。

Step 01 绘制长度为 200 的水平线段作为等分对象。

Step 02 使用"点样式"命令，设置点的显示样式为"⊗"。

Step 03 选择菜单栏"绘图"→"点"→"定距等分"命令，对线段进行定距等分，命令行操作如下。

```
命令：_measure
选择要定距等分的对象：      //选择刚绘制的线段
指定线段长度或 [块(B)]：    //45 Enter，设置等分距离
```

Step 04 定距等分的结果如图 3-70 所示。

图 3-70　等分结果

3.6　绘制图案填充

所谓"图案"，指的就是使用各种图线进行不同的排列组合而构成的图形元素，此类图形元素作为一个独立的整体，被填充到各种封闭的图形区域内，以表达各自的图形信息息，如图 3-71 所示。

图 3-71　图案示例

执行"图案填充"命令主要有以下几种方式。

◇　单击"默认"选项卡→"绘图"面板→"图案填充"按钮 。

◇　选择菜单栏"绘图"→"图案填充"命令。

◇　在命令行输入 Bhatch 后按 Enter 键。

◇　使用快捷键 H 或 BH。

下面通过具体实例，学习"图案填充"命令的使用方法和填充技巧，具体操作步骤如下。

Step 01　新建空白文件，并绘制如图 3-72 所示的矩形和圆，作为填充边界。

Step 02　选择菜单栏"绘图"→"图案填充"命令，在弹出的"图案填充创建"选项卡上单击"选项"面板右下角的"图案填充设置"按钮 ，打开如图 3-73 所示的"图案填充和渐变色"对话框。

图 3-72　绘制结果　　　　图 3-73　"图案填充和渐变色"对话框

Step 03　单击"样例"文本框中的图案，或单击"图案"列表右端的按钮 ，打开"填充图案选项板"对话框，选择需要填充的图案，如图 3-74 所示。

Step 04　返回"图案填充和渐变色"对话框，设置填充比例为 3，然后单击"添加:选择对象"按钮 ，选择矩形作为填充边界，填充结果如图 3-75 所示。

Step 05　重复"图案填充"命令，设置填充的图案以及填充参数如图 3-76 所示，然后单击"添加:拾取点"按钮 ，返回绘图区，在圆图形内单击左键，指定填充边界。

Step 06　按 Enter 键返回"图案填充和渐变色"对话框，单击 确定 按钮结束命令，填充结果如图 3-77 所示。

图 3-74　选择填充图案

图 3-75　填充结果

图 3-76　设置填充图案和填充参数

图 3-77　填充结果

● "图案填充"选项卡

"图案填充"选项卡用于设置填充图案的类型、样式、填充角度及填充比例等，各常用选项如下。

◇ "类型"下拉列表框内包含"预定义"、"用户定义"、"自定义"三种图样类型，如图 3-78 所示。

图 3-78　"类型"下拉列表框

小技巧

"预定义"图样只适用于封闭的填充边界；"用户定义"图样可以使用图形的当前线型创建填充图样；"自定义"图样就是使用自定义的 PAT 文件中的图样进行填充。

◇ "图案"下拉列表框用于显示预定义类型的填充图案名称。用户可从下拉列表框中选择所需的图案，也可单击⋯按钮，在弹出的"填充图案选项板"对话框中选择所需的填充图案。

◇　"样例"文本框用于显示图案的预览图像；"角度"下拉文本框用于设置图案的倾斜角度；"比例"下拉文本框用于设置图案的填充比例。

> **⫶⫶⫶ 小技巧**
>
> AutoCAD 提供的各图案都有默认的比例，如果此比例不合适（太稀或太密），可以输入数值给出新比例。

◇　"相对于图纸空间"选项仅用于布局选项卡，它是相对图纸空间单位进行图案的填充。运用此选项，可以根据适合于布局的比例显示填充图案。
◇　"间距"文本框可设置用户定义填充图案的直线间距。

> **⫶⫶⫶ 小技巧**
>
> 只有勾选了"类型"列表框中的"用户自定义"选项，此选项才可用。

◇　"双向"复选框仅适用于用户定义图案，勾选该复选框，将增加一组与原图线垂直的线。
◇　"ISO 笔宽"选项主要用于设置 ISO 剖面线图案的线与线之间的间隔，它只在选择 ISO 线型图案时才可用。

● **填充边界的拾取**

◇　"添加：拾取点"按钮⊞：该按钮用于在填充区域内部拾取任意一点，AutoCAD 将自动搜索到包含该点的区域边界，并以虚线显示边界。

> **⫶⫶⫶ 小技巧**
>
> 用户可以连续地拾取多个要填充的目标区域，如果选择了不需要的区域，此时可单击鼠标右键，从弹出的快捷菜单中选择"放弃上次选择/拾取"或"全部清除"命令。

◇　"添加：选择对象"按钮⊞：单击此按钮，系统将自动返回绘图区，选择需要填充图案的闭合图形，作为填充边界。
◇　"删除边界"按钮⊠用于删除位于选定填充区内但不填充的区域。
◇　"查看选择集"按钮⬙用于查看所确定的边界。
◇　"继承特性"按钮⬚用于在当前图形中选择一个已填充的图案，系统将继承该图案类型的一切属性并将其设置为当前图案。
◇　"关联"选项与"创建独立的图案填充"选项用于确定填充图形与边界的关系，分别用于创建关联和不关联的填充图案。

● **"渐变色"选项卡**

在"图案填充和渐变色"对话框中选择 渐变色 选项卡，打开如图 3-79 所示的"渐变色"选项卡，用于为指定的边界填充渐变色。

图 3-79　"渐变色"选项卡

单击右下角的"更多选项"扩展按钮 ⊙，即可展开右侧的"孤岛"选项。

- ◇ "单色"单选按钮用于以一种渐变色进行填充；██████ 显示框用于显示当前的填充颜色，双击该颜色框或单击其右侧的 [...] 按钮，弹出如图 3-80 所示的"选择颜色"对话框，用户可根据需要选择所需的颜色。
- ◇ ◀█████▶ "暗——明"滑动条：拖动滑动块可以调整填充颜色的明暗度，如果用户执行"双色"选项，此滑动条自动转换为颜色显示框。
- ◇ "双色"选项用于以两种颜色的渐变色作为填充色；"角度"选项用于设置渐变填充的倾斜角度。
- ◇ "边界保留"选项用于设置是否保留填充边界。系统默认设置为不保留填充边界。
- ◇ "孤岛显示样式"选项组提供了"普通"、"外部"和"忽略"三种方式，如图 3-81 所示，其中"普通"方式是从最外层的外边界向内边界填充，第一层填充，第二层不填充，如此交替进行；"外部"方式只填充从最外边界向内第一边界之间的区域；"忽略"方式忽略最外层边界以内的其他任何边界，以最外层边界向内填充全部图形。

小技巧

孤岛是指在一个边界包围的区域内又定义了另外一个边界，它可以实现对两个边界之间的区域进行填充，而内边界包围的内区域不填充。

图 3-80　"选择颜色"对话框

图 3-81　孤岛填充样式

3.7　上机实训一——绘制扳手零件图

本例通过绘制扳手零件的轮廓图，主要对本章重点知识进行综合练习和巩固。扳手零件的最终绘制效果如图 3-82 所示，操作步骤如下。

图 3-82　实例效果

Step 01 单击"快速访问"工具栏→"新建"按钮，快速创建公制单位的空白文件。

Step 02 启用状态栏上的"对象捕捉"和"对象捕捉追踪"功能，并设置捕捉模式如图 3-83 所示。

Step 03 执行"中心缩放"命令，将当前的视口高度调整为 70，命令行操作如下。

```
命令:_zoom
指定窗口的角点，输入比例因子 (nX 或 nXP)，或者[全部(A)/中心(C)/动态(D)/范围(E)/
上一个(P)/比例(S)/窗口(W)/对象(O)] <实时>: _c
指定中心点:              //在绘图区拾取一点作为新视口的中心点
输入比例或高度 <86.6904>:   //70 Enter，指定新视口的高度
```

Step 04 单击"绘图"面板→"正多边形"按钮，执行"正多边形"命令，绘制边长为 6 的正八边形，命令行操作如下。

```
命令：_polygon
输入边的数目 <4>:                    //8 Enter，设置边数
指定正多边形的中心点或 [边(E)]:      //E Enter
指定边的第一个端点:                  //在绘图区拾取一点
指定边的第二个端点:                  //@6,0 Enter，结果如图 3-84 所示
```

图 3-83　设置捕捉追踪

图 3-84　绘制正多边形

Step 05 使用快捷键 C 执行"圆"命令，以正八边形的中心点作为圆心，绘制直径为 20 的圆，命令行操作如下。

```
命令：_circle                       //Enter，执行画圆命令
指定圆的圆心或 [三点(3P)/两点(2P)/切点、切点、半径(T)]:
                //引出如图 3-85 所示的两条相互对象追踪虚线，然后捕捉追踪虚线的交点
指定圆的半径或 [直径(D)]:            //D Enter
指定圆的直径:                       //20 Enter，绘制结果如图 3-86 所示
```

图 3-85　引出追踪虚线

图 3-86　绘制结果

Step 06 按 Enter 键，重复执行"圆"命令，配合"捕捉自"功能绘制两个直径为 10 的圆，命令行操作如下。

```
命令：_circle                       //Enter，重复命令
指定圆的圆心或 [三点(3P)/两点(2P)/切点、切点、半径(T)]:
                                    //执行"捕捉自"   功能
_from 基点:                         //捕捉圆的圆心
<偏移>:                            //@8,-20 Enter
指定圆的半径或 [直径(D)] <10.0000>:  //D Enter
指定圆的直径 <20.0000>:             //10 Enter，绘制结果如图 3-87 所示
命令：_circle                       //Enter，重复执行画圆命令
指定圆的圆心或 [三点(3P)/两点(2P)/切点、切点、半径(T)]:
```

```
_from 基点：                    //执行"捕捉自" 功能，并捕捉大圆的圆心
<偏移>：                        //@-20,8 Enter
指定圆的半径或 [直径(D)] <5.0000>：  //D Enter，激活"直径"选项
指定圆的直径 <10.0000>：          //10 Enter，绘制结果如图 3-88 所示
```

图 3-87　"圆心、直径"画圆　　　　　　　　　图 3-88　绘制结果

Step 07 选择菜单栏"绘图"→"圆"→"切点、切点、半径"命令，绘制与大圆和小圆都相切的圆，命令行操作如下。

```
命令：_circle
指定圆的圆心或 [三点(3P)/两点(2P)/切点、切点、半径(T)]：_ttr
指定对象与圆的第一个切点：     //在如图 3-89 所示的圆位置上拾取相切点
指定对象与圆的第二个切点：     //在如图 3-90 所示的圆位置上拾取相切点
指定圆的半径 <5.0000>：       //10 Enter，绘制如图 3-91 所示相切圆
```

图 3-89　拾取大圆　　　　　　图 3-90　拾取小圆　　　　　　图 3-91　绘制结果

Step 08 重复执行"切点、切点、半径"命令，绘制上端的相切圆，相切圆半径为 10，绘制结果如图 3-92 所示。

Step 09 选择菜单栏"修改"→"修剪"命令，以直径为 20 和直径为 10 的三个圆作为修剪边界，对两个相切圆进行修剪，命令行操作如下。

```
命令：_trim
当前设置：投影=UCS，边=无
选择剪切边...
选择对象或 <全部选择>：              //选择直径为 20 的大圆
选择对象：                          //选择上端的直径为 10 的小圆
选择对象：              //选择下端的直径为 10 的小圆，边界的选择结果如图 3-93 所示
选择对象：                          //Enter，结束对象的选择
选择要修剪的对象，或按住 Shift 键选择要延伸的对象，或[栏选(F)/窗交(C)/投影(P)/边
(E)/删除(R)/放弃(U)]：              //在上侧相切圆的右下侧单击左键
```

　　选择要修剪的对象，或按住 Shift 键选择要延伸的对象，或 [栏选(F)/窗交(C)/投影(P)/边
(E)/删除(R)/放弃(U)]:　　　　　　　　　　　　　//在下侧相切圆的右下侧单击左键
　　选择要修剪的对象，或按住 Shift 键选择要延伸的对象，或 [栏选(F)/窗交(C)/投影(P)/边
(E)/删除(R)/放弃(U)]:　　　　　　　　　　　　　//Enter，修剪结果如图 3-94 所示

图 3-92　绘制相切圆　　　　图 3-93　选择修剪边界　　　　图 3-94　修剪结果

Step 10 在命令行输入 Line 并按 Enter 键，执行"直线"命令，配合切点捕捉功能绘制圆的
公切线，命令行操作如下。

```
命令: line
指定第一点:                    //单击"对象捕捉"工具栏按钮
_tan 到                        //在如图 3-95 所示的位置上单击左键
指定下一点或 [放弃(U)]:         //单击"对象捕捉"工具栏按钮
_tan 到                        //在如图 3-96 所示的位置上单击左键
指定下一点或 [放弃(U)]:         //Enter，结束命令，绘制结果如图 3-97 所示
```

图 3-95　捕捉切点　　　　图 3-96　捕捉切点　　　　图 3-97　绘制圆的公切线

Step 11 重复执行第 10 操作步骤，绘制另外两圆的外公切线，结果如图 3-98 所示。

Step 12 单击"绘图"面板→"正多边形"按钮，执行"正多边形"命令，绘制外接圆半
径为 4 的正八边形，命令行操作如下。

```
命令: _polygon
输入边的数目 <8>:                        //Enter，采用当前参数设置
指定正多边形的中心点或 [边(E)]:          //捕捉直径为 10 的圆的圆心
输入选项 [内接于圆(I)/外切于圆(C)] <I>:  //Enter，采用默认参数设置
指定圆的半径:                            //@4,0 Enter，绘制结果如图 3-99 所示
```

Step 13 重复执行第 12 操作步骤，以下侧小圆的圆心作为中心点，绘制外接圆半径为 4 的
正八边形，绘制结果如图 3-100 所示。

图 3-98　绘制另外两个圆的外公切线　　　图 3-99　绘制正多边形　　　图 3-100　绘制结果

Step 14 选择菜单栏"标注"→"标注样式"命令，修改当前标注样式的圆心标记参数，如图 3-101 所示。

Step 15 选择菜单栏"标注"→"圆心标记"命令，分别标注直径为 20 和 10 的三个圆的圆心标记，结果如图 3-102 所示。

图 3-101　设置圆心标记参数

图 3-102　标注结果

Step 16 单击"快速访问"工具栏→"保存"按钮 🖫，将图形另名存储为"上机实训一.dwg"。

3.8　上机实训二——绘制零件剖面线

本例通过为组装零件图绘制剖面线，主要学习"预定义图案"和"用户定义图案"的快速填充方法及填充技巧，继续对本章重点知识进行综合练习和巩固应用。本例最终绘制效果如图 3-103 所示，操作步骤如下。

Step 01 单击"快速访问"工具栏→"打开"按钮 📂，打开随书光盘中的"\素材文件\组装图.dwg"，如图 3-104 所示。

Step 02 选择菜单栏"格式"→"颜色"命令，设置当前颜色为 142 号色，如图 3-105 所示。

图 3-103　实例效果

图 3-104 素材文件 　　　　　　　　　图 3-105 设置当前颜色

Step 03 选择菜单栏"绘图"→"图案填充"命令，或单击"绘图"面板→"图案填充"按钮，并打开"图案填充和渐变色"对话框。

操作提示：如果在"草图与注释"工作空间内执行了"图案填充"命令，还需要再激活命令中的"设置"选项，才可以打开"图案填充和渐变色"对话框。

Step 04 单击"图案"文本框右端的 按钮，打开"填充图案选项板"对话框，在 ANSI 选项卡中选择"ANSI31"图案。

Step 05 单击 确定 按钮返回"图案填充和渐变色"对话框，结果该图案被设置为当前图案，同时设置填充角度、比例以及其他参数，如图 3-106 所示。

Step 06 单击"添加：拾取点"按钮 ，返回绘图区，分别在如图 3-107 所示的 a、b、c 三个区域单击左键，拾取三个填充区域，同时被拾取的填充区域呈虚线显示。

Step 07 按 Enter 键，返回"图案填充和渐变色"对话框，单击 确定 按钮，填充结果如图 3-108 所示。

Step 08 重复执行"图案填充"命令，在打开的"图案填充和渐变色"对话框中设置填充图案和填充参数，如图 3-109 所示。

Step 09 单击"添加：拾取点"按钮 ，返回绘图区，在如图 3-110 所示的两个区域作为填充区域，为其填充图案，填充结果如图 3-111 所示。

Step 10 复复执行"图案填充"命令，在打开的"图案填充和渐变色"对话框中设置填充图案为 LINE，设置填充角度和填充比例参数如图 3-112 所示。

图 3-106 设置填充参数 　　　　　　　　图 3-107 指定填充边界

图 3-108　填充结果

图 3-109　设置填充参数

图 3-110　拾取填充区域 　　　图 3-111　填充结果 　　　图 3-112　设置填充图案及参数

Step 11 单击"添加:拾取点"按钮 ，返回绘图区，在图 3-113 所示的虚线区域内拾取一点，指定填充区域，为其填充图案，填充结果如图 3-114 所示。

Step 12 重复执行"图案填充"命令，设置图案类型和填充参数如图 3-115 所示，为如图 3-116 所示的虚线区域填充图案，填充结果如图 3-117 所示。

图 3-113　拾取填充区域 　　　图 3-114　填充结果 　　　图 3-115　设置填充图案与参数

图 3-116　拾取填充区域　　　　　　　　　　　　　　　　图 3-117　填充结果

Step ⑬　执行"图案填充"命令，在打开的"图案填充和渐变色"对话框中设置图案类型和
填充参数如图 3-118 所示，填充如图 3-119 所示图案。

图 3-118　设置图案类型和填充参数　　　　　　　　图 3-119　填充结果

Step ⑭　单击"快速访问"工具栏→"另存为"按钮 🖫，将图形另名存储为"上机实训二.dwg"。

3.9　小结与练习

3.9.1　小结

　　本章主要学习了 AutoCAD 常用绘图工具的使用方法和操作技巧，具体有点、线、
圆、弧、闭合边界以及图案填充等。在讲述线命令时，需要掌握直线、多段线、平行线、
作图辅助线以及样条曲线等图元的绘制方法和技巧；在讲述点命令时，需要掌握点样式、
点尺寸的设置方法；掌握单点与多点的绘制，以及定数等分和定距等分工具的操作方法
和操作技巧。

　　除了各种线元素之外，还需要掌握闭合图元的绘制方法和技巧，如矩形、边界、圆、
弧，以及多边形等；掌握图案的选择、参数的设置、填充区域的拾取等图案的填充技能。

3.9.2　练习

1. 综合相关知识，绘制如图 3-120 所示的零件图。
2. 综合相关知识，绘制如图 3-121 所示的零件图。

图 3-120　练习一

图 3-121　练习二

第 **4** 章

机械平面元素的编辑功能

本章将学习 AutoCAD 机械平面元素的修改编辑功能，以方便用户对其进行编辑和修饰完善，将有限的基本几何元素编辑组合为千变万化的复杂图形，以满足设计的需要。通过本章的学习，应了解和掌握图形的编辑细化工具，掌握图形位置、形状的变换工具、图形的夹点编辑功能，以更好地组合和编辑出结构复杂的图形。

内容要点

◆ 调整机械元素的位置　　　　　　◆ 调整机械元素的形状

◆ 机械元素的细化编辑　　　　　　◆ 机械元素的其他编辑

◆ 上机实训一——绘制箱体底垫零件图　◆ 上机实训二——绘制基板零件二视图

4.1 调整机械元素的位置

本节主要学习"移动"、"旋转"、"缩放"、"对齐"四个命令，以方便调整图形的位置及大小。

4.1.1 移动

"移动"命令用于将选择的图形对象从一个位置移动到另一个位置，移动的结果仅是图形位置上的改变，图形的形状及大小不会发生改变。

执行"移动"命令主要有以下几种方式。

❖ 单击"默认"选项卡→"修改"面板→"移动"按钮 ⊹。
❖ 选择菜单栏"绘图"→"移动"命令。
❖ 在命令行输入 Move 后按 Enter 键。
❖ 使用快捷键 M。

下面通过简单的小实例，学习"移动"命令的使用方法和相关技能，具体操作步骤如下。

Step 01 新建绘图文件。

Step 02 按下 F3 功能键，激活"对象捕捉"功能，并将捕捉模式设置为端点捕捉。

Step 03 按下 F10 功能键，激活"极轴追踪"功能，然后设置极轴角如图 4-1 所示。

Step 04 分别执行"直线"和"矩形"命令，绘制如图 4-2 所示的矩形和直线。

图 4-1　设置极轴角

图 4-2　绘制结果

Step 05 单击"默认"选项卡→"修改"面板→"移动"按钮 ⊹，执行"移动"命令，对矩形进行位移，命令行操作如下。

```
命令：_move
选择对象：                    //选择矩形
选择对象：                    //Enter，结束对象的选择
指定基点或 [位移(D)] <位移>：   //捕捉如图 4-3 所示的端点
指定第二个点或 <使用第一个点作为位移>：
```

Note

//捕捉倾斜直线的上端点作为目标点，同时结束命令

Step 06 移动结果如图 4-4 所示。

图 4-3　定位基点

图 4-4　移动结果

4.1.2　旋转

　　"旋转"命令用于将图形对象围绕指定的基点进行角度旋转。执行"旋转"命令主要有以下几种方式。

　　◇　单击"默认"选项卡→"修改"面板→"旋转"按钮○。

　　◇　选择菜单栏"修改"→"旋转"命令。

　　◇　在命令行输入 Rotate 后按 Enter 键。

　　◇　使用快捷键 RO。

　　下面通过典型的小实例，学习"旋转"命令的使用方法和技巧，具体操作步骤如下。

Step 01 打开随书光盘中的"\素材文件\4-1.dwg"，如图 4-5 所示。

Step 02 单击"默认"选项卡→"修改"面板→"旋转"按钮○，执行"旋转"命令，对图形进行旋转，命令行操作如下。

```
命令：_rotate
UCS 当前的正角方向：ANGDIR=逆时针  ANGBASE=0
选择对象：                    //选择图 4-5 所示的零件图
选择对象：                    //Enter，结束选择
指定基点：                    //捕捉上侧中心线交点
指定旋转角度，或 [复制(C)/参照(R)] <0>：  //-90 Enter，输入倾斜角度
```

Step 03 旋转结果如图 4-6 所示。

图 4-5　打开结果

图 4-6　旋转结果

小技巧

在旋转对象时，若输入的角度为正值，系统将按逆时针方向旋转；若输入的角度为负值，系统将按顺时针方向旋转。另外，"参照"选项用于将对象进行参照旋转，即指定一个参照角度和新角度，两个角度的差值就是对象的实际旋转角度。

● **旋转复制对象**

所谓"旋转复制对象"，指的是在旋转图形对象的同时将其复制，而源对象保持不变，如图 4-7 所示。

```
命令：_rotate
UCS 当前的正角方向：ANGDIR=逆时针　ANGBASE=0
选择对象：                      //选择图 4-5 所示的零件图
选择对象：                      //Enter，结束选择
指定基点：                      //捕捉上侧中心线交点作为基点
指定旋转角度，或 [复制(C)/参照(R)] <0>：  //c Enter
旋转一组选定对象
指定旋转角度，或 [复制(C)/参照(R)] <30>：
                        //-90 Enter，输入角度，旋转结果如图 4-7 所示
```

图 4-7　旋转复制示例

4.1.3　缩放

"缩放"命令用于将选定的图形对象进行等比例放大或缩小，使用此命令可以创建形状相同、大小不同的图形结构，执行"缩放"命令主要有以下几种方式。

✧　单击"默认"选项卡→"修改"面板→"缩放"按钮 🔲。
✧　选择菜单栏"修改"→"缩放"命令。
✧　在命令行输入 Scale 后按 Enter 键。
✧　使用快捷键 SC。

下面通过具体的实例，学习"缩放"命令的使用方法和技巧，具体操作过程如下。

Step 01 打开随书光盘中的"\素材文件\4-2.dwg"，如图 4-8 所示。

Note

Step 02 单击"默认"选项卡→"修改"面板→"缩放"按钮 🔲，执行"缩放"命令，将图形等比缩放 0.75 倍，命令行操作如下。

```
命令：_scale
选择对象：                                    //拉出如图 4-9 所示的窗口选择框
选择对象：                                    //Enter，结束对象的选择
指定基点：                                    //捕捉同心圆的圆心
指定比例因子或 [复制(C)/参照(R)] <1.0000>：    //0.75 Enter，输入缩放比例
```

Step 03 缩放结果如图 4-10 所示。

图 4-8　打开结果

图 4-9　窗口选择

图 4-10　缩放结果

Step 04 重复执行"缩放"命令，将另一侧的同心圆缩放 0.75 倍，命令行操作如下。

```
命令：_scale
选择对象：                                    //拉出如图 4-11 所示的窗口选择框
选择对象：                                    //Enter，结束对象的选择
指定基点：                                    //捕捉同心圆的圆心
指定比例因子或 [复制(C)/参照(R)] <0.75>：      //0.75 Enter，输入缩放比例
```

Step 05 缩放结果如图 4-12 所示。

图 4-11　窗口选择

图 4-12　缩放结果

⸭ 小技巧

在等比例缩放对象时，如果输入的比例因子大于 1，对象将被放大；如果输入的比例因子小于 1，对象将被缩小。

● 缩放复制对象

所谓"缩放复制对象"，指的就是在缩放对象的同时，将其进行复制，如图 4-13 所示，其命令行操作如下。

```
命令：_scale
选择对象：                                    //选择如图 4-13 所示的圆
选择对象：                                    //Enter，结束对象的选择
指定基点：                                    //捕捉圆的圆心
```

指定比例因子或 [复制(C)/参照(R)] <0.75>:	//c Enter 缩放一组选定对象
指定比例因子或 [复制(C)/参照(R)] <0.75>:	//0.6 Enter，缩放结果如图 4-14 所示

图 4-13　选择圆

图 4-14　缩放复制结果

⸭⸭⸭ 小技巧

　　"参照"选项是使用参考值作为比例因子缩放操作对象。此选项需要用户分别指定一个参照长度和一个新长度，AutoCAD 将以参考长度和新长度的比值决定缩放的比例因子。

4.1.4　对齐

　　"对齐"命令用于将选定的图形对象与目标对象进行对齐，执行"对齐"命令主要有以下几种方式。

- ◇　单击"默认"选项卡→"修改"面板→"对齐"按钮 ⬛。
- ◇　选择菜单栏"修改"→"三维操作"→"对齐"命令。
- ◇　在命令行输入 Align 后按 Enter 键。
- ◇　使用快捷键 AL。

　　下面通过具体的实例，学习"对齐"命令的使用方法和使用技巧，具体操作过程如下。

Step 01 打开随书光盘中的"\素材文件\4-3.dwg 文件"，如图 4-15 所示。

Step 02 激活"对象捕捉"功能，并将捕捉模式设置为圆心捕捉。

Step 03 使用快捷键 AL 执行"对齐"命令，对图形进行对齐操作，命令行操作如下。

命令:_align	//Enter，执行"对齐"命令
选择对象:	//使用框选方式从右向左拉出如图 4-16 所示的选择框，选择如图 4-17 所示的图形为对齐的源对象
选择对象:	//Enter，结束选择
指定第一个源点:	//捕捉如图 4-18 所示的圆心作为对齐的第一个源点

图 4-15　打开结果

图 4-16　窗口选择框

图 4-17　选择结果

图 4-18　定位第一源点

指定第一个目标点：　　　　　//捕捉如图 4-19 所示的圆心作为对齐的第一个目标点
指定第二个源点：　　　　　　//捕捉如图 4-20 所示的圆心作为对齐的第二个源点

图 4-19　定位第一目标点

图 4-20　定位第二源点

指定第二个目标点：　　　　　　//捕捉如图 4-21 所示的圆心作为对齐的第二个目标点
指定第三个源点或 <继续>：　　　//捕捉如图 4-22 所示的圆心作为对齐的第三个源点

图 4-21　定位第二目标点

图 4-22　定位第三源点

指定第三个目标点：　　　　　　//捕捉如图 4-23 所示的圆心作为对齐的第三个目标点，将选择
的源对象与目标对象对齐

Step 04 对齐结果如图 4-24 所示。

图 4-23　定位第三目标点

图 4-24　对齐结果

4.2　调整机械元素的形状

　　本节将学习"拉伸"、"拉长"、"打断"和"合并"四个命令，以方便调整出图形的
各种形状。

4.2.1 拉伸

"拉伸"命令主要用于将图形对象进行不等比缩放，进而改变对象的尺寸或形状，如图 4-25 所示。通常用于拉伸的对象有直线、圆弧、椭圆弧、多段线、样条曲线等。

执行"拉伸"命令主要有以下几种方式。

图 4-25 拉伸示例

- ◇ 单击"默认"选项卡→"修改"面板→"拉伸"按钮 ▣。
- ◇ 选择菜单栏"修改"→"拉伸"命令。
- ◇ 在命令行输入 Stretch 后按 Enter 键。
- ◇ 使用快捷键 S。

下面通过简单的小实例，学习"拉伸"命令的操作方法和操作技巧。具体操作过程如下：

Step 01 打开随书光盘中的"\素材文件\4-4.dwg"文件，如图 4-26 所示。

Step 02 单击"默认"选项卡→"修改"面板→"拉伸"按钮 ▣，执行"拉伸"命令，对扳手上侧的结构进行水平拉伸，命令行操作如下。

```
命令: _stretch
以交叉窗口或交叉多边形选择要拉伸的对象...
选择对象:                    //拉出如图 4-27 所示的窗交选择框
```

图 4-26 打开结果

图 4-27 窗交选择框

```
选择对象:                            //Enter，选择结果如图 4-28 所示
指定基点或 [位移(D)] <位移>:          //捕捉同心圆的圆心
指定第二个点或 <使用第一个点作为位移>: //@-5,0 Enter，结果如图 4-29 所示
```

图 4-28 选择结果

图 4-29 拉伸结果

Note

小技巧

如果图形对象完全处于选择框内时，结果只能是图形对象相对于原位置上的平移。

Step 03 重复执行"拉伸"命令，将扳手下侧的结构进行垂直拉伸，命令行操作如下。

```
命令:_ stretch
以交叉窗口或交叉多边形选择要拉伸的对象...
选择对象:                              //拉出如图 4-30 所示的窗交选择框
选择对象:                              //Enter，结束对象的选择
指定基点或 [位移(D)] <位移>:           //捕捉任一点
指定第二个点或 <使用第一个点作为位移>:  //@0,-5 Enter，拉伸结果如图 4-31 所示
```

图 4-30 窗交选择

图 4-31 拉伸结果

4.2.2 拉长

"拉长"命令主要用于将图线拉长或缩短，在拉长的过程中，不仅可以改变线对象的长度，还可以更改弧对象的角度，如图 4-32 所示。

图 4-32 拉长示例

小技巧

使用"拉长"命令可以改变圆弧和椭圆弧的角度，也可以改变圆弧、椭圆弧、直线和非闭合的多段线和样条曲线的长度，但闭合的图形对象不能被拉长或缩短。

执行"拉长"命令主要有以下几种方式：

❖ 单击"默认"选项卡→"修改"面板→"拉长"按钮。
❖ 选择菜单栏"修改"→"拉长"命令。
❖ 在命令行输入 Lengthen 后按 Enter 键。

✧ 使用快捷键 LEN。

● "增量"拉长

所谓"增量"拉长，指的是按照事先指定的长度增量或角度增量，进行拉长或缩短对象，操作过程如下。

Step 01 绘制长度为 200 的水平直线。

Step 02 单击"默认"选项卡→"修改"面板→"拉长"按钮，将水平直线水平向右拉长 50 个单位，命令行操作如下。

```
命令: _lengthen
选择对象或 [增量(DE)/百分数(P)/全部(T)/动态(DY)]: //DE Enter，激活"增量"选项
输入长度增量或 [角度(A)] <0.0000>:          //50 Enter，设置长度增量
选择要修改的对象或 [放弃(U)]:               //在直线的右端单击左键
选择要修改的对象或 [放弃(U)]:               //Enter，退出命令
```

Step 03 拉长结果如图 4-33 所示。

小技巧

如果把增量值设置为正值，系统将拉长对象；反之则缩短对象。

图 4-33 增量拉长

● "百分数"拉长

所谓"百分数"拉长，指的是以总长的百分比值进行拉长或缩短对象，长度的百分数值必须为正且非零，其命令行操作如下。

```
命令: _lengthen
选择对象或 [增量(DE)/百分数(P)/全部(T)/动态(DY)]:
                           //P Enter，激活"百分比"选项
输入长度百分数 <100.0000>:  //200 Enter，设置拉长的百分比值
选择要修改的对象或 [放弃(U)]:  //在线段的一端单击左键
选择要修改的对象或 [放弃(U)]:  //Enter，结束命令，拉长结果如图 4-34 所示
```

拉长前

拉长后

图 4-34 百分比拉长

小技巧

当长度百分比值小于 100 时，将缩短对象；反之将拉伸对象。

● "全部"拉长

所谓"全部"拉长，指的是根据指定的总长度或者总角度进行拉长或缩短对象，命

令行操作如下。

Note

```
命令: _lengthen
选择对象或 [增量(DE)/百分数(P)/全部(T)/动态
(DY)]:                    //T Enter，激活"全部"选项
指定总长度或 [角度(A)] <1.0000)>:
                         //500 Enter，设置总长度
选择要修改的对象或 [放弃(U)]:
                         //在线段的一端单击左键
选择要修改的对象或 [放弃(U)]:
   //Enter，结果源对象被拉长为500，如图4-35所示
```

图4-35   全部拉长示例

小技巧

如果源对象的总长度或总角度大于所指定的总长度或总角度，结果源对象将被缩短；反之，将被拉长。

● "动态"拉长

所谓"动态"拉长，指的是根据图形对象的端点位置动态改变其长度。执行"动态"选项功能之后，AutoCAD 将端点移动到所需的长度或角度，另一端保持固定，如图4-36所示。

图4-36   动态拉长

小技巧

"动态"选项功能不能对样条曲线、多段线进行操作。

4.2.3   打断

"打断"命令用于将选定的图形对象打断为相连的两部分，或打断并删除图形对象上的一部分，如图 4-37 所示。打断对象与修剪对象都可以删除图形上的一部分，但是两者有着本质的区别，修剪对象必须有修剪边界的限制，而打断对象可以删除对象上任意两点之间的部分。

图4-37   打断示例

执行"打断"命令主要有以下几种方式。

- ✧ 单击"默认"选项卡→"修改"面板→"打断"按钮 。
- ✧ 选择菜单栏"修改"→"打断"命令。
- ✧ 在命令行输入 Break 后按 Enter 键。
- ✧ 使用快捷键 BR。

下面通过具体的实例，学习"打断"命令的使用方法和使用技巧，具体操作过程如下。

Step 01 绘制长度为 500 的图线。

Step 02 单击"默认"选项卡→"修改"面板→"打断"按钮 ，将在水平图线上删除 40 个单位的距离，命令行操作如下。

```
命令: _break
选择对象:                    //选择刚绘制的图线
指定第二个打断点 或 [第一点(F)]:   //f Enter，激活"第一点"选项
指定第一个打断点:             //捕捉线段的中点作为第一断点
指定第二个打断点:             //@40,0 Enter，定位第二断点
```

小技巧

"第一点"选项用于重新确定第一断点。由于在选择对象时不可能拾取到准确的第一点，所以需要执行该选项，以重新定位第一断点。

Step 03 打断结果如图 4-38 所示。

小技巧

要将一个对象拆分为两个而不删除其中的任何部分，可以在指定第二断点时输入相对坐标符号@，也可以直接单击"修改"工具栏上的 按钮。

图 4-38　打断结果

4.2.4　合并

"合并"命令用于将同角度的两条或多条线段合并为一条线段，还可以将圆弧或椭圆弧合并为一个整圆和椭圆，如图 4-39 所示。

图 4-39　合并对象

Note

执行"合并"命令主要有以下几种方式。

❖ 单击"默认"选项卡→"修改"面板→"合并"按钮 ⊶ 。
❖ 选择菜单栏"修改"→"合并"命令。
❖ 在命令行输入 Join 后按 Enter 键。
❖ 使用快捷键 J。

下面通过具体实例，学习"合并"命令的使用方法和使用技巧，具体操作步骤如下。

Step 01 新建文件。

Step 02 综合使用"直线"、"圆弧"和"椭圆弧"命令，绘制图 4-39（a）所示的两条线段、圆弧和椭圆弧。

Step 03 单击"默认"选项卡→"修改"面板→"合并"按钮 ⊶，将两条线段合并为一条线段，命令行操作如下。

```
命令：_join
选择源对象或要一次合并的多个对象：    //选择左侧的线段作为源对象
选择要合并的对象：              //选择右侧线段
选择要合并的对象：              //Enter，合并结果如图 4-40 所示
2 条直线已合并为 1 条直线
```

Step 04 重复执行"合并"命令，将圆弧合并为一个整圆，命令行操作如下。

```
命令：_join
选择源对象或要一次合并的多个对象：        //选择上侧圆弧
选择要合并的对象：                //Enter
选择圆弧，以合并到源或进行 [闭合(L)]：
   //L Enter，激活"闭合"选项，合并结果如图 4-41 所示
已将圆弧转换为圆
```

Step 05 重复执行"合并"命令，将圆弧合并为一个整圆，命令行操作如下。

```
命令：_join
选择源对象或要一次合并的多个对象：        //选择上侧椭圆弧
选择要合并的对象：                //Enter
选择圆弧，以合并到源或进行 [闭合(L)]：
                   //L Enter，激活"闭合"选项，合并结果如图 4-42 所示
已将圆弧转换为圆
```

图 4-40 合并线段

图 4-41 合并圆弧

图 4-42 合并椭圆弧

4.3 机械元素的细化编辑

本节主要学习"修剪"、"延伸"、"倒角"、"圆角"四个修改命令,以方便用户对图形的边、角等结构进行细化和完善。

4.3.1 修剪

"修剪"命令是一个使用频率非常高的修改工具,此工具主要用于修剪掉对象上指定的部分,以将对象编辑为符合设计要求的图样,如图 4-43 所示。

图 4-43 修剪示例

> **小技巧**
>
> 在修剪对象时,需要事先指定一个边界,边界必须要与修剪对象相交,或与其延长线相交,才能成功修剪对象。

执行"修剪"命令主要有以下几种方式。

- ◇ 单击"默认"选项卡→"修改"面板→"修剪"按钮 ,。
- ◇ 选择菜单栏"修改"→"修剪"命令。
- ◇ 在命令行输入 Trim 后按 Enter 键。
- ◇ 使用快捷键 TR。

● "不延伸模式"下的修剪

系统为用户设定了两种修剪模式,即"延伸模式"和"不延伸模式",默认模式为"不延伸模式"。下面通过具体实例,学习默认模式下的修剪操作。

Step 01 新建文件。

Step 02 使用"圆"和"直线"命令,绘制如图 4-44 所示的圆和直线。

Step 03 单击"默认"选项卡→"修改"面板→"修剪"按钮 ,,执行"修剪"命令,以直线作为边界,对圆图形进行修剪,命令行操作如下。

```
命令: _trim
当前设置:投影=UCS,边=无
选择剪切边...
选择对象或 <全部选择>:          //选择倾斜直线作为边界
选择对象:                     //Enter,结束选择
```

选择要修剪的对象，或按住 Shift 键选择要延伸的对象，或[栏选(F)/窗交(C)/投影式(P)/边(E)/删除(R)/放弃(U)]: //在边界的上侧单击圆

选择要修剪的对象，或按住 Shift 键选择要延伸的对象，或[栏选(F)/窗交(C)/投影(P)/边(E)/删除(R)/放弃(U)]: //Enter，结束命令

Step 04 结果位于边界上侧的部分被修剪掉，如图 4-45 所示。

图 4-44　绘制结果

图 4-45　修剪结果

∷∷∷ 小技巧

当修剪多个对象时，可使用"栏选"选项功能，通过绘制栅栏线，所有与栅栏线相交的对象都会被选择，如图 4-46 所示。

图 4-46　"栏选"示例

∷∷∷ 小技巧

当修剪多个对象时，使用"窗交"选项功能进行窗交选择多个需要修剪的对象，这些被选择的对象会同时被修剪掉，如图 4-47 所示。

图 4-47　"窗交选择"示例

● **"隐含交点"下的修剪**

所谓"隐含交点"，指的是边界与对象没有实际的交点，而是边界被延长后，与对象存在一个隐含交点。下面通过实例，学习此种模式下的修剪过程。

Step 01 新建绘图文件。

Step 02 使用"直线"命令绘制图 4-48 所示的两条图线。

Step 03 单击"默认"选项卡→"修改"面板→"修剪"按钮 ⊬，执行"修剪"命令，对水
平图线进行修剪，命令行操作如下。

```
命令: _trim
当前设置:投影=UCS，边=无
选择剪切边...
选择对象或 <全部选择>:                      //Enter，选择刚绘制的倾斜图线
选择对象:
选择要修剪的对象，或按住 Shift 键选择要延伸的对象，或[栏选(F)/窗交(C)/投影(P)/边
(E)/删除(R)/放弃(U)]:                      //E Enter，激活"边"选项功能
输入隐含边延伸模式 [延伸(E)/不延伸(N)] <不延伸>: //E Enter，设置修剪模式
                               //E Enter，设置修剪模式为延伸模式
```

⠿ 小技巧

对"隐含交点"下的图线进行修剪时，需要更改默认模式为"修剪模式"。

```
选择要修剪的对象，或按住 Shift 键选择要延伸的对象，或[栏选(F)/窗交(C)/投影(P)/边
(E)/删除(R)/放弃(U)]:                      //在水平图线的右端单击左键
选择要修剪的对象，或按住 Shift 键选择要延伸的对象，或[栏选(F)/窗交(C)/投影(P)/边
(E)/删除(R)/放弃(U)]:                      //Enter，修剪结果如图 4-49 所示
```

图 4-48　绘制图线

图 4-49　修剪结果

⠿ 小技巧

"边"选项用于确定修剪边的隐含延伸模式，其中"延伸"选项表示剪切边界可以无限延
长，边界与被剪实体不必相交；"不延伸"选项指剪切边界只有与被剪实体相交时才有效。

● "投影"选项

"投影"选项用于设置三维空间剪切实体的不同投影方法，选择该选项后，AutoCAD
出现"输入投影选项[无（N）/UCS（U）/视图（V）]<无>:"的操作提示，其中选项含
义如下。

◇ "无"选项表示不考虑投影方式，按实际三维空间的相互关系修剪；

◇ UCS 选项指在当前 UCS 的 *XOY* 平面上修剪；

❖ "视图"选项表示在当前视图平面上修剪。

小技巧

当系统提示"选择剪切边"时，直接按 Enter 键即可选择待修剪的对象，系统在修剪对象时将使用最靠近的候选对象作为剪切边。

4.3.2 延伸

"延伸"命令用于将图形对象延长到指定的边界上，如图 4-50 所示。用于延伸的对象有直线、圆弧、椭圆弧、非闭合的二维多段线和三维多段线以及射线等。

执行"延伸"命令主要有以下几种方式。

❖ 单击"默认"选项卡→"修改"面板
　→"延伸"按钮 -/。

❖ 选择菜单栏"修改"→"延伸"命令。

❖ 在命令行输入 Extend 后按 Enter 键。

❖ 使用快捷键 EX。

图 4-50　延伸示例

小技巧

在指定边界时，有两种情况，一种是对象被延长后与边界存在一个实际的交点，另一种就是与边界的延长线相交于一点。

● **"不延伸模式"下的延伸**

AutoCAD 为用户提供了两种延伸模式，即"延伸模式"和"不延伸模式"，系统默认模式为"不延伸模式"，下面学习默认模式的延伸操作。

Step 01 绘制如图 4-51 所示的圆弧和直线。

Step 02 单击"默认"选项卡→"修改"面板→"延伸"按钮 -/，执行"延伸"命令，以直线作为边界，对圆弧进行延伸，命令行操作如下。

```
命令: _extend
当前设置:投影=UCS，边=无
选择边界的边...
选择对象或 <全部选择>:              //选择直线作为边界
选择对象:                          //Enter，结束边界的选择
选择要延伸的对象，或按住 Shift 键选择要修剪的对象，或[栏选(F)/窗交(C)/投影(P)/边
(E)/放弃(U)]:                     //在圆弧的右端点处单击左键
选择要延伸的对象，或按住 Shift 键选择要修剪的对象，或[栏选(F)/窗交(C)/投影(P)/边
(E)/放弃(U)]:                     //Enter，结束命令
```

Step 03 结果圆弧的右端被延伸，如图 4-52 所示。

图 4-51 绘制结果　　　　　　　　　　　图 4-52 延伸结果

▦ 小技巧

在选择延伸对象时，要在靠近延伸边界的一端选择需要延伸的对象，否则对象将不被延伸。

● "隐含交点"下的延伸

所谓"隐含交点"，指的是边界与对象延长线没有实际的交点，而是边界被延长后，与对象延长线存在一个隐含交点。对"隐含交点"下的图线进行延伸时，需要更改默认的延伸模式，即将默认模式更改为"延伸模式"，具体操作步骤如下。

Step 01 新建绘图文件。

Step 02 使用"直线"命令绘制图 4-53（a）所示的两条图线。

Step 03 单击"默认"选项卡→"修改"面板→"延伸"按钮 ⊸，执行"修剪"命令，将垂直图线的下端延长，使之与水平图线的延长线相交，命令行操作如下。

```
命令：_extend
当前设置：投影=UCS，边=无
选择边界的边...
选择对象：                           //选择水平的图线作为延伸边界
选择对象：                           //Enter，结束边界的选择
选择要延伸的对象，或按住 Shift 键选择要修剪的对象，或[栏选(F)/窗交(C)/投影(P)/边
(E)/放弃(U)]：                       //e Enter，激活"边"选项
输入隐含边延伸模式 [延伸(E)/不延伸(N)] <不延伸>：//E Enter，设置延伸模式
选择要延伸的对象，或按住 Shift 键选择要修剪的对象，或[栏选(F)/窗交(C)/投影(P)/边
(E)/放弃(U)]：                       //在垂直图线的下端单击左键。
选择要延伸的对象，或按住 Shift 键选择要修剪的对象，或[栏选(F)/窗交(C)/投影(P)/边
(E)/放弃(U)]：                       //Enter，结束命令
```

Step 04 延伸结果如图 4-53（b）所示。

（a）　　　　　　　　　　　　　　　　（b）

图 4-53 延伸结果

小技巧

"边"选项用来确定延伸边的方式；"延伸"选项将使用隐含的延伸边界来延伸对象；"不延伸"选项确定边界不延伸，而只有边界与延伸对象真正相交后才能完成延伸操作。

4.3.3 倒角

"倒角"命令主要用于为对象倒角，倒角的结果则是使用一条线段连接两个非平行的图线，如图4-54所示。

小技巧

用于倒角的图线一般有直线、多段线、矩形、多边形等，不能倒角的图线有圆、圆弧、椭圆和椭圆弧等。

执行"倒角"命令主要有以下几种方式。

◇ 单击"默认"选项卡→"修改"面板→"倒角"按钮。

◇ 选择菜单栏"修改"→"倒角"命令。

◇ 在命令行输入Chamfer后按Enter键。

◇ 使用快捷键CHA。

图4-54 倒角示例

● 距离倒角

"距离倒角"指的就是直接输入两条图线上的倒角距离，进行倒角图线。下面通过实例学习此种倒角，具体操作步骤如下。

Step 01 新建绘图文件。

Step 02 绘制图4-55（a）所示的两条图线。

Step 03 单击"默认"选项卡→"修改"面板→"倒角"按钮，执行"倒角"命令，对两条图线进行距离倒角，命令行操作如下。

```
命令: _chamfer
（"修剪"模式）当前倒角距离 1 = 0.0000，距离 2 = 0.0000
选择第一条直线或 [放弃(U)/多段线(P)/距离(D)/角度(A)/修剪(T)/方式(E)/多个(M)]:
                                    //d Enter，激活"距离"选项
指定第一个倒角距离 <0.0000>:          //150 Enter，设置第一倒角长度
指定第二个倒角距离 <25.0000>:         //100 Enter，设置第二倒角长度
选择第一条直线或 [放弃(U)/多段线(P)/距离(D)/角度(A)/修剪(T)/方式(E)/多个(M)]:
                                    //选择水平线段
选择第二条直线，或按住 Shift 键选择直线以应用角点或 [距离(D)/角度(A)/方法(M)]:
                                    //选择倾斜线段
```

Step 04 距离倒角的结果如图 4-55（b）所示。

（a）图线倒角前　　　　　　　（b）图线倒角后

图 4-55　距离倒角

⁕ 小技巧

用于倒角的两个倒角距离值不能为负值，如果将两个倒角距离设置为零，那么倒角的结果
就是两条图线被修剪或延长，直至相交于一点。

● **角度倒角**

"角度倒角"指的是通过设置一条图线的倒角长度和倒角角度为图线倒角，使用此
种方式为图线倒角时，首先需要设置对象的长度尺寸和角度尺寸。角度倒角过程如下：

Step 01 新建绘图文件。

Step 02 使用画线命令绘制图 4-56（a）所示的两条垂直图线。

Step 03 单击"默认"选项卡→"修改"面板→"倒角"按钮⌐，执行"倒角"命令，对两
条图形进行角度倒角，命令行操作如下。

```
命令：_chamfer
（"修剪"模式）当前倒角距离 1 = 25.0000，距离 2 = 15.0000
选择第一条直线或 [放弃(U)/多段线(P)/距离(D)/角度(A)/修剪(T)/方式(E)/
多个(M)]：                            //a Enter，激活"角度"选项
指定第一条直线的倒角长度 <0.0000>：      //100 Enter，设置倒角长度
指定第一条直线的倒角角度 <0>：          //30 Enter，设置倒角距离
选择第一条直线或 [放弃(U)/多段线(P)/距离(D)/角度(A)/修剪(T)/方式(E)/多个(M)]：
                                       //选择水平的线段
选择第二条直线，或按住 Shift 键选择直线以应用角点或 [距离(D)/角度(A)/方法(M)]：
                                       //选择倾斜线段
```

Step 04 角度倒角的结果如图 4-56（b）所示。

（a）图线倒角前　　　　　　　（b）图线倒角后

图 4-56　角度倒角

小技巧

在此操作提示中，"方式"选项用于确定倒角的方式，要求选择"距离倒角"或"角度倒角"。另外，系统变量 Chammode 控制着倒角的方式：当 Chammode=0 时，系统支持"距离倒角"；模式当 Chammode=1 时，系统支持"角度倒角"模式。

● **多段线倒角**

"多段线"选项用于为整条多段线的所有相邻元素边进行同时倒角操作。在为多段线进行倒角操作时，可以使用相同的倒角距离值，也可以使用不同的倒角距离值。

多段线倒角过程如下。

Step 01 新建绘图文件。

Step 02 绘制如图 4-57（a）所示的多段线。

Step 03 单击"默认"选项卡→"修改"面板→"倒角"按钮◢，执行"倒角"命令，对多段线进行倒角，命令行操作如下。

```
命令：_chamfer
("修剪"模式) 当前倒角距离 1 = 0.0000，距离 2 = 0.0000
选择第一条直线或 [放弃(U)/多段线(P)/距离(D)/角度(A)/修剪(T)/方式(E)/多个(M)]：
                                          //d Enter，激活"距离"选项
指定第一个倒角距离 <0.0000>：             //50 Enter，设置第一倒角长度
指定第二个倒角距离 <50.0000>：            //30 Enter，设置第二倒角长度
选择第一条直线或 [放弃(U)/多段线(P)/距离(D)/角度(A)/修剪(T)/方式(E)/多个(M)]：
                                          //p Enter，激活"多段线"选项
选择二维多段线或 [距离(D)/角度(A)/方法(M)]：  //选择刚绘制的多段线
6 条直线已被倒角
```

Step 04 多段线倒角的结果如图 4-57（b）所示。

（a）多段线倒角前　　　　　　　　　　　　（b）多段线倒角后

图 4-57　多段线倒角

小技巧

如果被倒角的两个对象同时处于一个图层上，那么倒角线将位于该图层，否则，倒角线将位于当前图层。此规则同样适用于倒角的颜色、线型和线宽等。

● **设置倒角模式**

"修剪"选项用于设置倒角的修剪状态。系统提供了两种倒角边的修剪模式，即"修剪"和"不修剪"。当将倒角模式设置为"修剪"时，被倒角的两条直线被修剪到倒角的

端点，系统默认的模式为"修剪模式"；当倒角模式设置为"不修剪"时，那么用于倒角的图线将不被修剪，如图 4-58 所示。

图 4-58　不修剪模式下的倒角

⊞ 小技巧

系统变量 Trimmode 控制倒角的修剪状态。当 Trimmode=0 时，系统保持对象不被修剪；当 Trimmode=1 时，系统支持倒角的修剪模式。

4.3.4　圆角

"圆角"命令是使用一段给定半径的圆弧光滑连接两条图线，如图 4-59 所示。一般情况下，用于圆角的图线有直线、多段线、样条曲线、构造线、射线、圆弧和椭圆弧等。

图 4-59　圆角示例

执行"圆角"命令主要有以下几种方式。

◇　单击"默认"选项卡→"修改"面板→"圆角"按钮⌐。
◇　选择菜单栏"修改"→"圆角"命令。
◇　在命令行输入 Fillet 后按 Enter 键。
◇　使用快捷键 F。

下面通过对直线和圆弧进行圆角，学习"圆角"命令的使用方法和使用技巧，具体操作过程如下。

Step 01 新建绘图文件。

Step 02 使用"直线"和"圆弧"命令绘制图 4-60（a）所示的直线和圆弧。

Step 03 单击"默认"选项卡→"修改"面板→"圆角"按钮⌐，执行"圆角"命令，对直线和圆弧进行圆角。命令行操作如下：

```
命令: _fillet
当前设置: 模式 = 修剪，半径 = 0.0000
选择第一个对象或 [放弃(U)/多段线(P)/半径(R)/修剪(T)/多个(M)]:  //r Enter
指定圆角半径 <0.0000>:                                        //100 Enter,
选择第一个对象或 [放弃(U)/多段线(P)/半径(R)/修剪(T)/多个(M)]:  //选择倾斜线段
选择第二个对象，或按住 Shift 键选择对象以应用角点或 [半径(R)]:  //选择圆弧
```

Step 04 图线的圆角效果如图 4-60（b）所示。

（a）图线圆角前　　　　　　　　　　　　　　（b）图线圆角后

图 4-60　圆角示例

小技巧

如果用于圆角的图线是相互平行的，那么在执行"圆角"命令后，AutoCAD 将不考虑当前的圆角半径，而是自动使用一条半圆弧连接两条平行图线，半圆弧的直径为两条平行线之间的距离，如图 4-61 所示。

图 4-61　平行线圆角

● **选项解析**

✧ "多段线"选项用于对多段线每相邻元素进行圆角处理，执行此选项后，AutoCAD 将以默认的圆角半径对整条多段线相邻各边进行圆角操作，如图 4-62 所示。

圆角后

图 4-62　多段线圆角

✧ "多个"选项用于为多个对象进行圆角处理，不需要重复执行命令。

小技巧

如果用于圆角的图线处于同一图层中，那么圆角也处于同一图层上；如果两圆角对象不在同一图层中，那么圆角将处于当前图层上。同样，圆角的颜色、线型和线宽也都遵守这一规则。

✧ "修剪"选项用于设置圆角模式。与"倒角"命令一样，"圆角"命令也存在两种圆角模式，即 "修剪"和"不修剪"，以上各例都是在"修剪"模式下进行圆角的，而"非修剪"模式下的圆角效果如图 4-63 所示。

图 4-63　非修剪模式下的圆角

小技巧

用户也可通过系统变量 Trimmode 设置圆角的修剪模式，当系统变量的值设为 0 时，保持对象不被修剪；当系统变量的值设置为 1 时表示圆角后修剪对象。

4.4　机械元素的其他编辑

本节主要学习"分解"、"编辑多段线"、"夹点编辑"以及"光顺曲线"等工具。

4.4.1　分解

"分解"命令用于将组合对象分解成各自独立的对象，以方便对分解后的各对象进行编辑。执行"分解"命令主要有以下几种方式。

 ◇　单击"默认"选项卡→"修改"面板→"分解"按钮 。
 ◇　选择菜单栏"修改"→"分解"命令。
 ◇　在命令行输入 Explode 后按 Enter 键。
 ◇　使用快捷键 X。

用于分解的组合对象有矩形、正多边形、多段线、边界以及一些图块等。比如正五边形是由五条直线元素组成的单个对象，如果用户需要对其中的一条边进行编辑，则首先将矩形分解还原为五条线对象，如图 4-64 所示。

在执行命令后，只需选择需要分解的对象按 Enter 键即可将对象分解。如果是对具有一定宽度的多段线分解，AutoCAD 将忽略其宽度并沿多段线的中心放置分解多段线，如图 4-65 所示。

图 4-64　分解示例　　　　　　　　图 4-65　分解宽度多段线

小技巧

AutoCAD 一次只能删除一个编组级，如果一个块包含一个多段线或嵌套块，那么该块的分解就首先分解出该多段线或嵌套块，然后再分别分解该块中的各个对象。

4.4.2　编辑多段线

Note

"编辑多段线"命令用于编辑多段线或具有多段线性质的图形，如矩形、正多边形、圆环、三维多段线、三维多边形网格等。

执行"多段线"命令主要有以下几种方式。

✦　单击"默认"选项卡→"修改"面板→"编辑多段线"按钮✍。

✦　选择菜单栏"修改"→"对象"→"多段线"命令。

✦　在命令行输入 Pedit 后按 Enter 键。

✦　使用快捷键 PE。

使用"编辑多段线"命令可以闭合、打断、拉直、拟合多段线，还可以增加、移动、删除多段线顶点等。执行"编辑多段线"命令后 AutoCAD 提示如下。

```
命令：Pedit
选择多段线或 [多条（M）]:　　//系统提示选择需要编辑的多段线。如果用户选择了直线或圆
弧，而不是多段线，系统出现如下提示：
选定的对象不是多段线。
是否将其转换为多段线？<Y>:　　//输入"Y"，将选择的对象即直线或圆弧转换为多段线，再
进行编辑。如果选择的对象是多段线，系统出现如下提示：
输入选项 [闭合（C）/打开（O）/合并（J）/宽度（W）/拟合（F）/样条曲线（S）/非曲线化（D）/线
型生成（L）/反转（R）/放弃（U）]:
```

● 选项解析

✦　"闭合"选项用于打开或闭合多段线。如果用户选中的多段线是非闭合的，使用该选项可使之封闭；如果用户选中的多段线是闭合的，该选项替项换成"打开"，使用该选项可打开闭合的多段线。

✦　"合并"选项用于将其他的多段线、直线或圆弧连接到正在编辑的多段线上，形成一条新的多段线。要往多段线上连接实体，与原多段线必须有一个共同的端点，即需要连接的对象必须首尾相连。

✦　"宽度"选项用于修改多段线的线宽，并将多段线的各段线宽统一变为新输入的线宽值。执行该选项后系统提示输入所有线段的新宽度。

✦　"非曲线化"选项用于还原已被编辑的多段线。取消拟合、样条曲线以及"多段线"命令中"弧"选项所创建的圆弧段，将多段线中各段拉直，同时保留多段线顶点的所有切线信息。

✦　"拟合"选项用于对多段线进行曲线拟合，将多段线变成通过每个顶点的光滑连续的圆弧曲线，曲线经过多段线的所有顶点并使用任何指定的切线方向，如图 4-66 所示。

✦　"线型生成"选项用于控制多段线为非实线状态时的显示方式，当该项为 ON 状态时，虚线或中心线等非实线线型的多段线在角点处封闭；该项为 OFF 状态时，角点处是否封闭，取决于线型比例的大小。

（曲线拟合前）   （曲线拟合后）

图 4-66 对多段线进行曲线拟合

◇ "样条曲线"选项将用 B 样条曲线拟合多段线，生成由多段线顶点控制的样条曲线。变量 Splinesegs 控制样条曲线的精度，值越大，曲线越光滑；变量 Splframe 决定是否显示原多段线，值设为 1 时，样条曲线与原多段线一同显示，值设为 0 时，不显示原多段线，如图 4-67 所示；变量 Splinetype 控制样条曲线的类型，值等于 5 时，为二次 B 样条曲线，值为 6 时，为三次 B 样条曲线。

（原图）   系统变量   系统变量   系统变量
              SPLFRAME = 1   SPLFRAME = 1   SPLFRAME = 0
              SPLINESEGS = 1   SPLINESEGS = 8   SPLINESEGS = 8

图 4-67 选项示例

● **编辑顶点**

此选项用于对多段线的顶点进行移动、插入新顶点、改变顶点的线宽及切线方向等。执行该选项后，系统会在多段线的第一个顶点上出现"×"标记，且以该顶点作为当前的修改顶点，AutoCAD 出现提示"输入顶点编辑选项[下一个（N）/上一个（P）/打断（B）/插入（I）/移动（M）/重生成（R）/拉直（S）/切向（T）/宽度（W）/ 退出（X）] <N>："提示用户输入顶点编辑的选项。

部分选项功能如下。

◇ "下一个"选项用于移动顶点的位置标记。执行"下一个"选项时，此标记移动到多段线的下一个顶点，作为当前的修改顶点。

◇ "上一个"选项用于将当前的编辑顶点记号移动到上一个顶点，与"下一个"选项相反。

◇ "打断"选项用于删除多段线上两顶点之间的线段。执行该选项，AutoCAD 把当前的编辑顶点作为第一个断点，并出现如下提示。

"输入选项 [下一个（N）/上一个（P）/执行（G）/退出（X）] <N>"其中"下一个"与"上一个"选项用于前后移动编辑顶点，以确定第二个断点；"执行"选项用于执行对位于两个断点之间的多段线的删除操作；"退出"选项用于退出打断编辑，返回上一级提示。

◇ "插入"选项用于为多段线增加新的顶点。执行该选项后系统将在多段线的当前顶点的后面增加一个新顶点。

◇ "移动"选项用于将当前的编辑顶点移动到新的位置。

◇ "重生成"选项用于重新生成多段线，使其编辑的特性显示出来。

> ❖ "拉直"选项用于将多段线两指定点之间的所有线段拉直。
>
> ❖ "切向"选项用于改变当前所编辑顶点的切线方向，可用曲线拟合。执行该选项，系统提示"指定顶点切向"，用于指定顶点的切线方向，可直接输入表示切线方向的角度值，也可以选取一点，该点与多段线上的当前点的连线方向为切线方向。
>
> ❖ "宽度"选项为多段线的不同部分指定宽度，当起始和终止宽度不同时，起始宽度用于当前点，终止宽度用于下一顶点。

4.4.3 夹点编辑

在没有命令执行的前提下选择图形，图形上会显示出一些蓝色实心的小方框，如图 4-68 所示，这些蓝色小方框即为图形的夹点。

图 4-68　图形的夹点

"夹点编辑"功能是一种常用的编辑功能，是将"移动"、"旋转"、"缩放"、"镜像"、"拉伸"等五种命令组合在一起，通过编辑图形上的夹点，来达到快速编辑图形的目的。用户只需单击图形上的任何一个夹点，即可进入夹点编辑模式，此时所单击的夹点以"红色"亮显，称之为"热点"或者"夹基点"。在进入夹点编辑模式后，用户可以通过两种方式启动夹点编辑功能。

● **通过菜单启动夹点命令**

进入夹点编辑模式后，单击鼠标右键，即可打开夹点编辑菜单，如图 4-69 所示。在此菜单中共为用户提供了"移动"、"旋转"、"缩放"、"镜像"、"拉伸"等五种命令，这些命令是平级的，其操作功能与"修改"工具栏上的各工具相同，用户只需单击相应的菜单项，即可启动夹点编辑工具。

在夹点菜单的下侧，是夹点命令中的一些选项功能，有"基点"、"复制"、"参照"、"放弃"等，不过这些选项菜单在一级修改命令的前提下才能使用。

● **通过命令行启动夹点命令**

图 4-69　夹点菜单

进入夹点编辑模式后，通过按 Enter 键，系统即会在"移动"、"旋转"、"缩放"、"镜像"、"拉伸"等五种命令中循环切换，用户可以根据命令行的步骤提示，选择相应的夹点命令及命令选项。

Note

⋙ 小技巧

如果用户在按住 Shift 键的同时单击多个夹点，那么所单击的夹点都被看作是"夹基点"；如果用户需要从多个夹基点的选择集中删除特定对象，也要按住 Shift 键。

　　下面通过典型的小实例，学习夹点编辑工具的操作方法和操作技巧，具体操作过程如下。

Step 01 绘制一条直线。

Step 02 无命令执行的前提下选择直线段，使其夹点显示，如图 4-70 所示。

图 4-70　夹点显示

Step 03 单击左侧的夹点，使其变为夹基点，进入夹点编辑模式。

Step 04 单击右键，选择"旋转"命令，执行夹点旋转功能。

Step 05 再次单击右键，从夹点菜单中选择"复制"选项，根据命令行的提示进行旋转和复制线段，命令行操作如下。

```
命令：
** 拉伸 **
指定拉伸点或 [基点(B)/复制(C)/放弃(U)/退出(X)]：_rotate
** 旋转 **
指定旋转角度或 [基点(B)/复制(C)/放弃(U)/参照(R)/退出(X)]：_copy
** 旋转 (多重) **
指定旋转角度或 [基点(B)/复制(C)/放弃(U)/参照(R)/退出(X)]：  //60 Enter
** 旋转 (多重) **
指定旋转角度或 [基点(B)/复制(C)/放弃(U)/参照(R)/退出(X)]：
//Enter，退出夹点编辑模式，编辑结果如图 4-71 所示
```

Step 06 单击线段右侧的夹点，将其转变为夹基点，进入夹点编辑模式，然后根据命令行的提示，对夹点图线进行镜像复制，命令行操作如下。

```
命令：
** 拉伸 **
指定拉伸点或 [基点(B)/复制(C)/放弃(U)/退出(X)]：            //Enter
** 移动 **
指定移动点或 [基点(B)/复制(C)/放弃(U)/退出(X)]：            //Enter
** 旋转 **
指定旋转角度或 [基点(B)/复制(C)/放弃(U)/参照(R)/退出(X)]： //c Enter
** 旋转 (多重) **
指定旋转角度或 [基点(B)/复制(C)/放弃(U)/参照(R)/退出(X)]： //-60 Enter
** 旋转 (多重) **
指定旋转角度或 [基点(B)/复制(C)/放弃(U)/参照(R)/退出(X)]：
//Enter，退出夹点编辑模式，编辑结果如图 4-72 所示
```

图 4-71 编辑结果

图 4-72 镜像结果

Step 07 按下 Esc 键取消对象的夹点显示。

4.4.4 光顺曲线

"光顺曲线"命令用于在两条选定的直线或曲线之间创建样条曲线，如图 4-73 所示，执行"光顺曲线"命令主要有以下几种方式。

◇ 单击"默认"选项卡→"修改"面板→"光顺曲线"按钮 。
◇ 选择菜单栏"修改"→"光顺曲线"命令。
◇ 在命令行输入 Blend 后按 Enter 键。
◇ 使用快捷键 BL。

（a）

（b）

图 4-73 光顺曲线示例

使用"光顺曲线"命令在两图线之间创建样条曲时，具体有两个过渡类型，分别是"相切"和"平滑"。下面通过小实例学习"光顺曲线"命令的使用方法和操作技巧，具体操作步骤如下。

Step 01 绘制图 4-73（a）所示的直线和样条曲线。

Step 02 单击"默认"选项卡→"修改"面板→"光顺曲线"按钮 ，在直线和样条曲线之间创建一条过渡样条曲线，命令行操作如下。

```
命令：_blend
连续性 = 相切
选择第一个对象或 [连续性(CON)]：    //在直线的右上端点单击
选择第二个点：    //在样条曲线的左端单击，创建如图 4-73（b）所示的光顺曲线
```

小技巧

图 4-73（b）所示的光顺曲线是在"相切"模式下创建的一条 3 阶样条曲线（其夹点效果如图 4-74 所示），在选定对象的端点处具有相切（G1）连续性。

图 4-74 "相切"模式下的 3 阶光顺曲线

Step 03 重复执行"光顺曲线"命令，在"平滑"模式下创建一条 5 阶样条曲线，命令行操作如下。

```
命令：_blend
连续性 = 相切
选择第一个对象或 [连续性(CON)]：　　//CON Enter
输入连续性 [相切(T)/平滑(S)] <切线>：//S Enter，激活"平滑"选项
选择第一个对象或 [连续性(CON)]：　　//在直线的右上端点单击
选择第二个点：　　　　　　　　　　　//在样条曲线的左端单击，创建如图 4-75 所示的光
顺曲线
```

图 4-75　创建结果

小技巧

图 4-75 所示的光顺曲线是在"平滑"模式下创建的一条 5 阶样条曲线（其夹点效果如图 4-76 所示），在选定对象的端点处具有曲率(G2)连续性。

图 4-76　"平滑"模式下的 5 阶光顺曲线

小技巧

如果使用"平滑"选项，请勿将显示从控制点切换为拟合点。此操作将样条曲线更改为 3 阶，这会改变样条曲线的形状。

4.5　上机实训——绘制箱体底垫零件图

本例通过绘制箱体底垫零件的轮廓图，主要对本章重点知识进行综合练习和巩固应用。箱体底垫零件的最终绘制效果如图 4-77 所示，操作步骤如下。

Step 01 单击"快速访问"工具栏→"新建"按钮 □，快速创建公制单位的空白文件。

Step 02 使用快捷键 Z 执行"视图缩放"工具，将新视图的高度调整为 180 个单位，命令行操作如下。

图 4-77　实例效果

```
命令：_zoom                                              //执行"视图缩放"工具
指定窗口的角点，输入比例因子 (nX 或 nXP)，或者[全部(A)/中心(C)/动态(D)/范围(E)/
上一个(P)/比例(S)/窗口(W)/对象(O)] <实时>：    //c Enter
指定中心点：                                             //在绘图区拾取一点
输入比例或高度 <182.81>：                                //180 Enter
```

Step 03 执行"工具"菜单→"绘图设置"命令，打开"草图设置"对话框。

Step 04 展开"对象捕捉"选项卡，然后勾选"启用对象捕捉"选项，并设置捕捉模式，如
图 4-78 所示。

Step 05 单击"默认"选项卡→"绘图"面板→"矩形"按钮□ ，执行"矩形"命令，绘
制垫片外轮廓线，命令行操作如下。

```
命令：_rectang
指定第一个角点或 [倒角(C)/标高(E)/圆角(F)/厚度(T)/宽度(W)]：
                              //在绘图区左下侧拾取一点作为左下角点
指定另一个角点或 [面积(A)/尺寸(D)/旋转(R)]：
                              //228.6,92 Enter，绘制结果如图 4-79 所示
```

图 4-78　设置捕捉模式　　　　　　　　　　图 4-79　绘制结果

Step 06 重复执行"矩形"命令，配合"捕捉自"功能绘制内部的矩形结构，命令行操作
如下。

```
命令：_rectang
```

指定第一个角点或 [倒角(C)/标高(E)/圆角(F)/厚度(T)/宽度(W)]:
　　　　　　　　　　　　　//激活"捕捉自"功能
_from 基点: 　　　　　　　//捕捉矩形左下角点
<偏移>: 　　　　　　　　　//@10,8,10.8 Enter
指定另一个角点或 [面积(A)/尺寸(D)/旋转(R)]:
　//@207,70.4 Enter,绘制结果如图 4-80 所示
命令: 　　　　　　　　　　//Enter
RECTANG 指定第一个角点或 [倒角(C)/标高(E)/圆角(F)/厚度(T)/宽度(W)]:
　　　　　　　　　　　　　//激活"捕捉自"功能
_from 基点: 　　　　　　　//捕捉刚矩形左下角点
<偏移>: 　　　　　　　　　//@7.2,7.2 Enter
指定另一个角点或 [面积(A)/尺寸(D)/旋转(R)]:
　　　　　　　　　　　　　//@192.6,56 Enter,绘制结果如图 4-81 所示

图 4-80　绘制结果　　　　　　　　　　　　　图 4-81　绘制结果

Step 07 使用快捷键 F 执行"圆角"命令,对外侧的矩形进行圆角编辑,命令行操作如下。

命令:_fillet 　　　　　　　　　　//Enter,执行"圆角"命令
当前设置: 模式 = 修剪,半径 = 0.00
选择第一个对象或 [放弃(U)/多段线(P)/半径(R)/修剪(T)/多个(M)]:
　　　　　　　　　　　　　//r Enter,激活"半径"选项
指定圆角半径 <0.00>: 　　　　　　//12 Enter,设置圆角半径
选择第一个对象或 [放弃(U)/多段线(P)/半径(R)/修剪(T)/多个(M)]:
　　　　　　　　　　　　　//p Enter,激活"多段线"选项
选择二维多段线或 [半径(R)]: 　　　//选择外侧的矩形,圆角结果如图 4-82 所示
4 条直线已被圆角

Step 08 单击"默认"选项卡→"修改"面板→"倒角"按钮 ,执行"倒角"命令,对内侧的矩形进行倒角编辑,命令行操作如下。

命令: _chamfer
("修剪"模式)当前倒角长度 = 3.00,角度 = 45.0
选择第一条直线或 [放弃(U)/多段线(P)/距离(D)/角度(A)/修剪(T)/方式(E)/多个(M)]:
　　　　　　　　　　　　　//a Enter,激活"角度"选项
指定第一条直线的倒角长度 <0.00>: 　//3 Enter
指定第一条直线的倒角角度 <0.0>: 　//45 Enter
选择第一条直线或 [放弃(U)/多段线(P)/距离(D)/角度(A)/修剪(T)/方式(E)/多个(M)]:
　　　　　　　　　　　　　//p Enter,激活"多段线"选项
选择二维多段线或 [距离(D)/角度(A)/方法(M)]:
　//选择最内侧的矩形,倒角结果如图 4-83 所示
4 条直线已被倒角

图 4-82 圆角结果

图 4-83 倒角结果

Step 09 单击"默认"选项卡→"绘图"面板→"圆"按钮 ⊘，执行"圆"命令，绘制直径分别为 10 和 8 的同心圆，命令行操作如下。

```
命令: _circle
指定圆的圆心或 [三点(3P)/两点(2P)/切点、切点、半径(T)]:
 //捕捉中间矩形的左下角点
指定圆的半径或 [直径(D)]:              //d Enter
指定圆的直径:                          //10 Enter
命令: _circle                         //Enter
指定圆的圆心或 [三点(3P)/两点(2P)/切点、切点、半径(T)]:
 //捕捉中间矩形的左下角点
指定圆的半径或 [直径(D)] <4.05>:       //d Enter
指定圆的直径 <8.10>:                   //8 Enter, 绘制结果如图 4-84 所示
```

Step 10 使用快捷键 E 执行"删除"命令，删除中间的辅助矩形，结果如图 4-85 所示。

图 4-84 绘制同心圆

图 4-85 删除结果

Step 11 选择菜单栏"格式"→"线型"命令，加载 CENTER 线型，并将此线型设置为当前线型，如图 4-86 所示。

Step 12 选择菜单栏"格式"→"颜色"命令，设置当前颜色为红色，如图 4-87 所示。

图 4-86 设置当前线型

图 4-87 设置当前颜色

Step 13 单击"默认"选项卡→"绘图"面板→"直线"按钮 ／，执行"直线"命令，配合

中点捕捉、象限点捕捉功能绘制圆和矩形的中心线，结果如图 4-88 所示。

Step ⑭ 单击"默认"选项卡→"修改"面板→"拉长"按钮，将圆的中心线进行两端拉长，命令行操作如下。

```
命令：_lengthen
选择对象或 [增量(DE)/百分数(P)/全部(T)/动态(DY)]：
                                        //de Enter，激活"增量"选项
输入长度增量或 [角度(A)] <-0.50>：      //1.2 Enter，设置长度增量
选择要修改的对象或 [放弃(U)]：          //在水平中心线的左端单击
选择要修改的对象或 [放弃(U)]：          //在水平中心线的右端单击
选择要修改的对象或 [放弃(U)]：          //在垂直中心线的上端单击
选择要修改的对象或 [放弃(U)]：
                //在垂直中心线的下端单击，结果如图 4-89 所示
```

图 4-88　绘制中心线

图 4-89　拉长结果

Step ⑮ 使用快捷键 TR 执行"修剪"命令，选择图 4-90 所示的两条中心线作为边界，对外侧的圆进行修剪，命令行操作如下。

```
命令：_trim                      //Enter，执行"修剪"命令
当前设置：投影=UCS，边=延伸
选择剪切边...
选择对象或 <全部选择>：          //选择同心圆的垂直中心线和水平中心线
选择对象：                       //Enter，结束选择
选择要修剪的对象，或按住 Shift 键选择要延伸的对象，或[栏选(F)/窗交(C)/投影(P)/边
(E)/删除(R)/放弃(U)]：          //在如图 4-91 所示的位置单击鼠标左键
选择要修剪的对象，或按住 Shift 键选择要延伸的对象，或[栏选(F)/窗交(C)/投影(P)/边
(E)/删除(R)/放弃(U)]：          //Enter，结束命令，修剪结果如图 4-92 所示
```

图 4-90　选择结果　　　　　图 4-91　指定修剪位置　　　　　图 4-92　修剪结果

Step ⑯ 在命令执行的前提下，拉出如图 4-93 所示的窗口选择框，将其进行夹点显示，如图 4-94 所示。

图 4-93　窗口选择

图 4-94　夹点显示

Step 17 单击中间的一个夹点，进入夹点编辑模式，对夹点显示的所有对象进行移动并复制，命令行操作如下。

```
命令: ** 拉伸 **
指定拉伸点或 [基点(B)/复制(C)/放弃(U)/退出(X)]:        //Enter
** 移动 **
指定移动点或 [基点(B)/复制(C)/放弃(U)/退出(X)]:        //c Enter
** 移动 (多重) **
指定移动点或 [基点(B)/复制(C)/放弃(U)/退出(X)]:        //@69,0 Enter
** 移动 (多重) **
指定移动点或 [基点(B)/复制(C)/放弃(U)/退出(X)]:        //@138,0 Enter
** 移动 (多重) **
指定移动点或 [基点(B)/复制(C)/放弃(U)/退出(X)]:        //@207,0 Enter
** 移动 (多重) **
指定移动点或 [基点(B)/复制(C)/放弃(U)/退出(X)]:        //@0,70.4 Enter
** 移动 (多重) **
指定移动点或 [基点(B)/复制(C)/放弃(U)/退出(X)]:        //@69,70.4 Enter
** 移动 (多重) **
指定移动点或 [基点(B)/复制(C)/放弃(U)/退出(X)]:        //@138,70.4 Enter
** 移动 (多重) **
指定移动点或 [基点(B)/复制(C)/放弃(U)/退出(X)]:        //@207,70.4 Enter
** 移动 (多重) **
指定移动点或 [基点(B)/复制(C)/放弃(U)/退出(X)]:
//Enter，退出夹点模式，编辑结果如图 4-95 所示
```

图 4-95　夹点编辑结果

Step 18 按下 Esc 键取消对象的夹点显示，结果如图 4-96 所示。

Step 19 单击"默认"选项卡→"修改"面板→"偏移"按钮，执行"偏移"命令，将外侧的矩形向外偏移 6 个单位，命令行操作如下。

```
命令: _offset
当前设置: 删除源=否　图层=源　OFFSETGAPTYPE=0
```

指定偏移距离或 [通过(T)/删除(E)/图层(L)] <3.00>:　//6 Enter，设置偏移距离
选择要偏移的对象，或 [退出(E)/放弃(U)] <退出>:　　//选择最外侧的矩形
指定要偏移的那一侧上的点，或 [退出(E)/多个(M)/放弃(U)] <退出>:
　　　　　　　　　　　　　　　　　//在所选矩形的外侧拾取一点
选择要偏移的对象，或 [退出(E)/放弃(U)] <退出>:　　//Enter，结果如图 4-97 所示

图 4-96　取消夹点

图 4-97　偏移结果

Step 20 单击"默认"选项卡→"修改"面板→"延伸"按钮 -/，执行"延伸"命令，对水平中心线进行延伸，命令行操作如下。

命令：_extend
当前设置:投影=UCS，边=延伸
选择边界的边...
选择对象或 <全部选择>:　　//选择外侧的矩形，如图 4-98 所示

图 4-98　选择结果

选择对象：　　　　　　　　　//Enter，结束选择
选择要延伸的对象，或按住 Shift 键选择要修剪的对象，或[栏选(F)/窗交(C)/投影(P)/边(E)/放弃(U)]：　　//在水平中心线的左端单击
选择要延伸的对象，或按住 Shift 键选择要修剪的对象，或[栏选(F)/窗交(C)/投影(P)/边(E)/放弃(U)]：　　//在水平中心线的右端单击
选择要延伸的对象，或按住 Shift 键选择要修剪的对象，或[栏选(F)/窗交(C)/投影(P)/边(E)/放弃(U)]：　　//Enter，结束命令，延伸结果如图 4-99 所示

Step 21 使用快捷键 E 执行"删除"命令，偏移出的矩形删除，结果如图 4-100 所示。

图 4-99　延伸结果

图 4-100　删除结果

Step 22 单击"快速访问"工具栏→"保存"按钮 ，将图形另名存储为"上机实训一.dwg"。

Note

4.6 上机实训二——绘制基板零件二视图

本例通过绘制基板零件二视图，继续对所学重点知识进行综合练习和巩固应用。基板零件二视图的最终绘制效果如图 4-101 所示，操作步骤如下。

Step 01 单击"快速访问"工具栏→"新建"按钮🗂，以随书光盘中的"\绘图样板\机械样板.dwt"作为基础样板，新建绘图文件。

Step 02 选择菜单栏"格式"→"图形界限"命令，设置绘图区域为 250×200，命令行操作如下。

```
命令: '_limits
重新设置模型空间界限:
指定左下角点或 [开(ON)/关(OFF)] <0.0,0.0>:
//Enter
指定右上角点 <420.0,297.0>:
//250,200 Enter
```

Step 03 使用快捷键 Z 激活"视图缩放"命令，将其最大化显示，命令行操作如下。

图 4-101　实例效果

```
命令:_Zoom                                        //Enter
指定窗口的角点，输入比例因子 (nX 或 nXP)，或者[全部(A)/中心(C)/动态(D)/范围(E)/
上一个(P)/比例(S)/窗口(W)/对象(O)] <实时>:              //a Enter
```

Step 04 展开"图层控制"下拉列表，设置"中心线"为当前图层。

Step 05 使用快捷键 XL 执行"构造线"命令，绘制如图 4-102 所示的构造线作为定位辅助线，垂直构造线之间的距离为 33。

图 4-102　绘制构造线

Step 06 展开"图层控制"下拉列表，将"轮廓线"设置为当前图层，并打开"线宽"功能。

Step 07 选择菜单栏"绘图"→"圆"→"圆心、直径"命令，以交点 A、B 为圆心，绘制直径为 8 和 24 的同心圆，结果如图 4-103 所示。

Step 08 使用快捷键 L 执行"直线"命令，分别连接两个大圆的象限点，绘制公切线，如图 4-104 所示。

Step 09 使用快捷键 C 执行"圆"命令，以交点 O 为圆心，绘制直径为 60、48 和 20 的同心圆，结果如图 4-105 所示。

图 4-103 绘制圆

图 4-104 绘制公切线

Step 10 重复执行"圆"命令,以交点 Q 作为圆心,绘制直径为 4 的小圆。

Step 11 在无命令执行的前提下夹点显示刚绘制的小圆,使用夹点编辑功能,将小圆旋转并复制 6 份,命令行操作如下。

```
** 拉伸 **
指定拉伸点或 [基点(B)/复制(C)/放弃(U)/退出(X)]:                    //BEnter
指定基点:          //捕捉大同心圆的圆心
** 拉伸 **
指定拉伸点或 [基点(B)/复制(C)/放弃(U)/退出(X)]:          //单击右键,选择"旋转"命令
** 旋转 **
指定旋转角度或 [基点(B)/复制(C)/放弃(U)/参照(R)/退出(X)]:   //CEnter
** 旋转 (多重) **
指定旋转角度或 [基点(B)/复制(C)/放弃(U)/参照(R)/退出(X)]:   //60 Enter
** 旋转 (多重) **
指定旋转角度或 [基点(B)/复制(C)/放弃(U)/参照(R)/退出(X)]:   //-60 Enter
** 旋转 (多重) **
指定旋转角度或 [基点(B)/复制(C)/放弃(U)/参照(R)/退出(X)]:   //120 Enter
** 旋转 (多重) **
指定旋转角度或 [基点(B)/复制(C)/放弃(U)/参照(R)/退出(X)]:   //-120 Enter
** 旋转 (多重) **
指定旋转角度或 [基点(B)/复制(C)/放弃(U)/参照(R)/退出(X)]:   //180 Enter
** 旋转 (多重) **
指定旋转角度或 [基点(B)/复制(C)/放弃(U)/参照(R)/退出(X)]:
     //Enter,退出命令,并取消夹点,编辑结果如图 4-106 所示
```

图 4-105 绘制同心圆

图 4-106 编辑结果

Step 12 单击"默认"选项卡→"绘图"面板→"正多边形"按钮⬡,执行"正多边形"命令,以交点 O 作为中心点,绘制正六边形,命令行操作如下。

```
命令: _polygon
输入边的数目 <4>:                        //6 Enter
指定正多边形的中心点或 [边(E)]:          //捕捉交点 O 作为中心点
```

输入选项 [内接于圆(I)/外切于圆(C)] <I>: //c Enter
指定圆的半径: //16 Enter，绘制结果如图 4-107 所示

Step 13 执行"圆"命令，以交点 1 和交点 2 为圆心，绘制半径为 18 的两个圆作为辅助圆，结果如图 4-108 所示。

图 4-107 绘制正多边形

图 4-108 绘制辅助圆

Step 14 重复执行"圆"命令，以交点 3 和交点 4 为圆心，绘制两个半径为 18 的圆，如图 4-109 所示。

Step 15 使用快捷键 L 执行"直线"命令，配合切点捕捉功能绘制圆 1、圆 2 和圆 3 的公切线，结果如图 4-110 所示。

图 4-109 绘制圆

图 4-110 绘制圆的外公切线

Step 16 执行"修剪"命令，修剪掉多余的线段及弧形轮廓，并删除所绘制的辅助圆，结果如图 4-111 所示。

Step 17 夹点显示如图 4-111 所示的圆，然后展开"图层控制"下拉列表，修改其图层为"中心线"，结果如图 4-112 所示。

图 4-111 修剪操作

图 4-112 修改图层

Step 18 单击"默认"选项卡→"绘图"面板→"构造线"按钮 ⊿，分别通过俯视图中各定位圆及正多边特征点绘制如图 4-113 所示的垂直构造线作为辅助线。

Step 19 重复执行"构造线"命令，在俯视图的上侧绘制三条水平构造线，如图 4-114 所示。

图 4-113　绘制垂直构造线

图 4-114　绘制水平构造线

Step 20 使用快捷键 TR 执行"修剪"命令，对各构造线进行修剪，编辑出基板主视图轮廓，结果如图 4-115 所示。

Step 21 夹点显示图 4-115 所示的垂直轮廓线 L 和 M，然后展开"图层控制"下拉列表，将其放到"中心线"图层上，结果如图 4-116 所示。

图 4-115　修剪操作

图 4-116　特性匹配

Step 22 使用快捷键 H 执行"图案填充"命令，在打开的"图案填充和渐变色"对话框中设置填充图案以及填充参数，如图 4-117 所示，对主视图填充剖面线，结果如图 4-118 所示。

图 4-117　设置填充图案与参数

图 4-118　填充结果

Step 23 重复执行"图案填充"命令，将填充角度设置为90，其他参数不变，继续对主视图填充图案，填充结果如图 4-119 所示。

Step 24 单击"默认"选项卡→"修改"面板→"拉长"按钮，执行"拉长"命令，将各位置的中心线分别向两端拉长 3 个绘图单位，结果如图 4-120 所示。

图 4-119　填充结果　　　　　　　　　　图 4-120　　拉长结果

Step 25 单击"快速访问"工具栏→"保存"按钮，将图形另名存储为"上机实训二.dwg"。

4.7　小结与练习

4.7.1　小结

　　本章主要讲解了 AutoCAD 的二维编辑功能，具体有对象的边角编辑功能、边角细化功能、更改对象位置、更改对象形状、更改对象大小以及夹点编辑等功能，掌握这些基本的修改功能，可以方便用户对图形进行编辑和修饰完善，将有限的基本几何元素编辑组合为千变万化的复杂图形，以满足设计的需要。

4.7.2　练习

　　1. 综合运用相关知识，绘制如图 4-121 所示的零件图。

图 4-121　　练习一

2. 综合运用相关知识，绘制如图 4-122 所示的零件二视图。

图 4-122　练习二

3. 综合运用相关知识，绘制如图 4-123 所示的零件二视图。

图 4-123　练习三

第二篇 绘图技能篇

1.未注圆角为R3。

2.未注倒角为C1~2。

扫描二维码，观看视频

建议 WiFi 情况下观看

第5章

快速创建复合图形结构

通过前几章的学习，读者基本具备了图样的绘制能力和编辑能力，为了方便读者能够快速、高效地绘制设计图样，从本章开始，将陆续讲解 AutoCAD 的一些高级制图工具，灵活掌握这些工具，能使读者更加方便地对图形资源进行综合组织、管理、共享和完善等。本章将重点讲解复合图形结构的具体创建功能。

内容要点

- ◆ 复制、偏移与镜像
- ◆ 上机实训一——各种复合工具综合练习
- ◆ 应用图块
- ◆ 定义属性

- ◆ 复合图元的阵列功能
- ◆ 定制图块
- ◆ DWG 参照
- ◆ 上机实训二——图块与属性的综合应用

5.1 复制、偏移与镜像

本节将学习"复制"、"偏移"和"镜像"三个命令，以快速创建多重图形结构和对称图形结构。

5.1.1 复制图形

"复制"命令用于将选定的图形对象进行基点复制，复制的结果可以是一份，也可以是多份。一般情况下，通常使用"复制"命令创建结构相同，位置不同的复合结构。

执行"复制"命令主要有以下几种方式。

❖ 单击"默认"选项卡→"修改"面板→"复制"按钮 。
❖ 选择菜单栏"修改"→"复制"命令。
❖ 在命令行输入 Copy 后按 Enter 键。
❖ 使用快捷键 CO。

下面通过简单的小实例，主要学习"复制"命令的使用方法和技巧，具体操作步骤如下。

Step 01 新建空白文件，并设置捕捉模式为端点捕捉。

Step 02 使用"矩形"命令绘制长度为200、宽度为100的矩形。

Step 03 选择菜单栏"绘图"→"圆"→"圆心、半径"命令，以矩形的左下角端点作为圆心，绘制半径为20的圆，结果如图5-1所示。

图 5-1 绘制结果

Step 04 单击"默认"选项卡→"修改"面板→"复制"按钮 ，执行"复制"命令，将圆复制到矩形其他角点处，命令行操作如下。

```
命令: _copy
选择对象:                                          //选择刚绘制的圆图形
选择对象:                                          //Enter，结束选择
当前设置: 复制模式 = 多个
指定基点或 [位移(D)/模式(O)] <位移>:              //捕捉圆心作为基点
指定第二个点或 [阵列(A)] <使用第一个点作为位移>:   //捕捉矩形左上角端点
指定第二个点或 [阵列(A)/退出(E)/放弃(U)] <退出>:   //捕捉矩形右上角端点
指定第二个点或 [阵列(A)/退出(E)/放弃(U)] <退出>:   //捕捉矩形右下角端点
指定第二个点或 [阵列(A)/退出(E)/放弃(U)] <退出>:   //Enter，结束命令
```

Step 05 复制结果如图5-2所示。

图 5-2　复制结果

小技巧

此命令只能在当前文件中复制对象，如果用户需要在多个文件之间复制对象，则必须选择菜单栏"编辑"→"复制"命令。

5.1.2　偏移图形

"偏移"命令用于将选定的图形对象按照一定的距离或指定的通过点进行偏移，执行"偏移"命令主要有以下几种方式。

✧　单击"默认"选项卡→"修改"面板→"偏移"按钮⚼。
✧　选择菜单栏"修改"→"偏移"命令。
✧　在命令行输入 Offset 后按 Enter 键。
✧　使用快捷键 O。

小技巧

不同结构的对象，其偏移结果也会不同。比如在对圆、椭圆等对象偏移后，对象的尺寸发生了变化，而对直线偏移后，尺寸则保持不变。

● 距离偏移

所谓"距离偏移"，指的就是根据事先指定的某一距离进行偏移对象，在偏移过程中，可以单次偏移，也可以多次偏移，具体操作过程如下。

Step 01 绘制如图 5-3 所示的圆、椭圆和直线。

图 5-3　绘制结果

Step 02 单击"默认"选项卡→"修改"面板→"偏移"按钮⚼，执行"偏移"命令，对图形进行距离偏移，命令行操作如下。

```
命令：_offset
当前设置：删除源=否　图层=源　OFFSETGAPTYPE=0
指定偏移距离或 [通过(T)/删除(E)/图层(L)] <10.0000>://20 Enter，设置偏移距离
```

选择要偏移的对象，或 [退出(E)/放弃(U)] <退出>：　　　　　//单击圆形作为偏移对象

指定要偏移的那一侧上的点，或 [退出(E)/多个(M)/放弃(U)] <退出>：

　　　　　　　　　　　　　　　　　　　　　　//在圆的外侧拾取一点

选择要偏移的对象，或 [退出(E)/放弃(U)] <退出>：　　　　　//单击椭圆

指定要偏移的那一侧上的点，或 [退出(E)/多个(M)/放弃(U)] <退出>：

　　　　　　　　　　　　　　　　　　　　　　//在椭圆外侧拾取一点

选择要偏移的对象，或 [退出(E)/放弃(U)] <退出>：　　　　//单击直线作为偏移对象

指定要偏移的那一侧上的点，或 [退出(E)/多个(M)/放弃(U)] <退出>：

　　　　　　　　　　　　　　　　　　　　　　//在直线上侧拾取一点

选择要偏移的对象，或 [退出(E)/放弃(U)] <退出>：　　//Enter，偏移结果如图5-4所示

图5-4　距离偏移

✱ 小技巧

在执行"偏移"命令时，只能以点选的方式选择对象，且每次只能偏移一个对象。

● **定点偏移**

所谓"定点偏移"，指的就根据指定的通过点，进行偏移选定的图形对象。下面对圆图形继续偏移，使偏移出的圆与大椭圆相切，命令行操作如下。

```
命令：_offset
当前设置：删除源=否　图层=源　OFFSETGAPTYPE=0
指定偏移距离或 [通过(T)/删除(E)/图层(L)] <20.0000>://t Enter，激活"通过"选项
```

✱ 小技巧

"删除"选项用于将源偏移对象删除；"图层"选项用于设置偏移对象所在图层。

选择要偏移的对象，或 [退出(E)/放弃(U)] <退出>：　　//单击圆作为偏移对象

指定通过点或 [退出(E)/多个(M)/放弃(U)] <退出>：　　//捕捉外侧椭圆的左象限点

选择要偏移的对象，或 [退出(E)/放弃(U)] <退出>：　　//Enter，偏移结果如图5-5所示

图5-5　定点偏移

> **小技巧**
>
> "通过"选项用于按照指定的通过点偏移对象，所偏移出的对象将通过事先指定的目标点。

5.1.3　镜像图形

"镜像"命令用于将选择的图形对象沿着指定的两点进行对称复制。在镜像过程中，源对象可以保留，也可以删除。此命令通常用于创建一些结构对称的复合图形，如图 5-6 所示。

图 5-6　对称结构示例图形

执行"镜像"命令主要有以下几种方式。

✧　单击"默认"选项卡→"修改"面板→"镜像"按钮 �。
✧　选择菜单栏"修改"→"镜像"命令。
✧　在命令行输入 Mirror 后按 Enter 键。
✧　使用快捷键 MI。

下面通过简单的小实例，学习"镜像"命令的使用方法和使用技巧，具体操作过程如下。

Step 01 执行"打开"命令，打开随书光盘中的"\素材文件\5-1.dwg"，如图 5-7 所示。

图 5-7　打开结果

Step 02 单击"默认"选项卡→"修改"面板→"镜像"按钮 ⚑，执行"镜像"命令，对图形镜像复制，命令行操作过程如下。

```
命令: _mirror
选择对象:                          //拉出如图 5-8 所示的窗交选择框
```

图 5-8　窗户选择框

```
选择对象:                          //Enter，结束对象的选择
指定镜像线的第一点:                 //捕捉下侧水平中心线的一个端点
指定镜像线的第二点:                 //@1,0 Enter
```

要删除源对象吗？［是(Y)/否(N)］<N>：　　　　//Enter，结束命令

小技巧

如果用户激活了"是（Y）"选项，结果会是源对象被自动删除。

Step 03 图形的镜像结果如图 5-9 所示。

图 5-9　镜像结果

小技巧

当镜像操作对象中含有文本、属性时，镜像后的文本、属性等对象的可读性由系统变量 Mirrtext 决定。当变量值为 1 时，镜像文本不可读；当 Mirrtext 的值为 0 时，镜像文字具有可读性。

5.2　复合图元的阵列功能

本节继续学习复合图形的创建工具，具体有"矩形阵列"、"环形阵列"和"路径阵列"三个命令，使用这三个命令可以快速创建规则的多重图形结构。

5.2.1　矩形阵列

"矩形阵列"命令是一种用于创建规则图形结构的复合命令，使用此命令可以将图形按照指定的行数和列数，成"矩形"的排列方式进行大规模复制，以创建均布结构的图形，如图 5-10 所示。

图 5-10　矩形阵列示例

执行"矩形阵列"命令主要有以下几种方式。

❖ 单击"默认"选项卡→"修改"面板→"矩形阵列"按钮 ⊞。

❖ 选择菜单栏"修改"→"阵列"→"矩形阵列"命令。

❖ 在命令行输入 Arrayrect 后按 Enter 键。

❖ 使用快捷键 AR。

下面通过典型的小实例，学习"矩形阵列"命令的使用方法和操作技巧，具体操作步骤如下。

Step 01 执行"打开"命令，打开随书光盘中的 "\素材文件\5-2.dwg 文件"，如图 5-11 所示。

Step 02 单击"默认"选项卡→"修改"面板→"矩形阵列"按钮 ⊞，执行"矩形阵列"命令，对图形进行阵列，命令行操作如下。

```
命令：_arrayrect
选择对象：                    //拉出如图 5-12 所示的窗交选择框选择对象
选择对象：                    //Enter
类型 = 矩形  关联 = 否
选择夹点以编辑阵列或 [关联(AS)/基点(B)/计数(COU)/间距(S)/列数(COL)/行数(R)/层
数(L)/退出(X)] <退出>：       //COU Enter
输入列数数或 [表达式(E)] <4>：  //2 Enter
输入行数数或 [表达式(E)] <3>：  //2 Enter
选择夹点以编辑阵列或 [关联(AS)/基点(B)/计数(COU)/间距(S)/列数(COL)/行数(R)/层
数(L)/退出(X)] <退出>：       //s Enter
指定列之间的距离或 [单位单元(U)] <46.6>：  //120 Enter
指定行之间的距离 <47.5>：      //80 Enter
选择夹点以编辑阵列或 [关联(AS)/基点(B)/计数(COU)/间距(S)/列数(COL)/行数(R)/层
数(L)/退出(X)] <退出>：       //AS Enter
创建关联阵列 [是(Y)/否(N)] <否>：  //Y Enter
选择夹点以编辑阵列或 [关联(AS)/基点(B)/计数(COU)/间距(S)/列数(COL)/行数(R)/层
数(L)/退出(X)] <退出>：       //Enter，结束命令
```

Step 03 图形的阵列结果如图 5-13 所示。

图 5-11　打开结果

图 5-12　窗交选择

图 5-13　阵列结果

● **选项解析**

◇ "基点"选项用于设置阵列的基点。

◇ "计数"选项用于分别设置阵列的行数或列数。

◇ "行数"选项用于设置阵列的行数。

◇ "列数"选项用于输入阵列的列数。

◇ "层数"选项用于输入阵列的层数。

◇ "间距"选项用于设置对象的行偏移或阵列偏移距离。

◇ "关联"选项用于设置阵列对象的关联特性。

⚏ 小技巧

如果在阵列图形时设置了关联特性，那么阵列出的所有对象被作为一个整体，其夹点效果如图 5-14 所示。

5.2.2 环形阵列

"环形阵列"指的是将图形按照阵列中心点和数目，成"圆形"排列，以快速创建聚心结构图形，如图 5-15 所示。

图 5-14　关联阵列对象的夹点效果　　　　　　　　图 5-15　环形阵列示例

执行"环形阵列"命令主要有以下几种方式。

◇　单击"默认"选项卡→"修改"面板→"环形阵列"按钮 ⬚。

◇　选择菜单栏"修改"→"阵列"→"环形阵列"命令。

◇　在命令行输入 Arraypolar 后按 Enter 键。

◇　使用快捷键 AR。

下面通过典型实例学习"环形阵列"命令的使用方法和相关技巧，具体操作步骤如下。

Step 01 打开随书光盘中的"\素材文件\5-3.dwg"文件，如图 5-16 所示。

Step 02 单击"默认"选项卡→"修改"面板→"环形阵列"按钮 ⬚，执行"环形阵列"命令，配合窗口选择功能对零件图进行环形阵列，命令行操作如下。

```
命令: _arraypolar
选择对象:                               //拉出如图 5-17 所示的窗口选择框
选择对象:                               //Enter
类型 = 极轴   关联 = 否
指定阵列的中心点或 [基点(B)/旋转轴(A)]:    //捕捉如图 5-18 所示的交点
```

图 5-16　打开结果　　　　　　图 5-17　窗口选择　　　　　　图 5-18　捕捉交点

```
选择夹点以编辑阵列或 [关联(AS)/基点(B)/项目(I)/项目间角度(A)/填充角度(F)/行
(ROW)/层(L)/旋转项目(ROT)/退出(X)] <退出>:    //I Enter
输入阵列中的项目数或 [表达式(E)] <6>:          //Enter
```

选择夹点以编辑阵列或 [关联(AS)/基点(B)/项目(I)/项目间角度(A)/填充角度(F)/行(ROW)/层(L)/旋转项目(ROT)/退出(X)] <退出>: //ASEnter

创建关联阵列 [是(Y)/否(N)] <否>: //YEnter

选择夹点以编辑阵列或 [关联(AS)/基点(B)/项目(I)/项目间角度(A)/填充角度(F)/行(ROW)/层(L)/旋转项目(ROT)/退出(X)] <退出>: //Enter，结束命令

Step 03 图形的环形阵列结果如图 5-19 所示。

Step 04 重复执行"环形阵列"命令，继续对内部的孔结构进行阵列，命令行操作如下。

命令: _arraypolar

选择对象: //拉出如图 5-20 所示的窗口选择框

选择对象: //Enter

类型 = 极轴 关联 = 是

指定阵列的中心点或 [基点(B)/旋转轴(A)]: //捕捉如图 5-21 所示的圆心

选择夹点以编辑阵列或 [关联(AS)/基点(B)/项目(I)/项目间角度(A)/填充角度(F)/行(ROW)/层(L)/旋转项目(ROT)/退出(X)] <退出>: //I Enter

输入阵列中的项目数或 [表达式(E)] <6>: //Enter

选择夹点以编辑阵列或 [关联(AS)/基点(B)/项目(I)/项目间角度(A)/填充角度(F)/行(ROW)/层(L)/旋转项目(ROT)/退出(X)] <退出>: //Enter，结束命令

图 5-19 阵列结果

图 5-20 窗口选择

图 5-21 捕捉圆心

Step 05 阵列后的效果如图 5-15 所示。

● **选项解析**

◇ "基点"选项用于设置阵列对象的基点。

◇ "项目"选项用于输入环形阵列的数量。

◇ "填充角度"选项用于输入环形阵列的角度，正值为逆时针阵列，负值为顺时针阵列。

◇ "项目间角度"选项用于设置阵列对象间的角度。

◇ "行"选项用于设置阵列的行数；"层"选项用于设置阵列的层数。

◇ "旋转轴"选项用于指定阵列对象的旋转轴。

◇ "关联"选项用于设置阵列图形的关联特性，当设置了阵列的关联性后，阵列出的所有对象被作为一个整体，其夹点效果如图 5-22 所示。

5.2.3 路径阵列

"路径阵列"命令用于将对象沿指定的路径或路径的某部分进行等距阵列，执行"路径阵列"命令主要有以下几种方式。

◇ 单击"默认"选项卡→"修改"面板→"路径阵列"按钮🔗。

◇ 选择菜单栏"修改"→"阵列"→"路径阵列"命令。

◇ 在命令行输入 Arraypath 后按 Enter 键。

◇ 使用快捷键 AR。

下面通过典型的小实例学习"路径阵列"命令的使用方法和相关技巧，具体操作步骤如下。

Step 01 打开随书光盘中的"\素材文件\5-4.dwg"文件，如图 5-23 所示。

图 5-22　环形阵列的关联效果　　　　　　　　图 5-23　打开结果

Step 02 单击"默认"选项卡→"修改"面板→"路径阵列"按钮🔗，执行"路径阵列"命令，对零件图进行路径阵列，命令行操作如下。

```
命令: _arraypath
选择对象:          //窗口选择如图 5-24 所示的对象
选择对象:          //Enter
类型 = 路径  关联 = 否
选择路径曲线:      //选择如图 5-25 所示的中心圆
选择夹点以编辑阵列或 [关联(AS)/方法(M)/基点(B)/切向(T)/项目(I)/行(R)/层(L)/对
齐项目(A)/Z 方向(Z)/退出(X)] <退出>:          //M Enter
输入路径方法 [定数等分(D)/定距等分(M)] <定距等分>: //D Enter
选择夹点以编辑阵列或 [关联(AS)/方法(M)/基点(B)/切向(T)/项目(I)/行(R)/层(L)/对
齐项目(A)/Z 方向(Z)/退出(X)] <退出>:          //I Enter
输入沿路径的项目数或 [表达式(E)] <17>:          //12 Enter
选择夹点以编辑阵列或 [关联(AS)/方法(M)/基点(B)/切向(T)/项目(I)/行(R)/层(L)/对
齐项目(A)/Z 方向(Z)/退出(X)] <退出>:          //AS Enter
创建关联阵列 [是(Y)/否(N)] <否>:          //Y Enter
选择夹点以编辑阵列或 [关联(AS)/方法(M)/基点(B)/切向(T)/项目(I)/行(R)/层(L)/对
齐项目(A)/Z 方向(Z)/退出(X)] <退出>:          //Enter，结束命令
```

Step 03 路径阵列后的效果如图 5-26 所示。

图 5-24　窗口选择　　　　图 5-25　选择路径　　　　图 5-26　阵列结果

Note

● **选项设置**

◇ "关联"选项用于设置阵列图形的关联特性。

◇ "方法"选项用于设置阵列对象沿路径的排列方式,有定数等分和定距等分两种。

◇ "基点"选项用于设置阵列对象的基点。

◇ "切向"选项用于设置切向矢量。

◇ "项目"选项用于输入环形阵列的数量。

◇ "行"选项用于设置阵列的行数;"层"选项用于设置阵列的层数。

◇ "Z 方向"选项用于设置是否对阵列中的所有项目保持 Z 方向。

◇ "对齐项目"选项用于设置阵列项目是否与阵列路径对齐。

5.3 上机实训——各种复合工具综合练习

本例通过绘制如图 5-27 所示的零件轮廓图,主要对"复制"、"偏移"、"镜像"和"矩形阵列"、"环形阵列"以及"路径阵列"等命令进行练习和巩固运用,操作步骤如下。

图 5-27 实例效果

Step 01 单击"快速访问"工具栏→"新建"按钮，以随书光盘中的"\绘图样板\机械样板.dwt"作为基础样板,新建绘图文件。

Step 02 激活"对象捕捉"功能,设置捕捉模式为交点捕捉、中点捕捉和圆心捕捉,如图 5-28 所示。

Step 03 按 F10 功能键,打开状态栏上的"极轴追踪"功能,并设置极轴角如图 5-29 所示。

图 5-28 设置捕捉模式

图 5-29 设置极轴参数

Note

Step 04 使用快捷键 Z 激活"视图缩放"功能，将视图高度调整为 200 个单位，命令行操作如下。

```
命令：_zoom                               //Enter
指定窗口的角点，输入比例因子 (nX 或 nXP)，或者[全部(A)/中心(C)/动态(D)/范围(E)/
上一个(P)/比例(S)/窗口(W)/对象(O)] <实时>：//c
指定中心点：                              //在绘图区拾取一点
输入比例或高度 <423.4>：                  //200 Enter
```

Step 05 展开"图层"面板上的"图层控制"下拉列表，将"轮廓线"设置为前图层，如图 5-30 所示。

Step 06 选择菜单栏"绘图"→"多段线"命令，配合极轴追踪功能绘制外轮廓线，命令行操作如下。

```
命令：_pline
指定起点：                               //在绘图区拾取一点作为起点
当前线宽为 0.0000
指定下一个点或 [圆弧(A)/半宽(H)/长度(L)/放弃(U)/宽度(W)]：
                                        //向右引出如图 5-31 所示的极轴虚线，输入 180 Enter
指定下一点或 [圆弧(A)/闭合(C)/半宽(H)/长度(L)/放弃(U)/宽度(W)]：
                                        //A Enter，转入画弧模式
指定圆弧的端点或[角度(A)/圆心(CE)/闭合(CL)/方向(D)/半宽(H)/直线(L)/半径(R)/第
二个点(S)/放弃(U)/宽度(W)]：            //向上引出如图 5-32 所示的极轴虚线，输入 88 Enter
指定圆弧的端点或[角度(A)/圆心(CE)/闭合(CL)/方向(D)/半宽(H)/直线(L)/半径(R)/第
二个点(S)/放弃(U)/宽度(W)]：            //L Enter，转入画线模式
指定下一点或 [圆弧(A)/闭合(C)/半宽(H)/长度(L)/放弃(U)/宽度(W)]：
                                        //向左引出如图 5-33 所示的极轴虚线，输入 180 Enter
```

图 5-30　设置当前层

图 5-31　引出 0° 极轴追踪虚线

图 5-32　引出 90° 极轴追踪虚线

图 5-33　引出 180° 极轴追踪虚线

指定下一点或 [圆弧(A)/闭合(C)/半宽(H)/长度(L)/放弃(U)/宽度(W)]: //A Enter

指定圆弧的端点或[角度(A)/圆心(CE)/闭合(CL)/方向(D)/半宽(H)/直线(L)/半径(R)/第二个点(S)/放弃(U)/宽度(W)]: //向下引出如图5-34所示的极轴虚线,输入88 Enter

指定圆弧的端点或[角度(A)/圆心(CE)/闭合(CL)/方向(D)/半宽(H)/直线(L)/半径(R)/第二个点(S)/放弃(U)/宽度(W)]: //Enter,绘制结果如图5-35所示

图5-34 引出270°极轴虚线

图5-35 绘制结果

Step 07 单击"默认"选项卡→"修改"面板→"偏移"按钮 ，执行"偏移"命令,将刚绘制的多段线向内偏移,命令行操作如下。

命令: _offset
当前设置: 删除源=否 图层=源 OFFSETGAPTYPE=0
指定偏移距离或 [通过(T)/删除(E)/图层(L)] <5.0>: //7.5 Enter,设置偏移距离
选择要偏移的对象,或 [退出(E)/放弃(U)] <退出>: //选择绘制的多段线
指定要偏移的那一侧上的点,或 [退出(E)/多个(M)/放弃(U)] <退出>:
//在所选多段线的内侧拾取点
选择要偏移的对象,或 [退出(E)/放弃(U)] <退出>: //Enter,结束命令
命令:_ offset //Enter,重复执行命令
当前设置: 删除源=否 图层=源 OFFSETGAPTYPE=0
指定偏移距离或 [通过(T)/删除(E)/图层(L)] <7.5>: //15 Enter,设置偏移距离
选择要偏移的对象,或 [退出(E)/放弃(U)] <退出>: //选择绘制的多段线
指定要偏移的那一侧上的点,或 [退出(E)/多个(M)/放弃(U)] <退出>:
//在所选多段线的内侧拾取点
选择要偏移的对象,或 [退出(E)/放弃(U)] <退出>: //Enter,结束命令
命令:_ offset
当前设置: 删除源=否 图层=源 OFFSETGAPTYPE=0
指定偏移距离或 [通过(T)/删除(E)/图层(L)] <15.0>: //35 Enter,设置偏移距离
选择要偏移的对象,或 [退出(E)/放弃(U)] <退出>: //选择绘制的多段线
指定要偏移的那一侧上的点,或 [退出(E)/多个(M)/放弃(U)] <退出>:
//在所选多段线的内侧拾取点
选择要偏移的对象,或 [退出(E)/放弃(U)] <退出>: //Enter,结果如图5-36所示

Step 08 选择菜单栏"绘图"→"圆"→"圆心、直径"命令,绘制两个同心圆,命令行操作如下。

命令:_circle

149

```
指定圆的圆心或 [三点(3P)/两点(2P)/相切、相切、半径(T)]:
                                    //捕捉如图 5-37 所示的交点作为圆心
指定圆的半径或 [直径(D)]:            //d Enter
指定圆的直径:                        //6 Enter，输入小圆的直径
命令:_circle                        //Enter，重复画圆命令
指定圆的圆心或 [三点(3P)/两点(2P)/相切、相切、半径(T)]:
                                    //捕捉刚绘制的圆的圆心
指定圆的半径或 [直径(D)] <5.5000>:   //d Enter
指定圆的直径 <11.0000>:              //8 Enter，绘制结果如图 5-38 所示
```

图 5-36　偏移结果　　　　　　　　　　　　　图 5-37　捕捉交点

Step 09 展开"图层"面板上的"图层控制"下拉列表，将"中心线"设置为当前图层。

Step 10 使用快捷键 L 激活"直线"命令，配合象限点捕捉或中点捕捉功能，绘制如图 5-39 所示的两条中心线。

图 5-38　绘制结果　　　　　　　　　　　　　图 5-39　绘制结果

Step 11 使用快捷键 LEN 激活"拉长"命令，将水平中心线和垂直中心线进行两端拉长，命令行操作如下。

```
命令:_lengthen                          //Enter，激活命令
选择对象或 [增量(DE)/百分数(P)/全部(T)/动态(DY)]:
                                        //DE Enter，激活"增量"选项
输入长度增量或 [角度(A)] <0.0>:          //8 Enter
选择要修改的对象或 [放弃(U)]:            //在水平中心线的左端单击
选择要修改的对象或 [放弃(U)]:            //在水平中心线的右端单击
选择要修改的对象或 [放弃(U)]:            //Enter，结束命令
命令:_lengthen                          //Enter，重复执行命令
选择对象或 [增量(DE)/百分数(P)/全部(T)/动态(DY)]:
                                        //DE Enter，激活"增量"选项
输入长度增量或 [角度(A)] <8.0>:          //2 Enter
选择要修改的对象或 [放弃(U)]:            //在垂直中心线的上端单击
选择要修改的对象或 [放弃(U)]:            //在垂直中心线的下端单击
```

选择要修改的对象或 [放弃(U)]: 　　　　　　　 //Enter，结束命令，拉长结果如图 5-40 所示

Step 12 在无命令执行的前提下，夹点显示如图 5-41 所示的轮廓线，将其放置到"中心线"图层上。

图 5-40　拉长结果　　　　　　　　　　　　　　　　图 5-41　更改图层

Step 13 取消多段线的夹点显示，然后将直径为 8 的圆放到细实线层上，如图 5-42 所示。

Step 14 取消图线的夹点显示，然后打开状态栏上的线宽显示功能，结果如图 5-43 所示。

图 5-42　更改图层　　　　　　　　　　　　　　　　图 5-43　打开线宽功能

Step 15 单击"默认"选项卡→"修改"面板→"复制"按钮，将下侧的同心圆进行复制，命令行操作如下。

```
命令: _copy
选择对象:                                //拉出如图 5-44 所示的窗交选择框
选择对象:                                //Enter，结束选择
指定基点或 [位移(D)] <位移>:             //捕捉同心圆的圆心
指定第二个点或 [阵列(A)] <使用第一个点作为位移>: //@60,0 Enter
指定第二个点或 [阵列(A)/退出(E)/放弃(U)] <退出>:
                                         //Enter，复制结果如图 5-45 所示
```

图 5-44　窗交选择　　　　　　　　　　　　　　　　图 5-45　复制结果

Step 16 单击"默认"选项卡→"修改"面板→"环形阵列"按钮，执行"环形阵列"命令，配合窗口选择功能对螺孔进行环形阵列，命令行操作如下。

```
命令：_arraypolar
选择对象：                                    //拉出如图 5-46 所示的窗口选择框
选择对象：                                    //Enter
类型 = 极轴  关联 = 是
指定阵列的中心点或 [基点(B)/旋转轴(A)]：      //捕捉如图 5-47 所示的交点
```

图 5-46　窗口选择　　　　　　　　　　　　图 5-47　捕捉交点

```
    选择夹点以编辑阵列或 [关联(AS)/基点(B)/项目(I)/项目间角度(A)/填充角度(F)/行
(ROW)/层(L)/旋转项目(ROT)/退出(X)] <退出>：            //F Enter
    指定填充角度(+=逆时针、-=顺时针)或 [表达式(EX)] <360>：//-180 Enter
    选择夹点以编辑阵列或 [关联(AS)/基点(B)/项目(I)/项目间角度(A)/填充角度(F)/行
(ROW)/层(L)/旋转项目(ROT)/退出(X)] <退出>：            //I Enter
    输入阵列中的项目数或 [表达式(E)] <6>：             //3Enter
    选择夹点以编辑阵列或 [关联(AS)/基点(B)/项目(I)/项目间角度(A)/填充角度(F)/行
(ROW)/层(L)/旋转项目(ROT)/退出(X)] <退出>：            //ASEnter
    创建关联阵列 [是(Y)/否(N)] <是>：                 //NEnter
    选择夹点以编辑阵列或 [关联(AS)/基点(B)/项目(I)/项目间角度(A)/填充角度(F)/行
(ROW)/层(L)/旋转项目(ROT)/退出(X)] <退出>：            //XEnter，阵列结果如图
5-48 所示
```

图 5-48　阵列结果

Step 17 单击"默认"选项卡→"修改"面板→"矩形阵列"按钮，执行"矩形阵列"命
令，继续对螺孔进行矩形阵列，命令行操作如下。

```
命令：_arrayrect
选择对象：                                    //拉出如图 5-49 所示的窗交选择框
选择对象：                                    //Enter
类型 = 矩形  关联 = 否
选择夹点以编辑阵列或 [关联(AS)/基点(B)/计数(COU)/间距(S)/列数(COL)/行数(R)/层
数(L)/退出(X)] <退出>：                        //COU Enter
输入列数或 [表达式(E)] <4>：                   //2 Enter
输入行数或 [表达式(E)] <3>：                   //2 Enter
选择夹点以编辑阵列或 [关联(AS)/基点(B)/计数(COU)/间距(S)/列数(COL)/行数(R)/层
数(L)/退出(X)] <退出>：                        //s Enter
```

指定列之间的距离或 [单位单元(U)] <46.6>:　　　　　//60 Enter
　　指定行之间的距离 <47.5>:　　　　　　　　　　　　//73 Enter
　　选择夹点以编辑阵列或 [关联(AS)/基点(B)/计数(COU)/间距(S)/列数(COL)/行数(R)/层数(L)/退出(X)] <退出>:　　　　　//Enter，结束命令，阵列结果如图 5-50 所示

图 5-49　窗交选择

图 5-50　阵列结果

Step 18 单击"默认"选项卡→"修改"面板→"镜像"按钮 ⚟，对左侧的同心圆进行镜像，命令行操作如下。

命令：_mirror
选择对象：　　　　　　　　　　　　　//拉出如图 5-51 所示的窗口选择框
选择对象：　　　　　　　　　　　　　//Enter，结束选择
指定镜像线的第一点：　　　　　　　　//捕捉如图 5-52 所示的中点
指定镜像线的第二点：　　　　　　　　//@0,1 Enter
要删除源对象吗？[是(Y)/否(N)] <N>:　//Enter，镜像结果如图 5-53 所示

图 5-51　窗口选择

图 5-52　捕捉中点

图 5-53　镜像结果

Step 19 单击"快速访问"工具栏→"保存"按钮 💾，将图形另名存储为"上机实训一.dwg"。

5.4　定制图块

所谓"图块"，指的就是将多个图形对象集合起来，形成一个单独的组合对象，不仅可以方便选择，还可以对其进行多次引用。

5.4.1 创建内部块

"创建块"命令用于将单个或多个图形对象集合成为一个整体图形单元，保存于当前图形文件内，以供当前文件重复使用，使用此命令创建的图块被称之为"内部块"。

执行"创建块"命令主要有以下几种方式。

- ❖ 单击"默认"选项卡→"块"面板→"创建"按钮 🗔。
- ❖ 选择菜单栏"绘图"→"块"→"创建"命令。
- ❖ 在命令行输入 Block 或 Bmake 后按 Enter 键。
- ❖ 使用快捷键 B。

下面通过简单的小实例，学习"创建块"命令的使用方法和技巧。图形被创建为块前后的显示效果如图 5-54 所示，具体操作步骤如下。

Step 01 打开随书光盘中的 "\素材文件\5-5.dwg" 文件，如图 5-55 所示。

创建块前的夹点效果　　　　创建块后的夹点效果

图 5-54　创建内部块

Step 02 单击"默认"选项卡→"块"面板→"创建"按钮 🗔，执行"创建块"命令，打开如图 5-56 所示的"块定义"对话框。

Step 03 在"名称"文本列表框内输入 block01 作为块的名称，在"对象"组合框激活"保留"单选按钮，其他参数采用默认设置。

Step 04 在"基点"组合框中单击"拾取点"按钮 🗔，返回绘图区捕捉一点作为块的基点。

图 5-55　打开结果

图 5-56　"块定义"对话框

小技巧

在定位图块的基点时，最好是在图形上的特征点中进行捕捉。

Step **05** 单击"选择对象"按钮⊕，返回绘图区，框选如图 5-57 所示的所有图形对象。

Step **06** 按 Enter 键返回到"块定义"对话框，则在此对话框内出现图块的预览图标，如图 5-58 所示。

图 5-57　窗交选择

图 5-58　参数设置

Step **07** 单击 ▭确定▭ 按钮关闭"块定义"对话框，结果所创建的内部块存在于文件内部，将会与文件一起被保存。

小技巧

使用 Wbolck 命令，可以将图形以指定的路径存盘为外部块，以供所有文件进行引用。

● 选项解析

✧ "名称"下拉列表框用于为新块命名。图块名是一个不超过 255 个字符的字符串，可以包含字母、数字、"＄"、"-"及"_"等符号。

✧ "基点"选项组主要用于确定图块的插入基点。用户可以直接在 X、Y、Z 文本框中输入基点坐标值，也可以在绘图区直接捕捉图形上的特征点。AutoCAD 默认基点为原点。

✧ 单击"快速选择"按钮⚡，将弹出"快速选择"对话框，用户可以按照一定的条件定义一个选择集。

✧ "转换为块"选项用于将创建块的源图形转化为图块。

✧ "删除"选项用于将组成图块的图形对象从当前绘图区中删除。

5.4.2　创建外部块

由于"内部块"仅供当前文件引用，为了弥补内部块给绘图过程带来的不便，AutoCAD 提供了"写块"命令，使用此命令创建的图块，不但可以被当前文件使用，还可以供其他文件进行重复引用。

下面通过将 5.4.1 节创建的内部块创建为外部块，来学习"写块"命令的使用方法和技巧，具体操作步骤如下。

Step 01 继续 5.4.1 节操作。在命令行输入 Wblock 或 W 后按 Enter 键，执行"写块"命令，打开如图 5-59 所示的"写块"对话框。

Step 02 在"源"选项组内激活"块"选项，然后展开"块"下拉列表框，选择 block01 内部块，如图 5-60 所示。

小技巧

"块"单选按扭用于将当前文件中的内部图块转换为外部块，进行存盘。当激活该选项时，其右侧的下拉列表框被激活，可从中选择需要被写入块文件的内部图块。

图 5-59   "写块"对话框

Step 03 在"文件名或路径"文本列表框内，设置外部块的存盘路径、名称和单位，如图 5-61 所示。

图 5-60   选择块

图 5-61   创建外部块

小技巧

在默认状态下，系统将继续使用源内部块的名称作为外部图块的新名称进行存盘。

Step 04 单击 ▭ 确定 ▭ 按钮，结果 block01 内部块被转化为外部图块，以独立文件形式存盘。

小技巧

"整个图形"单选按钮用于将当前文件中的所有图形对象创建为一个整体图块进行存盘；"对象"单选按钮是系统默认选项，用于有选择性地将当前文件中的部分图形或全部图形创建为一个独立的外部图块。具体操作与创建内部块相同。

5.4.3   创建动态块

所谓"动态块"，是建立在"块"基础之上的，是事先预设好数据，在使用时可以随设置的数值进行非常方便操作的块。动态块不仅具有块的一切特性，还具有其独特的特性。动态块是在块编辑器中创建的，块编辑器是一个专门的编写区域，如图 5-62 所示。通过添加参数和动作等元素，可以使块升级为动态块。用户可以更新创建块，也可以向现有的块定义中添加动态行为。

图 5-62　块编辑器

参数和动作是实现动态块动态功能的两个内部因素，如果将参数比作"原材料"，那么动作则可以比为"加工工艺"，块编辑器则可以形象地比作"生产车间"，动态块则是"产品"。原材料在生产车间里按照某种加工工艺就可以形成产品，即"动态块"。

● 参数

参数的实质是指定其关联对象的变化方式，例如，点参数的关联对象可以向任意方向发生变化；线性参数和 X、Y 参数的关联对象只能延伸参数与所指定的方向发生改变；极轴参数的关联对象可以按照极轴方式发生旋转、拉伸或移动；翻转、可见性、对齐参数的关联对象可以发生翻转、隐藏与显示、自动对齐等。

参数添加到动态块定义中后，系统会自动向块中添加自定义夹点和特性，使用这些自定义夹点和特性可以操作图形中的块参照。而夹点将添加到该参数的关键点，关键点是用于操作块参照的参数部分。例如，线性参数在其基点和端点具有关键点，可以从任一关键点操作参数距离。添加到动态块中的参数类型决定了添加的夹点类型。每种参数类型仅支持特定类型的动作。

● 动作

动作定义了在图形中操作动态块时，该块参照中的几何图形将如何移动或更改。所有的动作必须与参数配对才能发挥作用，参数只是指定对象变化的方式，而动作则可以指定变化的对象。

向块中添加动作后，必须将这些动作与参数相关联，并且通常情况下要与几何图形相关联；当向块中添加了参数和动作这些元素后，也就为块几何图形增添了灵活性和智能性，通过参数和动作的配合，动态块才可以轻松地实现旋转、翻转、查询等各种各样的动态功能。

⫶⫶ 小技巧

参数和动作仅显示在块编辑器中，将动态块插入到图形中时，将不会显示动态块定义中包含的参数和动作。

● 动态块的制作步骤

为了制作高质量的动态块，以达到用户的预期效果，可以按照如下步骤进行操作。

Step 01 在创建动态块之前首先规划动态块的内容。例如，创建一个可调整大小的动态块，但是在调整块大小时还需要显示出其他几何图形，那么这些因素则决定了添加到块定义中的参数和动作的类型，以及如何使参数、动作和几何图形进行共同作用。

Step 02 绘制几何图形。用户可以在绘图区域或块编辑器中绘制动态块中的几何图形，也可以在现有几何图形或图块的基础上进行操作。

Step 03 了解块元素间的关联性。例如，要创建一个包含若干对象的动态块，其中一些对象关联了拉伸动作，同时用户还希望将所有对象围绕同一基点旋转，那么在添加了其他所有参数和动作之后，还需要再添加旋转动作。

⫶⫶ 小技巧

如果旋转动作并非与块定义中的其他所有对象（几何图形、参数和动作）相关联，那么块参照的某些部分就可能不会旋转。

Step 04 添加参数。按照命令行的提示及用户要求，向动态块定义中添加适当的参数。

Step 05 添加动作。根据需要向动态块定义中添加适当的动作。按照命令行上的提示进行操作，确保将动作与正确的参数和几何图形相关联。

Step 06 指定动态块的操作方式。在为动态块添加动作之后，还需指定动态块在图形中的操作方式。用户可以通过自定义夹点和自定义特性来操作动态块。

Step 07 保存动态块定义并在图形中进行测试。

5.5 应用图块

定义图块之后，可以使用"插入块"命令将图块以不同的缩放比例和旋转角度应用到当前文件中，以组合更为复杂的图形结构。本节将讲解图块的应用技能。

5.5.1 插入块

"插入块"命令主要用于将内部块、外部块和已存盘的 DWG 文件,引用到当前图形中,以组合更为复杂的图形结构。

执行"插入块"命令主要有以下几种方式。

◇ 单击"默认"选项卡→"块"面板→"插入"按钮。

◇ 选择菜单栏"插入"→"块"命令。

◇ 在命令行输入 Insert 后按 Enter 键。

◇ 使用快捷键 I。

下面通过将 block01 图块,以 0.5 倍的缩放比例进行插入,学习"插入块"命令的使用方法和技巧,具体操作过程如下。

Step 01 单击"默认"选项卡→"块"面板→"插入"按钮,打开"插入"对话框。

Step 02 展开"名称"文本框,在展开的下拉文本框中选择 block01 内部块。

Step 03 在"比例"选项组中勾选下侧的"统一比例"复选框,同时设置图块的缩放比例,如图 5-63 所示。

图 5-63 设置插入参数

小技巧

如果勾选了"分解"选项,那么插入的图块将不是一个独立的对象,而是被还原成一个个单独的图形对象。

Step 04 其他参数采用默认设置,单击 确定 按钮返回绘图区,在命令行"指定插入点或 [基点(B)/比例(S)/旋转(R)]:"提示下,拾取一点作为块的插入点,结果如图 5-64 所示。

图 5-64 插入结果

● 选项解析

◇ "名称"下拉文本框用于设置需要插入的内部块。

159

- ◆ "插入点"选项组用于确定图块插入点的坐标。用户可以勾选"在屏幕上指定"选项，直接在屏幕绘图区拾取一点，也可以在 X、Y、Z 三个文本框中输入插入点的坐标值。
- ◆ "比例"选项组用于确定图块的插入比例。
- ◆ "旋转"选项组用于确定图块插入时的旋转角度。
- ◆ 用户可以勾选"在屏幕上指定"选项，直接在绘图区指定旋转的角度，也可以在"角度"文本框中输入图块的旋转角度。

5.5.2 嵌套块

用户可以在一个图块中引用其他图块，称之为"嵌套块"，如可以将厨房作为插入到每一个房间的图块，而在厨房块中，又包含水池、冰箱、炉具等其他图块。

使用嵌套块需要注意以下两点。

第一，块的嵌套深度没有限制。

第二，块定义不能嵌套自身，即不能使用嵌套块的名称作为将要定义的新块名称。

总之，AutoCAD 对嵌套块的复杂程度没有限制，只是不可以引用自身。

5.6 DWG 参照

"DWG 参照"命令用于为当前文件中的图形附着外部参照，使附着的对象与当前图形文件存在一种参照关系，执行此命令主要有以下几种方式。

- ◆ 选择菜单栏"插入" → "DWG 参照"命令。
- ◆ 在命令行输入 Xattach 后按 Enter 键。
- ◆ 使用快捷键 XA。

执行"外部参照"命令后，从打开的"选择参照文件"对话框中选择所要附着的图形文件，如图 5-65 所示，然后单击 打开(0) ▼ 按钮，系统将弹出如图 5-66 所示的"附着外部参照"对话框。

图 5-65　"选择参照文件"对话框　　　　图 5-66　"附着外部参照"对话框

● "名称"文本框

当附着了外部参照后,该参照的名称将出现在此文本框内,并且此参照文件所在的位置及路径都显示在文本框的下部。如果在当前图形文件中含有多个参照时,这些参照的文件名都排列在此下拉文本框中。

小技巧

单击"名称"文本框右侧的 浏览(B)... 按钮,可以打开"选择参照文件"对话框,用户可以从中为当前图形选择新的外部参照。

● "参照类型"选项组

"参照类型"选项组用于指定外部参照图形文件的引用类型。引用的类型主要影响嵌套参照图形的显示。系统提供了"附着型"和"覆盖型"两种参照类型。

如果在一个图形文件中以"附着型"的方式引用了外部参照图形,当这个图形文件又被参照在另一个图形文件中时,AutoCAD 仍显示这个图形文件中嵌套的参照图形;如果在一个图形文件中以"覆盖型"的方式引用了外部参照图形,当这个图形文件又被参照在另一个图形文件中时,AutoCAD 将不再显示这个图形文件中嵌套的参照图形。

小技巧

当 A 图形以外部参照的形式被引用到 B 图形,而 B 图形又以外部参照的形式被引用到 C 图形,则相对 C 图形来说,A 图形就是一个嵌套参照图形,它在 C 图形中的显示与否,取决于它被引用到 B 图形时的参照类型。

● "路径类型"下拉列表

"路径类型"下拉列表用于指定外部参照的保存路径,AutoCAD 提供了"完整路径"、"相对路径"和"无路径"三种路径类型。将路径类型设置为"相对路径"之前,必须保存当前图形。对于嵌套的外部参照,相对路径通常是指其直接宿主的位置,而不一定是当前打开图形的位置。如果参照的图形位于另一个本地磁盘驱动器或网络服务器上,"相对路径"选项不可用。

小技巧

一个图形可以作为外部参照同时附着到多个图形中,同样,也可以将多个图形作为外部参照附着到单个图形中。如果一个被定义属性的图形以外部参照的形式引用到另一个图形中,那么 AutoCAD 将把参照的属性忽略掉,仅显示参照图形,不显示图形的属性。

5.7 定义属性

"属性"实际上就是一种"块的文字信息"，它不能独立存在，只能附属于图块的一种非图形信息，用于对图块进行文字说明。

5.7.1 定义属性

"定义属性"命令用于为几何图形定制文字属性，以表达几何图形无法表达的一些内容，执行"定义属性"命令主要有以下几种方式。

- ✧ 单击"默认"选项卡→"块"面板→"定义属性"按钮 🏷。
- ✧ 选择菜单栏"绘图"→"块"→"定义属性"命令。
- ✧ 在命令行输入 Attdef 后按 Enter 键。
- ✧ 使用快捷键 ATT。

下面通过简单的小实例学习"定义属性"命令的使用方法和技巧，具体操作过程如下。

Step 01 新建文件并设置捕捉模式为圆心捕捉。

Step 02 使用快捷键 C 激活"圆"命令，绘制半径为 4 的圆。

Step 03 选择菜单栏"绘图"→"块"→"定义属性"命令，打开"属性定义"对话框，然后设置属性的内容及参数，如图 5-67 所示。

Step 04 单击 确定 按钮返回绘图区，在命令行"指定起点："提示下，捕捉圆心作为属性插入点，结果如图 5-68 所示。

图 5-67 定义属性

图 5-68 定义结果

小技巧

定义了文字属性之后，所定义的文字属性暂时以属性标记名显示。

● **属性的模式**

"模式"选项组主要用于控制属性的显示模式，具体功能如下。

◇ "不可见"复选框用于设置插入属性块后是否显示属性值。

小技巧

另外，也可使用系统变量 Attdisp 直接在命令行设置或修改属性的显示状态。

◇ "固定"复选框用于设置属性是否为固定值。
◇ "验证"选项用于设置在插入块时提示确认属性值是否正确。
◇ "预设"复选框用于将属性值定为默认值。
◇ "锁定位置"复选框用于将属性位置进行固定。
◇ "多行"复选框用于设置多行的属性文本。

小技巧

当重复定义属性时，可勾选"在上一个属性定义下对齐"选项，系统将自动沿用上次设置的各属性的文字样式、对正方式以及高度等参数的设置。

5.7.2　编辑属性

当为几何图形定义了属性之后，还需要将属性和几何图形一起创建为"属性块"，方可体现出"属性"的作用。当插入了带有属性的图块后，使用"编辑属性"命令可以对属性进行修改，执行"编辑属性"命令主要有以下几种方式。

◇ 单击"默认"选项卡→"块"面板→"定义属性"按钮 。
◇ 选择菜单栏"修改"→"对象"→"属性"→"单个"命令。
◇ 在命令行输入 Eattedit 后按 Enter 键。

下面通过简单的小实例，学习属性块的定制、属性块的插入及属性块的编辑等操作，具体操作过程如下。

Step 01 继续 5.7.1 节操作。使用快捷键 B 激活"创建块"命令，将圆及其属性一起创建为属性块，基点为圆心，其他参数设置如图 5-69 所示。

小技巧

如果定制的属性块需要被引用到其他图形文件中，在此需要使用"写块"命令，将其创建为外部块。

图 5-69　设置块参数

Note

Step 02 单击 ▢确定▢ 按钮，打开"编辑属性"对话框，将属性值设为3，如图 5-70 所示。

Step 03 单击 ▢确定▢ 按钮，结果创建了一个属性值为3的块，如图 5-71 所示。

图 5-70 "编辑属性"对话框

图 5-71 定义属性块

Step 04 选择菜单栏"修改"→"对象"→"属性"→"单个"命令，在"选择块："提示
下，选择属性块，打开"增强属性编辑器"对话框，修改属性值如图 5-72 所示，
结果属性值被更改，如图 5-73 所示。

Step 05 展开"文字选项"选项卡，修改属性的高度和宽度比例如图 5-74 所示，属性块的
显示效果如图 5-75 所示。

图 5-72 "增强属性编辑器"对话框

图 5-73 修改结果

图 5-74 "文字选项"选项卡

图 5-75 修改结果

Step 06 展开如图 5-76 所示的"特性"选项卡，可以修改属性所在的图层、线型、颜色和
线宽等特性。

小技巧

"属性"选项卡用于显示当前文件中所有属性块的标记、提示和默认值，还可以修改属性块的属性值。通过单击右上角的"选择块"按钮 ⊕，可以对其他属性块进行修改。

图 5-76　"特性"选项卡

Step 07 单击 确定 按钮，关闭"增强属性编辑器"对话框。

5.8 上机实训二——图块与属性的综合应用

　　本例通过快速为零件组装图编写序号，主要对"定义属性"、"创建块"、"写块"、"插入"、"编辑属性"等命令进行综合练习和巩固应用。本例最终效果如图 5-77 所示，操作步骤如下。

Step 01 打开随书光盘中的"\素材文件\5-6.dwg"文件，如图 5-78 所示。

图 5-77　实例效果

图 5-78　打开结果

Step 02 按 F3 功能键，激活状态栏上的"对象捕捉"功能，并设置对象捕捉模式，如图 5-79 所示。

Step 03 展开"图层"面板上的"图层控制"下拉列表，将"0 图层"设为当前层，如图 5-80 所示。

Step 04 使用快捷键 C 激活"圆"命令，绘制半径为 9 的圆，结果如图 5-81 所示。

Step 05 选择菜单栏"绘图"→"块"→"定义属性"命令，打开"属性定义"对话框，设置标记名、提示说明、默认值以及文本参数，如图 5-82 所示。

Step 06 单击 确定 按钮，在命令行"指定起点："提示下，捕捉圆的圆心作为属性的起点，结果如图 5-83 所示。

Step 07 选择菜单栏"绘图"→"块"→"创建"命令，将圆及定义的属性一起创建为图块，块参数设置如图 5-84 所示，基点为如图 5-85 所示的象限点。

图 5-79　设置捕捉模式　　　　图 5-80　设置当前层　　　　图 5-81　绘制结果

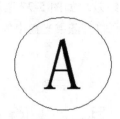

图 5-82　定义属性　　　　　　　　　　　　　图 5-83　定义属性

图 5-84　定义块基点　　　　　　　　　图 5-85　设置属性块参数

Step 08 使用快捷键 LE 激活"快速引线"命令，在"指定第一个引线点或 [设置(S)] <设置>："提示下激活"设置"选项，设置注释类型和其他参数如图 5-86 和图 5-87 所示。

<table>
<tr><td>图 5-86 设置注释类型</td><td>图 5-87 设置引线参数</td></tr>
</table>

Step 09 单击 确定 按钮，然后根据命令行的提示，为零件图编写序号。命令行操作如下：

```
指定第一个引线点或 [设置(S)] <设置>：        //在图形上拾取第一个引线点
指定下一点：                                //在适当位置拾取第二个引线点，绘制图 5-88 所示的指示线
输入块名或 [?]：                            //编号圆 Enter，输入块名
指定插入点或 [基点(B)/比例(S)/X/Y/Z/旋转(R)]：    //捕捉指示线的上端点
输入 X 比例因子，指定对角点，或 [角点(C)/XYZ(XYZ)] <1>：
                                           //Enter，采用默认设置
输入 Y 比例因子或 <使用 X 比例因子>：           //Enter，采用默认设置
指定旋转角度 <0>：                          //Enter，采用默认设置
输入属性值 输入零件序号：<1>：               //Enter，标注结果如图 5-89 所示
```

<table>
<tr><td>图 5-88 绘制指示线</td><td>图 5-89 操作结果</td></tr>
</table>

Step 10 按 Enter 键，重复执行"快速引线"命令，分别标注其他位置的零件序号，标注结果如图 5-90 所示。

Step 11 选择菜单栏"修改"→"对象"→"属性"→"单个"命令，在"选择块："提示下，选择刚标注的第二个零件序号。

Step 12 此时系统打开"增强属性编辑器"对话框，在"属性"选项卡内修改其零件的序号为 2，如图 5-91 所示。

Step 13 单击 应用(A) 按钮，结果该块的属性值被更改，如图 5-92 所示。

Step 14 单击对话框右上角的"选择块"按钮 ，返回绘图区，分别选择其他位置的零件序号，修改相应的编号，结果如图 5-93 所示。

Note

图 5-90　编写其他序号

图 5-91　修改属性值

图 5-92　修改编号

图 5-93　修改结果

Step 15 使用视窗的缩放功能调整视图，使图形全部显示，最终结果如图 5-77 所示。

Step 16 单击"快速访问"工具栏→"另存为"按钮，将图形另名存储为"上机实训二.dwg"。

5.9　小结与练习

5.9.1　小结

本章主要学习了复制图形的创建功能、图块的创建和插入功能、参照的引用功能以及属性的定义和编辑功能，通过这些高效制图功能，用户可以非常方便地创建复杂结构的图形。通过本章的学习，重点要掌握如下技能。

（1）在偏移图形时，要理解和掌握定点偏移和定距偏移两种操作技能。

（2）在镜像图形时，要注意镜像点的定位技能，以创建对称结构的图形。

（3）在阵列图形时，要理解和掌握矩形阵列、环形阵列和路径阵列 3 种技能。

（4）在创建图块时，要理解和掌握内部块、外部块的功能概念以及具体的定制过程。

（5）在插入图块时，要注意图块的缩放比例、旋转角度等参数的设置技巧，以创建不同角度和不同尺寸的图形。

（6）还要掌握属性块的定制技巧和属性块的编辑技巧，将属性与块综合在一起，以真正发挥属性块的功效。

5.9.2　练习

1. 综合运用所学知识，为零件图标注如图 5-94 所示的表示粗糙度。

图 5-94　练习一

操作提示：

本例素材文件位于光盘中的 "\素材文件\" 目录下，文件名为 "5-7.dwg"。

2. 综合运用所学知识，绘制如图 5-95 所示的零件三视图。

图 5-95　练习二

第6章

零件图中的文字与表格

在 AutoCAD 制图中，文字是另外一种表达施工图纸信息的方式，是图纸中不可缺少的一项内容。本章将讲述 AutoCAD 的文字创建功能和图形信息的查询功能，以向读者详细表达图形无法传递的一些图纸信息，使图纸更直观，更容易交流。

内容要点

- ◆ 文字样式
- ◆ 多行文字
- ◆ 上机实训二——绘制并填充零件图表格
- ◆ 查询图形信息
- ◆ 单行文字
- ◆ 上机实训一——为零件图标注技术要求
- ◆ 表格与表格样式
- ◆ 上机实训三——创建并填充机械明细表

6.1 文字样式

"文字样式"命令主要用于控制文字外观效果，如字体、字号、倾斜角度、旋转角度以及其他的特殊效果等，如图 6-1 所示。

技术培训基地　　*技术培训基地*　　技术培训基地

图 6-1　文字示例

执行"文字样式"命令主要有以下几种方式。

❖　单击"默认"选项卡→"注释"面板→"文字样式"按钮 A。
❖　选择菜单栏"格式"→"文字样式"命令。
❖　在命令行输入 Style 后按 Enter 键。
❖　使用快捷键 ST。

相同内容的文字，如果使用不同的文字样式，其外观效果也不相同，下面将学习文字样式的设置过程，具体操作步骤如下。

Step 01 新建绘图文件。

Step 02 单击"默认"选项卡→"注释"面板→"文字样式"按钮 A，执行"文字样式"命令，打开如图 6-2 所示的"文字样式"对话框。

Step 03 单击 新建(N)... 按钮，在弹出的"新建文字样式"对话框中为新样式赋名，如图 6-3 所示。

Step 04 设置字体。在"字体"选项组中展开"字体名"下拉列表框，选择所需的字体，如图 6-4 所示。

图 6-2　"文字样式"对话框

图 6-3　"新建文字样式"对话框

图 6-4　"字体名"下拉列表框

小技巧

默认设置下，系统以"样式 1"作为新样式名。

Step 05 在"字体"选项组中取消选中"使用大字体"复选框，结果所有 AutoCAD 编译型（.SHX）字体和已注册的 TrueType 字体都显示在此列表框内，用户可以选择某种字体作为当前样式的字体。

小技巧

若选择 TrueType 字体，那么可在右侧"字体样式"列表框中设置当前字体样式，如图 6-5 所示；若选择了编译型（.SHX）字体，且勾选了"使用大字体"复选框，则右端的列表框变为如图 6-6 所示的状态，此时用于选择所需的大字体。

图 6-5　选择 TrueType 字体

图 6-6　选择编译型（.SHX）字体

Step 06 设置字体高度。在"高度"文本框中设置文字的高度。

小技巧

如果设置了字体高度，那么当创建文字时，命令行就不会再提示输入文字的高度。建议在此不设置字体的高度。

Step 07 设置文字的效果。在"颠倒"复选框中设置文字为倒置状态；在"反向"复选框中设置文字为反向状态；在"垂直"复选框中控制文字呈垂直排列状态；在"倾斜角度"文本框中控制文字的倾斜角度，如图 6-7 所示。

颠倒状态　　　　　　反向状态　　　　　　垂直状态　　　　　　倾斜状态

图 6-7　设置字体效果

Step 08 设置宽度比例。在"宽度比例"文本框内设置字体的宽高比。

小技巧

国标规定工程图样中的汉字应采用长仿宋体，宽高比为 0.7，当此比值大于 1 时，文字宽度放大，否则将缩小。

Step 09 单击 删除(D) 按钮，可以将多余的文字样式删除掉。

小技巧

默认的 Standard 样式、当前文字样式以及在当前文件中已使过的文字样式，都不能被删除。

Step 10 单击 应用(A) 按钮，最后设置的文字样式被看作当前样式。

Step 11 单击 关闭(C) 按钮，关闭"文字样式"对话框。

6.2　单行文字

本节主要学习单行文字的创建，单行文字的对正方式以及单行文字的编辑等操作技能。

6.2.1　创建单行文字

"单行文字"命令主要通过命令行创建单行或多行的文字对象，所创建的每一行文字，都被看作一个独立的对象，如图 6-8 所示。

执行"单行文字"命令主要有以下几种方式。

AUTO CAD 2016
机械设计从入门到精通

图 6-8　单行文字示例

- ◇　单击"默认"选项卡→"注释"面板→"单行文字"按钮 AI。
- ◇　选择菜单栏"绘图"→"文字"→"单行文字"命令。
- ◇　在命令行输入 Dtext 后按 Enter 键。
- ◇　使用快捷键 DT。

下面通过创建如图 6-8 所示的两行单行文字，学习"单行文字"命令的使用方法和使用技巧，操作过程如下。

Step 01 新建文件。

Step 02 单击"默认"选项卡→"注释"面板→"单行文字"按钮 AI，在命令行"指定文字的起点或 [对正(J)/样式(S)]:"提示下，在绘图区拾取一点作为文字的插入点。

小技巧

"样式"选项用于设置当前使用的文字样式。

Step 03 在命令行"指定高度 <2.5000>:"提示下输入 7 并按 Enter 键，为文字设置高度。

Step 04 在"指定文字的旋转角度 <0>:"提示下按 Enter 键，采用当前设置。

小技巧

如果在文字样式中定义了字体高度，那么在此就不会出现"指定高度<2.5>:"提示，AutoCAD 会按照定义的字高来创建文字。

Step 05 此时绘图区出现如图 6-9 所示的单行文字输入框，这时在命令行输入"AutoCAD 2014 中文版"，如图 6-10 所示。

AutoCAD 2016中文版

图 6-9　单行文字输入框　　　　　　　　　　　图 6-10　输入文字

Step 06 按 Enter 键换行，再输入"机械设计从入门到精通"。

Step 07 连续两次按 Enter 键，结束"单行文字"命令，结果如图 6-11 所示。

AutoCAD 2016中文版
机械设计从入门到精通

图 6-11　创建结果

6.2.2　文字的对正

"文字的对正"指的就是文字的哪一位置与插入点对齐，文字的对正方式是基于如图 6-12 所示的四条参考线而言的，这四条参考线分别为顶线、中线、基线、底线。另外，文字的各种对正方式如图 6-13 所示。

图 6-12　文字对正参考线

图 6-13　文字的对正方式

这里的中线是大写字符高度的水平中心线（即顶线至基线的中间），不是小写字符高度的水平中心线。执行"单行文字"命令后，在命令行"指定文字的起点或 [对正(J)/样式(S)]:"提示下激活"对正"选项，命令行将显示如下提示。

输入选项 [左(L)/居中(C)/右(R)/对齐(A)/中间(M)/布满(F)/左上(TL)/中上(TC)/右上(TR)/左中(ML)/正中(MC)/右中(MR)/左下(BL)/中下(BC)/右下(BR)]:

各种对正选项含义如文字所述，这里就不再赘述，其中"中间"与"正中"含义略有不同。

- ◇ "中间"选项用于提示用户拾取文字的中间点，此中间点就是文字串基线的垂直中线和文字串高度的水平中线的交点。
- ◇ "正中"选项用于提示用户拾取文字串的中间点，此中间点就是文字串中线的中点，即以中线的中点对齐文字。

小技巧

虽然"正中"和"中间"两种对正方式拾取的都是中间点，但这两个中间点的位置并不一定完全重合，只有输入的字符为大写或汉字时，此两点才重合。

6.2.3　编辑单行文字

"编辑文字"命令主要用于修改编辑现有的文字对象内容，或者为文字对象添加前缀或后缀等内容。执行"编辑文字"命令主要有以下几种方式。

- ◇ 选择菜单栏"修改"→"对象"→"文字"→"编辑"命令。
- ◇ 在命令行输入 Ddedit 后按 Enter 键。
- ◇ 使用快捷键 ED。

如果需要编辑的文字是使用"单行文字"命令创建的，那么在执行"编辑文字"命令后，命令行会出现"选择注释对象或 [放弃（U）]"的操作提示，此时只需要单击需要编辑的单行文字，系统即可弹出如图 6-14 所示的单行文字编辑框，在此编辑框中输入正确的文字内容即可。

AutoCAD 2016中文版
机械设计从入门到精通

图 6-14　单行文字编辑框

6.3　多行文字

本节主要学习多行文字的创建、特殊字符的输入，以及多行文字的编辑、特殊字符的输入等操作技能。

6.3.1　创建多行文字

"多行文字"命令用于标注较为复杂的文字注释，例如段落性文字。与单行文字不同，多行文字无论创建的文字包含多少行、多少段，AutoCAD 都将其作为一个独立的对象，如图 6-15 所示。

■　技术要求　▶
1. 内部结构倒角2×45°
2. 外部结构倒角1×45°
3. 调质处理230～250HB
▼

图 6-15　多行文字

执行“多行文字”命令主要有以下几种方式。

- 单击“默认”选项卡→“注释”面板→“多行文字”按钮 A。
- 选择菜单栏“绘图”→“文字”→“多行文字”命令。
- 在命令行输入 Mtext 后按 Enter 键。
- 使用快捷键 T。

下面通过创建如图 6-15 所示的段落文字，学习“多行文字”的使用方法和技巧，具体操作步骤如下。

Step 01 新建绘图文件。

Step 02 单击“默认”选项卡→“注释”面板→“多行文字”按钮 A，执行“多行文字”命令，在命令行“指定第一角点:”提示下在绘图区拾取一点。

Step 03 在“指定对角点或 [高度(H)/对正(J)/行距(L)/旋转(R)/样式(S)/宽度(W)/栏(C)]]:”提示下拾取对角点，打开如图 6-16 所示的文字编辑器。

图 6-16 打开文字编辑器

小技巧

在“样式”面板中可以设置当前文字样式及字体高度；在“格式”面板中可以设置字体以及字体效果；在“段落”面板中可以设置文字对正方式以及段落特性等。

Step 04 在“文字编辑器”选项卡→“样式”面板→“文字高度”文本框中设置字体高度为 7。

Step 05 在“文字编辑器”选项卡→“格式”面板→“字体”下拉列表中设置字体为宋体，如图 6-17 所示。

Step 06 在下侧文字输入框内单击左键，指定文字的输入位置，然后输入如图 6-18 所示标题文字。

Step 07 向下拖曳输入框下侧的下三角按钮，调整列高。

Step 08 按 Enter 键换行，然后输入第一行文字，结果如图 6-19 所示。

Step 09 按 Enter 键，分别输入其他行文字对象，如图 6-20 所示。

176

图 6-17　设置字体

图 6-18　输入文字

图 6-19　输入第一行文字

图 6-20　输入其他行文字

Step 10　将光标移至标题前，然后按 Enter 键添加空格，结果如图 6-21 所示。

Step 11　关闭文字编辑器，文字的创建结果如图 6-22 所示。

图 6-21　添加空格

技术要求
1. 内部结构倒角2×45
2. 外部结构倒角1×45
3. 调质处理230～250HB

图 6-22　创建结果

6.3.2　文字格式编辑器

在打开"文字编辑器"选项卡的同时也会打开如图 6-23 所示的"文字格式"编辑器。

图 6-23　"文字格式"编辑器

在"文字格式"编辑器中，包括工具栏、顶部带标尺的文本输入框两部分，这两部分重要功能如下。

Note

● **工具栏**

工具栏主要用于控制多行文字对象的文字样式和选定文字的各种字符格式、对正方式、项目编号等，说明如下。

✧ Standard 下拉列表用于设置当前的文字样式。
✧ ⊤ 宋体 下拉列表用于设置或修改文字的字体。
✧ 2.5 下拉列表用于设置新字符高度或更改选定文字的高度。
✧ ■ ByLayer ▾ 下拉列表用于为文字指定颜色或修改选定文字的颜色。
✧ "粗体" 按钮 **B** 用于为输入的文字对象或所选定文字对象设置粗体格式。"斜体" 按钮 **I** 用于为新输入文字对象或所选定文字对象设置斜体格式。此两个选项仅适用于使用 TrueType 字体的字符。
✧ "下画线" 按钮 **U** 用于为输入的文字或所选定的文字对象设置下画线格式。
✧ "上画线" 按钮 **Ō** 用于为输入的文字或所选定的文字对象设置上画线格式。
✧ "堆叠" 按钮 用于为输入的文字或选定的文字设置堆叠格式。要使文字堆叠，文字中须包含插入符（^）、正向斜杠（/）或磅符号（#），堆叠字符左侧的文字将堆叠在字符右侧的文字之上。

⠿ 小技巧

默认情况下，包含插入符（^）的文字转换为左对正的公差值；包含正斜杠（/）的文字转换为置中对正的分数值，斜杠被转换为一条与较长的字符串长度相同的水平线；包含磅符号（#）的文字转换为被斜线（高度与两个字符串高度相同）分开的分数。

✧ "标尺" 按钮 用于控制文字输入框顶端标心的开关状态。
✧ "栏数" 按钮 用于为段落文字进行分栏排版。
✧ "多行文字对正" 按钮 用于设置文字的对正方式。
✧ "段落" 按钮 用于设置段落文字的制表位、缩进量、对齐、间距等。
✧ "左对齐" 按钮 用于设置段落文字为左对齐方式。
✧ "居中" 按钮 用于设置段落文字为居中对齐方式。
✧ "右对齐" 按钮 用于设置段落文字为右对齐方式。
✧ "对正" 按钮 用于设置段落文字为对正方式。
✧ "分布" 按钮 用于设置段落文字为分布排列方式。
✧ "行距" 按钮 用于设置段落文字的行间距。
✧ "编号" 按钮 用于为段落文字进行编号。
✧ "插入字段" 按钮 用于为段落文字插入一些特殊字段。
✧ "全部大写" 按钮 用于修改英文字符为大写。
✧ "全部小写" 按钮 用于修改英文字符为小写。
✧ "符号" 按钮 用于添加一些特殊符号。

◇ "倾斜角度"按钮 $0/$ 0.0000 用于修改文字的倾斜角度。

◇ "追踪"微调按钮 a-b 1.0000 用于修改文字间的距离。

◇ "宽度因子"按钮 o 1.0000 用于修改文字的宽度比例。

● **文本输入框**

如图 6-24 所示的文本输入框，位于工具栏下侧，主要用于输入和编辑文字对象，它是由标尺和文本框两部分组成的，在文本输入框内单击右键，可弹出如图 6-25 所示的快捷菜单，用于对输入的多行文字进行调整。

图 6-24　文本输入框　　　　　　　　图 6-25　快捷菜单

6.3.3　编辑多行文字

如果编辑的文字是使用"多行文字"命令创建的，那么在执行"编辑文字"命令后，命令行出现"选择注释对象或[放弃（U）]"的操作提示，此时用户单击需要编辑的文字对象，将会打开如图 6-26 所示的"文字格式"编辑器，在此编辑器内不但可以修改文字的内容，而且还可以修改文字的样式、字体、字高以及对正方式等特性。

图 6-26　"文字格式"编辑器

6.3.4　输入特殊字符

Note

　　使用"多行文字"命令中的字符功能，可以非常方便地创建一些特殊符号，如度数、直径符号、正负号、平方、立方等。下面通过插入度数符号来学习特殊字符的创建技巧。具体操作过程如下。

Step 01　继续 6.3.1 小节操作。在段落文字对象上双击左键，打开"文字编辑器"。

Step 02　将光标定位到 2×45 后单击"文字编辑器"选项卡→"插入"面板→"符号"按钮@，在打开的符号菜单中选择"度数"选项，如图 6-27 所示。

图 6-27　添加度数符号

Step 03　将光标定位到 1×45 后单击@按钮，在打开的符号菜单中选择"度数"选项，继续添加度数符号，如图 6-28 所示。

图 6-28　添加符号

Step 04　选择三行技术要求内容，然后在"文字编辑器"选项卡→"样式"面板→"字高"文本框内修改其高度为 6，如图 6-29 所示。

图 6-29　修改字体高度

Step 05 关闭 "文字格式" 编辑器，完成特殊符号的添加过程，结果如图 6-30 所示。

技术要求

1. 内部结构倒角2×45°
2. 外部结构倒角1×45°
3. 调质处理230～250HB

图 6-30　修改结果

6.4　上机实训——为零件图标注技术要求

本例通过为齿轮零件二视图标注技术要求，对 "文字样式"、"多行文字" 等命令进行综合练习和巩固应用。本例最终标注效果如图 6-31 所示，操作步骤如下。

图 6-31　实例效果

Step 01 打开随书光盘中的 "\素材文件\6-1.dwg" 文件，如图 6-32 所示。

Step 02 展开 "图层" 工具栏中的 "图层控制" 下拉列表，将 "细实线" 设置为当前图层。

Step 03 单击 "默认" 选项卡→ "注释" 面板→ "文字样式" 按钮 A，执行 "文字样式" 命令，设置文字样式如图 6-33 所示。

图 6-32　打开结果

图 6-33　设置文字样式

Step 04 单击 "默认" 选项卡→ "注释" 面板→ "多行文字" 按钮 A，执行 "多行文字" 命令，然后在命令行"指定第一角点:"提示下，在绘图区拾取一点。

Step 05 继续在命令行"指定对角点或 [高度(H)/对正(J)/行距(L)/旋转(R)/样式(S)/宽度(W)/栏(C)]:"提示下拾取对角点，打开如图 6-34 所示的文字编辑器。

图 6-34　打开文字编辑器

Step 06 在"文字编辑器"选项卡→"样式"面板→"文字高度"文本框中设置字体高度为 8。

Step 07 在下侧文本输入框内单击左键，指定文字的输入位置，然后输入如图 6-35 所示标题文字。

Step 08 按 Enter 键换行，在"文字编辑器"选项卡→"样式"面板→"文字高度"文本框中设置字体高度为 7，然后输入第一行文字，结果如图 6-36 所示。

Step 09 按 Enter 键，分别输入其他行文字对象，如图 6-37 所示。

图 6-35　输入文字

图 6-36　输入第一行文字

图 6-37　输入其他行文字

Step 10 将光标移至标题前，然后按 Enter 键添加空格，结果如图 6-38 所示。

Step 11 关闭文字编辑器，文字的创建结果如图 6-39 所示。

图 6-38　添加空格

技术条件

1.调质处理HB=220~280。

2.去毛刺锐边。

3.齿部渗碳处理55~60HRC。

4.轮毂部分硬度不小于280HB。

5.须经探伤检查，不得有裂纹。

图 6-39　创建结果

Step **12** 执行"保存"命令，将图形另名存储为"上机实训一.dwg"。

6.5　上机实训二——绘制并填充零件图表格

本例通过为齿轮零件二视图绘制并填充明细表，对"文字样式"、"编辑文字"、"多行文字"等命令进行综合练习和巩固应用。本例最终标注效果如图 6-40 所示，操作步骤如下。

模　数	m	4
齿　数	z	34
压力角	α	20°
公法线 跨测齿数	K	4
公法线长度	Wk	$43.24^{-0.05}_{-0.15}$
配对齿轮 图号		HTY-B.40-Z3
齿数		22
精度等级		8-8-7GB10095.1

图 6-40　实例效果

Step **01** 执行"打开"命令，打开随书光盘中的"\素材文件\6-2.dwg"文件。

Step **02** 使用快捷键 REC 激活"矩形"命令，绘制长度为 113、宽度为 100 的矩形作为明细外框。

Step **03** 使用快捷键 X 激活"分解"命令，将刚绘制的矩形分解。

Step **04** 使用快捷键 O 激活"偏移"命令，对分解后的矩形边进行偏移，结果如图 6-41 所示。

Step **05** 使用快捷键 TR 激活"修剪"命令，对偏移出的图线进行修剪，编辑出明细表内部方格，结果如图 6-42 所示。

Step **06** 使用快捷键 L 激活"直线"命令，配合端点捕捉功能绘制如图 6-43 所示的两条方格对角线。

Step **07** 单击"默认"选项卡→"注释"面板→"多行文字"按钮 **A**，根据命令行的提示分别捕捉左上角方格的对角点，打开文字编辑器。

Step 08 在"文字编辑器"选项卡→"注释"面板中设置字体高度为 7。

Step 09 在"文字编辑器"选项卡→"段落"面板中设置字体对正方式为"正中"，如图 6-44 所示。

图 6-41 偏移结果

图 6-42 修改结果

图 6-43 绘制结果

图 6-44 设置字高与对正方式

Step 10 此时在多行文字输入框内输入如图 6-45 所示表格文字。

图 6-45 输入文字

Step 11 使用快捷键 CO 激活"复制"命令，配合中点捕捉功能，将刚填充的表格文字分别复制到其他方格对角线中点处，结果如图 6-46 所示。

Step 12 选择菜单栏"修改"→"对象"→"文字"→"编辑"命令，选择复制出的文字对象进行修改，输入正确的内容，如图 6-47 所示。

图 6-46 复制结果

图 6-47 编辑文字

Step 13 继续在命令行"选择注释对象或[放弃(U)]:"提示下,分别修改其他位置的文字对象,并删除方格对角线,结果如图 6-48 所示。

Step 14 调整明细、技术要求等位置,然后使用"插入块"命令,以 1.7 倍的缩放比例插入光盘中的"\素材文件\A4-V.dwg"文件,结果如图 6-49 所示。

模 数	m	4		
齿 数	z	34		
压力角	a	20°		
公法线	跨测齿数	K	4	
	公法线长度	Wk	$43.24^{-0.05}_{-0.15}$	
配对齿轮		图号	HTY-B.40-23	
		齿数	22	
精度等级		8-8-7GB10095.1		

图 6-48 修改其他文字

图 6-49 插入结果

Step 15 填写标题栏。重复执行"多行文字"命令,分别捕捉如图 6-50 所示的点 A 和点 B,打开"文字格式"编辑器。

图 6-50 定位点

Step 16 在文字编辑器内设置字体、高度和对正方式如图 6-51 所示。

图 6-51 设置参数

Step 17 在下侧的多行文本输入框内输入如图 6-52 所示的文字内容。

图 6-52 输入文字

Step 18 关闭文字编辑器，最终结果如图 6-40 所示。

Step 19 执行"另存为"命令，将图形另名存储为"上机实训二.dwg"。

6.6 表格与表格样式

AutoCAD 为用户提供表格的创建与填充功能，使用"表格"命令，不但可以创建表格，填充表格内容，而且还可以将表格链接至 Microsoft Excel 电子表格中的数据。

执行"表格"命令主要有以下几种方式。

- ◇ 单击"默认"选项卡→"注释"面板→"表格"按钮 。
- ◇ 选择菜单栏"绘图"→"表格"命令。
- ◇ 在命令行输入 Table 后按 Enter 键。
- ◇ 在命令行输入 TB。

下面通过创建如图 6-53 所示的简单表格，学习使用"表格"命令的操作方法和技巧。

Step 01 执行"表格"命令，打开如图 6-54 所示的"插入表格"对话框。

标题		
表头	表头	表头

图 6-53 创建表格   图 6-54 "插入表格"对话框

Step 02 在"列数"文本列表框中输入 3，设置表格列数为 3；在"列宽"文本列表框中输入 20，设置列宽为 20。

Step 03 在"数据行数"文本列表框中输入 3，设置表格行数为 3，其他参数不变，然后单击 确定 按钮返回绘图区，在命令行"指定插入点："的提示下，拾取一点作为插入点。

Step 04 此时系统打开如图 6-55 所示的文字编辑器，用于填写表格内容。

图 6-55 文字编辑器

Step 05 在反白显示的表格框内输入"标题"，如图 6-56 所示。

Step 06 按右方向键，或按 Tab 键，此时光标跳至左下侧的列标题栏中，如图 6-57 所示。

Step 07 此时在反白显示的列标题栏中输入文字，如图 6-58 所示。

图 6-56 输入标题文字　　　　图 6-57 定位光标　　　　图 6-58 输入文字

Step 08 继续按右方向键，或 Tab 键，分别在其他列标题栏中输入表格文字，结果如图 6-53 所示。

小技巧

默认设置创建的表格，不仅包含有标题行，还包含有表头行、数据行，用户可以根据实际情况进行取舍。

● 选项解析

◇ "表格样式"选项组主要用于设置、新建或修改当前表格样式，还可以对样式进行预览。

◇ "插入选项"选项组用于设置表格的填充方式，具体有"从空表格开始"、"自动数据链接"和"自图形中的对象数据提取"三种方式。

◇ "插入方式"选项组用于设置表格的插入方式，其中提供了"指定插入点"和"指定窗口"两种方式，默认方式为"指定插入点"方式。

小技巧

如果使用"指定窗口"方式，系统将表格的行数设为自动，即按照指定的窗口区域自动生成表格的数据行，而表格的其他参数仍使用当前的设置。

◇ "列和行设置"选项组用于设置表格的列参数、行参数以及列宽和行宽参数。系统默认的列参数为5、行参数为1。

◇ "设置单元样式"选项组用于设置第一行、第二行或其他行的单元样式。

◇ 单击 Standard ▼ 右侧的按钮 ，打开如图6-59所示的"表格样式"对话框，此对话框用于设置、修改表格样式，或设置当前表格样式。

图6-59 "表格样式"对话框

执行"表格样式"命令主要有以下几种方式。

◇ 单击"默认"选项卡→"注释"面板→"表格样式"按钮 。

◇ 选择菜单栏"格式"→"表格样式"命令。

◇ 在命令行输入Tablestyle后按Enter键。

◇ 使用快捷键TS。

6.7 查询图形信息

本节主要学习图形信息的几个查询工具，具体有"点坐标"、"距离"、"面积"和"列表"四个命令。

6.7.1 查询坐标

"点坐标"命令用于查询点的X轴向坐标值和Y轴向坐标值，所查询出的坐标值为点的绝对坐标值，执行"点坐标"命令主要有以下几种方式。

◇ 单击"默认"选项卡→"实用工具"面板→"点坐标"按钮 。

◇ 选择菜单栏"工具"→"查询"→"点坐标"命令。

◇ 在命令行输入Id后按Enter键。

"点坐标"命令的命令行操作提示如下。

```
命令：'_id
指定点：                    //捕捉需要查询的坐标点
AutoCAD报告如下信息：
X = <X坐标值>      Y =<Y坐标值>      Z = <Z坐标值>
```

6.7.2　查询距离

　　"距离"命令不但可以查询任意两点之间的距离，还可以查询两点的连线与 X 轴或 XY 平面的夹角等参数信息，执行"距离"命令主要有以下几种方式。

　　◇　单击"默认"选项卡→"实用工具"面板→"距离"按钮 。
　　◇　选择菜单栏"工具"→"查询"→"距离"命令。
　　◇　在命令行输入 Dist 或 Measuregeom 后按 Enter 键。
　　◇　使用命令简写 DI。

　　下面通过小实例，学习"距离"命令的使用方法和使用技巧，操作过程如下。

Step 01 新建空白文件。启用"极轴追踪"功能，并设置极轴角为 45°。

Step 02 绘制长度为 100、角度为 135° 的倾斜线段，如图 6-60 所示。

Step 03 单击"默认"选项卡→"实用工具"面板→"距离"按钮 ，在命令行"指定第一点:"提示下，捕捉线段的下端点。

Step 04 在 "指定第二个点或 [多个点(M)]:"提示下捕捉线段上端点。此时系统自动查询出这两点之间的信息，具体如下。

图 6-60　绘制结果

```
距离 =100.0000
XY 平面中的倾角 = 135
与 XY 平面的夹角 = 0        X 增量 = -70.7107,
Y 增量 = 70.7107,               Z 增量 = 0.0000
```

小技巧

　　"距离"表示所拾取的两点之间的实际长度；"XY 平面中的倾角"表示所拾取的两点边线 X 轴正方向的夹角；"与 XY 平面的夹角"表示拾取的两点连线与当前坐标系 XY 平面的夹角；"X 增量"表示所拾取的两点在 X 轴方向上的坐标差；"Y 增量"表示所拾取的两点在 Y 轴方向上的坐标差。

Step 05 在"输入选项 [距离(D)/半径(R)/角度(A)/面积(AR)/体积(V)/退出(X)] <距离>:"提示下，输入 X 后按 Enter 键，结束命令。

● 　选项解析

　　◇　"半径"选项用于查询圆弧或圆的半径、直径等。
　　◇　"角度"选项用于查询圆弧、圆或直线等对象的角度。
　　◇　"面积"选项用于查询单个封闭对象或由若干点围成区域的面积及周长。
　　◇　"体积"选项用于查询对象的体积。

6.7.3 查询面积

"面积"命令不但可以查询单个封闭对象或由若干点围成的区域的面积以及周长，而且还可以对面积进行加减运算。

执行"面积"命令主要有以下几种方式。

✧ 单击"默认"选项卡→"实用工具"面板→"面积"按钮。
✧ 选择菜单栏"工具"→"查询"→"面积"命令。
✧ 在命令行输入 Measuregeom 或 Area 后按 Enter 键。

下面通过查询正六边形的面积和周长，学习"面积"命令的使用方法和使用技巧，命令行操作过程如下。

Step **01** 绘制边长为 150 的正六边形。

Step **02** 单击"默认"选项卡→"实用工具"面板→"面积"按钮，执行"面积"命令，查询正六边形的面积和周长，操作过程如下。

```
命令: _measuregeom
输入选项 [距离(D)/半径(R)/角度(A)/面积(AR)/体积(V)] <距离>: _area
指定第一个角点或 [对象(O)/增加面积(A)/减少面积(S)/退出(X)] <对象(O)>:
//捕捉正六边形左上角点
指定下一个点或 [圆弧(A)/长度(L)/放弃(U)]:    //捕捉正六边形左角点
指定下一个点或 [圆弧(A)/长度(L)/放弃(U)]:    //捕捉正六边形左下角点
指定下一个点或 [圆弧(A)/长度(L)/放弃(U)/总计(T)] <总计>: //捕捉正六边形右下角点
指定下一个点或 [圆弧(A)/长度(L)/放弃(U)/总计(T)] <总计>: //捕捉正六边形右角点
指定下一个点或 [圆弧(A)/长度(L)/放弃(U)/总计(T)] <总计>: //捕捉正六边形右上角点
指定下一个点或 [圆弧(A)/长度(L)/放弃(U)/总计(T)] <总计>:
// Enter，结束面积的查询过程，观看查询结果
面积 = 58456.7148，周长 = 900.0000
```

Step **03** 在命令行"输入选项 [距离(D)/半径(R)/角度(A)/面积(AR)/体积(V)/退出(X)] <面积>:"提示下，输入 X 并按 Enter 键，结束命令。

● 选项解析

✧ "对象"选项用于查询单个闭合图形的面积和周长，如圆、椭圆、矩形、多边形、面域等。另外，使用此选项也可以查询由多段线或样条曲线所围成的区域的面积和周长。

::::: 小技巧

对于线宽大于零的多段线或样条曲线，将按其中心线来计算面积和周长；对于非封闭的多段线或样条曲线，AutoCAD 将假想已有一条直线连接多段线或样条曲线的首尾，然后计算该封闭框架的面积，但周长并不包括那条假想的连线，即周长是多段线的实际长度。

◇ "增加面积"选项主要用于将新选图形实体的面积加入总面积中，此功能属于"面积的加法运算"。另外，如果用户需要执行面积的加法运算，必须先将当前的操作模式转换为加法运算模式。

◇ "减少面积"选项用于将新选图形实体的面积从总面积中减去，此功能属于"面积的减法运算"。另外，如果用户需要执行面积的减法运算，必须先将当前的操作模式转换为减法运算模式。

6.7.4　列表查询

使用 AutoCAD 提供的"列表"命令，可以快速地查询图形所包含的众多的内部信息，如图层、面积、点坐标以及其他的空间等特性参数。

执行"列表"命令主要有以下几种方式。

◇ 选择菜单栏"工具"→"查询"→"列表"命令。
◇ 在命令行输入 List 后按 Enter 键。
◇ 使用快捷键 LI 或 LS。

当执行"列表"命令后，选择需要查询信息的图形对象，AutoCAD 会自动切换到文本窗口，并滚动显示所有选择对象的有关特性参数。下面通过实例，学习使用"列表"命令，具体操作过程如下。

Step 01 新建文件。

Step 02 使用快捷键 C 激活"圆"命令，绘制半径为 200 的圆。

Step 03 选择菜单栏"工具"→"查询"→"列表"命令，执行"列表"命令。

Step 04 在命令行"选择对象："提示下，选择刚绘制的正五边形。

Step 05 继续在命令行"选择对象："提示下按 Enter 键，系统将以文本窗口的形式直观显示所查询出的信息，如图 6-61 所示。

图 6-61　列表查询结果

Note

6.8 上机实训三——创建并填充机械明细表

本例通过创建并填充如图6-62所示的机械明细表格，对"表格样式"、"表格"、"编辑文字"等命令进行综合练习和巩固应用，其操作步骤如下。

序号	代号	名称	数量	材料
1	W27Y-108.20.01-1	轴承座	1	Q235A
2	W27Y-108.20.01-2	横筋板	2	Q235A
3	W27Y-108.20.01-3	连接板	3	Q235A
4	W27Y-106.20.01-4	纵筋板	4	Q235A
5	W27Y-108.20.01-5	轴承盖	5	Q235A
6	W27Y-108.20.01-6	上板	6	Q235A

图6-62 实例效果

Step 01 新建空白文件。

Step 02 单击"默认"选项卡→"注释"面板→"文字样式"按钮 A，在打开的"文字样式"对话框中修改字体的宽度比例，如图6-63所示。

Step 03 单击"默认"选项卡→"注释"面板→"表格样式"按钮，执行"表格样式"命令，打开"表格样式"对话框。

Step 04 单击 新建(N)... 按钮，打开"创建新的表格样式"对话框，在"新样式名"文本框内输入"明细表"作为新表格样式的名称，如图6-64所示。

图6-63 "文字样式"对话框   图6-64 为样式赋名

Step 05 单击 继续 按钮，打开"新建表格样式：明细表"对话框，设置数据参数如图6-65所示。

Step 06 在"新建表格样式：明细表"对话框中展开"文字"选项卡，设置文字高度参数，如图6-66所示。

Step 07 在"新建表格样式：明细表"对话框中展开"单元样式"下拉列表，选择"表头"选项，并设置表格参数如图6-67所示。

Step 08 在"新建表格样式：明细表"对话框中展开"文字"选项卡，设置文字的高度参数，如图6-68所示。

图 6-65　设置数据参数

图 6-66　设置文字参数

图 6-67　设置表头参数

图 6-68　设置表头字高

Step 09 在"新建表格样式：明细表"对话框中展开"单元样式"下拉列表，选择"标题"选项，并设置标题参数如图 6-69 所示。

Step 10 在"新建表格样式：明细表"对话框中展开"文字"选项卡，设置文字的高度参数，如图 6-70 所示。

图 6-69　设置标题参数

图 6-70　设置标题字高

Step 11 单击 确定 按钮返回"表格样式"对话框，将新设置的表格样式置为当前，如图 6-71 所示。

Note

● 插入表格

Step 12 单击"默认"选项卡→"注释"面板→"表格"按钮▦，执行"表格"命令，在打开的"插入表格"对话框中设置参数如图 6-72 所示。

图 6-71 "表格样式"对话框

图 6-72 "插入表格"对话框

Step 13 单击 确定 按钮，在命令行"指定插入点："提示下，在绘图区拾取一点，插入表格，系统同时打开"文字编辑器"，用于输入表格内容，如图 6-73 所示。

图 6-73 插入表格

Step 14 在反白显示的表格内输入"序号"，如图 6-74 所示。

Step 15 按 Tab 键，在右侧的表格内输入"代号"，如图 6-75 所示。

	A	B	C	D	E
1	序号				
2					
3					
4					
5					
6					
7					

图 6-74 输入表格文字

	A	B	C	D	E
1	序号	代号			
2					
3					
4					
5					
6					
7					

图 6-75 输入表格文字

Step 16 通过按下 Tab 键，分别在其他表格内输入文字内容，结果如图 6-76 所示。

Step 17 关闭"文字编辑器"，所创建的明细表及表格列表题内容如图 6-77 所示。

● 编辑表格

Step 18 在无命令执行的前提下，选择刚创建的明细表格，使其夹点显示，如图 6-78 所示。

Step 19 单击夹点 2，进入夹点拉伸编辑模式，在命令行"** 拉伸 **指定拉伸点或 [基点 (B)/复制(C)/放弃(U)/退出(X)]："提示下，输入"@8,0"并按 Enter 键，夹点拉伸的结果如图 6-79 所示。

图 6-76　输入列表题内容

图 6-77　创建明细表

图 6-78　表格的夹点显示

图 6-79　拉伸结果

Step 20 按住 Shift 键分别单击夹点 5 和夹点 6，进入夹点编辑模式，然后单击夹点 5，将其水平向左拉伸 8 个绘图单位，结果如图 6-80 所示。

Step 21 单击夹点 1 进入夹点编辑模式，然后将其水平向左拉伸 2 个绘图单位，结果如图 6-81 所示。

图 6-80　夹点拉伸

图 6-81　夹点拉伸

Step 22 按住 Shift 键分别单击夹点 4、夹点 5 和夹点 6，进入夹点编辑模式，然后单击夹点 4，将其水平向右拉伸 10 个绘图单位，结果如图 6-82 所示。

Step 23 按 Esc 键，取消表格的夹点显示状态，编辑结果如图 6-83 所示。

图 6-82　夹点拉伸　　　　　　　　　　　　图 6-83　编辑结果

● **填充文字**

Step ㉔ 在左侧列标题下的第一个单元格内双击左键，打开文字编辑器，然后输入序号 1，如图 6-84 所示。

Step ㉕ 按下 Tab 键，输入如图 6-85 所示的表格内容。

	A	B	C	D	E
1	序号	代号	名称	数量	材料
2	1				
3					
4					
5					
6					
7					

图 6-84　填充表格

	A	B	C	D	E
1	序号	代号	名称	数量	材料
2	1	W27Y-108.20.01-1			
3					
4					
5					
6					
7					

图 6-85　填充表格

Step ㉖ 通过按下 Tab 键，依次在其他单元格内输入明细表内容，结果如图 6-86 所示。

	A	B	C	D	E
1	序号	代号	名称	数量	材料
2	1	W27Y-108.20.01-1	轴承座	1	Q235A
3	2	W27Y-108.20.01-2	横筋板	2	Q235A
4	3	W27Y-108.20.01-3	连接板	3	Q235A
5	4	W27Y-108.20.01-4	纵筋板	4	Q235A
6	5	W27Y-108.20.01-5	轴承盖	5	Q235A
7	6	W27Y-108.20.01-6	上板	6	Q235A

图 6-86　填充结果

Step ㉗ 关闭文字编辑器，并执行"保存"命令，将图形另名存储为"上机实训三.dwg"。

6.9　小结与练习

6.9.1　小结

本章主要集中讲述了文字、字符、表格等的创建功能和图形信息的查询功能，通过本章的学习，应了解和掌握单行文字与多行文字的区别、创建方式及修改技巧；掌握文字样式的设置及特殊字符的输入技巧。除此之外，还需要熟练掌握表格的设置、创建、填充以及一些图形信息的查询功能。

6.9.2　练习

1. 综合运用所学知识，为零件图标注技术要求，如图 6-87 所示。

图 6-87 练习一

▓ 操作提示：

本例素材文件位于光盘中的 "\素材文件\" 目录下，文件名为 "6-3.dwg"。

2. 综合运用所学知识，为齿轮零件图标注技术条件与明细，如图 6-88 所示。

模数	m	4	
齿数	Z	22	
压力角	α	20°	
公法线	跨测齿数	K	4
	公法线长度	Wk	$42.56_{-0.15}^{-0.05}$
配对齿轮		图号	HTY-8.40-24
		齿数	34
齿轮精度		8-8-7GB10095.1-2001	

技术条件
1.调质处理HB=220~280;
2.去毛刺锐边.

图 6-88 练习二

▓ 操作提示：

本例素材文件位于光盘中的 "\素材文件\" 目录下，文件名为 "6-4.dwg"。

第7章

零件图中的尺寸与公差

与几何图形、文字注释一样，尺寸标注也是图纸的重要组成部分，它能将图形间的相互位置关系以及形状等进行数字化、参数化，以更直观地表达图形的尺寸，是施工人员现场施工的主要依据。本章集中讲述各类常用尺寸的标注方法。

内容要点

◆ 标注基本尺寸　　　　◆ 标注复合尺寸

◆ 公差与圆心标记　　　◆ 标注引线尺寸

◆ 标注样式管理器　　　◆ 编辑尺寸标注

◆ 图形参数化　　　　　◆ 上机实训——标注轴类零件图尺寸与公差

7.1 标注基本尺寸

所谓基本尺寸，是指一些常见的尺寸，例如线性尺寸、对齐尺寸、半径尺寸、直径尺寸等。这些尺寸都位于"标注"菜单上，如图7-1所示。这一节首先学习这些基本尺寸的标注方法和技巧。

图7-1 "标注"菜单

7.1.1 线性标注

"线性"命令是一个常用的尺寸标注命令，主要用于标注两点之间的水平尺寸或垂直尺寸，执行"线性"命令主要有以下几种方式。

✦ 单击"注释"选项卡→"标注"面板→"线性"按钮 。

✦ 选择菜单栏"标注"→"线性"命令。

✦ 在命令行输入 Dimlinear 或 Dimlin 后按 Enter 键。

下面通过为零件图标注长度尺寸和垂直尺寸，主要学习"线性"命令的使用方法和技巧，具体操作如下。

Step 01 打开随书光盘中的"\素材文件\7-1.dwg"文件，如图7-2所示。

Step 02 单击"注释"选项卡→"标注"面板→"线性"按钮 ，执行"线性"命令，配合端点捕捉功能标注下侧的长度尺寸，命令行操作如下。

```
命令: _dimlinear
指定第一个尺寸界线原点或 <选择对象>:      //捕捉图7-3所示的端点
指定第二条尺寸界线原点:                    //捕捉图7-4所示的端点
指定尺寸线位置或[多行文字(M)/文字(T)/角度(A)/水平(H)/垂直(V)/旋转(R)]:
//向下移动光标，在适当位置拾取一点，以定位尺寸线的位置，标注结果如图7-5所示
标注文字 = 156
```

图7-2 打开结果

图7-3 捕捉端点

图7-4 捕捉端点

Step 03 重复执行"线性"命令，配合端点捕捉功能标注零件图的宽度尺寸，命令行操作如下。

命令：   //Enter，重复执行"线性"命令
DIMLINEAR 指定第一个尺寸界线原点或 <选择对象>： //Enter
选择标注对象：   //选择如图 7-6 所示的垂直边
指定尺寸线位置或[多行文字(M)/文字(T)/角度(A)/水平(H)/垂直(V)/旋转(R)]:
//水平向右移动光标，然后在适当位置指定尺寸线位置，标注结果如图 7-7 所示
标注文字 = 118

图 7-5 标注结果   图 7-6 选择对象   图 7-7 标注结果

● **选项解析**

❖ "多行文字"选项用于在如图 7-8 所示的文字编辑器内手动输入尺寸文字内容，或者为尺寸文字添加前后缀等。

图 7-8 文字编辑器

❖ "文字"选项用于通过命令行手动输入尺寸文字的内容，以方便添加尺寸前缀和后缀。
❖ "角度"选项用于设置尺寸文字的旋转角度。
❖ "水平"选项用于标注两点之间的水平尺寸。
❖ "垂直"选项用于标注两点之间的垂直尺寸。
❖ "旋转"选项用于设置尺寸线的旋转角度。

7.1.2 对齐标注

对齐标注是指标注平行于所选对象或平行于两尺寸界线原点连线的尺寸，此命令比较适合于标注倾斜图线的尺寸，执行"对齐"命令主要有以下几种方式。

❖ 单击"注释"选项卡→"标注"面板→"对齐"按钮。
❖ 选择菜单栏"标注"→"对齐"命令。
❖ 在命令行输入 Dimaligned 或 Dimali 后按 Enter 键。

下面通过标注如图 7-14 所示的对齐尺寸，主要学习"对齐"命令的使用方法和标注技巧，具体操作如下。

Step 01 打开随书光盘中的"\素材文件\7-2.dwg"文件，如图 7-9 所示。

Step 02 单击"注释"选项卡→"标注"面板→"对齐"按钮 ，执行"对齐"命令，配合交点捕捉功能标注对齐线尺寸，命令行操作如下。

```
命令: _dimaligned
指定第一个尺寸界线原点或 <选择对象>:              //捕捉如图 7-10 所示的交点
指定第二条尺寸界线原点:                          //捕捉如图 7-11 所示的交点
指定尺寸线位置或[多行文字(M)/文字(T)/角度(A)]:    //在适当位置指定尺寸线位置
标注文字 = 44.08
```

图 7-9　打开结果

图 7-10　捕捉交点

图 7-11　捕捉交点

Step 03 对齐尺寸的标注效果如图 7-12 所示。

Step 04 重复执行"对齐"命令，标注下侧的对齐尺寸，命令行操作如下。

```
命令: _dimaligned
指定第一个尺寸界线原点或 <选择对象>:      // Enter
选择标注对象:                           //选择如图 7-13 所示的轮廓线
指定尺寸线位置或[多行文字(M)/文字(T)/角度(A)]:
    //在适当位置指定尺寸线位置，标注结果如图 7-14 所示
标注文字 = 14.04
```

提示:

"对齐"命令中的三个选项功能与"线性"命令中的选项功能相同，在此不再讲述。

图 7-12　标注结果

图 7-13　选择对象

图 7-14　标注结果

Note

7.1.3 坐标标注

"坐标"命令用于标注点的 X 坐标值和 Y 坐标值，所标注的坐标为点的绝对坐标，执行"坐标"命令主要有以下几种方式。

◇ 单击"注释"选项卡→"标注"面板→"坐标"按钮。
◇ 选择菜单栏"标注"→"坐标"命令。
◇ 在命令行输入 Dimordinate 或 Dimord 后按 Enter 键。

执行"坐标"命令后，命令行操作如下：

```
命令：_dimordinate
指定点坐标：                        //捕捉点
指定引线端点或 [X 基准(X)/Y 基准(Y)/多行文字(M)/文字(T)/角度(A)]://定位引线端点
```

小技巧

上下移动光标，可以标注点的 X 坐标值；左右移动光标，可以标注点的 Y 坐标值。另外，使用"X 基准"选项，可以强制性地标注点的 X 坐标，不受光标引导方向的限制；使用"Y 基准"选项，则可以标注点的 Y 坐标。

7.1.4 角度标注

"角度"命令用于标注两条图线间的角度尺寸或者圆弧的圆心角。执行"角度"命令主要有以下几种方式。

◇ 单击"注释"选项卡→"标注"面板→"角度"按钮。
◇ 选择菜单栏"标注"→"角度"命令。
◇ 在命令行输入 Dimangular 或 Dimang 后按 Enter 键。

下面通过标注零件图的角度尺寸，主要学习"角度"命令的使用方法和标注技巧，具体操作如下。

Step 01 打开随书光盘中的"\素材文件\7-3.dwg"文件。

Step 02 单击"注释"选项卡→"标注"面板→"角度"按钮，执行"角度"命令后，标注零件图角度尺寸，命令行操作如下。

```
命令：_dimangular
选择圆弧、圆、直线或 <指定顶点>：      //选择如图 7-15 所示的图线
选择第二条直线：                      //选择如图 7-16 所示的图线
指定标注弧线位置或 [多行文字(M)/文字(T)/角度(A) /象限点(Q)]：
                                    //在适当位置拾取一点，定位尺寸线位置
```

Step 03 标注结果如图 7-17 所示。

Note

图 7-15　选择对象　　　　　图 7-16　选择对象　　　　　图 7-17　标注结果

7.1.5　半径尺寸

"半径"命令用于标注圆、圆弧的半径尺寸，当用户采用系统的实际测量值标注文字时，系统会在测量数值前自动添加 R，如图 7-18 所示。

图 7-18　标注半径尺寸

执行"半径"命令主要有以下几种方式.

◇　单击"注释"选项卡→"标注"面板→"半径"按钮◎。
◇　选择菜单栏"标注"→"半径"命令。
◇　在命令行输入 Dimradius 或 Dimrad 后按 Enter 键。

执行"半径"命令后，命令行操作如下。

```
命令: _dimradius
选择圆弧或圆:                          //选择需要标注的圆或弧对象
指定尺寸线位置或 [多行文字(M)/文字(T)/角度(A)]:   //指定尺寸的位置
```

7.1.6　直径尺寸

"直径"命令用于标注圆或圆弧的直径尺寸，当用户采用系统的实际测量值标注文字时，系统会在测量数值前自动添加"ϕ"符号，如图 7-19 所示。

执行"直径"命令主要有以下几种方式。

◇　单击"注释"选项卡→"标注"面板→"直径"按钮◎。
◇　选择菜单栏"标注"→"直径"命令。
◇　在命令行输入 Dimdiameter 或 Dimdia 后按 Enter 键。

执行"直径"命令后，AutoCAD 命令行会出现如下操作提示。

```
命令：_dimdiameter
选择圆弧或圆：                                    //选择需要标注的圆或圆弧
指定尺寸线位置或 [多行文字(M)/文字(T)/角度(A)]：    //指定尺寸的位置
```

图 7-19　标注直径尺寸

7.1.7　弧长尺寸

"弧长"命令用于标注圆弧或多段线弧的长度尺寸，默认设置下，会在尺寸数字的一端添加弧长符号，执行"弧长"命令主要有以下几种方式。

✦　单击"注释"选项卡→"标注"面板→"弧长"按钮。

✦　选择菜单栏"标注"→"弧长"命令。

✦　在命令行输入 Dimarc 后按 Enter 键。

执行"弧长"命令后，AutoCAD 命令行会出现如下操作提示。

```
命令：_dimarc
选择弧线段或多段线弧线段：                    //选择需要标注的弧线段
指定弧长标注位置或 [多行文字(M)/文字(T)/角度(A)/部分(P)/引线(L)]：
                                //指定弧长尺寸的位置，结果如图 7-20 所示
```

⁛ 小技巧

使用"部分"选项可以标注圆弧或多段线弧上的部分弧长，如图 7-21 所示；使用"引线"选项可以为圆弧的弧长尺寸添加指示线，如图 7-22 所示。

图 7-20　弧长标注

图 7-21　标注部分弧长

图 7-22　添加指示线的弧长标注

7.1.8　折弯线性

"折弯线性"命令用于在线性标注或对齐标注上添加或删除折弯线，"折弯线"指的是所标注对象中的折断，标注值代表实际距离，而不是图形中测量的距离，执行"折弯

线性"命令主要有以下几种方式。

> ✧　单击"注释"选项卡→"标注"面板→"折弯标注"按钮 ⚡。
> ✧　选择菜单栏"标注"→"折弯线性"命令。
> ✧　在命令行输入 Dimjogline 后按 Enter 键。

执行"折弯线性"命令后,命令行操作如下。

```
命令:_dimjogline
选择要添加折弯的标注或 [删除(R)]:　　//选择需要添加折弯的标注
指定折弯位置 (或按 Enter 键):　　　　//指定折弯线的位置,结果如图 7-23 所示
```

图 7-23　线性标注与折弯标注比较

❖ 小技巧

"删除"选项主要用于删除标注中的折弯线。

7.2　标注复合尺寸

除了前面所讲的常见基本尺寸标注之外,还有"基线"、"连续"、"快速标注"三个复合标注命令,这一节就来学习这些复合尺寸的标注方法和技巧。

7.2.1　标注基线尺寸

"基线"命令用于在现有尺寸的基础上,以选择的线性尺寸界线作为基线尺寸的尺寸界线,进行快速标注。执行"基线"命令主要有以下几种方式。

> ✧　单击"注释"选项卡→"标注"面板→"基线"按钮 ⊟。
> ✧　选择菜单栏"标注"→"基线"命令。
> ✧　在命令行输入 Dimbaseline 或 Dimbase 后按 Enter 键。

下面通过标注如图 7-29 所示的基线尺寸,学习"基线"命令的使用方法和技巧,具体操作步骤如下。

Step 01 打开随书光盘中的"\素材文件\7-4.dwg"文件,如图 7-24 所示。

图 7-24　打开结果

Step 02 单击"注释"选项卡→"标注"面板→"基线"按钮，标注线性尺寸作为基准尺寸，命令行操作如下。

命令: _dimlinear
指定第一个尺寸界线原点或 <选择对象>:   //捕捉如图 7-25 所示的端点
指定第二条尺寸界线原点: //捕捉如图 7-26 所示的端点

图 7-25 定位第一原点

图 7-26 定位第二原点

指定尺寸线位置或[多行文字(M)/文字(T)/角度(A)/水平(H)/垂直(V)/旋转(R)]:
          //向下移动光标，在适当位置指定尺寸线位置，结果如图 7-27 所示
标注文字 = 40

图 7-27 标注结果

Step 03 单击"注释"选项卡→"标注"面板→"基线"按钮，执行"基线"命令，标注零件图的基线尺寸，命令行操作如下。

命令: _dimbaseline
指定第二条尺寸界线原点或 [放弃(U)/选择(S)] <选择>:
          //捕捉如图 7-27 所示的交点 1，系统自动测量并标注出如图 7-28 所示的基线尺寸
标注文字 = 50
指定第二条尺寸界线原点或 [放弃(U)/选择(S)] <选择>: //捕捉如图 7-27 所示的交点 2
标注文字 = 110
指定第二条尺寸界线原点或 [放弃(U)/选择(S)] <选择>: //捕捉如图 7-27 所示的交点 3
标注文字 = 122
指定第二条尺寸界线原点或 [放弃(U)/选择(S)] <选择>: //Enter,
选择基准标注: //Enter，结束命令，标注结果如图 7-29 所示

图 7-28 标注基线尺寸   图 7-29 标注结果

小技巧

当执行"基线"命令后，AutoCAD 会自动以刚创建的线性尺寸作为基准尺寸，进入基线尺寸的标注状态。

7.2.2　标注连续尺寸

"连续"命令需要在现有的尺寸基础上创建连续的尺寸对象，所创建的连续尺寸位于同一个方向矢量上，执行"连续"命令主要有以下几种方式。

◇ 单击"注释"选项卡→"标注"面板→"连续"按钮 ⊞。
◇ 选择菜单栏"标注"→"连续"命令。
◇ 在命令行输入 Dimcontinue 或 Dimcont 后按 Enter 键。

下面通过标注如图 7-31 所示的连续尺寸，学习"连续"命令的使用方法和操作技巧，具体操作如下。

Step 01 打开随书光盘中的"\素材文件\7-5.dwg"文件。

Step 02 执行"线性"命令，配合端点捕捉功能标注如图 7-30 所示的线性尺寸，作为基准尺寸。

图 7-30　标注线性尺寸

Step 03 单击"注释"选项卡→"标注"面板→"连续"按钮 ⊞，根据命令行的提示标注连续尺寸，命令行操作如下。

```
命令: _dimcontinue
指定第二条尺寸界线原点或 [放弃(U)/选择(S)] <选择>:    //捕捉图 7-30 所示的端点 1
标注文字 = 470
指定第二条尺寸界线原点或 [放弃(U)/选择(S)] <选择>:    //捕捉端点 2
标注文字 = 140
指定第二条尺寸界线原点或 [放弃(U)/选择(S)] <选择>:    //捕捉端点 3
标注文字 = 330
指定第二条尺寸界线原点或 [放弃(U)/选择(S)] <选择>:    //捕捉端点 4
标注文字 = 330
指定第二条尺寸界线原点或 [放弃(U)/选择(S)] <选择>:    //捕捉端点 5
标注文字 = 140
指定第二条尺寸界线原点或 [放弃(U)/选择(S)] <选择>:    //捕捉端点 6
```

标注文字 = 470

指定第二条尺寸界线原点或 ［放弃(U)/选择(S)］ <选择>: 　//捕捉端点 7

标注文字 = 82

指定第二条尺寸界线原点或 ［放弃(U)/选择(S)］ <选择>: 　//Enter，退出连续尺寸状态

选择连续标注: 　　　　　　　　　　　　　　　　　　　//Enter，标注结果如图 7-31 所示

图 7-31　连续标注示例

7.2.3　快速标注

"快速标注"命令用于一次标注多个对象间的水平尺寸或垂直尺寸，是一种比较常用的复合标注工具，执行"快速标注"命令主要有以下几种方式。

- ❖ 单击"注释"选项卡→"标注"面板→"快速标注"按钮，。
- ❖ 选择菜单栏"标注"→"快速标注"命令。
- ❖ 在命令行输入 Qdim 后按 Enter 键。

下面通过标注如图 7-35 所示的尺寸，学习使用"快速标注"命令的使用方法和技巧，具体操作如下。

Step 01 打开随书光盘中的 "\素材文件\7-6.dwg"文件。

Step 02 单击"注释"选项卡→"标注"面板→"快速标注"按钮，执行"快速标注"命令后，根据命令行的提示快速标注尺寸，命令行操作如下。

命令: _qdim

选择要标注的几何图形: 　　　　　//拉出如图 7-32 所示的窗交选择框

选择要标注的几何图形: 　　　　　//单击最左端的垂直轮廓线，选择结果如图 7-33 所示

图 7-32　窗交选择

图 7-33　选择结果

选择要标注的几何图形: 　　　　　//Enter

指定尺寸线位置或 ［连续(C)/并列(S)/基线(B)/坐标(O)/半径(R)/直径(D)/基准点(P)/

编辑(E)/设置(T)〕<连续>：　　　　//向下引导光标，进入如图 7-34 所示标注状态，在适当位置单击，结果如图 7-35 所示

图 7-34　快速标注状态

图 7-35　快速标注结果

● **选项解析**

◇ "连续" 选项用于标注对象连续尺寸；"并列" 选项用于标注并列尺寸。
◇ "坐标" 选项用于标注对象的绝对坐标；"基线" 选项用于标注基线尺寸。
◇ "基准点" 选项用于设置新的标注点。
◇ "编辑" 选项用于添加或删除标注点。
◇ "半径" 选项用于标注圆或弧的半径尺寸；"直径" 选项用于标注圆或弧的直径尺寸。

7.3　公差与圆心标记

本节主要学习 "公差" 与 "圆心标记" 两个命令。

7.3.1　公差

　　"公差" 命令主要用于为零件图标注形状公差和位置公差，如图 7-36 所示，执行 "公差" 命令主要有以下几种方式。

◇ 单击 "注释" 选项卡→ "标注" 面板→ "公差" 按钮 。
◇ 选择菜单栏 "标注" → "公差" 命令。
◇ 在命令行输入 Tolerance 后按 Enter 键。
◇ 使用快捷键 TOL。

　　执行 "公差" 命令后，可打开如图 7-37 所示的 "形位公差" 对话框，单击 "符号" 选项组中的颜色块，可以打开如图 7-38 所示的 "特征符号" 对话框，用户可以选择相应的形位公差符号。

图 7-36　公差标注示例

图 7-37　"形位公差" 对话框

在"公差 1"或"公差 2"选项组中单击右侧的颜色块，打开如图 7-39 所示的"附加符号"对话框，以设置公差的包容条件。

图 7-38　"特征符号"对话框　　　　　　图 7-39　"符加符号"对话框

- ✧　符号 Ⓜ 表示最大包容条件，规定零件在极限尺寸内的最大包容量。
- ✧　符号 Ⓛ 表示最小包容条件，规定零件在极限尺寸内的最小包容量。
- ✧　符号 Ⓢ 表示不考虑特征条件，不规定零件在极限尺寸内的任意几何大小。

7.3.2　圆心标记

"圆心标记"命令主要用于标注圆或圆弧的圆心标记，也可以标注圆或圆弧的中心线，如图 7-40 和图 7-41 所示。

图 7-40　标注圆心标记　　　　　　　　图 7-41　标注中心线

执行"圆心标记"命令主要有以下几种方式。

- ✧　单击"注释"选项卡→"标注"面板→"圆心标记"按钮 ⊙。
- ✧　选择菜单栏"标注"→"圆心标记"命令。
- ✧　在命令行输入 Dimcenter 按 Enter 键。

7.4　标注引线尺寸

所谓引线尺寸，指的就是一端带有引线、另一端带有注释的引线尺寸。本节主要学习引线尺寸的标注工具，具体有"快速引线"和"多重引线"两个命令。

7.4.1　快速引线

"快速引线"命令用于创建一端带有箭头、另一端带有文字注释的引线尺寸，其中，引线可以为直线段，也可以为平滑的样条曲线，如图 7-42 所示。

图 7-42　引线标注示例

在命令行输入 Qleader 或 LE 后按 Enter 键，执行"快速引线"命令，然后在命令行"指定第一个引线点或 [设置(S)] <设置>:"提示下，激活"设置"选项，打开"引线设置"对话框，如图 7-43 所示，在该对话框中设置引线参数。

● **"注释"选项卡**

在"引线设置"对话框中展开"注释"选项卡，如图 7-43 所示，此选项卡主要用于设置引线文字的注释类型及其相关的一些选项功能。

➢ "注释❾类型选项组

◇ "多行文字"单选按钮用于在引线末端创建多行文字注释。

◇ "复制对象"单选按钮用于复制已有引线注释作为需要创建的引线注释。

◇ "公差"单选按钮用于在引线末端创建公差注释。

◇ "块参照"单选按钮用于以内部块作为注释对象；而"无"选项表示创建无注释的引线。

图 7-43　"引线设置"对话框

➢ "多行文字选项"选项组

◇ "提示输入宽度"复选框用于提示用户，指定多行文字注释的宽度。

◇ "始终左对齐"复选框用于自动设置多行文字使用左对齐方式。

◇ "文字边框"复选框主要用于为引线注释添加边框。

➢ "重复使用注释"选项组

◇ "无"单选按钮表示不对当前所设置的引线注释进行重复使用。

◇ "重复使用下一个"单选按钮用于重复使用下一个引线注释。

◇ "重复使用当前"单选按钮用于重复使用当前的引线注释。

● **"引线和箭头"选项卡**

如图 7-44 所示的"引线和箭头"选项卡，主要用于设置引线的类型、点数、箭头以及引线段的角度约束等参数。

◇ "直线"单选按钮用于在指定的引线点之间创建直线段。

◇ "样条曲线"单选按钮用于在引线点之间创建样条曲线，即引线为样条曲线。

✧ "箭头"选项组用于设置引线箭头的形式。单击 [实心闭合▾] 列表内下三角，在下拉式列表框中选择一种箭头形式。

✧ "无限制"复选框表示系统不限制引线点的数量，用户可以通过按 Enter 键来手动结束引线点的设置过程。

✧ "最大值"选项用于设置引线点数的最多数量。

✧ "角度约束"选项组用于设置第一条引线与第二条引线的角度约束。

● "附着"选项卡

如图 7-45 所示的"附着"选项卡，主要用于设置引线和多行文字注释之间的附着位置，只有在"注释"选项卡内勾选了"多行文字"选项时，此选项卡才可用。

图 7-44 "引线和箭头"选项卡　　　　图 7-45 "附着"选项卡

✧ "第一行顶部"单选按钮用于将引线放置在多行文字第一行的顶部。

✧ "第一行中间"单选按钮用于将引线放置在多行文字第一行的中间。

✧ "多行文字中间"单选按钮用于将引线放置在多行文字的中部。

✧ "最后一行中间"单选按钮用于将引线放置在多行文字最后一行的中间。

✧ "最后一行底部"单选按钮用于将引线放置在多行文字最后一行的底部。

✧ "最后一行加下画线"复选框用于为最后一行文字添加下画线。

7.4.2　多重引线

与快速引线相同，"多重引线"命令（Mleader）也可以创建具有多个选项的引线对象，只是其选项没有快速引线那么直观，需要通过命令行进行设置。

执行"多重引线"命令主要有以下几种方式。

✧ 单击"默认"选项卡→"注释"面板→"多重引线"按钮 ╱°。

✧ 选择菜单栏"标注"菜单→"多重引线"命令。

✧ 在命令行输入 Mleader 后按 Enter 键。

执行"多重引线"命令后，其命令行操作如下。

```
命令: _mleader
指定引线基线的位置或 [引线箭头优先(H)/内容优先(C)/选项(O)] <选项>: //Enter
```

输入选项 [引线类型 (L) /引线基线 (A) /内容类型 (C) /最大节点数 (M) /第一个角度 (F) /第二个角度 (S) /退出选项 (X)] <退出选项>:　　　　　　　　　　　　　　//输入一个选项

　　指定引线基线的位置或 [引线箭头优先 (H) /内容优先 (C) /选项 (O)] <选项>://指定基线位置

　　指定引线箭头的位置:　　　　//指定箭头位置,打开"文字格式"编辑器,输入注释内容

　　另外,使用"多重引线样式"命令也可以创建或修改多重引线样式,执行"多重引线样式"命令主要有以下几种方式。

◇　单击"默认"选项卡→"注释"面板→"多重引线样式"按钮 。

◇　选择菜单栏"格式"菜单→"多重引线样式"命令。

◇　在命令行输入 Mleader 后按 Enter 键。

7.5　标注样式管理器

　　一个完整的尺寸标注一般包括标注文字、尺寸线、尺寸界线和箭头等尺寸元素,而这些尺寸元素都是通过"标注样式"命令进行协调的,执行此命令后可打开如图 7-46 所示的"标注样式管理器"对话框,此对话框控制着尺寸元素的外观形式,它是所有尺寸变量的集合,这些变量决定了尺寸中各元素的外观,只要用户调整尺寸样式中的某些尺寸变量,就能灵活修改尺寸标注的外观。

图 7-46　"标注样式管理器"对话框

执行"标注样式"命令主要有以下几种方式:

◇　单击"默认"选项卡→"注释"面板→"标注样式"按钮 。

◇　选择菜单栏"标注"→"标注样式"命令。

◇　在命令行输入 Dimstyle 后按 Enter 键。

◇　使用快捷键 D。

7.5.1　新建标注样式

　　在图 7-46 所示的"标注样式管理器"对话框中,不仅可以设置标注样式,还可以修

改、替代和比较标注样式。单击 新建(N)... 按钮后可打开如图 7-47 所示的"创建新标注样式"对话框，其中"新样式名"文本框用于为新样式命名；"基础样式"下拉列表框用于设置新样式的基础样式；"注释性"复选项用于为新样式添加注释；"用于"下拉列表框用于设置新样式的适用范围。

图 7-47 "创建新标注样式"对话框

单击 继续 按钮后打开如图 7-48 所示的"新建标注样式：副本 ISO-25"对话框，此对话框包括"线"、"符号和箭头"、"文字"、"调整"、"主单位"、"换算单位"和"公差"7 个选项卡。

● **设置"线"参数**

如图 7-48 所示的"线"选项卡，主要用于设置尺寸线、尺寸界线的格式和特性等变量，具体如下。

➢ "尺寸线"选项组

✧ "颜色"下拉列表框用于设置尺寸线的颜色。
✧ "线型"下拉列表框用于设置尺寸线的线型。
✧ "线宽"下拉列表框用于设置尺寸线的线宽。
✧ "超出标记"微调按钮用于设置尺寸线超出尺寸界线的长度。在默认状态下，该选项处于不可用状态，只有在用户选择建筑标记箭头时，此微调按钮才处于可用状态。
✧ "基线间距"微调按钮用于设置在基线标注时两条尺寸线之间的距离。

➢ "尺寸界线"选项组

✧ "颜色"下拉列表框用于设置尺寸界线的颜色。
✧ "线宽"下拉列表框用于设置尺寸界线的线宽。
✧ "尺寸界线 1 的线型"下拉列表框用于设置尺寸界线 1 的线型。
✧ "尺寸界线 2 的线型"下拉列表框用于设置尺寸界线 2 的线型。
✧ "超出尺寸线"微调按钮用于设置尺寸界线超出尺寸线的长度。
✧ "起点偏移量"微调按钮用于设置尺寸界线起点与被标注对象间的距离。

● **设置"符号和箭头"**

如图 7-49 所示的"符号和箭头"选项卡，主要用于设置箭头、圆心标记、弧长符号和半径标注等参数。

➢ "箭头"选项组

✧ "第一个/第二个"下拉列表框用于设置箭头的形状。
✧ "引线"下拉列表框用于设置引线箭头的形状。
✧ 箭头大小"微调按钮用于设置箭头的大小。

图 7-48 "新建标注样式：副本 ISO-25"对话框

图 7-49 "符号和箭头"选项卡

> "圆心标记"选项组

◇ "无"单选按钮表示不添加圆心标记。

◇ "标记"单选按钮用于为圆添加十字形标记。

◇ "直线"单选按钮用于为圆添加直线型标记。

◇ 2.5 微调按钮用于设置圆心标记的大小。

> "折断标注"选项组用于设置打断标注的大小

> "弧长符号"选项组

◇ "标注文字的前缀"单选按钮用于为弧长标注添加前缀。

◇ "标注文字的上方"单选按钮用于设置标注文字的位置。

◇ "无"单选按钮表示在弧长标注上不出现弧长符号。

> "半径折弯标注"选项组用于设置半径折弯的角度。

> "线性折弯标注"选项组用于设置线性折弯的高度因子。

● **设置"文字"参数**

如图 7-50 所示的"文字"选项卡，主要用于设置尺寸文字的样式、颜色、位置及对齐方式等变量。

> "文字外观"选项组

◇ "文字样式"列表框用于设置尺寸文字的样式。

◇ "文字颜色"下拉列表框用于设置标注文字的颜色。

◇ "填充颜色"下拉列表框用于设置尺寸文本的背景色。

◇ "文字高度"微调按钮用于设置标注文字的高度。

◇ "分数高度比例"微调按钮用于设置标注分数的高度比例。只有在选择分数标注单位时，此选项才可用。

◇ "绘制文字边框"复选框用于设置是否为标注文字加上边框。

➢ "文字位置"选项组

◈ "垂直"列表框用于设置尺寸文字相对于尺寸线垂直方向的放置位置。

◈ "水平"列表框用于设置标注文字相对于尺寸线水平方向的放置位置。

◈ "观察方向"列表框用于设置尺寸文字的观察方向。

◈ "从尺寸线偏移"微调按钮用于设置标注文字与尺寸线之间的距离。

➢ "文字对齐"选项组

◈ "水平"单选按钮用于设置标注文字以水平方向放置。

◈ "与尺寸线对齐"单选按钮用于设置标注文字与尺寸线平行的方向放置。

◈ "ISO标准"单选按钮用于根据 ISO 标准设置标注文字。

● 设置"调整"参数

如图 7-51 所示的"调整"选项卡，主要用于设置尺寸文字与尺寸线、尺寸界线等之间的位置。

➢ "调整选项"选项组

◈ "文字或箭头，最佳效果"单选按钮用于自动调整文字与箭头的位置，使二者达到最佳效果。

◈ "箭头"单选按钮用于将箭头移到尺寸界线外。

◈ "文字"单选按钮用于将文字移到尺寸界线外。

◈ "文字和箭头"单选按钮用于将文字与箭头都移到尺寸界线外。

◈ "文字始终保持在尺寸界线之间"单选按钮用于将文字放置在尺寸界线之间。

➢ "文字位置"选项组

◈ "尺寸线旁边"单选按钮用于将文字放置在尺寸线旁边。

◈ "尺寸线上方，带引线"单选按钮用于将文字放置在尺寸线上方，并加引线。

◈ "尺寸线上方，不带引线"单选按扭用于将文字放置在尺寸线上方，但不加引线。

➢ "标注特征比例"选项组

◈ "注释性"复选框用于设置标注为注释性标注。

◈ "使用全局比例"单选按钮用于设置标注的比例因子。

◈ "将标注缩放到布局"单选按钮用于根据当前模型空间的视口与布局空间的大小来确定比例因子。

➢ "优化"选项组

◈ "手动放置文字"复选框用于手动放置标注文字。

◈ "在尺寸界线之间绘制尺寸线"复选框表示在标注圆弧或圆时，尺寸线始终在尺寸界线之间。

图 7-50　"文字"选项卡　　　　　　　　图 7-51　"调整"选项卡

● **设置"主单位"**

如图 7-52 所示为"主单位"选项卡，主要用于设置线性标注和角度标注的单位格式以及精确度等参数变量。

➢ "线性标注"选项组

✧ "单位格式"下拉列表框用于设置线性标注的单位格式，默认值为小数。
✧ "精度"下拉列表框用于设置尺寸的精度。
✧ "分数格式"下拉列表框用于设置分数的格式。
✧ "小数分隔符"下拉列表框用于设置小数的分隔符号。
✧ "舍入"微调按钮用于设置除了角度之外的标注测量值的四舍五入规则。
✧ "前缀"文本框用于设置尺寸文字的前缀，可以为数字、文字、符号。
✧ "后缀"文本框用于设置尺寸文字的后缀，可以为数字、文字、符号。

➢ "测量单位比例"选项组

✧ "比例因子"微调按钮用于设置除了角度之外的标注比例因子。
✧ "仅应用到布局标注"复选框仅对在布局里创建的标注应用线性比例值。

➢ "消零"选项组

✧ "前导"复选框用于消除小数点前面的零。当尺寸文字小于 1 时（如为"0.5"）勾选此复选框后，此"0.5"将变为".5，前面的零已消除。
✧ "后续"复选框用于消除小数点后面的零。
✧ "0 英尺"复选框用于消除零英尺前的零。如"0′，−1/2″"表示为"1/2″"。

✧ "0 英寸"复选框用于消除英寸后的零。如"2′，−1.400″"表示为"2′，−1.4″"。

➢ "角度标注"选项组

✧ "单位格式"下拉列表框用于设置角度标注的单位格式。
✧ "精度"下拉列表框用于设置角度的小数位数。

➢ "消零"选项组

◇ "前导"复选框消除角度标注前面的零。

◇ "后续"复选框消除角度标注后面的零。

● 设置"换算单位"

如图 7-53 所示为"换算单位"选项卡，主要用于显示和设置尺寸文字的换算单位、精度等变量。只有勾选了"显示换算单位"复选框，才可执行"换算单位"选项卡中所有的选项组。

➢ "换算单位"选项组

◇ "单位格式"下拉列表框用于设置换算单位格式。

◇ "精度"下拉列表框用于设置换算单位的小数位数。

◇ "换算单位倍数"微调按钮用于设置主单位与换算单位间的换算因子的倍数。

◇ "舍入精度"微调按钮用于设置换算单位的四舍五入规则。

◇ "前缀"文本框输入的值将显示在换算单位的前面。

◇ "后缀"文本框输入的值将显示在换算单位的后面。

➢ "消零"选项组用于消除换算单位的前导和后续零以及英尺、英寸前后的零

➢ "位置"选项组

◇ "主值后"单选按钮将换算单位放在主单位之后。

◇ "主值下"单选按钮将换算单位放在主单位之下。

图 7-52　"主单位"选项卡

图 7-53　"换算单位"选项卡

● 设置公差

在"新建标注样式：副本 ISO-25"对话框中展开"公差"选项卡，该选项卡主要用于设置尺寸的公差格式和换算单位，如图 7-54 所示。

◇ "方式"下拉列表框用于设置公差的形式。在此列表框内共有"无、对称、极限偏差、极限尺寸和基本尺寸"五个选项，如图 7-55 所示。

◆ "精度"下拉列表框用于设置公差值的小数位数。

◆ "上偏差"/"下偏差"微调按钮用于设置上下偏差值。

◆ "高度比例"微调按钮用于设置公差文字与基本尺寸文字的高度比例。

◆ "垂直位置"下拉列表框用于设置基本尺寸文字与公差文字的相对位置。

图 7-54　"公差"选项卡　　　　　　图 7-55　公差格式列表框

7.5.2　标注样式选项

在"标注样式管理器"对话框中不仅可以设置标注样式，还可以修改、替代和比较标注样式，具体如下

◆ 置为当前 (U) 按钮用于把选定的标注样式设置为当前标注样式。

◆ 修改 (M)... 按钮用于修改当前选择的标注样式。当用户修改了标注样式后，当前图形中的所有标注都会自动更新为当前样式。

◆ 替代 (O)... 按钮用于设置当前使用的标注样式的临时替代值。

小技巧

当用户创建了替代样式后，当前标注样式将被应用到以后所有尺寸标注中，直到用户删除替代样式为止，而不会改变替代样式之前的标注样式。

◆ 比较 (C)... 按钮用于比较两种标注样式的特性或预览一种标注样式的全部特性，并将比较结果输出到 Windows 剪贴板上，然后再粘贴到其他 Windows 应用程序中。

◆ 新建 (N)... 按钮用于设置新的标注样式。

7.6　编辑尺寸标注

前面章节学习了尺寸标注的各种方法，这一节继续学习编辑尺寸标注的相关命令，这些命令主要有"标注打断"、"标注间距"、"倾斜标注"和"编辑标注文字"，以便于对

尺寸标注进行编辑和更新。

7.6.1　标注打断

"标注打断"命令主要用于在尺寸线、尺寸界线与几何对象或其他标注相交的位置将其打断，执行"标注打断"命令主要有以下几种方式。

- ❖　单击"注释"选项卡→"标注"面板→"打断"按钮 ⊥。
- ❖　选择菜单栏"标注"→"标注打断"命令。
- ❖　在命令行输入 Dimbreak 后按 Enter 键。

执行"标注打断"命令后，命令行操作如下。

```
命令：_dimbreak
选择要添加/删除折断的标注或 [多个(M)]：    //选择图 7-56（a）所示的尺寸
选择要折断标注的对象或 [自动(A)/手动(M)/删除(R)] <自动>：
                                      //选择与尺寸线相交的垂直轮廓线
选择要折断标注的对象：        //Enter，结束命令，打断结果如图 7-56（b）所示
1 个对象已修改
```

（a）　　　　　　　　　　　　（b）

图 7-56　打断标注

🔹 小技巧

"手动"选项用于手动定位打断位置；"删除"选项用于恢复被打断的尺寸对象。

7.6.2　标注间距

"标注间距"命令用于调整平行的线性标注和角度标注之间的间距，或根据指定的间距值进行调整。执行"标注间距"命令主要有以下几种方式。

- ❖　单击"注释"选项卡→"标注"面板→"调整间距"按钮 ⊞。
- ❖　选择菜单栏"标注"→"标注间距"命令。
- ❖　在命令行输入 Dimspace 后按 Enter 键。

将图 7-57（a）图所示的尺寸编辑成图 7-57（b）所示的状态，学习使用"标注间距"命令，其命令行操作如下。

命令：_dimspace

选择基准标注：　　　　　　　　　　//选择尺寸文字为 16.0 的尺寸对象

选择要产生间距的标注：：　　　　　//选择其他三个尺寸对象

选择要产生间距的标注：　　　　　　//Enter，结束对象的选择

输入值或 [自动(A)] <自动>：　　　//10 Enter，结果如图 7-57（b）所示

图 7-57　调整标注间距

❖ 小技巧

"自动"选项用于根据现有的尺寸位置，自动调整各尺寸对象的位置，使之间隔相等。

7.6.3　编辑标注

"编辑标注"命令主要用于修改标注文字的内容、旋转角度以及尺寸界线的倾斜角度等，执行"编辑标注"命令主要有以下几种方式。

- ◇　单击"注释"选项卡→"标注"面板→"倾斜"按钮 H 。
- ◇　选择菜单栏"标注"→"倾斜"命令。
- ◇　在命令行输入 Dimedit 后按 Enter 键。

下面通过为某线性尺寸文字添加直径符号，并将其旋转 30° 的实例，学习"编辑标注"命令的使用方法和使用技巧。

Step 01 新建文件并绘制长度为 200 的水平图线。

Step 02 执行"线性"命令，为该水平线标注线性尺寸，如图 7-58 所示。

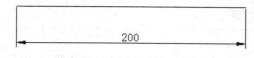

图 7-58　创建线性尺寸

Step 03 单击"注释"选项卡→"标注"面板→"编辑标注"按钮 ，执行"编辑标注"命令，根据命令行提示进行编辑标注，命令行操作如下。

命令：_dimedit

输入标注编辑类型 [默认(H)/新建(N)/旋转(R)/倾斜(O)] <默认>：

//n Enter，打开文字编辑器，将光标定位在尺寸文字的前面，然后单击 @· 按钮，在弹出的下拉列表中选择"直径"命令，为其添加直径符号，如图 7-59 所示

图 7-59 选择"直径"选项

Step 04 单击"确定"按钮关闭文字编辑器，然后在"选择对象："提示下选择刚标注的尺寸。

Step 05 继续在"选择对象："提示下按 Enter 键，结果为该尺寸文字添加了直径符号，如图 7-60 所示。

Step 06 重复执行"编辑标注"命令，对标注文字进行倾斜，命令行操作如下。

```
命令：_dimedit                        //Enter，重复执行命令
输入标注编辑类型 [默认(H)/新建(N)/旋转(R)/倾斜(O)] <默认>：
/r Enter，激活"旋转"选项
指定标注文字的角度：                    //30 Enter
选择对象：                            //选择标注的尺寸
选择对象：                            //Enter，结果尺寸文字旋转30°，如图 7-61 所示
```

图 7-60 修改内容   图 7-61 旋转文字

> **小技巧**
>
> "倾斜"选项用于对尺寸界线进行倾斜，执行该选项后，系统将按指定的角度调整标注尺寸界线的倾斜角度。

7.6.4 编辑标注文字

"编辑标注文字"命令用于重新调整标注文字的放置位置以及标注文字的旋转角度，执行"编辑标注文字"命令主要有以下几种方式。

　❖　单击"注释"选项卡→"标注"面板→"文字角度"按钮。
　❖　选择菜单栏"标注"→"对齐文字"级联菜单中的各命令。
　❖　在命令行输入 Dimtedit 后按 Enter 键。

下面通过简单的小实例，学习"编辑标注文字"命令的使用方法和使用技巧，具体操作步骤如下。

Step 01 继续 7.6.3 节操作。单击"注释"选项卡→"标注"面板→"编辑标注文字"按钮 ，执行"编辑标注文字"命令，调整尺寸文字位置和角度，命令行操作如下。

```
命令：_dimtedit
选择标注：                       //选择标注的尺寸对象
为标注文字指定新位置或 [左对齐(L)/右对齐(R)/居中(C)/默认(H)/角度(A)]：
                                //a Enter，激活"角度"选项
指定标注文字的角度：              //45 Enter，结果尺寸文字旋转 45°
```

Step 02 重复执行"编辑标注文字"命令，调整标注文字的位置，命令行操作如下。

```
命令：_dimtedit
选择标注：                       //选择标注的尺寸
为标注文字指定新位置或 [左对齐(L)/右对齐(R)/居中(C)/默认(H)/角度(A)]：
                //REnter，激活"右对齐"选项，则尺寸文字向右对齐，结果如图 7-62 所示
```

图 7-62　修改标注文字位置

● **选项解析**

✧ "左对齐"选项用于沿尺寸线左端放置标注文字。

✧ "右对齐"选项用于沿尺寸线右端放置标注文字。

✧ "居中"选项用于把标注文字放在尺寸线的中心。

✧ "默认"选项用于将标注文字移回默认位置。

✧ "角度"选项用于旋转标注文字。

7.7　图形参数化

参数化绘图功能位于"参数"菜单栏中，使用这种参数化绘图功能，可以让用户通过基于设计意图的几何图形进行添加约束，从而能高效率地对设计进行修改，以大大提高生产力。

7.7.1　几何约束

几何约束可以确定对象之间或对象上的点之间的几何关系，创建后，他们可以限制可能会违反约束的所有更改，执行"几何约束"命令主要有以下几种方式。

✧ 选择菜单栏"参数"→"几何约束"下一级菜单命令，如图 7-63 所示。

✧ 在命令行输入 GeomConstraint 后按 Enter 键。

✧ 单击"参数化"选项卡→"几何"面板上的各种约束按钮，如图 7-64 所示。

图 7-63　几何约束级联菜单　　　　　　图 7-64　功能区面板

下面通过为图形添加固定约束和相切约束，学习使用"几何约束"功能使用方法和使用技巧，具体操作如下。

Step 01 随意绘制一个圆及一条直线，如图 7-65 所示。

Step 02 选择菜单栏"参数"→"几何约束"→"固定"命令，为圆图形添加固定约束，命令行操作如下。

> 命令：_GeomConstraint
> 输入约束类型 [水平(H)/竖直(V)/垂直(P)/平行(PA)/相切(T)/平滑(SM)/重合(C)/同心
> (CON)/共线(COL)/对称(S)/相等(E)/固定(F)] <相切>：_Fix
> 选择点或 [对象(O)] <对象>：　　//在如图 7-66 所示的圆轮廓线上单击左键，为其添加固定
> 约束，约束后的效果如图 7-67 所示

图 7-65　绘制结果　　　　　图 7-66　选择圆　　　　　图 7-67　添加固定约束

Step 03 选择菜单栏"参数"→"几何约束"→"相切"命令，为圆和直线添加相切约束，使直线与圆图形相切，命令行操作如下。

> 命令：_GeomConstraint
> 输入约束类型[水平(H)/竖直(V)/垂直(P)/平行(PA)/相切(T)/平滑(SM)/重合(C)/同心
> (CON)/共线(COL)/对称(S)/相等(E)/固定(F)] <固定>：_Tangent
> 选择第一个对象：　　　　//选择如图 7-68 所示的圆
> 选择第二个对象：　　　　//选择如图 7-69 所示的直线，结果如图 7-70 所示

　　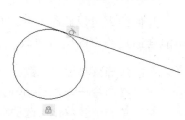

图 7-68　拾取相切对象　　　图 7-69　拾取相切对象　　　图 7-70　相切约束结果

Step 04 选择菜单栏"参数"→"约束栏"→"全部隐藏"命令，可以将约束标记进行隐藏，结果如图 7-71 所示。

Step 05 选择菜单栏"参数"→"约束栏"→"全部显示"命令，可以将隐藏的约束标记全部显示。

7.7.2　标注约束

"标注约束"命令可以确定对象、对象上的点之间的距离或角度，也可以确定对象的大小。共有"对齐、水平、竖直、角度、半径和直径"等 6 种类型的标注约束。

执行"标注约束"命令主要有以下几种方式。

✧　选择菜单栏"参数"→"标注约束"下一级菜单命令，如图 7-72 所示。
✧　在命令行输入 GeomConstraint 后按 Enter 键。
✧　单击"参数化"选项卡→"标注"面板上的按钮。

图 7-71　隐藏标记后的效果　　　图 7-72　标注约束级联菜单

标注约束包括名称和值，编辑标注约束中的值时，关联的几何图形会自动调整大小。默认情况下，标注约束是动态的，具体有以下特点。

✧　缩小或放大视图时，标注约束大小不变。
✧　可以轻松控制标注约束的显示或隐藏状态。
✧　以固定的标注样式显示。
✧　提供有限的夹点功能。
✧　打印时不显示标注约束。

7.8　上机实训——标注轴类零件图尺寸与公差

本例通过为轴类零件二视图标注长度尺寸、宽度尺寸、倒角尺寸、角度尺寸以及圆角尺寸、尺寸公差以及形位公差等，对本章重点知识进行综合练习和巩固。本例最终标注效果如图 7-73 所示，操作步骤如下。

Step 01 打开随书光盘中的"\素材文件\7-7.dwg"文件，如图 7-74 所示。

Step 02 展开"图层控制"下拉列表，将"标注线"设置为当前图层。

Step 03 打开状态栏上的"对象捕捉"功能，然后使用快捷键 D 执行"标注样式"命令，新建如图 7-75 所示的标注样式。

图 7-73　实例效果

图 7-74　打开结果

图 7-75　设置新样式

Step 04 单击 继续 按钮，打开"新建标注样式：style01"对话框，然后在"线"选项卡内设置参数如图 7-76 所示。

Step 05 展开"符号和箭头"选项卡，设置尺寸箭头及大小等参数，如图 7-77 所示。

图 7-76　设置"线"参数　　　　图 7-77　设置"符号和箭头"参数

Step 06 展开"文字"选项卡，设置标注文字的样式、高度以及对正方式，如图 7-78 所示。

Step 07 展开"主单位"选项卡，设置标注类型、精度等参数，如图 7-79 所示。

Step 08 返回"标注样式管理器"对话框，将刚设置的样式设为当前标注样式。

Step 09 单击"注释"选项卡→"标注"面板→"线性"按钮，配合端点捕捉功能标注如图 7-80 所示的线性尺寸。

图 7-78　设置"文字"参数

图 7-79　设置"主单位"参数

Step 10 单击"注释"选项卡→"标注"面板→"基线"按钮，配合端点捕捉或交点捕捉功能标注基线尺寸，命令行操作如下。

```
命令: _dimbaseline
指定第二条尺寸界线原点或 [放弃(U)/选择(S)] <选择>:    //捕捉如图 7-81 所示的端点
标注文字 = 50
指定第二条尺寸界线原点或 [放弃(U)/选择(S)] <选择>:    //捕捉如图 7-82 所示的端点
标注文字 = 55
指定第二条尺寸界线原点或 [放弃(U)/选择(S)] <选择>:    //捕捉如图 7-83 所示的端点
```

图 7-80　标注线性尺寸

图 7-81　捕捉端点

图 7-82　捕捉端点

图 7-83　捕捉端点

标注文字 = 90

指定第二条尺寸界线原点或 [放弃(U)/选择(S)] <选择>：　//捕捉如图 7-84 所示的端点

标注文字 = 110

指定第二条尺寸界线原点或 [放弃(U)/选择(S)] <选择>：　// Enter

选择基准标注：　　　　　　　　// Enter，标注结果如图 7-85 所示

图 7-84　捕捉端点　　　　　　　图 7-85　标注结果

Step 11　单击"注释"选项卡→"标注"面板→"连续"按钮，配合端点捕捉功能标注内部的连续尺寸，如图 7-86 所示。

Step 12　单击"注释"选项卡→"标注"面板→"线性"按钮，标注零件图的直径尺寸。命令行操作如下。

命令：_dimlinear

指定第一个尺寸界线原点或 <选择对象>：　　//捕捉如图 7-87 所示的端点

指定第二条尺寸界线原点：　　　　　　　　//捕捉如图 7-88 所示的端点

指定尺寸线位置或[多行文字(M)/文字(T)/角度(A)/水平(H)/垂直(V)/旋转(R)]：

　　　　　　　　　　　　　　//t Enter，激活"文字"选项

输入标注文字 <70>：　　　　　//%%C70 Enter

指定尺寸线位置或[多行文字(M)/文字(T)/角度(A)/水平(H)/垂直(V)/旋转(R)]：

　　　　　　　　　　　　　　//Enter，标注结果如图 7-89 所示

标注文字 = 70

图 7-86　标注连续尺寸　　　　　　图 7-87　捕捉端点

图 7-88 捕捉端点

图 7-89 标注结果

Step 13 重复执行 "线性" 和 "连续" 命令，配合对象捕捉功能分别标注其他位置的尺寸，标注结果如图 7-90 所示。

Step 14 选择菜单栏 "标注" → "直径" 命令，标注孔的直径尺寸，如图 7-91 所示。

图 7-90 标注其他尺寸

图 7-91 标注直径尺寸

Step 15 选择菜单栏 "标注" → "半径" 命令，标注左视图中的半径尺寸，如图 7-92 所示。

Step 16 选择菜单栏 "标注" → "角度" 命令，标注左视图中的角度尺寸，如图 7-93 所示。

Step 17 选择菜单栏 "标注" → "对齐" 命令，配合圆心捕捉功能标注如图 7-94 所示的对齐尺寸。

图 7-92 标注半径尺寸

图 7-93 标注角度尺寸

图 7-94 标注对齐尺寸

Step 18 使用快捷键 LE 执行 "快速引线" 命令，为零件图标注倒角尺寸。命令行操作如下：

```
命令:_leader                        // Enter
指定第一个引线点或 [设置(S)] <设置>: //捕捉如图 7-95 所示的端点
指定下一点:                         //引出如图 7-96 所示的延伸矢量
指定下一点:                         //引出如图 7-97 所示的矢量，然后在适当位置拾取点
指定文字宽度 <0>:                   //Enter
输入注释文字的第一行 <多行文字(M)>: //2x45%%D Enter
输入注释文字的下一行:               //Enter，标注结果如图 7-98 所示
```

图 7-95 捕捉端点

图 7-96 引出延伸矢量

图 7-97 引出极轴矢量

Step 19 选择菜单栏"修改"→"镜像"命令，对引线及箭头进行镜像，结果如图 7-99 所示。

Step 20 重复执行"快速引线"和"镜像"命令，配合延伸捕捉、端点捕捉等功能分别标注其他位置的倒角尺寸，结果如图 7-100 所示。

图 7-98 标注结果

图 7-99 镜像结果

图 7-100 标注其他倒角尺寸

Step 21 单击"标注"面板→"编辑标注"按钮，执行"编辑标注"命令，根据命令行的提示选择如图 7-101 所示的尺寸，对标注文字的内容进行编辑，编辑结果如图 7-102 所示。

Step 22 参照第 20 和第 21 步骤，使用"编辑标注"命令修改其他位置的尺寸内容，结果如图 7-103 所示。

图 7-101 选择尺寸   图 7-102 修改尺寸

图 7-103 修改结果

Step 23 执行 "线性" 命令,配合交点和端点捕捉功能标注主视图上侧的尺寸公差,命令行操作如下。

```
命令: _dimlinear
指定第一个尺寸界线原点或 <选择对象>:      //捕捉如图 7-104 所示的交点
指定第二条尺寸界线原点:                  //捕捉如图 7-105 所示的端点
指定尺寸线位置或[多行文字(M)/文字(T)/角度(A)/水平(H)/垂直(V)/旋转(R)]:
                                        //m Enter,打开 "文字编辑器"
```

图 7-104 捕捉交点   图 7-105 捕捉端点

Step 24 在文字编辑器内为尺寸文字添加直径前缀和公差后缀,如图 7-106 所示。

Step 25 在下侧文字输入框内选择公差后缀进行堆叠,堆叠结果如图 7-107 所示。

图 7-106　添加尺寸前后缀　　　　　　　　　　　图 7-107　堆叠结果

Step 26 关闭文字编辑器，返回绘图区，指定尺寸线位置，标注结果如图 7-108 所示。

Step 27 参照上述操作，重复执行"线性"命令，标注上侧的尺寸公差，结果如图 7-109
所示。

图 7-108　标注结果　　　　　　　　　　　　图 7-109　标注上侧公差

Step 28 执行"快速引线"命令，使用命令中的"设置"选项功能，设置引线注释类型为"公
差"，如图 7-110 所示，设置其他参数如图 7-111 所示。

图 7-110　设置"注释"类型　　　　　　　　　图 7-111　设置"引线和箭头"参数

Step 29 单击 确定 按钮，返回绘图区，根据命令行的提示，配合最近点捕捉功能，在
图 7-112 所示的位置指定第一个引线点。

Step 30 继续根据命令行的提示，分别在适当位置指定另外两个引线点，打开"形位公差"
对话框。

Step 31 在打开的"形位公差"对话框中的"符号"颜色块上单击左键，打开"特征符号"
对话框，从中选择如图 7-113 所示的公差符号。

图 7-112　定位第一引线点

图 7-113　选择公差符号

Step 32 返回"形位公差"对话框，在"公差 1"选项组内的颜色块上单击左键，添加直径符号，然后输入公差值等，如图 7-114 所示。

Step 33 单击 确定 按钮，关闭"形位公差"对话框，结果如图 7-115 所示。

图 7-114　"形位公差"对话框

图 7-115　标注结果

Step 34 调整视图，使零件图完全显示，最终效果如图 7-73 所示。

Step 35 执行"另存为"命令，将图形另名存储为"标注零件尺寸与公差.dwg"。

7.9　小结与练习

7.9.1　小结

尺寸是图纸的重要组成部分，是施工的重要依据。本章重点介绍了 AutoCAD 众多的尺寸标注工具和尺寸标注技巧，同时还介绍了尺寸样式的设置和尺寸的编辑修改等内容，重点需要掌握的知识如下。

（1）在讲述直线性尺寸命令时，需要了解和掌握线性尺寸、对齐尺寸、点坐标和角度尺寸的标注方法和标注技巧。

（2）在讲述曲线性命令时，需要掌握半径尺寸、直径尺寸、弧长尺寸和折弯尺寸的标注方法和技巧。

（3）在讲述复合尺寸命令时，要了解和掌握基线尺寸、连续尺寸、引线尺寸以及快速标注等的使用方法和使用技巧。

（4）在讲述尺寸的外观控制功能时，要理解和掌握各种尺寸变量的参数设置和位置协调功能，学习设置、修改尺寸的标注样式。

（5）在讲述尺寸对象的编辑命令时，不仅需要掌握尺寸文字内容的修改、尺寸文字角度的倾斜，还需要掌握尺寸界线的倾斜、尺寸样式的更新、尺寸打断等操作。

7.9.2 练习

1. 综合运用所学知识，标注如图 7-118 所示的尺寸与公差。

图 7-118 练习一

操作提示：

本例素材文件位于光盘中的"\素材文件\"目录下，文件名为"7-8.dwg"。

---

2. 综合运用所学知识，标注如图 7-119 所示的尺寸与公差。

图 7-119 练习二

操作提示:

本例素材文件位于光盘中的 "\素材文件\" 目录下，文件名为 "7-9.dwg"。

3. 综合运用所学知识，标注如图 7-120 所示的尺寸与公差。

图 7-120　练习三

操作提示:

本例素材文件位于光盘中的 "\素材文件\" 目录下，文件名为 "7-10.dwg"。

235

第8章

机械图形资源的管理与共享

为了方便读者快速、高效地绘制设计图样，本章将集中讲述 AutoCAD 的高级制图工具，具体有"图层"、"设计中心"、"工具选项板"和"对象特性"等，这些工具都是 AutoCAD 的高级制图工具，灵活掌握这些工具，能使读者更加方便地对图形资源进行综合组织、管理、共享和完善等。

内容要点

- ◆ 使用图层管理与控制图形
- ◆ 工具选项板
- ◆ 快速选择
- ◆ 使用设计中心查看与共享图形
- ◆ 对象特性与匹配
- ◆ 上机实训——零件图的规划与特性编辑

8.1　使用图层管理与控制图形

　　图层的概念比较抽象，用户可以将其理解为透明的电子纸，每张透明电子纸上可以绘制不同线型、线宽、颜色等特性的图形，最后将这些透明电子纸叠加起来，即可得到完整的图样。

　　使用"图层"命令可以控制每张电子纸的线型、颜色等特性，控制每张电子纸的显示状态，以方便用户对图形内部资源进行组织、规划和控制等。

　　执行"图层"命令主要有以下几种方式。

　◇　单击"默认"选项卡→"图层"面板→"图层特性"按钮。
　◇　选择菜单栏"格式"→"图层"命令。
　◇　在命令行输入 Layer 后按 Enter 键。
　◇　使用快捷键 LA。

8.1.1　创建新图层

　　下面通过创建名称为"点画线"、"轮廓线"、"细实线"的三个图层，主要学习图层的新建、图层的命名等技能，具体操作过程如下。

Step 01 新建空白文件。

Step 02 单击"图层"面板按钮，执行"图层"命令，打开"图层特性管理器"对话框，如图 8-1 所示。

图 8-1　"图层特性管理器"对话框

Step 03 单击对话框中的按钮，新图层将以临时名称"图层 1"显示在列表中，如图 8-2 所示。

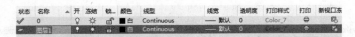

图 8-2　新建图层

Step 04 用户在反白显示的"图层 1"区域输入新图层的名称，即"点画线"，如图 8-3 所示，创建第一个新图层。

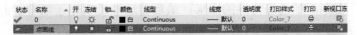

图 8-3　输入图层名

⠿ 小技巧

图层名最长可达 255 个字符，可以是数字、字母或其他字符；图层名中不允许含有大于号
（＞）、小于号（＜）、斜杠（／）、反斜杠（＼）以及标点符号等；另外，为图层命名时，必须
确保图层名的唯一性。

Step 05 按下组合键 Alt+N，或再次单击 ⊜ 按钮，创建另外两个图层，结果如图 8-4 所示。

图 8-4　创建新图层

⠿ 小技巧

如果在创建新图层时选择了一个现有图层，或为新建图层指定了图层特性，那么现在创建
的新图层将继承先前图层的一切特性（如颜色、线型等）。

8.1.2　设置图层颜色

下面通过将"点画线"图层的颜色设置为红色，将"细实线"图层的颜色设置为 102
号色，主要学习图层颜色特性的设置技能，具体操作过程如下。

Step 01 继续 8.1.1 节操作。

Step 02 在"图层特性管理器"对话框中单击名为"点画线"的图层，使其处于激活状态，
此时被选择的图层反白显示，如图 8-5 所示。

Step 03 在如图 8-5 所示的颜色区域上单击左键，打开"选择颜色"对话框，然后选择如
图 8-6 所示的颜色。

Step 04 单击　确定　按钮，即可将图层的颜色设置为红色，结果如图 8-7 所示。

Step 05 参照上述操作，将"细实线"图层的颜色设置为 102 号色，结果如图 8-8 所示。

图 8-5　修改图层颜色 　　　　　　　　　图 8-6　"选择颜色"对话框

图 8-7　设置颜色后的图层

图 8-8　设置结果

> ### 小技巧
>
> 用户也可以单击对话框中的"真彩色"和"配色系统"两个选项卡，如图 8-9 和图 8-10 所示，来定义自己需要的色彩。

图 8-9　"真彩色"选项卡 　　　　　　　　图 8-10　"配色系统"选项卡

8.1.3　设置图层线型

　　下面通过将"点画线"图层的线型设置为 ACAD ISO04W100，主要学习线型的加载和图层线型的设置技能，具体操作过程如下。

Note

Step 01 在如图 8-11 所示的图层位置上单击左键，打开如图 8-12 所示的"选择线型"对话框。

图 8-11　指定单击位置　　　　　　　　　　图 8-12　"选择线型"对话框

⫶⫶⫶ 小技巧

在默认设置下，系统为用户提供的是 Continuous 线型，如果需要使用其他的线型，必须进行加载。

Step 02 单击 加载(L)... 按钮，打开"加载或重载线型"对话框，选择 ACAD ISO04W100 线型，如图 8-13 所示。

Step 03 在"加载或重载线型"对话框中单击 确定 按钮，结果选择的线型被加载到"选择线型"对话框内，如图 8-14 所示。

图 8-13　"加载或重载线型"对话框　　　　　图 8-14　加载线型

Step 04 选择刚加载的线型后单击 确定 按钮，即将此线型附加给当前被选择的图层，结果如图 8-15 所示。

图 8-15　设置线型

8.1.4　设置图层线宽

下面通过将"轮廓线"图层的线宽设置为 0.30mm，主要学习图层线宽的设置技能，具体操作过程如下。

Step 01 在"图层特性管理器"对话框中选择"轮廓线"图层，然后在如图 8-16 所示的线宽位置上单击左键。

Step 02 此时系统打开"线宽"对话框，选择 0.30mm 线宽，如图 8-17 所示。

图 8-16 修改层的线宽

图 8-17 选择线宽

Step 03 单击 确定 按钮返回"图层特性管理器"对话框，结果"轮廓线"图层的线宽被设置为"0.30 毫米"，如图 8-18 所示。

状态	名称	▲	开	冻结	锁...	颜色	线型	线宽	透明度
✓	0		♀	☼	🔓	■白	Continuous	—— 默认	0
◿	点画线		♀	☼	🔓	■红	ACAD_ISO04W100	—— 默认	0
◿	轮廓线		♀	☼	🔓	■白	Continuous	—— 0.30...	0
◿	细实线		♀	☼	🔓	■102	Continuous	—— 默认	0

图 8-18 设置结果

Step 04 单击 确定 按钮，关闭"图层特性管理器"对话框。

8.1.5 设置图层状态

为了方便对复杂图形进行规划管理和状态控制，AutoCAD 为用户提供了几种状态控制功能，主要有开关、冻结与解冻、锁定与解锁等，如图 8-19 所示。

图 8-19 状态控制图标

状态控制功能的启动，主要有以下两种方式。

◇ 展开"图层控制"列表 ♀ ☼ 🔓 ■ 0 ，然后单击各图层左端的状态控制按钮。

◇ 使用"图层"命令，在打开的"图层特性管理器"对话框中选择要操作的图层，然后单击相应控制按钮。

● **开关控制功能**

♀/♀ 按钮用于控制图层的开关状态。默认状态下的图层都为打开的图层，按钮显示为 ♀。当按钮显示为 ♀ 时，位于图层上的对象都是可见的，并且可在该层上进行绘图和修改操作；在按钮上单击，即可关闭该图层，按钮显示为 💡（按钮变暗），此时图层上的所有图形对象被隐藏，该图层上的图形也不能被打印或由绘图仪输出，但重新生成图形时，图层上的实体仍将重新生成。

● 冻结与解冻

☼/❄按钮用于在所有视图窗口中冻结或解冻图层。默认状态下图层是被解冻的，按钮显示为 ☼；在该按钮上单击左键，按钮显示为 ❄，位于该图层上的内容不能在屏幕上显示或由绘图仪输出，不能进行重生成、消隐、渲染和打印等操作。

关闭与冻结的图层都是不可见和不可以输出的。但被冻结图层不参加运算处理，可以加快视窗缩放、视窗平移和许多其他操作的处理速度，增强对象选择的性能并减少复杂图形的重生成时间。建议冻结长时间不用看到的图层。

● 锁定与解锁

🔓/🔒按钮用于锁定图层或解锁图层。默认状态下图层是解锁的，按钮显示为 🔓，在此按钮上单击，图层被锁定，按钮显示为 🔒，用户只能观察该层上的图形，不能对其编辑和修改，但该层上的图形仍可以显示和输出。另外，当前图层不能被冻结，但可以被关闭和锁定。

8.1.6　层的匹配与隔离

本节学习几个比较实用的图层工具，具体有"图层匹配"、"图层隔离"、"图层冻结"、"图层锁定"等。

● 图层匹配

"图层匹配"命令用于将选定对象的图层更改为目标图层，执行此命令主要有以下几种方式。

❖　单击"默认"选项卡→"图层"面板→"匹配图层"按钮 🖳。
❖　选择菜单栏"格式"→"图层工具"→"图层匹配"命令。
❖　在命令行输入 Laymch 后按 Enter 键。

下面通过典型的小实例，学习"图层匹配"命令的使用方法和技巧，具体操作过程如下。

Step 01 继续 8.1.4 节操作。在 0 图层上绘制一个矩形，如图 8-20 所示。

Step 02 执行"图层匹配"命令，将矩形所在层更改为"点画线"，命令行操作如下。

```
命令：_laymch
选择要更改的对象：              //选择矩形
选择对象：                      //Enter，结束选择
选择目标图层上的对象或 [名称(N)]：  //n Enter，打开如图 8-21 所示的"更改到图层"
```

对话框，然后双击"点画线"。一个对象已更改到图层"点画线"上

Step 03 图层更改后的显示效果如图 8-22 所示。

图 8-20　绘制矩形　　　　图 8-21　"更改到图层"对话框　　　图 8-22　图层更改后的效果

✦ 小技巧

如果单击"更改为当前图层"按钮 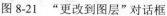，可以将选定对象的图层更改为当前图层；如果单击"将对象复制到新图层"按钮 ，可以将选定的对象复制到其他图层。

● **图层隔离**

"图层隔离"命令用于将选定对象的图层之外的所有图层都锁定，执行此命令主要有以下几种方式。

◇ 单击"默认"选项卡→"图层"面板→"隔离"按钮 。
◇ 选择菜单栏"格式"→"图层工具"→"图层隔离"命令。
◇ 在命令行输入 Layiso 后按 Enter 键。

执行"图层隔离"命令后，其命令行操作如下：

```
命令: _layiso
当前设置: 锁定图层, Fade=50
选择要隔离的图层上的对象或 [设置(S)]:
//选择对象，将对象所在的图层进行隔离
选择要隔离的图层上的对象或 [设置(S)]:
//Enter，结果除对象所在层外的所有图层均被锁定
已隔离图层
```

● **图层的冻结与解冻**

"图层冻结"命令用于冻结选定对象的图层，使该层上的所有对象隐藏，这样可以加快显示和重生成视图的操作速度，执行"图层冻结"命令主要有以下几种方式。

◇ 单击"默认"选项卡→"图层"面板→"冻结"按钮 。

Note

◇　选择菜单栏"格式"→"图层工具"→"图层冻结"命令。

◇　在命令行输入 Layfrz 后按 Enter 键。

"解冻所有图层"命令用于解冻图形中所有被冻结的图层。执行此命令主要有以下几种方式：

◇　单击"默认"选项卡→"图层"面板→"解冻所有图层"按钮。

◇　选择菜单栏"格式"→"图层工具"→"解冻所有图层"命令。

◇　在命令行输入 Laythw 后按 Enter 键。

8.2　使用设计中心查看与共享图形

"设计中心"命令是 AutoCAD 的一个高级制图工具，与 Windows 的资源管理器界面功能相似，本节主要学习使用这个命令。

8.2.1　设计中心内容概述

如图 8-23 所示为"设计中心"窗口，它主要用于对 AutoCAD 的图形资源进行管理、查看与共享等，是一个直观、高效的制图工具。

图 8-23　"设计中心"窗口

执行"设计中心"命令主要有以下几种方式。

◇　单击"视图"选项卡→"选项板"面板→"设计中心"按钮。

◇　选择菜单栏"工具"→"选项板"→"设计中心"命令。

◇　在命令行输入 Adcenter 后按 Enter 键。

◇　使用快捷键 ADC 或组合键 Ctrl+2。

执行"设计中心"命令后，可打开如图 8-23 所示的窗口，该窗口有"文件夹"、"打开的图形"、"历史记录"三个选项卡，分别用于显示计算机和网络驱动器上的文件与文件夹的层次结构、打开图形的列表、自定义内容等，具体如下。

- ◆　"文件夹"选项卡：左侧为"树状管理视窗"，用于显示计算机或网络驱动器中文件和文件夹的层次关系；右侧窗口为"控制面板"，用于显示在左侧树状视窗中选定文件的内容。
- ◆　"打开的图形"选项卡用于显示 AutoCAD 任务中当前所有打开的图形，包括最小化的图形。
- ◆　"历史记录"选项卡用于显示最近在设计中心打开的文件的列表，它可以显示"浏览 Web"对话框最近连接过的 20 条地址的记录。

● **按钮解析**

- ◆　单击"加载"按钮，将弹出"加载"对话框，以方便浏览本地和网络驱动器或 Web 上的文件，然后选择内容加载到内容区域。
- ◆　单击"上一级"按钮，将显示活动容器的上一级容器的内容。容器可以是文件夹也可以是一个图形文件。
- ◆　单击"搜索"按钮，可弹出"搜索"对话框，用于指定搜索条件，查找图形、块以及图形中的非图形对象，如线型、图层等，还可以将搜索到的对象添加到当前文件中，为当前图形文件所使用。
- ◆　单击"收藏夹"按钮，将在设计中心右侧窗口中显示 Autodesk Favorites 文件夹内容。
- ◆　单击"主页"按钮，系统将设计中心返回到默认文件夹。安装时，默认文件夹被设置为 "...\Sample\DesignCenter"。
- ◆　单击"树状图切换"按钮，设计中心左侧将显示或隐藏树状管理视窗。如果在绘图区域中需要更多空间，可以单击该按钮隐藏树状管理视窗。
- ◆　"预览"按钮用于显示和隐藏图像的预览框。当预览框被打开时，在上部的面板中选择一个项目，则在预览框内将显示出该项目的预览图像。如果选定项目没有保存的预览图像，则该预览框为空。
- ◆　"说明"按钮用于显示和隐藏选定项目的文字信息。

8.2.2　设计中心的资源查看

通过"设计中心"窗口，不但可以方便查看本机或网络机上的 AutoCAD 资源，还可以单独将选择的 CAD 文件进行打开。下面将学习设计中心的这两种功能。

- ◆　查看文件资源。在左侧的树状窗口中定位并展开需要查看的文件夹，那么在右侧窗口中即可查看该文件夹中的所有图形资源，如图 8-24 所示。
- ◆　如果用户需要查看 CAD 文件内部的图形资源，可以在左侧的树状窗口中定位需要查看的 CAD 文件，可以在右侧窗口中显示出此文件内部的所有资源，如图 8-25 所示。

图 8-24　查看文件夹资源

图 8-25　查看文件内部资源

✧　如果用户需要进一步查看某一类内部资源，如文件内部的所有图块，可以在右侧窗口中双击块的图标，即可显示出所有的图块，如图 8-26 所示。

图 8-26　查看块资源

✧　打开 CAD 文件。如果用户需要打开某 CAD 文件，可以在该文件图标上单击右键，然后选择右键菜单上的"在应用程序窗口中打开"选项，即可打开此文件，如图 8-27 所示。

图 8-27　打开 CAD 文件

8.2.3　设计中心的资源共享

用户不但可以随意查看本机上的所有设计资源，还可以将有用的图形资源以及图形的一些内部资源应用到自己的图纸中。下面通过具体的实例，学习设计中心的资源共享功能。

Step 01 共享文件资源。在左侧树状窗口中查找并定位所需文件的上一级文件夹，然后在右侧窗口中定位所需文件。

Step 02 此时在此文件图标上单击右键，从弹出的右键菜单中选择"插入为块"选项，如图 8-28 所示。

图 8-28　共享文件

Step **03** 此时系统弹出如图 8-29 所示的"插入"对话框，根据实际需要，在此对话框中设置所需参数，然后单击 确定 按钮，即可将选择的图形共享到当前文件中。

图 8-29 "插入"对话框

Step **04** 共享文件内部资源。在"设计中心"左侧窗口内定位并打开所需文件中的内部资源，如图 8-30 所示。

图 8-30 浏览图块资源

Step **05** 在设计中心右侧窗口中选择某一图块，单击右键，从弹出的右键菜单中选择"插入块"选项，就可以将此图块插入到当前图形文件中。

小技巧

用户也可以共享图形文件内部的文字样式、尺寸样式、图层以及线型等资源。

8.3 工具选项板

8.3.1 选项板内容概述

"工具选项板"用于组织、共享图形资源和高效执行命令等，其窗口包含一系列选项板，这些选项板以选项卡的形式分布在"工具选项板"窗口中，如图 8-31 所示。

执行"工具选项板"命令主要有以下几种方式。

    ◇   单击"视图"选项卡→"选项板"面板→"工具选项板"按钮 。

    ◇   选择菜单栏"工具"→"选项板"→"工具选项板"命令。

    ◇   在命令行输入 Toolpalettes 后按 Enter 键。

    ◇   按组合键 Ctrl+3。

执行"工具选项板"命令后，可打开图 8-31 所示的"工具选项板"窗口，该窗口主要由各选项卡和标题栏两部分组成，在窗口标题栏上单击右键，可打开如图 8-32 所示的菜单，此菜单用于控制窗口及工具选项卡的显示状态等。

在图 8-32 所示的标题栏菜单中，被矩形框圈住的区域选项，是用于控制窗口选项卡显示状态的工具，有些用户执行"工具选项板"命令后，打开的选项卡窗口可能会有所不同，这是因为在此标题栏菜单上选择的选项卡不同，比如，如果选择了"引线"选项，选项板窗口的显示状态如图 8-33 所示。

在选项板面板中单击右键，弹出如图 8-34 所示的菜单，通过此右键菜单，也可以控制工具面板的显示状态、透明度，还可以很方便地创建、删除和重命名工具面板等。

图 8-31　选项板窗口　图 8-32　标题栏右键菜单　图 8-33　"引线"选项卡　图 8-34　面板右键菜单

8.3.2　选项板的定义与管理

用户可以根据需要自定义选项板中的内容以及创建新的工具选项板，下面将通过具体实例学习此功能，具体操作步骤如下。

Step 01 定义选项板内容。首先打开"设计中心"窗口和"工具选项板"窗口。

Step 02 在设计中心的内容区域定位需要添加到当前工具选项板中的图形、图块或图案填充等内容，然后按住左键不放，将选择的内容直接拖到工具选项板中，即可添加这些项目，如图 8-35 所示，添加结果如图 8-36 所示。

Step 03 定义新的选项板。在"设计中心"左侧窗口的树状图中，选择需要创建为工具选项板的文件夹，然后单击右键，从弹出的菜单中选择"创建块的工具选项板"选项，如图 8-37 所示。

Step 04 系统将此文件夹中的所有图形文件创建为新的工具选项板，选项板名称为文件的名称，如图 8-38 所示。

图 8-35　向工具选项板中添加内容　　　　　图 8-36　添加结果

图 8-37　定位文件　　　　　图 8-38　定义选项板

8.3.3　选项板的典型应用

下面通过向图形文件中插入图块及填充图案为例，学习"工具选项板"命令的使用方法和技巧。

Step 01 打开"工具选项板"窗口，然后展开"机械"选项卡，选择如图 8-39 所示图例。

Step 02 在选择的图例上单击左键，然后在命令行"指定插入点或 [基点(B)/比例(S)/X/Y/Z/旋转(R)]: "提示下，在绘图区拾取一点，将此图例插入到当前文件内，结果如图 8-40 所示。

图 8-39　"机械"选项卡

图 8-40　插入结果

小技巧

用户也可以将光标定位到所需图例上，然后按住左键不放，将其拖入到当前图形中。

8.4　对象特性与匹配

本节将学习"特性"、"特性匹配"和"快捷特性"等命令，以快速查看和匹配图形内部的相关特性。

8.4.1　特性窗口

如图 8-41 所示的窗口为 AutoCAD 图形对象的特性窗口，在此窗口中可以显示出每一种 CAD 图元的基本特性、几何特性以及其他特性等，用户可以通过此窗口，进行查看和修改图形对象的内部特性。

执行"特性"命令主要有以下几种方式。

◇　选择菜单栏"工具"→"选项板"→"特性"命令。

◇　选择菜单栏"修改"→"特性"命令。

◇　单击"视图"选项卡→"选项板"面板→"特性"按钮▣。

◇　在命令行输入 Properties 后按 Enter 键。

◇　使用快捷键 PR。

◇　按组合键 Ctrl+1。

图 8-41　"特性"窗口

● **标题栏**

标题栏位于窗口的一侧，其中▐◀按钮用于控制特性窗口的显示与隐藏状态；单击标题栏底端的按钮回，可弹出一个按钮菜单，用于改变特性窗口的尺寸大小、位置以及窗口的显示与否等。

小技巧

在标题栏上按住左键不放，可以将特性窗口拖至绘图区的任意位置；双击左键，可以将此窗口固定在绘图区的一端。

● **工具栏**

为特性窗口工具栏，用于显示被选择的图形名称，以及构建新的选择集，说明如下。

❖ 下拉列表框用于显示当前绘图窗口中所有被选择的图形名称。
❖ 按钮用于切换系统变量 PICKADD 的参数值。
❖ "快速选择"按钮用于快速构造选择集。
❖ "选择对象"按钮用于绘图区选择一个或多个对象，按 Enter 键，选择的图形对象名称及所包含的实体特性都显示在特性窗口内，以便对其进行编辑。

● **特性窗口**

系统默认的特性窗口共包括"常规"、"三维效果"、"打印样式"、"视图"和"其他"五个组合框，分别用于控制和修改所选对象的各种特性。

下面通过修改矩形的厚度和宽度特性，学习"特性"命令的使用方法和技巧，操作步骤如下。

Step 01 新建空白文件，并绘制边长为 200 的正六边形。

Step 02 选择菜单栏"视图"→"三维视图"→"西南等轴测"命令，将当前视图切换为西南视图，如图 8-42 所示。

Step 03 在无命令执行的前提下选择圆图形，打开"特性"窗口，在"厚度"选项上单击左键，此时该选项以输入框形式显示，然后输入厚度值为 100，如图 8-43 所示。

Step 04 按 Enter 键，结果矩形的厚度被修改为 100，如图 8-44 所示。

 图 8-42 切换视图
 图 8-43 修改厚度特性
 图 8-44 修改后的效果

Step 05 在"全局宽度"输入框内单击左键，输入 15，修改边的宽度参数，参数设置如图 8-45 所示。

Step 06 关闭"特性"窗口，然后选择菜单栏"视图"→"消隐"命令，对当前视图消隐显示，结果如图 8-46 所示。

图 8-45 修改宽度特性

图 8-46 消隐效果

8.4.2 特性匹配

"特性匹配"命令用于将一个图形的多种特性复制给另外一个图形，使这些图形对象拥有相同的特性。一般情况下，用于匹配的图形特性有"线型"、"线宽"、"线型比例"、"颜色"、"图层"、"标高"、"尺寸和文本"等。

执行"特性匹配"命令主要有以下几种方式。

◇ 单击"默认"选项卡→"特性"面板→"特性匹配"按钮。

◇ 选择菜单栏"修改"→"特性匹配"命令。

◇ 在命令行输入 Matchprop 后按 Enter 键。

◇ 使用快捷键 MA。

下面通过简单的小实例，学习"特性匹配"命令的使用方法和使用技巧，具体操作过程如下。

Step 01 继续 8.4.1 节的操作。

Step 02 使用"矩形"命令绘制长度为 400、宽度为 200 的矩形，如图 8-47 所示。

图 8-47 绘制结果

Note

Step 03 单击"默认"选项卡→"特性"面板→"特性匹配"按钮 ，执行"特性匹配"命令，进行匹配矩形的宽度和厚度特性，命令行操作如下。

```
命令：'_matchprop
选择源对象：                     //选择左侧的正六边形
当前活动设置：颜色 图层 线型 线型比例 线宽 透明度 厚度 打印样式 标注 文字 图案填充
多段线 视口 表格 材质 阴影显示 多重引线
选择目标对象或 [设置(S)]：       //选择右侧的矩形
选择目标对象或 [设置(S)]：       //Enter，结果正六边形的宽度和厚度特性区匹配给矩形，
如图 8-48 所示
```

Step 04 选择菜单栏"视图"→"消隐"命令，图形的显示效果如图 8-49 所示。

图 8-48　匹配结果　　　　　　　　　　　　　图 8-49　消隐显示

- **"设置"选项**

此选项主要用于设置需要匹配的对象特性。在命令行"选择目标对象或 [设置（S）]："提示下，输入 S 并按 Enter 键，可打开如图 8-50 所示的"特性设置"对话框，用户可以根据自己的需要选择需要匹配的基本特性和特殊特性。

在默认设置下，AutoCAD 将匹配此对话框中的所有特性，如果用户需要有选择性地匹配某些特性，可以在此对话框内进行设置。

图 8-50　"特性设置"对话框

小技巧

"颜色"和"图层"选项适用于除了 OLE（对象链接嵌入）对象之外的所有对象；"线型"选项适用于除了属性、图案填充、多行文字、OLE 对象、点和视口之外的所有对象；"线型比例"选项适用于除了属性、图案填充、多行文字、OLE 对象、点和视口之外的所有对象。

8.4.3　快捷特性

"快捷特性"命令可以非常方便地查看和修改对象的内部特性。在此功能开启的前提下，用户只需选择一个对象，它的内部特性便会以面板的形式显示出来，供查看和编辑，如图 8-51 所示。

用户只需单击状态栏上的 按钮，或按下组合键 Ctrl+Shift+P，就可以激活"快捷特性"命令，一旦选择了图形对象之后，便会打开"快捷特性"面板。

图 8-51　"快捷特性"面板

当激活了"快捷特性"功能后，一旦选择了图形对象，便会打开"快捷特性"面板。用户如果需要在"快捷特性"面板中查看和修改对象更多的特性，可以通过 CUI 命令，在"自定义用户界面"面板内重新定义。另外，在"草图设置"对话框中的"快捷特性"选项卡中，可以对"快捷特性"进行额外的控制，如图 8-52 所示。

8.5 快速选择

"快速选择"命令是一个快速构造选择集的工具，此工具可以根据图形的类型、图层、颜色、线型、线宽等属性设定过滤条件，AutoCAD 将自动进行筛选，最终过滤出符合设定条件的所有图形对象。

执行"快速选择"命令主要有以下几种方式。

◇　单击"默认"选项卡→"实用工具"面板→"快速选择"按钮 。

◇　选择菜单栏"工具"→"快速选择"命令。

◇　在命令行输入 Qselect 后按 Enter 键。

执行"快速选择"命令后，可打开如图 8-53 所示的"快速选择"对话框，其中"应用到"列表框属于一级过滤功能，用于指定是否将过滤条件应用到整个图形或当前选择集（如果存在的话），此时使用"选择对象"按钮 完成对象选择后，按 Enter 键重新显示该对话框。AutoCAD 将"应用到"设置为"当前选择"，对当前已有的选择集进行过滤，只有当前选择集中符合过滤条件的对象才能被选择。

图 8-52　"快捷特性"选项卡

图 8-53　"快速选择"对话框

> **⊞ 小技巧**
>
> 如果已选定对话框下方的"附加到当前选择集"复选框，那么 AutoCAD 将该过滤条件
> 应用到整个图形，并将符合过滤条件的对象添加到当前选择集中。

　　"对象类型"列表框属于快速选择的二级过滤功能，用于指定要包含在过滤条件中
的对象类型。如果过滤条件正应用于整个图形，那么"对象类型"列表包含全部的对象
类型（包括自定义），否则该列表只包含选定对象的对象类型。

> **⊞ 小技巧**
>
> 默认时指整个图形或当前选择集的"所有图元"，用户也可以选择某一特定的对象类型，
> 如"直线"或"圆"等，系统将根据选择的对象类型来确定选择集。

　　"特性"文本框属于快速选择的三级过滤功能，三级过滤功能共包括"特性"、"运
算符"和"值"三个选项，分别说明如下。

　　◆　"特性"选项用于指定过滤器的对象特性。在此文本框内包括选定对象类型的所有
　　　　可搜索特性，选定的特性确定"运算符"和"值"中的可用选项。例如在"对象类
　　　　型"下拉文本框中选择圆，"特性"窗口的列表框中就列出了圆的所有特性，可以
　　　　从中选择一种用户需要的对象的共同特性。

　　◆　"运算符"下拉列表用于控制过滤器值的范围。根据选定的对象属性，其过滤的值
　　　　的范围分别是"=等于"、"<>不等于"、">大于"、"<小于"和"*通配符匹配"。
　　　　对于某些特性，"大于"和"小于"选项不可用。"*通配符匹配"只能用于可编辑
　　　　的文字字段。

　　◆　"值"列表框用于指定过滤器的特性值。如果选定对象的已知值可用，那么"值"
　　　　成为一个列表，可以从中选择一个值；如果选定对象的已知值不存在或者没有达到
　　　　绘图的要求，就可以在"值"文本框中输入一个值。

> **⊞ 小技巧**
>
> 在"对象特性"列表框中选择"半径"、在"运算符"下拉列表框中选择">大于"、在
> "值"文本框中输入"10"，则整个图形或当前选择集内所有半径大于 10 的圆被选择。
> 可以称"特性、运算符和值"为三级过滤。

● "如何应用"选项组

　　◆　"如何应用"复选框用于指定是否将符合过滤条件的对象包括在新选择集内或是排
　　　　除在新选择集之外。

　　◆　"附加到当前选择集"复选框用于指定创建的选择集是替换当前选择集还是附加到
　　　　当前选择集。

8.6　上机实训——零件图的规划与特性编辑

本例通过对复杂零件图进行快速规划与编辑完善，主要对本章所讲述的"图层"、"设计中心"、"特性"以及"快速选择"等命令进行综合练习和巩固应用。本例最终效果如图 8-54 所示。

1.未注圆角为R3。
2.未注倒角为C1~2。

图 8-54　实例效果

具体操作步骤如下。

Step 01 单击"快速访问"工具栏→"打开"按钮 📂，打开随书光盘中的"\素材文件\8-1.dwg"文件，如图 8-55 所示。

1. 未注圆角为R3。
2. 未注倒角为C1~2。

图 8-55　打开结果

Step 02 使用快捷键 LA 激活"图层"命令，创建如图 8-56 所示的"标注线、波浪线、剖面线和中心线"四个新图层，并设置图层的颜色和线宽特性。

图 8-56　设置图层及特性

Step 03 使用快捷键 LT 激活"线型"命令，在打开的"线型管理器"对话框中设置线型比例如图 8-57 所示。

Step 04 单击"视图"选项卡→"选项板"面板→"设计中心"按钮，打开"设计中心"窗口，定位并展开光盘中的"绘图样板"文件夹，如图 8-58 所示。

图 8-57　"线型管理器"对话框

图 8-58　定位目标文件夹

Step 05 在"设计中心"左侧的窗口中单击"机械样板.dwt"文件内的"标注样式"选项，在右侧窗口内打开该文件内的所有标注样式，如图 8-59 所示。

Step 06 在"设计中心"左侧的窗口中选择如图 8-60 所示的两个标注样式，然后单击右键，选择右键菜单上的"添加标注样式"，将这两种样式添加到当前文件中。

图 8-59　打开文件内部标注样式

图 8-60　添加标注样式

Step 07 参照第 4~6 操作步骤，将"机械样板.dwt"文件内部的文字样式添加到当前文件中，如图 8-61 所示。

图 8-61　添加文字样式

Step 08 单击"默认"选项卡→"实用工具"面板→"快速选择"按钮，设置过滤参数如图 8-62 所示，选择所有的转角标注对象，如图 8-63 所示。

图 8-62　设置参数

图 8-63　选择结果

Step 09 展开"图层控制"下拉列表，修改夹点对象的所在图层为"标注线"。

Step 10 单击"视图"选项卡→"选项板"面板→"特性"按钮，修改夹点对象的标注样式和比例如图 8-64 所示，修改后的显示效果如图 8-65 所示。

图 8-64　修改内部特性

图 8-65　修改结果

Step **11** 分别夹点显示各位置的其他标注对象，如图 8-66 所示。

Step **12** 单击"视图"选项卡→"选项板"面板→"特性"按钮 ，修改夹点对象的标注样式和标注比例如图 8-67 所示，修改后的显示效果如图 8-65 所示。

图 8-66　夹点效果　　　　　　　　　　　　　图 8-67　修改特性

Step **13** 按 Esc 键取消对象的夹点显示，然后展开"图层"面板上的"图层控制"下拉列表，关闭"标注线"图层。

Step **14** 执行"快速选择"命令，设置过滤参数如图 8-68 所示，选择所有的填充剖面线，如图 8-69 所示。

图 8-68　设置过滤参数　　　　　　　　　　图 8-69　选择结果

Step **15** 打开"特性"面板，修改夹点对象的图层特性、颜色特性如图 8-70 所示，修改后的结果如图 8-71 所示。

Step **16** 夹点显示两视图中的中心线，然后展开"特性"面板，修改其图层、颜色和线型特性，如图 8-72 所示，修改后的效果如图 8-73 所示。

Step **17** 关闭"中心线"图层，然后执行"快速选择"命令，设置过滤参数如图 8-74 所示，选择所有位置的轮廓线。

Step 18 展开"图层控制"下拉列表，修改图层为"轮廓线"，并关闭该图形，此时图形的显示如图 8-75 所示。

图 8-70　修改图层及颜色

图 8-71　修改结果

图 8-72　修改图层、颜色和线型特性

图 8-73　修改结果

图 8-74　设置参数

1. 未注圆角为R3。
2. 未注倒角为C1～2。

图 8-75　显示效果

Step 19 选择图 8-75 所示的所有直线与弧对象，然后展开"图层控制"下拉列表，修改其图层为"细实线"。

Step 20 有样条曲线放到"波浪线"图层上，然后夹点显示下侧的文字对象，然后在"特性"面板上修改其文字样式和文字高度特性，如图 8-76 所示，修改后的显示效果如图 8-77 所示。

1.未注圆角为R3。

2.未注倒角为C1～2。

图 8-76　修改文字样式与高度　　　　　　　　图 8-77　修改结果

Step 21 展开"图层控制"下拉列表，打开所有被关闭的图层，最终效果如图 8-54 所示。

Step 22 执行"另存为"命令，将图形另名存储为"上机实训.dwg"。

8.7　小结与练习

8.7.1　小结

　　本章主要学习了 AutoCAD 资源的组织、控制和管理等高效绘图工具，如图层、设计中心、工具选项板、特性等，方便读者对 AutoCAD 资源进行宏观的综合控制、管理和共享，具体需要掌握的知识点如下。

　　（1）图层是组织、管理和控制复杂图形的便捷工具，读者不仅要理解图层的概念和功能，还需要掌握图层的新建、命名与编辑，掌握图层颜色、图层线型、线宽等特性的设置方法；除此之外，还需要了解和掌握图层的几种状态控制功能。

　　（2）设计中心是组织、查看和共享资源的高效工具，读者不仅要了解工具窗口的组成和使用，还需要重点掌握图形资源的查看功能、图形资源的共享功能、图形资源的使用等，以快速方便地组合和引用复杂图形。

　　（3）快速选择是一种综合性的快速选择工具，使用此工具可以一次选择多个具有同一共性的图形对象，读者不但要了解工具窗口的组成，还需要重点掌握过滤参数的设置。

　　（4）工具选项板也是一种便捷的高效制图工具，读者不但要掌握该工具的具体使用方法，还需要掌握工具选项板的自定义功能。

　　（5）对象特性是一个高效工具，它用于组织、管理和修改图形对象内部的所有特性，以达到修改完善图形的目的，读者需要熟练掌握该工具的具体使用方法。

Note

8.7.2　练习

利用块、设计中心或工具选项板等功能，将如图 8-78 所示的各零件图进行组装，组装效果如图 8-79 所示。

螺栓　　油杯　　　　　　　　轴承

图 8-78　散装零件图

图 8-79　组装效果

操作提示：

本例素材文件位于光盘中的"\素材文件\"目录下，文件名为"8-2.dwg"、"8-3.dwg"、"8-4.dwg"。

第三篇　三维制图篇

扫描二维码，观看视频

建议 WiFi 情况下观看

第9章

三维机械设计辅助功能

由于三维模型不仅具有较强的真实感效果，还可以从任意角度对物体对象进行观察，获得不同的视觉效果，它包含的信息更多、更完整，也更利于与计算机辅助工程、制造等系统相结合，从本章开始，将逐步学习 AutoCAD 的三维功能，了解和掌握 AutoCAD 三维建模空间内各工具的应用技能。

内容要点

- ◆ 三维观察功能
- ◆ 三维着色功能
- ◆ 管理视觉样式
- ◆ 材质与渲染
- ◆ UCS 坐标系
- ◆ 上机实训——三维辅助功能综合练习

9.1 三维观察功能

本节学习三维模型的观察功能，具体有视点、视图、视口、动态观察器、导航控制盘等内容，以便于以多种方式观察三维物体。

9.1.1 设置视点

可以在 AutoCAD 绘图空间中的不同位置观察图形，这些位置就称为视点。视点的设置主要有两种方式。

● **使用"视点"命令设置视点**

"视点"命令用于输入观察点的坐标或角度来确定视点，执行"视点"命令主要有以下两种方式。

◇ 选择菜单栏"视图"→"三维视图"→"视点"命令。
◇ 在命令行输入 Vpoint 后按 Enter 键。

执行"视点"命令后，其命令行操作提示如下。

```
命令：_vpoint
当前视图方向：VIEWDIR=0.0000,0.0000,1.0000
指定视点或 [旋转(R)] <显示指南针和三轴架>：
                      //直接输入观察点的坐标来确定视点
```

图 9-1 指南针和三轴架

如果用户没有输入视点坐标，而是直接按 Enter 键，那么绘图区会显示如图 9-1 所示的指南针和三轴架，其中三轴架代表 X、Y、Z 轴的方向，当用户相对于指南针移动十字线时，三轴架会自动进行调整，以显示 X、Y、Z 轴对应的方向。

⋙ 小技巧

"旋转"选项主要用于通过指定与 X 轴的夹角以及与 XY 平面的夹角来确定视点。

● **通过"视点预置"设置视点**

"视点预置"命令是通过对话框的形式设置视点的，如图 9-2 所示，执行"视点预置"命令主要有以下几种方式。

◇ 选择菜单栏"视图"→"三维视图"→"视点预置"命令。

◇　在命令行输入 DDVpoint 后按 Enter 键。

◇　使用快捷键 VP。

在如图 9-2 所示的"视点预置"对话框中，具体可以进行如下内容的设置。

图 9-2　"视点预置"对话框

◇　设置视点、原点的连线与 XY 平面的夹角。具体操作就是在右侧半圆图形上选择相应的点，或直接在"XY 平面"文本框内输入角度值。

◇　设置视点、原点的连线在 XY 平面上的投影与 X 轴的夹角。具体操作就是在左侧图形上选择相应点，或在"X 轴"文本框内输入角度值。

◇　设置观察角度。系统将设置的角度默认为是相对于当前 WCS，如果选中"相对于 UCS"单选按钮，设置的角度值就是相对于 UCS 的。

◇　设置为平面视图。单击 [设置为平面视图(V)] 按钮，系统将重新设置为平面视图。平面视图的观察方向是与 X 轴的夹角为 270°，与 XY 平面的夹角是 90°。

9.1.2　切换视图

为了便于观察和编辑三维模型，AutoCAD 为用户提供了一些标准视图，具体有六个正交视图和四个等轴测图，如图 9-3 所示，其工具按钮都排列在如图 9-4 所示的"视图"面板上，视图的切换主要有以下几种方式。

◇　单击"视图"选项卡→"视图"面板上的按钮。

◇　选择菜单栏"视图"→"三维视图"子菜单命令。

◇　单击绘图区左上角的视口控件，在打开的菜单中切换视图。

图 9-3　视图子菜单

图 9-4　"视图"面板

上述六个正交视图和四个等轴测视图用于显示三维模型的主要特征视图，其中每种视图的视点、与 X 轴夹角和与 XY 平面夹角等内容如表 9-1 所示。

表 9-1　基本视图及其参数设置

视图	菜单选项	方向矢量	与 X 轴夹角	与 XOY 平面夹角
俯视	Tom	(0, 0, 1)	270°	90°
仰视	Bottom	(0, 0, -1)	270°	90°
左视	Left	(-1, 0, 0)	180°	0°
右视	Right	(1, 0, 0)	0°	0°
前视	Front	(0, -1, 0)	270°	0°
后视	Back	(0, 1, 0)	90°	0°
西南等轴测	SW Isometric	(-1, -1, 1)	225°	45°
东南等轴测	SE Isometric	(1, -1, 1)	315°	45°
东北等轴测	NE Isometric	(1, 1, 1)	45°	45°
西北等轴测	NW Isometric	(-1, 1, 1)	135°	45°

● **平面视图**

除了上述十个标准视图之外，AutoCAD 还为用户提供了一个"平面视图"工具，使用此命令，可以将当前 UCS、命名保存的 UCS 或 WCS 切换为各坐标系的平面视图，以方便观察和操作，如图 9-5 所示。

图 9-5　平面视图切换

选择菜单栏"视图"→"三维视图"→"平面视图"命令，或在命令行输入 Plan 后按 Enter 键，都可执行"平面视图"命令。

9.1.3　导航立方体

如图 9-6 所示的三维导航立方体（即 ViewCube），不但可以帮助用户快速调整模型的视点，还可以更改模型的视图投影、定义和恢复模型的主视图，以及恢复随模型一起保存的已命名 UCS。

此导航立方体主要由顶部的房子标记、中间的导航立方体、底部的罗盘和最下侧的 UCS 菜单四部分组成，当沿着立方体移动鼠标时，分布在导航立体棱、边、面等位置上的热点会亮显。点击一个热点，就可以切换到相关的视图。

图 9-6　ViewCube 显示图

- ◇ 视图投影。当查看模型时，在平行模式、透视模式和带平行视图面的透视模式之间进行切换。
- ◇ 主视图指的是定义和恢复模型的主视图。主视图是用户在模型中定义的视图，用于返回熟悉的模型视图。
- ◇ 通过单击 ViewCube 下方的 UCS 按钮菜单，可以恢复已命名的 UCS。

小技巧

将当前视觉样式设为三维显示样式后，导航立方体显示图才可以显示出来。在命令行输入 Cube 后按 Enter 键，可以控制导航立方体图的显示和关闭状态。

9.1.4　导航控制盘

如图 9-7 所示的 SteeringWheels 导航控制盘分为若干个按钮，每个按钮包含一个导航工具。可以通过单击按钮或单击并拖动悬停在按钮上的光标来启动各种导航工具。

单击导航栏上的按钮◎或选择菜单栏"视图"→SteeringWheels 命令，或单击"视图"选项卡→"导航"面板→SteeringWheels 按钮⊗，都可打开此控制盘，在控制盘上单击右键，可打开如图 9-8 所示的快捷菜单。

图 9-7　SteeringWheels 导航控制盘

图 9-8　控制盘快捷菜单

在 SteeringWheels 导航控制盘中，共有四个不同的控制盘可供使用，每个控制盘均拥有其独有的导航方式，具体如下。

- ◇ 二维导航控制盘。通过平移和缩放导航模型。
- ◇ 查看对象控制盘。将模型置于中心位置，并定义轴心点以使用"动态观察"工具缩放和动态观察模型。
- ◇ 巡视建筑控制盘。通过将模型视图移近或移远、环视以及更改模型视图的标高来导航模型。
- ◇ 导航控制盘。将模型置于中心位置并定义轴心点以使用"动态观察"工具漫游和环视、更改视图标高、动态观察、平移和缩放模型。

Note

> ### ▚▚▚ 小技巧
>
> 使用控制盘上的工具导航模型时，先前的视图将保存到模型的导航历史中，要从导航历史恢复视图，可以使用回放工具。单击控制盘上的"回放"按钮或单击"回放"按钮并在上面拖动，即可以显示回放历史。

9.1.5 创建与分割视口

视口是用于绘制图形、显示图形的区域，默认设置下，AutoCAD 将整个绘图区作为一个视口，在实际建模过程中，有时需要从各个不同视点上观察模型的不同部分，为此，AutoCAD 为用户提供了视口的分割功能，可以将默认的一个视口分割成多个视口，如图 9-9 所示，这样，用户可以从不同的方向观察三维模型的不同部分。

图 9-9 分割视口

视口的分割与合并具体有以下几种方式。

◇ 选择菜单栏"视图"→"视口"级联菜单中的相关命令，即可以将当前视口分割为两个、三个或多个视口，如图 9-10 所示。

◇ 单击"模型视口"面板中的各按钮。

◇ 选择菜单栏"视图"→"视口"→"新建视口"命令，或在命令行输入 Vports 后按 Enter 键，打开如图 9-11 所示的"视口"对话框，在此对话框中，用户可以对分割视口进行提前预览效果，使用户能够方便直接地进行分割视口。

图 9-10 视口级联菜单

图 9-11 "视口"对话框

9.1.6　三维动态观察器

AutoCAD 为用户提供了三种动态观察功能，使用此功能可以从不同角度观察三维物体的任意部分。

● **受约束的动态观察**

当执行"受约束的动态观察"命令后，绘图区会出现如图 9-12 所示的光标显示状态，此时按住左键不放，可以手动调整观察点，以观察模型的不同侧面，执行"受约束的动态观察"命令主要有以下几种方式。

图 9-12　受约束的动态观察

◇ 单击"视图"选项卡→"导航"面板→"动态观察"按钮 ⊕。
◇ 选择菜单栏"视图"→"动态观察"→"受约束的动态观察"命令。
◇ 在命令行输入 3dorbit 后按 Enter 键。

▦ 小技巧

执行"受约束的动态观察"命令后，如果按住鼠标中间进行拖曳，可以将视图进行平移。

● **自由动态观察**

"自由动态观察"命令用于在三维空间中不受滚动约束的旋转视图，当激活此功能后，绘图区会出现中图 9-13 所示的圆形辅助框架，用户可以从多个方向自由地观察三维物体。执行"自由动态观察"命令主要有以下几种方式。

◇ 单击"视图"选项卡→"导航"面板→"自由动态观察"按钮 ⬮。
◇ 选择菜单栏"视图"→"动态观察"→"自由动态观察"命令。
◇ 在命令行输入 3dforbit 后按 Enter 键。

● **连续动态观察**

"连续动态观察"命令用于以连续运动的方式在三维空间中旋转视图，以持续观察三维物体的不同侧面，而不需要进行手动设置视点。当激活此功能后，光标变为如图 9-14 所示的状态，此时按住左键进行拖曳，即可连续的旋转视图。

图 9-13　自由动态观察

图 9-14　连续动态观察

执行"连续动态观察"命令主要有以下几种方式。

✧ 单击"视图"选项卡→"导航"面板→"连续动态观察"按钮 。
✧ 选择菜单栏"视图"→"动态观察"→"连续动态观察"命令。
✧ 在命令行输入 3dcorbit 后按 Enter 键。

9.2　三维着色功能

AutoCAD 为三维物体提供了几种控制模型外观显示效果的工具，巧妙运用这些着色功能，能快速显示出三维物体的逼真形态，对三维模型的效果显示有很大帮助。这些着色工具位于如图 9-15 所示的菜单栏、图 9-16 所示的"视觉样式管理器"和图 9-17 所示的"视觉样式"面板中。

图 9-15　菜单栏　　　　图 9-16　视觉样式管理器　　　　图 9-17　"视觉样式"面板

9.2.1　常用着色功能

本小节主要讲述一些常用的着色功能，具体有二维线框、三维线框、三维隐藏、真实着色和概念着色，具体内容如下。

● 二维线框

"二维线框"命令是用直线和曲线显示对象的边缘，此对象的线型和线宽都是可见的，如图 9-18 所示。

执行该命令主要有以下几种方式。
✧ 单击"视图"选项卡→"视觉样式"面板→"二维线框"按钮 。
✧ 选择菜单栏"视图"→"视觉样式"→"二维线框"命令。
✧ 使用快捷键 VS。

● 三维线框

"三维线框"命令也是用直线和曲线显示对象的边缘轮廓，如图 9-19 所示。与二维线框显示方式不同的是，表示坐标系的按钮会显示成三维着色形式，并且对象的线型及线宽都是不可见的，执行该命令主要有以下几种方式。

- ✧　单击"视图"选项卡→"视觉样式"面板→"三维线框"按钮 。
- ✧　选择菜单栏"视图"→"视觉样式"→"三维线框"命令。
- ✧　使用快捷键 VS。

图 9-18　二维线框着色

图 9-19　三维线框着色

● 三维隐藏

"三维隐藏"命令用于将三维对象中观察不到的线隐藏起来，而只显示那些位于前面无遮挡的对象，如图 9-20 所示，执行该命令主要有以下几种方式。

- ✧　单击"视图"选项卡→"视觉样式"面板→"三维隐藏"按钮 。
- ✧　选择菜单栏"视图"→"视觉样式"→"三维隐藏"命令。
- ✧　使用快捷键 VS。

● 真实

"真实"命令可使对象实现平面着色，它只对各多边形的面着色，不对面边界作光滑处理，如图 9-21 所示，执行此命令主要有以下几种方式。

- ✧　单击"视图"选项卡→"视觉样式"面板→"真实"按钮 。
- ✧　选择菜单栏"视图"→"视觉样式"→"真实"命令。
- ✧　使用快捷键 VS。

图 9-20　三维隐藏

图 9-21　真实着色

● 概念

"概念"命令也可使对象实现平面着色，它不仅可以对各多边形的面着色，还可以对面边界作光滑处理，如图 9-22 所示，执行此命令主要有以下几种方式。

✧ 单击"视图"选项卡→"视觉样式"面板→"概念"按钮。

✧ 选择菜单栏"视图"→"视觉样式"→"概念"命令。

✧ 使用快捷键 VS。

9.2.2 其他着色功能

本小节主要学习"着色"、"带边缘着色"、"灰度"、"勾画"和"X 射线"五种着色功能，具体内容如下。

● 着色

"着色"命令用于将对象进行平滑着色，如图 9-23 所示。单击"视图"选项卡→"视觉样式"面板→"着色"按钮，或选择菜单栏"视图"→"视觉样式"→"着色"命令或使用快捷键 VS，都可激活该命令。

图 9-22　概念着色　　　　　　　　　　图 9-23　平滑着色

● 带边缘着色

"带边缘着色"命令用于将对象的可见边平滑着色，如图 9-24 所示。单击"视图"选项卡→"视觉样式"面板→"带边缘着色"按钮，或选择菜单栏"视图"→"视觉样式"→"带边缘着色"命令或使用快捷键 VS，都可激活该命令。

● 灰度

"灰度"命令用于将对象以单色面颜色模式着色，以产生灰色效果，如图 9-25 所示。选择菜单栏"视图"→"视觉样式"→"灰度"命令或使用快捷键 VS 都可激活该命令。

图 9-24　带边缘着色　　　　　　　　　图 9-25　灰度着色

- **勾画**

"勾画"命令用于将对象使用外伸和抖动方式产生手绘的效果，如图 9-26 所示。选择菜单栏"视图"→"视觉样式"→"勾画"命令或使用快捷键 VS，都可以激活该命令。

- **X 射线**

"X 射线"命令用于更改面的不透明度，以使整个场景变成部分透明，如图 9-27 所示。选择菜单栏"视图"→"视觉样式"→"X 射线"命令或使用快捷键 VS，都可激活该命令。

图 9-26　勾画着色

图 9-27　X 射线

9.3　管理视觉样式

"管理视觉样式"命令（Visualstyles）用于控制模型的外观显示效果、创建或更改视觉样式等，其窗口如图 9-28 所示，其中面设置选项用于控制面上颜色和着色的外观，环境设置用于打开和关闭阴影和背景，边设置指定显示哪些边以及是否应用边修改器。

执行"管理视觉样式"命令主要有以下几种方式。

◇ 选择菜单栏"视图"→"视觉样式"→"视觉样式管理器"命令。

◇ 单击"视觉样式"面板中的 ▣ 按钮。

◇ 在命令行输入 Visualstyles 后按 Enter 键。

图 9-28　"视觉样式管理器"对话框

9.4　材质与渲染

本节主要简单学习材质的附着以及模型的快速渲染等技能。

9.4.1 附着材质

Note

AutoCAD 为用户提供了"材质浏览器"命令，使用此命令可以直观方便地为模型附着材质，以更加真实地表达实物造型。

执行"材质浏览器"命令主要有以下几种方式。

❖ 单击"可视化"选项卡→"材质"面板→"材质浏览器"按钮⬚。

❖ 选择菜单栏"视图"→"渲染"→"材质浏览器"命令。

❖ 在命令行输入 Matbrowseropen 后按 Enter 键。

下面通过为长方体快速附着砖墙材质，主要学习"材质浏览器"命令的使用方法和技巧，具体操作步骤如下。

Step 01 新建绘图文件。

Step 02 选择菜单栏"绘图"→"建模"→"长方体"命令，创建长度为 20、宽度为 600、高度为 300 的长方体，命令行操作如下。

```
命令: box
指定第一个角点或 [中心(C)]:           //在绘图区拾取一点
指定其他角点或 [立方体(C)/长度(L)]:    //@20,600,300 Enter，结果如图 9-29 所示
```

Step 03 单击"材质"面板上的⬚按钮，打开如图 9-30 所示的"材质浏览器"窗口。

图 9-29　创建长方体

图 9-30　"材质浏览器"窗口

Step 04 在"材质浏览器"窗口中选择所需材质后，按住鼠标左键不放，将选择的材质拖曳至长方体上，为长方体附着材质，如图 9-31 所示。

Step 05 选择菜单栏"视图"→"视觉样式"→"真实"命令，对附着材质后的长方体进行真实着色，结果如图 9-32 所示。

图 9-31　附着材质　　　　　　　　　图 9-32　真实着色

9.4.2　三维渲染

AutoCAD 为用户提供了简单的渲染功能，选择菜单栏"视图→"渲染"→"渲染"命令，或单击"渲染"面板上的 ▭ 按钮，即可激活此命令，AutoCAD 将按默认设置对当前视口内的模型以独立的窗口进行渲染，如图 9-33 所示。

图 9-33　渲染窗口

9.5　UCS 坐标系

本节主要学习 UCS 的定义与管理技能，以方便用户在三维操作空间内快速建模和编辑。

9.5.1　坐标系概述

在默认设置下，AtuoCAD 是以世界坐标系的 XY 平面作为绘图平面，进行绘制图形的，由于 WCS 是固定的，其应用范围有一定的局限性，为此，AutoCAD 为用户提供了

Note

UCS，此种坐标系是一种非常重要且常用的坐标系。

9.5.2 设置 UCS 坐标系

Note

为了更好地辅助绘图，AutoCAD 为用户提供了一种非常灵活的坐标系——UCS，此坐标系弥补了 WCS 的不足，用户可以随意定制符合作图需要的 UCS，应用范围比较广。

执行 UCS 命令主要有以下几种方式。

◇ 选择菜单栏 "工具"→"新建 UCS" 级联菜单命令，如图 9-34 所示。
◇ 在命令行输入 UCS 后按 Enter 键。
◇ 单击 "视图" 选项卡→"坐标" 面板中的各按钮，如图 9-35 所示。

图 9-34　UCS 菜单　　　　　　　　　图 9-35　"坐标" 面板

执行 UCS 命令后，命令行出现如下提示项：

"指定 UCS 的原点或 [面(F)/命名(NA)/对象(OB)/上一个(P)/视图(V)/世界 (W)/X/Y/Z/Z 轴(ZA)] <世界>:"

各选项功能内容如下。

◇ "指定 UCS 的原点" 选项用于指定三点，以分别定位出新坐标系的原点、X 轴正方向和 Y 轴正方向。

▒▒▒ 小技巧

坐标系原点为离选择点最近的实体平面顶点，X 轴正向由此顶点指向离选择点最近的实体平面边界线的另一端点。用户选择的面必须为实体面域。

◇ "面（F）" 选项用于选择一个实体的平面作为新坐标系的 XY 面。用户必须使用点选法选择实体，否则无法执行此命令。
◇ "命名（NA）" 选项主要用于恢复其他坐标系为当前坐标系、为当前坐标系命名保存以及删除不需要的坐标系。
◇ "对象（OB）" 选项表示通过选定的对象创建 UCS 坐标系。用户只能使用点选法来选择对象，否则无法执行此命令。

◇　"上一个（P）"选项用于将当前坐标系恢复到前一次所设置的坐标系位置，直到将坐标系恢复为 WCS。

◇　"视图（V）"选项表示将新建的用户坐标系的 X、Y 轴所在的面设置成与屏幕平行，其原点保持不变，Z 轴与 XY 平面正交。

◇　"世界（W）"选项用于选择 WCS 作为当前坐标系，用户可以从任何一种 UCS 下返回到 WCS。

◇　"X"→"Y"→"Z"选项：原坐标系坐标平面分别绕 X、Y、Z 轴旋转而形成新的用户坐标系。

⫶⫶⫶ 小技巧

如果在已定义的 UCS 中进行旋转，那么新的 UCS 是从前面的 UCS 旋转而成。

◇　"Z 轴"选项用于指定 Z 轴方向以确定新的 UCS。

9.5.3　UCS 坐标系的管理

"命名 UCS"命令用于对命名 UCS 以及正交 UCS 进行管理和操作，比如，用户可以使用该命令删除、重命名或恢复已命名的 UCS，也可以选择 AutoCAD 预设的标准 UCS 以及控制 UCS 图标的显示等。

执行"命名 UCS"命令主要有以下几种方式。

◇　单击"视图"选项卡→"坐标"面板→"UCS、UCS 设置"按钮 ⫘ 。

◇　选择菜单栏"工具"→"命名 UCS"命令。

◇　在命令行输入 Ucsman 后按 Enter 键。

执行"命名 UCS"命令后可打开如图 9-36 所示的 UCS 对话框，通过此对话框，可以很方便地对自己定义的坐标系进行存储、删除、应用等操作。

● "命名 UCS"选项卡

如图 9-36 所示的"命名 UCS"选项卡用于显示当前文件中的所有坐标系，还可以设置当前坐标系。

◇　"当前 UCS"：显示当前的 UCS 名称。如果 UCS 设置没有保存和命名，那么当前 UCS 读取"未命名"。在"当前 UCS"下的空白栏中有 UCS 名称的列表，列出了当前视图中已定义的坐标系。

◇　 置为当前 (C) 按钮用于设置当前坐标系。

◇　单击 详细信息 (T) 按钮，可打开如图 9-37 所示的"UCS 详细信息"对话框，用来查看坐标系的详细信息。

● "正交 UCS"选项卡

在 UCS 对话框中展开如图 9-38 所示的选项卡，此选项卡主要用于显示和设置 AutoCAD 的预设标准坐标系作为当前坐标系，具体内容如下。

◇ "正交 UCS"列表框中列出了当前视图中的 6 个正交坐标系。正交坐标系是相对"相对于"列表框中指定的 UCS 进行定义的。

◇ 置为当前(C) 按钮用于设置当前的正交坐标系。用户可以在列表中双击某个选项，将其设为当前；也可以选择需要设为当前的选项后单击右键，从弹出的快捷菜单中选择设为非当前的选项。

图 9-36　UCS 对话框

图 9-37　"UCS 详细信息"对话框

● "设置"选项卡

在 UCS 对话框中展开如图 9-39 所示的选项卡，此选项卡主要用于设置 UCS 图标的显示及其他的一些操作设置。

◇ "开"复选框用于显示当前视口中的 UCS 图标。

◇ "显示于 UCS 原点"复选框用于在当前视口中当前坐标系的原点显示 UCS 图标。

◇ "应用到所有活动视口"复选框用于将 UCS 图标设置应用到当前图形中的所有活动视口。

◇ "UCS 与视口一起保存"复选框用于将坐标系设置与视口一起保存。如果清除此选项，视口将反映当前视口的 UCS。

◇ "修改 UCS 时更新平面视图"复选框用于修改视口中的坐标系时恢复平面视图。当对话框关闭时，平面视图和选定的 UCS 设置被恢复。

图 9-38　"正交 UCS"选项卡

图 9-39　"设置"选项卡

9.6 上机实训——三维辅助功能综合练习

本例通过以多个视口显示三维模型的多个视图，主要对用户坐标系的定义、存储、管理以及视口的分割、视图的切换、视觉样式等多种三维辅助功能进行综合练习和巩固应用。本例最终效果如图 9-40 所示。

图 9-40 实例效果

操作步骤如下。

Step 01 打开随书光盘中的"\素材文件\9-1.dwg"文件，如图 9-41 所示。

Step 02 在命令行输入 UCS 后按 Enter 键，执行 UCS 命令，配合端点捕捉功能进行三点定义坐标系，命令行操作如下。

```
命令：_ucs
当前 UCS 名称：*俯视*
指定 UCS 的原点或 [面(F) /命名(NA)/对象(OB)/上一个(P)/视图(V)/世界
(W)/X/Y/Z/Z 轴(ZA)] <世界>：      //捕捉如图 9-42 所示的端点
指定 X 轴上的点或 <接受>：      //捕捉如图 9-42 所示的端点 A
指定 XOY 平面上的点或 <接受>：
                              //捕捉如图 9-43 所示的端点，定义结果如图 9-44 所示
```

图 9-41 打开结果

图 9-42 定位原点

图 9-43　定位 Y 轴正方向　　　　　　　　图 9-44　定义结果

Step 03 按 Enter 键，重复执行 UCS 命令，将当前定义的用户坐标系进行命名存储，命令行操作如下。

```
命令:_ucs
当前 UCS 名称: *没有名称*
指定 UCS 的原点或 [面(F)/命名(NA)/对象(OB)/上一个(P)/视图(V)/世界(W)/X/Y/Z/Z
轴(ZA)] <世界>:                        //s Enter
输入保存当前 UCS 的名称或 [?]:  //ucs1 Enter
```

Step 04 重复执行 UCS 命令，使用"面"选项功能重新定义坐标系，命令行操作如下。

```
命令:_ucs
当前 UCS 名称: ucs1
指定 UCS 的原点或 [面(F)/命名(NA)/对象(OB)/上一个(P)/视图(V)/世界(W)/X/Y/Z/Z
轴(ZA)] <世界>:                        //f Enter，激活"面"选项
选择实体面、曲面或网格:          //选择如图 9-45 所示的面
输入选项 [X 轴反向(X)/Y 轴反向(Y)] <接受>:  //Enter，定义结果如图 9-46 所示
```

Step 05 重复执行 UCS 命令，将刚定义的坐标系进行存储，命令行操作如下。

```
命令:_ucs
当前 UCS 名称: *没有名称*
指定 UCS 的原点或 [面(F)/命名(NA)/对象(OB)/上一个(P)/视图(V)/世界(W)/X/Y/Z/Z
轴(ZA)] <世界>:                        //s Enter
输入保存当前 UCS 的名称或 [?]://ucs2 Enter
```

Step 06 选择菜单栏"视图"→"三维视图"→"平面视图"→"当前 UCS"命令，将当前视图切换为平面视图，结果如图 9-47 所示。

图 9-45　选择表面　　　　　图 9-46　定义结果　　　　　图 9-47　切换为平面视图

Step 07 选择菜单栏"工具"→"命名 UCS"命令，在打开的对话框中选择 UCS1 坐标系，将此坐标系设置为当前坐标系，如图 9-48 所示。

Step 08 选择菜单栏"视图"→"视口"→"新建视口"命令，在打开的"视口"对话框中选择如图 9-49 所示的视口模式，将当前视口分割为四个视口，结果如图 9-50 所示。

图 9-48　设置为当前坐标系　　　　　　　图 9-49　"视口"对话框

Step 09 激活左上侧的视口，然后执行"俯视"命令，将视图切换到俯视图，并调整视口内的视图，结果如图 9-51 所示。

图 9-50　分割视口　　　　　　　　图 9-51　切换到俯视图

Step 10 使用快捷键 VS 激活"视觉样式"命令，将视口内的模型进行二维线框着色，并使用视图的平移缩放功能适当调整视图，结果如图 9-52 所示。

Step 11 激活中间的视口，然后执行"左视"命令，将视图切换到左视图，结果如图 9-53 所示。

图 9-52　操作结果　　　　　　　　图 9-53　切换到左视图

Step 12 使用快捷键 VS 激活"视觉样式"命令，将视口内的模型进行二维线框着色，并使用视图的平移缩放功能适当调整视图，结果如图 9-54 所示。

Step 13 激活左下侧的视口，然后将着色方式设置为二维线框着色，并调整视口内的视图，结果如图 9-55 所示。

图 9-54　操作结果

图 9-55　操作结果

Step 14 激活右侧的视口，然后执行"自由动态观察"命令对模型调整视点，并对其进行适当的缩放和平移，结果如图 9-56 所示。

图 9-56　操作结果

Step 15 使用快捷键 OP 执行"选项"命令，展开"三维建模"选项卡，关闭视口中的各种显示工具，如图 9-57 所示，此时模型的显示效果如图 9-58 所示。

图 9-57　"三维建模"选项卡

图 9-58　操作结果

Step 16 执行"另存为"命令，将图形另名存储为"上机实训.dwg"。

9.7　小结与练习

9.7.1　小结

　　本章主要简单讲述了 AutoCAD 的三维辅助功能，具体包括视点的设置、视图的切换、视口的分割、坐标系的设置管理以及三维对象的视觉显示等辅助功能。通过本章的学习，应理解和掌握以下知识。

　　（1）了解线框模型、曲面模型、实体模型的功能及区别，掌握三维视点的设置功能，以方便观察三维空间内的图形对象。

　　（2）三维观察功能，具体有视点、动态观察器、导航立方体、控制盘等。

　　（3）理解世界坐标系和用户坐标系的概念及功能，掌握用户坐标系的各种设置方式以及坐标系的管理、切换和应用等重要操作知识。

　　（4）三维显示功能，具体有视觉样式、管理视觉样式和渲染。

9.7.2　练习

　　综合运用所学知识，将图 9-59 所示的零件箱盖模型编辑为图 9-60 所示的状态。

图 9-59　素材文件

图 9-60　练习题

操作提示：

本例素材为随书光盘中的"\素材文件\9-2.dwg"。

第10章

创建机械零件的
面与网格

第 9 章简单了解了网格面模型的特点和用途，本章将详细讲述表面模型和网格模型的创建方法和创建技巧，学习使用基本的建模工具，快速创建物体的三维面或网格模型，以体现物体的三维特征。

内容要点

◆ 创建常用曲面　　◆ 曲面的常规编辑
◆ 创建常用网格体　◆ 创建基本网格图元
◆ 拉伸与优化网格　◆ 上机实训——面与网格功能综合练习

10.1　创建常用曲面

本节主要学习拉伸曲面、旋转曲面、剖切曲面、扫掠曲面和平面曲面的具体创建方法和相关技能。

10.1.1　拉伸曲面

"拉伸"命令用于将闭合或非闭合的二维图形按照指定的高度拉伸成曲面，如图 10-1所示，执行"拉伸"命令主要有以下几种方式。

◆　单击"常用"选项卡→"建模"面板→"拉伸"按钮🔳。

◆　选择菜单栏"绘图"→"建模"→"拉伸"命令。

◆　在命令行输入 Extrude 后按 Enter 键。

◆　使用快捷键 EXT。

图 10-1　拉伸示例

下面通过简单的小实例学习"拉伸曲面"的创建方法和相关技巧，具体操作步骤如下。

Step 01 新建绘图文件。

Step 02 执行"西南等轴测"命令，将视图切换到西南视图。

Step 03 综合使用"圆弧"和"矩形"命令绘制一条圆弧和一个矩形，如图 10-2 所示。

Step 04 单击"常用"选项卡→"建模"面板→"拉伸"按钮🔳，将绘制的直线和圆拉伸为曲面，命令行操作如下。

```
命令: _extrude
当前线框密度:  ISOLINES=4，闭合轮廓创建模式 = 实体
选择要拉伸的对象或 [模式(MO)]: _MO 闭合轮廓创建模式 [实体(SO)/曲面(SU)] <实体>: _SO
选择要拉伸的对象或 [模式(MO)]:                 //MO Enter
闭合轮廓创建模式 [实体(SO)/曲面(SU)] <实体>:  //SU Enter
选择要拉伸的对象或 [模式(MO)]:                 //选择直线
选择要拉伸的对象或 [模式(MO)]:                 //选择圆
选择要拉伸的对象或 [模式(MO)]:        //Enter
指定拉伸的高度或 [方向(D)/路径(P)/倾斜角(T)/表达式(E)] <67.9>:
                        //使用光标指定拉伸高度
```

Step 05 拉伸结果如图 10-3 所示。

图 10-2 绘制结果　　　　　　　　　　　图 10-3 拉伸结果

10.1.2 旋转曲面

"旋转"命令用于将闭合或非闭合的二维图形绕坐标轴旋转为曲面，执行"旋转"命令主要有以下几种方式。

❖　单击"常用"选项卡→"建模"面板→"旋转"按钮 。
❖　选择菜单栏"绘图"→"建模"→"旋转"命令。
❖　在命令行输入 Revolve 后按 Enter 键。

下面通过简单的小实例学习"旋转曲面"的创建方法和相关技巧，具体操作步骤如下。

Step 01 打开随书光盘中的"\素材文件\10-1.dwg"文件，如图 10-4 所示。

Step 02 综合使用"修剪"和"删除"命令，将图形编辑成如图 10-5 所示的结构。

Step 03 使用快捷键 PE 执行"编辑多段线"命令，将闭合轮廓线编辑为一条闭合边界，命令行操作如下。

```
命令:_pedit                        //Enter
选择多段线或 [多条(M)]:            //m Enter
选择对象:                          //窗交选择如图 10-6 所示的闭合轮廓线
选择对象:                          //Enter
是否将直线、圆弧和样条曲线转换为多段线? [是(Y)/否(N)]? <Y>  //Enter
输入选项 [闭合(C)/打开(O)/合并(J)/宽度(W)/拟合(F)/样条曲线(S)/非曲线化(D)/线
型生成(L)/反转(R)/放弃(U)]:        //J Enter
合并类型 = 延伸
输入模糊距离或 [合并类型(J)] <0.0>: //Enter
多段线已增加 33 条线段
输入选项 [闭合(C)/打开(O)/合并(J)/宽度(W)/拟合(F)/样条曲线(S)/非曲线化(D)/线
型生成(L)/反转(R)/放弃(U)]:        //Enter，结束命令
```

图 10-4 打开结果　　　　図 10-5 编辑结果　　　　图 10-6 窗交选择

Step 04 执行 "西南等轴测" 命令，将当前视图切换为西南视图，并取消线宽的显示，结果如图 10-7 所示。

Step 05 单击 "常用" 选项卡→ "建模" 面板→ "旋转" 按钮，将闭合边界旋转为三维曲面，命令行操作如下。

```
命令: _revolve
当前线框密度:  ISOLINES=4，闭合轮廓创建模式 = 实体
选择要旋转的对象或 [模式(MO)]: _MO 闭合轮廓创建模式 [实体(SO)/曲面(SU)] <实体>: _SO
选择要旋转的对象或 [模式(MO)]:            //MO Enter
闭合轮廓创建模式 [实体(SO)/曲面(SU)] <实体>:  //SU Enter
选择要旋转的对象或 [模式(MO)]:      //选择闭合边界
选择要旋转的对象或 [模式(MO)]:      //Enter
指定轴起点或根据以下选项之一定义轴 [对象(O)/X/Y/Z] <对象>:
                                //捕捉中心线的左端点
指定轴端点:                       //捕捉中心线另一端端点
指定旋转角度或 [起点角度(ST)/反转(R)/表达式(EX)] <360>:
                                //-180 Enter，结束命令，旋转结果如图 10-8 所示
```

Step 06 使用快捷键 HI 执行 "消隐" 命令，对曲面进行消隐，效果如图 10-9 所示。

图 10-7　切换视图　　　　图 10-8　旋转结果　　　　图 10-9　消隐效果

Step 07 使用快捷键 VS 执行 "视觉样式" 命令，分别对曲面模型进行真实着色和灰度着色，结果如图 10-10 和图 10-11 所示。

图 10-10　真实着色效果　　　　　　　图 10-11　灰度着色效果

10.1.3　剖切曲面

"剖切" 命令用于切开现有曲面，然后移去不需要的部分，保留指定的部分（也可以将剖切后的两部分都保留），执行 "剖切" 命令主要有以下几种方式。

289

◇ 单击"常用"选项卡→"实体编辑"面板→"剖切"按钮。

◇ 选择菜单栏"绘图"→"三维操作"→"剖切"命令。

◇ 在命令行输入 Slice 后按 Enter 键。

◇ 使用快捷键 SL。

下面通过简单的小实例学习"剖切曲面"的创建方法和相关技巧，具体操作步骤如下。

Step 01 打开随书光盘中的"\素材文件\10-2.dwg"文件，如图 10-12 所示。

Step 02 单击"常用"选项卡→"实体编辑"面板→"剖切"按钮，对齿轮曲面模型进行剖切，命令行操作如下。

```
命令：_slice
选择要剖切的对象：                    //选择如图 10-12 所示的回转体
选择要剖切的对象：                    //Enter，结束选择
指定切面的起点或 [平面对象(O)/曲面(S)/Z 轴(Z)/视图(V)/XY(XY)/YZ(YZ)/ZX(ZX)/
三点(3)] <三点>：                   //ZX Enter，激活"ZX 平面"选项
指定 XY 平面上的点 <0,0,0>：           //捕捉如图 10-13 所示的端点
在所需的侧面上指定点或 [保留两个侧面()] <保留两个侧面>：   //Enter，结束命令
```

Step 03 剖切后的结果如图 10-14 所示。

图 10-12　打开结果　　　　图 10-13　捕捉端点　　　　图 10-14　剖切结果

Step 04 使用快捷键 M 执行"移动"命令，将剖切后的曲面模型进行位移，结果如图 10-15 所示。

图 10-15　位移结果

10.1.4　扫掠曲面

"扫掠"命令用于沿路径扫掠闭合（或非闭合）的二维（或三维）曲线，以创建新的曲面，执行"扫掠"命令主要有以下几种方式。

◇ 单击"常用"选项卡→"建模"面板→"扫掠"按钮。

◇ 选择菜单栏"绘图"→"建模"→"扫掠"命令。

◇　在命令行输入 Sweep 后按 Enter 键。

◇　使用快捷键 SW。

下面通过简单的小实例学习"扫掠曲面"的创建方法和相关技巧，具体操作步骤如下。

Step 01 新建文件。

Step 02 执行"西南等轴测"命令，将当前视图切换为西南视图。

Step 03 综合使用"样条曲线"、"圆"和"圆弧"命令，绘制如图 10-16 所示的样条曲线、圆与圆弧。

图 10-16　绘制结果

Step 04 单击"常用"选项卡→"建模"面板→"扫掠"按钮，执行"扫掠"命令，将圆弧扫掠为曲面，命令行操作如下。

```
命令: _sweep
当前线框密度: ISOLINES=4，闭合轮廓创建模式 = 实体
选择要扫掠的对象或 [模式(MO)]: _MO 闭合轮廓创建模式 [实体(SO)/曲面(SU)] <实体>: _SO
                                        //Enter
选择要扫掠的对象或 [模式(MO)]:          //选择圆弧
选择要扫掠的对象或 [模式(MO)]:          //Enter
选择扫掠路径或 [对齐(A)/基点(B)/比例(S)/扭曲(T)]:   //选择样条曲线，结果如图
10-17 所示
```

Step 05 使用快捷键 VS 执行"视觉样式"命令，对曲面进行概念着色，结果如图 10-18 所示。

图 10-17　扫掠结果　　　　　　　　　　图 10-18　概念着色效果

Step 06 执行"移动"命令，将扫掠曲面进行外移。

Step 07 重复执行"扫掠"命令，将圆扫掠为曲面，命令行操作如下。

```
命令: _sweep
当前线框密度: ISOLINES=4，闭合轮廓创建模式 = 实体
选择要扫掠的对象或 [模式(MO)]: _MO 闭合轮廓创建模式 [实体(SO)/曲面(SU)] <实体>: _SO
选择要扫掠的对象或 [模式(MO)]:               //MO Enter
闭合轮廓创建模式 [实体(SO)/曲面(SU)] <实体>: //SU Enter
选择要扫掠的对象或 [模式(MO)]:               //选择圆
选择要扫掠的对象或 [模式(MO)]:               //Enter
选择扫掠路径或 [对齐(A)/基点(B)/比例(S)/扭曲(T)]:
                              //选择样条曲线，结果如图 10-19 所示
```

Step 08 使用快捷键 VS 执行"视觉样式"命令，对模型进行真实着色，效果如图 10-20 所示。

图 10-19 扫掠结果   图 10-20 着色效果

10.1.5 平面曲面

"平面曲面"命令用于绘制平面曲面，也可以将闭合的二维图形转化为平面曲面，执行此命令主要有以下几种方式。

- ❖ 单击"曲面"选项卡→"创建"面板→"平面"按钮 ◈。
- ❖ 选择菜单栏"绘图"→"建模"→"曲面"→"平面"命令。
- ❖ 在命令行输入 Planesurf 后按 Enter 键。

下面通过简单的小实例学习"平面曲面"的创建方法和相关技巧，具体操作步骤如下。

Step 01 新建绘图文件。

Step 02 执行"西南等轴测"命令，将视图切换到西南视图。

Step 03 单击"曲面"选项卡→"创建"面板→"平面"按钮 ◈，配合坐标输入功能绘制平面曲面，命令行操作如下。

```
命令: _planesurf
指定第一个角点或 [对象(O)] <对象>:    //在绘图区拾取一点
指定其他角点:                        //@200,100 Enter，绘制结果如图 10-21 所示
```

Step 04 使用快捷键 VS 执行"视觉样式"命令，对模型进行带边缘着色，效果如图 10-22 所示。

图 10-21 创建结果   图 10-22 带边缘着色效果

10.2 曲面的常规编辑

本节主要学习曲面的编辑优化功能，具体有"曲面圆角"、"曲面修剪"、"曲面偏移"等命令。

10.2.1　曲面圆角

"曲面圆角"命令用于为空间曲面进行圆角，以创建新的圆角曲面，执行"曲面圆角"命令主要有以下几种方式。

- ✧　单击"曲面"选项卡→"创建"面板→"圆角"按钮 。
- ✧　选择菜单栏"绘图"→"建模"→"曲面"→"圆角"命令。
- ✧　在命令行输入 Surffillet 后按 Enter 键。

下面通过简单的小实例学习"曲面圆角"命令的使用方法和相关技巧，具体操作步骤如下。

Step 01 新建绘图文件。

Step 02 执行"西南等轴测"命令，将视图切换到西南视图。

Step 03 单击"建模"面板上的 按钮，执行"平面曲面"命令，创建如图 10-23（a）所示的平面曲面。

Step 04 单击"曲面"选项卡→"创建"面板→"圆角"按钮 ，对两个平面曲面进行圆角，命令行操作如下。

```
命令：_SURFFILLET
半径 = 25.0，修剪曲面 = 是
选择要圆角化的第一个曲面或面域或者 [半径(R)/修剪曲面(T)]：    //选择水平曲面
选择要圆角化的第二个曲面或面域或者 [半径(R)/修剪曲面(T)]：    //选择垂直曲面
按 Enter 键接受圆角曲面或 [半径(R)/修剪曲面(T)]：           //结束命令
```

Step 05 平面曲面的圆角结果如图 10-23（b）所示。

小技巧

其中"半径"选项用于设置圆角曲面的圆角半径，"修剪曲面"选项用于设置曲面的修剪模式，非修剪模式下的圆角效果如图 10-24 所示。

（a）　　　　　　　（b）

图 10-23　曲面圆角示例

图 10-24　非修剪模式下的圆角

10.2.2　曲面修剪

"曲面修剪"命令用于修剪与其他曲面、面域、曲线等相交的曲面部分，执行"曲面修剪"命令主要有以下几种方式。

◇ 单击"曲面"选项卡→"创建"面板→"修剪"按钮 ⊡ 。

◇ 选择菜单栏"修改"→"曲面编辑"→"修剪"命令。

◇ 在命令行输入 Surftrim 后按 Enter 键。

下面通过简单的小实例学习"曲面修剪"命令的使用方法和相关技巧，具体操作步骤如下。

Step 01 新建绘图文件并将视图切换到西南视图。

Step 02 执行"平面曲面"命令，在西南视图内绘制两个相互垂直的平面曲面，如图 10-25 所示。

Step 03 单击"曲面"选项卡→"创建"面板→"修剪"按钮 ⊡ ，对水平曲面进行修剪，命令行操作如下。

```
命令：_SURFTRIM
延伸曲面 = 是，投影 = 自动
选择要修剪的曲面或面域或者 [延伸(E)/投影方向(PRO)]：//选择水平的曲面
选择要修剪的曲面或面域或者 [延伸(E)/投影方向(PRO)]：//Enter
选择剪切曲线、曲面或面域：            //选择如图 10-26 所示的曲面作为边界
选择剪切曲线、曲面或面域：            //Enter
选择要修剪的区域 [放弃(U)]：          //在需要修剪掉的曲面上单击左键
选择要修剪的区域 [放弃(U)]：          //Enter，结束命令
```

Step 04 平面曲面的修剪结果，如图 10-27 所示。

图 10-25 绘制曲面   图 10-26 选择边界   图 10-27 修剪结果

⁞⁞⁞⁞ 小技巧

使用"曲面取消修剪"命令 ⊡ 可以将修剪掉的曲面恢复到修剪前的状态，使用"曲面延伸"命令 ⊿ 可以将曲面延伸，如图 10-28 所示。

图 10-28 曲面延伸

10.2.3　曲面偏移

"曲面偏移"命令用于按照指定的距离偏移选择的曲面，以创建相互平行的曲面。另外，在偏移曲面时也可以反转偏移的方向，执行"曲面偏移"命令主要有以下几种方式。

- ◇　单击"曲面"选项卡→"创建"面板→"偏移"按钮 。
- ◇　选择菜单栏"修改"→"曲面编辑"→"偏移"命令。
- ◇　在命令行输入 Surfoffset 后按 Enter 键。

执行"曲面偏移"命令，命令行操作如下。

```
命令：_SURFOFFSET
连接相邻边 = 否
选择要偏移的曲面或面域：        //选择如图 10-29 所示的曲面
选择要偏移的曲面或面域：        //Enter
指定偏移距离或 [翻转方向(F)/两侧(B)/实体(S)/连接(C)/表达式(E)] <0.0>：
                              //40 Enter，偏移结果如图 10-30 所示
```

图 10-29　选择曲面　　　　　　　　图 10-30　偏移结果

10.3　创建常用网格体

本节将学习"旋转网格"、"平移网格"、"直纹网格"、"边界网格"等常用网格体的创建方法和相关技能。

10.3.1　旋转网格

"旋转网格"是通过一条轨迹线绕一根指定的轴进行空间旋转，从而生成回转体空间曲面。此命令常用于创建具有回转体特征的空间形体，如罩、轮、环等三维模型，如图 10-31 所示。

图 10-31　旋转网格示例

▓▓ 小技巧

用于旋转的轨迹线可以是直线、圆、圆弧、样条曲线、二维或三维多段线，旋转轴则可以是直线或非封闭的多段线。

执行"旋转网格"命令主要有以下几种方式。

❖ 单击"网格"选项卡→"图元"→"旋转网格"按钮 ⬡。

❖ 选择菜单栏"绘图"→"建模"→"网格"→"旋转网格"命令。

❖ 在命令行输入 Revsurf 后按 Enter 键。

下面通过典型的小实例，主要学习"旋转网格"命令的使用方法和相关技能，具体操作步骤如下。

Step 01 打开随书光盘中的"\素材文件\10-3.dwg"文件，如图 10-32 所示。

Step 02 综合使用"修剪"和"删除"命令，对零件图进行修剪，并删除多余轮廓线，编辑结果如图 10-33 所示。

图 10-32　打开结果

图 10-33　编辑结果

Step 03 使用快捷键 PE 执行"编辑多段线"命令，将轮廓图编辑成一条闭合的多段线，命令行操作如下。

```
命令：_pedit
选择多段线或 [多条(M)]：                    //选择图 10-33 所示的某一轮廓线
选定的对象不是多段线
是否将其转换为多段线？ <Y>                //Enter，采用当前设置
输入选项 [闭合(C)/打开(O)/合并(J)/宽度(W)/拟合(F)/样条曲线(S)/非曲线化(D)/线
型生成(L)/反转(R)/放弃(U)]：              //j Enter，执行"合并"选项功能
选择对象：                                //选择如图 10-33 所示的轮廓线
选择对象：                                //Enter，结束对象的选择
13 条线段已添加到多段线
输入选项 [闭合(C)/打开(O)/合并(J)/宽度(W)/拟合(F)/样条曲线(S)/非曲线化(D)/线
型生成(L)/反转(R)/放弃(U)]：    //Enter，结果被选择的对象被合并为一条闭合的多段线
```

Step 04 分别使用系统变量 SURFTAB1 和 SURFTAB2，设置回转曲面表面的线框密度，命令行操作如下。

```
命令: surftab1                    //Enter, 激活该系统变量
输入 SURFTAB1 的新值 <6>:         //24 Enter, 输入变量值
命令: surftab2                    //Enter, 激活该系统变量
输入 SURFTAB2 的新值 <6>:         //24 Enter, 输入变量值
```

Step 05 选择菜单栏"绘图"→"建模"→"网格"→"旋转网格"命令，根据命令行的操作提示进行作图，命令行操作如下。

```
命令: _revsurf
当前线框密度: SURFTAB1=24  SURFTAB2=24
选择要旋转的对象:                    //选择如图 10-34 所示的闭合多段线
选择定义旋转轴的对象:                //选择如图 10-35 所示的线段
指定起点角度 <0>:                   //Enter, 采用当前设置
指定包含角 (+=逆时针, -=顺时针) <360>:
                                   //Enter, 采用当前设置, 创建结果如图 10-36 所示
```

图 10-34　定位轨迹线

图 10-35　定位旋转轴

图 10-36　旋转结果

⁝⁝⁝· 小技巧

起始角为轨迹线开始旋转时的角度，旋转角表示轨迹线旋转的角度。在系统以逆时针方向为选择角度测量方向的情况下，如果用户输入的角度为正，则按逆时针方向构造旋转曲面，否则按顺时针方向构造旋转曲面。

Step 06 选择菜单栏"视图"→"三维视图"→"西南等轴测"命令，将当前视图切换为西南视图，结果如图 10-37 所示。

Step 07 选择菜单栏"视图"→"消隐"命令，对模型进行消隐显示，结果如图 10-38 所示。

图 10-37　切换为西南视图

图 10-38　消隐着色

10.3.2 平移网格

"平移网格"是轨迹线沿着指定方向矢量平移延伸而形成的三维曲面，轨迹线可以是直线、圆（圆弧、椭圆、椭圆弧）、样条曲线、二维或三维多段线；方向矢量用来指明拉伸的方向和长度，可以是直线或非封闭的多段线，不能使用圆或圆弧来指定位伸的方向。

执行"平移网格"命令主要有以下几种方式。

✧ 单击"网格"选项卡→"图元"→"平移曲面"按钮 ⟨⟩ 。

✧ 选择菜单栏"绘图"→"建模"→"网格"→"平移网格"命令。

✧ 在命令行输入 Tabsurf 后按 Enter 键。

下面通过典型的小实例，主要学习"平移网格"命令的使用方法和相关技能，具体操作步骤如下。

Step 01 打开随书光盘中的"\素材文件\10-4.dwg"文件，如图 10-39 所示。

Step 02 执行"西南等轴测"命令，将当前视图切换为西南视图，如图 10-40 所示。

图 10-39 打开结果   图 10-40 切换为西南视图

Step 03 选择菜单栏"绘图"→"直线"命令，绘制长度为 400 的直线作为方向矢量，命令行操作如下。

```
命令: _line
指定第一点:                          //捕捉如图 10-40 所示的端点 A
指定下一点或 [放弃(U)]:               //@0,0,400 Enter
指定下一点或 [放弃(U)]:               //Enter，绘制结果如图 10-41 所示
```

Step 04 使用系统变量 SURFTAB1，设置直纹曲面表面的线框密度为 12。

Step 05 选择菜单栏"绘图"→"建模"→"网格"→"平移网格"命令，根据命令行的操作提示进行作图，命令行操作如下。

```
命令: _tabsurf
当前线框密度: SURFTAB1=12
选择用作轮廓曲线的对象:               //选择如图 10-42 所示的闭合对象
选择用作方向矢量的对象:               //选择直线
```

Step 06 平移结果如图 10-43 所示。

图 10-41　绘制直线　　　　图 10-42　绘制平移对象　　　　图 10-43　平移结果

小技巧

创建平移网格时，用于拉伸的轨迹线和方向矢量不能位于同一平面内，在指定位伸的方向矢量时，选择点的位置不同，结果也不同。

10.3.3　直纹网格

"直纹网格"命令主要用于在指定的两个对象之间生成一个直纹曲面，所指定的两条边界可以是直线、样条曲线、多段线等，如果一条边界是闭合的，那么另一条边界也必须是闭合的。

执行"直纹网格"命令主要有以下几种方式。

　✧　单击"网格"选项卡→"图元"→"直纹曲面"按钮 。
　✧　选择菜单栏"绘图"→"建模"→"网格"→"直纹网格"命令。
　✧　在命令行输入 Rulesurf 后按 Enter 键。

下面通过典型的小实例，主要学习"直纹网格"命令的使用方法和相关技能，具体操作步骤如下。

Step 01　新建空白文件。

Step 02　执行"西南等轴测"命令，将当前视图切换为西南视图。

Step 03　执行"样条曲线"命令，绘制如图 10-44 所示的两条样条曲线。

Step 04　设置系统变量 SURFTAB1 值为 36，然后执行"直纹网格"命令，创建直纹网格，命令行操作如下。

```
命令：_rulesurf
当前线框密度：SURFTAB1=36
选择第一条定义曲线：          //在左侧样条曲线的下端单击
选择第二条定义曲线：          //在右侧样条曲线的下端单击
```

小技巧

在选择对象时，需要选择的对象必须同时闭合或同时打开。如果一个对象为点，那么另一个对象可以是闭合的，也可以是打开的。另外，当边界曲线不是封闭时，选择点的位置不同，结果生成的图形也不同。

Step 05 结果生成如图 10-45 所示直纹网格。

图 10-44　绘制样条曲线

图 10-45　创建直纹曲面

▓▒ 小技巧

用户在选择第二条定义曲线时，如果单击的位置与第一条曲线位置相反，结果会生成如图 10-46 所示的曲面。所以单击的位置不同，有时生成的曲面也不同。

图 10-46　创建结果

10.3.4　边界网格

"边界网格"命令用于将四条首尾相连的空间直线或曲线作为边界，创建成空间曲面模型。另外，四条边界必须首尾相连形成一个封闭图形。

执行"边界网格"命令主要有以下几种方式。

- ◇　单击"网格"选项卡→"图元"→"边界曲面"按钮 ⟨⟨⟩。
- ◇　选择菜单栏"绘图"→"建模"→"网格"→"边界网格"命令。
- ◇　在命令行输入 Edgesurf 后按 Enter 键。

下面通过典型的小实例，主要学习"边界网格"命令的使用方法和相关技能，具体操作步骤如下。

Step 01 创建空白文件，并将当前视图切换为西南视图。

Step 02 执行"矩形"命令，绘制长度为 150 的正四边形。

Step 03 选择菜单栏"修改"→"复制"命令，将刚绘制的正四边形沿 Z 轴正方向复制 150 个绘图单位，结果如图 10-47 所示。

Step 04 执行"偏移"命令，将复制出的正四边形向内偏移 50 个单位，同时删除原四边形，命令行操作如下。

```
命令: _offset
当前设置: 删除源=是  图层=源  OFFSETGAPTYPE=0
指定偏移距离或 [通过(T)/删除(E)/图层(L)] <10.0000>: //e Enter
要在偏移后删除源对象吗? [是(Y)/否(N)] <是>:          //y Enter
指定偏移距离或 [通过(T)/删除(E)/图层(L)] <10.0000>: //50 Enter, 设置偏移距离
选择要偏移的对象, 或 [退出(E)/放弃(U)] <退出>:        //选择复制出的正四边形
```

指定要偏移的那一侧上的点，或 [退出(E)/多个(M)/放弃(U)] <退出>:

//在正四边形的内部单击左键

选择要偏移的对象，或 [退出(E)/放弃(U)] <退出>:　　//Enter，结果如图 10-48 所示

Step 05 使用快捷键 X 执行"分解"命令，将两个矩形分解。

Step 06 使用"直线"命令，配合端点捕捉功能，分别连接矩形的角点，绘制如图 10-49 所示的直线。

　　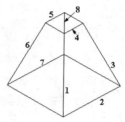

图 10-47　复制正四边形　　　图 10-48　偏移结果　　　图 10-49　绘制直线

Step 07 使用系统变量 SURFTAB1 和 SURFTAB2，设置直纹曲面表面的线框密度为 30，命令行操作如下。

命令: surftab1　　　　　　　　　　　　　//Enter，激活该系统变量
输入 SURFTAB1 的新值 <6>:　　　　　　　　//30 Enter，输入变量值
命令: surftab2　　　　　　　　　　　　　//Enter，激活该系统变量
输入 SURFTAB1 的新值 <6>:　　　　　　　　//30 Enter，输入变量值

Step 08 单击"网格"选项卡→"图元"→"边界曲面"按钮，根据命令行的操作提示进行作图，命令行操作如下。

命令: _edgesurf
当前线框密度: SURFTAB1=24　SURFTAB2=24
选择用作曲面边界的对象 1:　　　　　　　//单击如图 10-49 所示的轮廓线 1
选择用作曲面边界的对象 2:　　　　　　　//单击轮廓线 2
选择用作曲面边界的对象 3:　　　　　　　//单击轮廓线 3
选择用作曲面边界的对象 4:　　　　　　　//单击轮廓线 4，创建结果如图 10-50 所示
命令:　　　　　　　　　　　　　　　　　//Enter，重复执行命令
EDGESURF 当前线框密度: SURFTAB1=24　SURFTAB2=24
选择用作曲面边界的对象 1:　　　　　　　//单击轮廓线 5
选择用作曲面边界的对象 2:　　　　　　　//单击轮廓线 6
选择用作曲面边界的对象 3:　　　　　　　//单击轮廓线 7
选择用作曲面边界的对象 4:　　　　　　　//单击轮廓线 8，创建结果如图 10-51 所示

图 10-50　创建边界曲面　　　　　图 10-51　创建另一侧曲面

10.4　创建基本网格图元

AutoCAD 2010 新版本中新增了网格图元的创建功能，包括网格长方体、网格楔体、网格圆锥体、网格球体、网格圆柱体、网格圆环体、网格棱锥体等基本网格图元，如图 10-52 所示。

执行"网格图元"命令主要有以下几种方式。

♦　单击"网格"选项卡→"图元"面板上的相应按钮。

♦　选择菜单栏"绘图"→"建模"→"网格"→"图元"级联菜单中的各命令选项。

♦　在命令行输入 Mesh 后按 Enter 键。

基本几何体网格的创建方法与创建三维实体图元所使用的方法相同，在此不再细述。默认情况下，可以创建无平滑度的网格图元，然后再根据需要应用平滑度，如图 10-53 所示。平滑度 0 表示最低平滑度，不同对象之间可能会有所差别，平滑度 4 表示高圆度。

图 10-52　基本网格图元

图 10-53　应用平滑度示例

> **小技巧**
>
> 选择菜单栏"绘图"→"建模"→"平滑网格"命令，可以将现有对象直接转化为平滑网格。可以转化为平滑风格的对象主要有三维实体、三维曲面、三维面、多边形网格、多面网格、面域、闭合多段线等。

10.5　拉伸与优化网格

本节主要学习网格的拉伸和优化技能，具体有"拉伸面"和"优化网格"两个命令。

10.5.1　拉伸面

"拉伸面"命令用于将网格模型上的网格面按照指定的距离或路径进行拉伸，如图 10-54 所示，执行"拉伸面"命令主要有以下几种方式。

- ❖ 单击"网格"选项卡→"网格编辑"面板→"拉伸面"按钮 。
- ❖ 选择菜单栏"修改"→"网格编辑"→"拉伸面"命令。
- ❖ 在命令行输入 Meshextrude 后按 Enter 键。

"拉伸面"命令的命令行操作提示下。

```
命令: _meshextrude
相邻拉伸面设置为: 合并
选择要拉伸的网格面或 [设置(S)]:           //选择需要拉伸的网格面
选择要拉伸的网格面或 [设置(S)]:           //Enter
指定拉伸的高度或 [方向(D)/路径(P)/倾斜角(T)] <-0.0>:  //指定拉伸高度
```

图 10-54　拉伸面示例

> **小技巧**
>
> 其中"方向"选项用于指定方向的起点和端点，以定位拉伸的距离和方向；"路径"选项用于按照选择的路径进行拉伸；"倾斜角"选项用于按照指定的角度进行拉伸。

10.5.2　优化网格

"优化网格"命令用于对网格进行优化，以成倍地增加网格模型或网格面中的面数，如图 10-55 所示。选择菜单栏"修改"→"网格编辑"→"优化网格"命令，或单击"网格"面板→"优化网格"按钮 ，都可执行"优化网格"命令。

图 10-55　优化网格示例

10.6　上机实训——面与网格功能综合练习

本例通过创建支架零件的三维模型，对本章所讲的网格、曲面等重点知识进行综合练习和巩固应用。支架零件三维模型的最终创建效果，如图 10-56 所示。

图 10-56　实例效果

操作步骤如下：

Step 01　新建绘图文件，并激活"对象捕捉"和"对象追踪"功能。

Step 02　使用快捷键 REC 执行"矩形"命令，绘制长度为 120、宽度为 60 的矩形，命令行操作如下。

```
命令: _rectang
指定第一个角点或 [倒角(C)/标高(E)/圆角(F)/厚度(T)/宽度(W)]:  //0,0 Enter
指定另一个角点或 [面积(A)/尺寸(D)/旋转(R)]:              //@120,60 Enter
```

Step 03　使用快捷键 X 执行"分解"命令，将刚绘制的矩形分解。

Step 04　选择菜单栏"绘图"→"多段线"命令，配合"捕捉自"功能绘制多段线，命令行操作如下。

```
命令: _pline
指定起点:                              //激活"捕捉自"功能
_from 基点:                            //0,0 Enter
<偏移>:                                //@0,20 Enter
当前线宽为 0.0000
指定下一个点或 [圆弧(A)/半宽(H)/长度(L)/放弃(U)/宽度(W)]:  //@14,0 Enter
指定下一点或 [圆弧(A)/闭合(C)/半宽(H)/长度(L)/放弃(U)/宽度(W)]: //A Enter
指定圆弧的端点或[角度(A)/圆心(CE)/闭合(CL)/方向(D)/半径(H)/直线(L)/半径
(R)/第二个点(S)/放弃(U)/宽度(W)]:              //@0,20 Enter
指定圆弧的端点或[角度(A)/圆心(CE)/闭合(CL)/方向(D)/半宽(H)/直线(L)/半径
(R)/第二个点(S)/放弃(U)/宽度(W)]:              //L Enter
指定下一点或 [圆弧(A)/闭合(C)/半宽(H)/长度(L)/放弃(U)/宽度(W)]://@-14,0 Enter
指定下一点或 [圆弧(A)/闭合(C)/半宽(H)/长度(L)/放弃(U)/宽度(W)]:
                                      //Enter，绘制结果如图 10-57 所示
```

Step 05　选择菜单栏"修改"→"镜像"命令，选择刚绘制的多段线进行镜像，结果如图 10-58 所示。

Step 06　选择菜单栏"修改"→"修剪"命令，以两条多段线作为边界，将位于各边界内的轮廓线修剪掉，结果如图 10-59 所示，将当前视图切换为西南视图，结果如图 10-60 所示。

图 10-57　绘制多段线

图 10-58　镜像结果

图 10-59　修剪结果

图 10-60　切换为西南视图

Step 07 执行"复制"命令，将底面轮廓线沿 Z 轴正方向复制 17 个单位，如图 10-61 所示，命令行操作如下。

```
命令:_copy
选择对象:                               //选择图 10-60 所示的闭合图线
选择对象:                               //Enter
当前设置: 复制模式 = 多个
指定基点或 [位移(D)/模式(O)] <位移>:              //拾取任一点
指定第二个点或 [阵列(A)] <使用第一个点作为位移>:   //@0,0,17 Enter
指定第二个点或 [阵列(A)/退出(E)/放弃(U)] <退出>:   //Enter
```

Step 08 使用快捷键 L 激活画线命令，绘制底座的垂直棱边，绘制结果如图 10-62 所示。

图 10-61　复制结果

图 10-62　绘制结果

Step 09 在命令行输入 UCS 后按 Enter 键，将坐标系统绕 X 轴旋转 90°，结果如图 10-63 所示。

Step 10 使用快捷键 C 激活"圆"命令，绘制半径分别为 22 和 36 的同心圆，如图 10-64 所示。

图 10-63　旋转 UCS

图 10-64　绘制结果

Note

Step 11 使用快捷键 TR 执行"修剪"命令，对图形进行修剪，结果如图 10-65 所示。

Step 12 使用快捷键 CO 执行"复制"命令，配合坐标输入功能，对上侧的大圆弧进行复制。命令行操作如下。

```
命令：_copy                                         //Enter
选择对象：                                          //选择上侧的大圆弧
选择对象：                                          //Enter
当前设置：  复制模式 = 多个
指定基点或 [位移(D)/模式(O)] <位移>：               //拾取任一点
指定第二个点或 [阵列(A)] <使用第一个点作为位移>： //@0,0,-6 Enter
指定第二个点或 [阵列(A)/退出(E)/放弃(U)] <退出>：//Enter，结果如图 10-66 所示
```

图 10-65 修剪结果

图 10-66 复制圆弧

Step 13 使用快捷键 L 执行"直线"命令，配合端点捕捉功能绘制如图 10-67 所示的轮廓线，然后选择如图 10-68 所示的虚线显示的轮廓线，将其转化为面域。

图 10-67 绘制图线

图 10-68 选择对象

Step 14 将系统变量 SURFTAB1 和 SURFTAB2 的值都修改为 24，然后选择菜单栏"绘图" → "建模" → "网格" → "平移网格"命令，创建底座网格模型，命令行操作如下。

```
命令： _tabsurf
当前线框密度： SURFTAB1=24
选择用作轮廓曲线的对象：    //选择左下侧的多段线
选择用作方向矢量的对象：    //在左侧垂直轮廓线的下端单击，结果如图 10-69 所示
```

Step 15 重复使用"平移网格"命令创建另一侧的曲面，如图 10-70 所示。

图 10-69 操作结果

图 10-70 创建右侧曲面

Step 16 执行"图层"命令，新建一个名为"图层 1"的新图层，并将此图层关闭，然后选择两个网格曲面，将其放到新图层上，结果如图 10-71 所示。

Step 17 执行 UCS 命令，使用"三点"方式重新定义用户坐标系，结果如图 10-72 所示。

图 10-71　操作结果

图 10-72　定义 UCS

Step 18 执行"面域"命令，将图 10-73 所示的封闭区域转化为面域，然后将其复制到其他位置上。

Step 19 选择菜单栏"绘图"→"建模"→"网格"→"平移网格"命令，创建平移网格，命令行操作如下。

```
命令：_tabsurf
当前线框密度：SURFTAB1=24
选择用作轮廓曲线的对象：//选择图 10-74 所示的虚线圆弧
选择用作方向矢量的对象：//选择图 10-75 所示的方向矢量，结果创建出图 10-76 所示的曲面
```

图 10-73　选择结果

图 10-74　选择圆弧

图 10-75　定义方向矢量

图 10-76　创建曲面

Step 20 执行 UCS 命令，使用"三点"方式重新定义用户坐标系，结果如图 10-77 所示。

图 10-77　定义坐标系

图 10-78　选择边界

Step 21 将刚创建的平移网格放置在"图层1"层上，然后选择图10-78所示的边为边界，对圆弧两侧的线段进行延伸，结果如图10-79所示。

Step 22 分别连接图10-80所示的点1和2、点3和4、点5和6，绘制三段轮廓线。

图 10-79 延伸结果

图 10-80 定位点

Step 23 执行"边界"命令，分别在图10-81所示的A、B区域内单击左键，生成两个闭合的面域，并将面域放到"图层1"图层上。

Step 24 选择菜单栏"工具"→"新建UCS"→Y命令，将当前坐标系绕Y轴旋转-90°，如图10-82所示。

图 10-81 指定边界区域

图 10-82 旋转坐标系

Step 25 执行"圆"命令，以点（55,60,0）为圆心，绘制直径分别为38和22的两个同心圆，如图10-83所示。

Step 26 执行"复制"命令，将两个同心圆沿Z轴负方向复制22个绘图单位，结果如图10-84所示。

图 10-83 绘制同心圆

图 10-84 复制结果

Step 27 执行"直纹网格"命令，将外侧的两个大圆创建成如图10-85所示的直纹网格。

Step 28 将刚创建的直纹网格放到"图层1"上，然后配合圆心和象限点捕捉功能，创建如图10-86所示的坐标系。

图 10-85 创建结果

图 10-86 创建坐标系

Step 29 将四个圆图形转化为四个圆形面域，然后单击"修改"菜单中的"实体编辑"→"差集"命令，分别用外侧的两个大的圆形面域，减掉内部的两个小圆形面域，以创建组合面域。

⊞⊞ 小技巧

在创建面域对象时，必须事先定义坐标系，以使坐标系平面与面域处在同一个面上，否则系统不能创建面域，或创建出来的面域不能被着色显示。

Step 30 使用快捷键 L 执行"直线"命令，绘制如图 10-87 所示的肋板轮廓线，然后选择两条肋板轮廓线沿 Z 轴正方向复制 18 个绘图单位，结果如图 10-88 所示。

Step 31 使用快捷键 L 执行"直线"命令，绘制肋板上端的轮廓线，结果如图 10-89 所示。

图 10-87 绘制结果

图 10-88 复制结果

图 10-89 绘制线

Step 32 以点（0,0,-4）作为圆心，绘制半径为 19 的连接圆，如图 10-90 所示，然后对圆进行修剪，结果如图 10-91 所示。

Step 33 执行"直纹网格"命令，创建肋板的网格曲面，结果如图 10-92 所示。

图 10-90 绘制圆

图 10-91 修剪结果

图 10-92 创建结果

Step 34 将刚创建的两个网格曲面放到"图层 1"上，并将当前坐标系恢复为世界坐标系，然后配合圆心捕捉功能绘制凸台顶面的圆形轮廓，命令行操作如下。

Note

```
命令：_circle                              //Enter 激活圆命令
指定圆的圆心或 [三点(3P)/两点(2P)切点、切点、半径(T)]://激活"捕捉自"功能
_from                                     //捕捉图 10-93 所示的圆心
基点：<偏移>：                             //@0,-14,-26Enter
指定圆的半径或 [直径(D)] <10.0000>：       //Enter，绘制结果如图 10-94 所示
```

图 10-93 捕捉圆心   图 10-94 绘制结果

Step 35 使用"直线"命令，以刚绘制的圆的圆心作为起点，沿 Z 轴负方向绘制长度为 24
的垂直线段，如图 10-95 所示。

Step 36 使用"平移网格"命令，以刚绘制的圆作为轮廓曲线，以线段作为方向矢量，创建
凸台内侧的柱体面，如图 10-96 所示。

图 10-95 绘制垂直线段   图 10-96 创建柱体面   图 10-97 引出 90° 追踪虚线

Step 37 将刚创建的网格面放到"图层 1"上，然后使用画线命令绘制凸台的断面轮廓线，
命令行操作如下。

```
命令：_line
指定第一点：                              //引出如图 10-97 所示的追踪虚线，输入 18Enter
指定下一点或 [放弃(U)]：                   //引出图 10-98 所示的追踪虚线与肋板轮廓线的交点
指定下一点或 [放弃(U)]：                   //引出如图 10-99 所示的极轴追踪虚线，输入 36 Enter
指定下一点或 [闭合(C)/放弃(U)]://Enter，绘制结果如图 10-100 所示
```

图 10-98 引出 0° 极轴虚线   图 10-99 引出 270° 极轴虚线   图 10-100 绘制结果

Step 38 重复执行"直线"命令,配合捕捉与追踪功能,绘制另一半轮廓线,命令行操作如下。

命令:_ line　　　　　　　　　　//Enter,重复画线命令
指定第一点:　　　　　　　　　　//捕捉如图 10-101 所示的端点
指定下一点或 [放弃(U)]:　　　　//引出图 10-102 所示的极轴虚线与轮廓线的交点
指定下一点或 [放弃(U)]:　　　　//引出图 10-103 所示的极轴追踪虚线,输入 36 Enter

图 10-101　捕捉端点

图 10-102　捕捉交点

图 10-103　引出 270°极轴虚线

指定下一点或 [闭合(C)/放弃(U)]:　　　　//捕捉如图 10-104 所示的端点
指定下一点或 [闭合(C)/放弃(U)]:　　　　//Enter,绘制结果如图 10-105 所示

图 10-104　捕捉端点

图 10-105　绘制结果

Step 39 重复执行"直线"命令,绘制如图 10-106 所示的边棱,然后选择凸台轮廓线和肋板轮廓线进行外移复制。

Step 40 执行"修剪"命令,对复制出的轮廓线进行修剪,结果如图 10-107 所示。

Step 41 单击"修改"面板→"打断于点"按钮，分别将肋板边棱轮廓线截为两部分,其中断点分别为图 10-108 所示的端点。

图 10-106　复制结果

图 10-107　修剪结果

图 10-108　指定断点

Step 42 选择菜单栏"绘图"→"面域"命令,选择如图 10-109 和图 10-110 所示的虚线轮

Note

廓线，将其转化为圆形面域和四边形面域。

图 10-109　创建面域

图 10-110　选择对象

Step 43 执行"差集"命令，选择上侧的四边形面域，将内部的圆形面域减掉，并使用 UCS 命令，将当前坐标系绕 X 轴旋转 90°。

Step 44 重复执行"面域"命令，将图 10-111 和图 10-112 所示的虚线闭合轮廓线转化为面域。

Step 45 重复执行"面域"命令，创建两侧的倾斜面的面域，然后对凸台各面和面模型进行组合，打开被关闭的图层，并将视图切换到东南视图，结果如图 10-113 所示。

图 10-111　选择对象

图 10-112　选择对象

图 10-113　操作结果

Step 46 将坐标系恢复为世界坐标系，然后将上侧的圆柱网格面沿 Y 轴正方向移动 4 个单位，结果如图 10-114 所示。

Step 47 执行"复制"命令，将位移后的圆柱网格沿 Y 轴负方向复制 22 个单位，结果如图 10-115 所示。

Step 48 执行"视觉样式"命令，对模型进行平滑着色，结果如图 10-116 所示。

图 10-114　位移结果

图 10-115　复制结果

图 10-116　着色效果

Step 49 分割视口，并调整每个视口内的视点及视觉样式，最终结果如图 10-56 所示。

Step 50 执行"保存"命令，将图形另名存储为"上机实训.dwg"。

10.7　小结与练习

10.7.1　小结

本章主要学习了各种三维曲面模型的创建方法和创建技巧，需要重点掌握的内容如下。

（1）长方体表面、正方体表面以及楔体表面的创建方式和创建技巧。

（2）三边形棱锥、四边形棱锥、圆形棱锥、三边形棱柱、四边形棱柱、圆台等表面模型的创建方法和创建技巧。

（3）球、上半球、下半球等表面模型的创建方法以及经线网格密度和纬线网格密度的设置技巧。

（4）圆环体半径、圆管体半径以及线框密度的设置方法和技巧。

（5）三维面和网格曲面的区别以及各自的创建方法和创建技巧。

（6）回转体网格、平移网格、边界网格和直纹网格的创建方法和创建技巧，以及各种网格的特点以及网格线框密度的设置。

10.7.2　练习

1. 综合运用所学知识，根据图示尺寸制作零件的三维模型，如图 10-117 所示。
2. 综合运用所学知识，根据零件二视图制作零件的三维模型，如图 10-118 所示。

图 10-117　练习一

图 10-118　练习二

创建机械零件实体模型

与网格模型相比，实体模型除了包含表面模型的所有特点，还具备体积、质心等实物的一切特性，能够完整地表达出实物的几何信息，是一个实实在在的物体，它是三维造型技术中比较完善且常用的一种形式。本章将学习实体的创建功能和创建技巧。

内容要点

- ◆ 了解几个系统变量
- ◆ 基本几何实体建模
- ◆ 复杂几何实体建模
- ◆ 创建组合体
- ◆ 上机实训——三维实体建模功能综合练习

11.1　了解几个系统变量

下面简述几个与实体显示相关的系统变量，巧妙设置这些变量的值，可以使实体的面更光滑。

变量一：ISOLINES。此系统变量用于设置实体表面网格线的数量，其值越大，网格线就越密，如图 11-1 所示。

变量二：DISPSILH。此系统变量用于控制视图消隐时，是否显示出实体表面的网格线。当变量值为 0 时，则显示网格线，为 1 时，不显示网格线，如图 11-2 所示。

图 11-1　ISOLINES 变量　　　　　　图 11-2　DISPSILH 变量

变量三：FACETRES。此系统变量用于设置实体消隐或渲染后的表面网格密度，变量取值范围为 0.01～10.0，值越大网格就越密，消隐或渲染后表面也就越光滑，如图 11-3 所示。

图 11-3　FACETRES 变量

11.2　基本几何实体建模

本节学习 AutoCAD 的基本几何体建模工具，其菜单命令位于如图 11-4 所示的菜单栏上，工具按钮位于如图 11-5 所示的"实体"选项卡中的"图元"面板上。

图 11-4 菜单栏

图 11-5 工具栏

11.2.1 多段体

"多段体"命令用于创建具有一定宽度和高度的三维多段体，执行"多段体"命令主要有以下几种方式。

❖ 单击"常用"选项卡→"建模"面板→"多段体"按钮 ⬚。

❖ 选择菜单栏"绘图"→"建模"→"多段体"命令。

❖ 在命令行输入 Polysolid 后按 Enter 键。

下面通过创建如图 11-6 所示的多段体，学习"多段体"命令的使用方法和相关技能，具体操作步骤如下。

Step 01 新建空白文件。

Step 02 执行"西南等轴测"命令，将当前视图切换为西南视图。

Step 03 单击"常用"选项卡→"建模"面板→"多段体"按钮 ⬚，执行"多段体"命令，根据命令行提示创建多段体，命令行操作如下。

```
命令: _Polysolid 高度 = 80.0000, 宽度 = 5.0000, 对正 = 居中
指定起点或 [对象(O)/高度(H)/宽度(W)/对正(J)] <对象>:      //h Enter
指定高度 <80.0000>:                                      //100 Enter
高度 = 100.0000, 宽度 = 5.0000, 对正 = 居中
指定起点或 [对象(O)/高度(H)/宽度(W)/对正(J)] <对象>:      //w Enter
指定宽度 <5.0000>:                                       //10 Enter
高度 = 100.0000, 宽度 = 10.0000, 对正 = 居中
指定起点或 [对象(O)/高度(H)/宽度(W)/对正(J)] <对象>:      //拾取点 1 作为起点
指定下一个点或 [圆弧(A)/放弃(U)]:                        //拾取点 2
指定下一个点或 [圆弧(A)/闭合(C)/放弃(U)]:                //拾取点 3
指定下一个点或 [圆弧(A)/闭合(C)/放弃(U)]:                //拾取点 4
指定下一个点或 [圆弧(A)/闭合(C)/放弃(U)]:                //a Enter
指定圆弧的端点或 [闭合(C)/方向(D)/直线(L)/第二个点(S)/放弃(U)]: //拾取点 5
指定下一个点或 [圆弧(A)/闭合(C)/放弃(U)]:指定圆弧的端点或 [闭合(C)/方向(D)/直
线(L)/第二个点(S)/放弃(U)]:                              //Enter,结束命令
```

Step 04 选择菜单栏"视图"→"消隐"命令，对多段体消隐显示，效果如图 11-6 所示。

● **选项解析**

✧　巧妙使用"对象"选项，可以将现有的直线、圆弧、圆、矩形以及样条曲线等二维对象，直接转化为具有一定宽度和高度的三维实心体，如图 11-7 所示。

图 11-6　多段体　　　　　　　　　　　图 11-7　选项示例

✧　"高度"选项用于设置多段体的高度。

✧　"宽度"选项用于设置多段体的宽度。

✧　"对正"选项用于设置多段体的对正方式，具体有"左对正"、"居中"和"右对正"三种方式。

11.2.2　长方体

　　"长方体"命令用于创建长方体模型或正立方体模型，执行此命令主要有以下几种方式。

✧　单击"常用"选项卡→"建模"面板→"长方体"按钮□。

✧　选择菜单栏"绘图"→"建模"→"长方体"命令。

✧　在命令行输入 Box 后按 Enter 键。

　　下面通过创建如图 11-8 所示的长方体，学习"长方体"命令的使用方法和相关技能，具体操作步骤如下。

Step 01 新建空白文件。

Step 02 执行"西南等轴测"命令，将当前视图切换为西南视图。

Step 03 单击"常用"选项卡→"建模"面板→"长方体"按钮□，执行"长方体"命令，根据命令行提示创建长方体，命令行操作如下。

图 11-8　长方体

```
命令: _box
指定第一个角点或 [中心(C)]:            //在绘图区拾取一点
指定其他角点或 [立方体(C)/长度(L)]:    //@200,150 Enter
指定高度或 [两点(2P)]:                 //100 Enter。
```

Step 04 创建结果如图 11-8 所示。

● **选项解析**

Note

◇ "立方体"选项用于创建长宽高都相等的正立方体。

◇ "中心点"选项主要用于根据长方体的正中心点位置进行创建长方体，即首先定位长方体的中心点位置。

◇ "长度"选项用于直接输入长方体的长度、宽度和高度等参数，即可生成相应尺寸的方体模型。

11.2.3　圆柱体

"圆柱体"命令主要用于创建圆柱实心体或椭圆柱实心体模型，执行"圆柱体"命令主要有以下几种方式。

◇ 单击"常用"选项卡→"建模"面板→"圆柱体"按钮⬜。

◇ 选择菜单栏"绘图"→"建模"→"圆柱体"命令。

◇ 在命令行输入 Cylinder 后按 Enter 键。

下面通过创建圆柱体和椭圆柱体，学习"圆柱体"命令的使用方法和相关技能，具体操作步骤如下。

Step 01 新建空白文件。

Step 02 执行"西南等轴测"命令，将当前视图切换为西南视图。

Step 03 单击"常用"选项卡→"建模"面板→"圆柱体"按钮⬜，执行"圆柱体"命令，根据命令行提示创建圆柱体模型，命令行操作如下。

```
命令：_cylinder
指定底面的中心点或 [三点(3P)/两点(2P)/ 切点、切点、半径(T)/椭圆(E)]
                        //在绘图区拾取一点
指定底面半径或 [直径(D)]>://120 Enter，输入底面半径
指定高度或 [两点(2P)/轴端点(A)] <150.0000>：
                //240 Enter，结果如图 11-9 所示，消隐效果如图 11-10 所示
```

图 11-9　创建圆柱体　　　　　　　　图 11-10　消隐效果

Step 04 重复执行"圆柱体"命令，使用"椭圆"选项创建椭圆柱体，命令行操作如下。

```
命令：_cylinder
指定底面的中心点或 [三点(3P)/两点(2P)/ 切点、切点、半径(T)/椭圆(E)]：
```

```
//e Enter，激活"椭圆"选项
指定第一个轴的端点或 [中心(C)]:           //拾取一点
指定第一个轴的其他端点:                    //@100,0 Enter
指定第二个轴的端点:                        //@0,30 Enter
指定高度或 [两点(2P)/轴端点(A)]:
    //100 Enter，结果如图 11-11 所示，消隐效果如图 11-12 所示
```

图 11-11　创建椭圆柱体

图 11-12　消隐效果

11.2.4　圆锥体

"圆锥体"命令用于创建圆锥体或椭圆锥体模型，执行"圆锥体"命令主要有以下几种方式。

◇　单击"常用"选项卡→"建模"面板→"圆锥体"按钮△。

◇　选择菜单栏"绘图"→"建模"→"圆锥体"命令。

◇　在命令行输入 Cone 后按 Enter 键。

下面通过创建圆锥体和椭圆锥体模型，学习"圆锥体"命令的使用方法和相关技能，具体操作步骤如下。

Step 01 新建空白文件。

Step 02 执行"西南等轴测"命令，将当前视图切换为西南视图。

Step 03 单击"常用"选项卡→"建模"面板→"圆锥体"按钮△，执行"圆锥体"命令，根据命令行提示创建锥体，命令行操作如下。

```
命令: _cone
指定底面的中心点或 [三点(3P)/两点(2P)/切点、切点、半径(T)/椭圆(E)]:
                                //拾取一点作为底面中心点
指定底面半径或 [直径(D)] <261.0244>:       //75 Enter，输入底面半径
指定高度或 [两点(2P)/轴端点(A)/顶面半径(T)] <120.0000>:
    //180 Enter，创建结果如图 11-13 所示，消隐效果如图 11-14 所示
```

Step 04 重复使用"圆锥体"命令，使用"椭圆"选项创建椭圆锥体，命令行操作如下。

```
命令: _cone
指定底面的中心点或 [三点(3P)/两点(2P)/切点、切点、半径(T)/椭圆(E)]:
                                //e Enter，激活"椭圆"选项
指定第一个轴的端点或 [中心(C)]:           //拾取一点
```

指定第一个轴的其他端点：	//@150,0 Enter
指定第二个轴的端点：	//@0,50 Enter
指定高度或 [两点(2P)/轴端点(A)/顶面半径(T)] <-100.0000>：	
	//@0,100 Enter，消隐效果如图 11-15 所示

图 11-13 创建圆锥体   图 11-14 消隐效果   图 11-15 消隐效果

11.2.5 棱锥体

"棱锥体"命令用于创建三维实体棱锥，如底面为四边形、五边形、六边形等的多面棱锥，如图 11-16 所示。

图 11-16 棱锥体

执行"棱锥体"命令主要有以下几种方式。

◇　单击"常用"选项卡→"建模"面板→"棱锥体"按钮△。
◇　选择菜单栏"绘图"→"建模"→"棱锥体"命令。
◇　在命令行输入 Pyramid 后按 Enter 键。

下面通过创建底面半径为 100 的六面棱锥体，学习"棱锥体"命令的使用方法和相关技能，具体操作步骤如下。

Step 01 新建空白文件。

Step 02 执行"西南等轴测"命令，将当前视图切换为西南视图。

Step 03 单击"常用"选项卡→"建模"面板→"棱锥体"按钮△，执行"棱锥体"命令，根据命令行提示创建六面棱锥体，命令行操作如下。

命令：_pyramid	
4 个侧面 外切	
指定底面的中心点或 [边(E)/侧面(S)]：	//s Enter，激活"侧面"选项
输入侧面数 <4>：	//6 Enter，设置侧面数
指定底面的中心点或 [边(E)/侧面(S)]：	//在绘图区拾取一点
指定底面半径或 [内接(I)] <72.0000>：	//100 Enter，内切圆半径

指定高度或 ［两点(2P)/轴端点(A)/顶面半径(T)］ <180.0000>://250 Enter，结束命令

Step 04 创建结果如图 11-17 所示。

图 11-17　创建结果

11.2.6　圆环体

"圆环体"命令主要用于创建圆环实心体模型，执行"圆环体"命令主要有以下几种方式。

◇ 单击"常用"选项卡→"建模"面板→"圆环体"按钮◎。
◇ 选择菜单栏"绘图"→"建模"→"圆环体"命令。
◇ 在命令行输入 Torus 后按 Enter 键。

下面通过创建圆环半径为 170 的圆环体，学习"圆环体"命令的使用方法和相关技能，具体操作步骤如下。

Step 01 新建空白文件。

Step 02 执行"西南等轴测"命令，将当前视图切换为西南视图。

Step 03 单击"常用"选项卡→"建模"面板→"圆环体"按钮◎，执行"圆环体"命令，根据命令行提示创建圆环体，命令行操作如下。

```
命令：_torus
指定中心点或 ［三点(3P)/两点(2P)/切点、切点、半径(T)］：
                             //拾取一点定位环体的中心点
指定半径或 ［直径(D)］ <100.0000>：//170 Enter，输入圆环体的半径
指定圆管半径或 ［两点(2P)/直径(D)］：//18 Enter，结果如图 11-18 所示
```

Step 04 选择菜单栏"视图"→"视觉样式"→"概念"命令，为圆环体进行概念着色，结果如图 11-19 所示。

图 11-18　创建圆环体

图 11-19　概念着色

321

11.2.7 球体

"球体"命令主要用于创建三维球体模型，执行"球体"命令主要有以下几种方式。

♦   单击"常用"选项卡→"建模"面板→"球体"按钮 。

♦   选择菜单栏"绘图"→"实体"→"球体"命令。

♦   在命令行输入 Sphere 后按 Enter 键。

下面通过创建半径为 120 的球体模型，学习"球体"命令的使用方法和相关技能，具体操作步骤如下。

Step 01 新建绘图文件。

Step 02 执行"西南等轴测"命令，将视图切换为西南视图。

Step 03 单击"常用"选项卡→"建模"面板→"球体"按钮 ，执行"球体"命令，创建半径为 120 的球体模型，命令行操作如下。

```
命令: _sphere
指定中心点或 [三点(3P)/两点(2P)/切点、切点、半径(T)]:
                              //拾取一点作为球体的中心点
指定半径或 [直径(D)] <10.36>:     //120Enter，创建结果如图 11-20 所示
```

Step 04 使用快捷键 HI 激活"消隐"命令，效果如图 11-21 所示。

Step 05 修改系统变量 FACETRES 的值为 10，然后执行"视觉样式"命令，对球体进行概念着色，效果如图 11-22 所示。

图 11-20 创建球体   图 11-21 消隐效果   图 11-22 概念着色

11.2.8 楔体

"楔体"命令主要用于创建三维楔体模型，执行"楔体"命令主要有以下几种方式。

♦   单击"常用"选项卡→"建模"面板→"楔体"按钮 。

♦   选择菜单栏"绘图"→"建模"→"楔体"命令。

♦   在命令行输入 Wedge 后按 Enter 键。

下面通过创建高度为 150 的楔体，学习"楔体"命令的使用方法和相关技能，具体操作步骤如下。

Step 01 新建空白文件。

Step **02** 执行"西南等轴测"命令，将当前视图切换为西南视图。

Step **03** 单击"常用"选项卡→"建模"面板→"楔体"按钮◳，执行"楔体"命令，根据命令行提示创建楔体，命令行操作如下。

```
命令：_wedge
指定第一个角点或 [中心(C)]：            //在绘图区拾取一点
指定其他角点或 [立方体(C)/长度(L)]：     //@120,20 Enter
指定高度或 [两点(2P)] <112.5802>：      //150 Enter，创建结果如图 11-23 所示
```

Step **04** 使用快捷键 HI 激活"消隐"命令，效果如图 11-24 所示。

图 11-23　创建楔体

图 11-24　消隐效果

● **选项解析**

✧ "中心点"选项用于定位楔体的中心点，其中心点为斜面正中心点。

✧ "立方体"选项用于创建长、宽、高都相等的楔体。

11.3　复杂几何实体建模

本节主要学习复杂几何实体的创建功能，具体有"拉伸实体"、"旋转实体"、"剖切实体"、"扫掠实体"、"抽壳实体"和"干涉检查"。

11.3.1　拉伸实体

"拉伸"命令不但可以将闭合或非闭合的二维图形按照指定的高度拉伸成曲面，还可以将闭合的二维图形拉伸为三维实体。下面通过典型的实例，主要学习拉伸实体的创建技能，具体操作步骤如下。

Step **01** 执行"打开"命令，打开随书光盘中的"\素材文件\11-1.dwg"文件，如图 11-25 所示。

Step **02** 使用快捷键 E 激活"删除"命令，删除尺寸及中心线，结果如图 11-26 所示。

Step **03** 使用快捷键 REG 激活"面域"命令，选择如图 11-27 所示的图形，将其转化为三个面域。

Step **04** 使用快捷键 BO 激活"边界"命令，在如图 11-28 所示的虚线区域拾取点，提取一条多段线边界。

图 11-25 打开结果　　　　　　　　　　　图 11-26 删除结果

图 11-27 创建面域

图 11-28 提取边界

Step 05 执行"西南等轴测"命令，将当前视图切换为西南视图，并调整边界的位置，如图 11-29 所示。

Step 06 单击"常用"选项卡→"建模"面板→"拉伸"按钮，执行"拉伸"命令，将提取的多段线边界和面域拉伸为三维实体，命令行操作如下。

```
命令：_extrude
当前线框密度： ISOLINES=4，闭合轮廓创建模式 = 实体
选择要拉伸的对象或 [模式(MO)]：_MO 闭合轮廓创建模式[实体(SO)/曲面(SU)]<实体>：_SO
选择要拉伸的对象或 [模式(MO)]：       //选择如图 11-30 所示的三个面域
选择要拉伸的对象或 [模式(MO)]：       //Enter
指定拉伸的高度或 [方向(D)/路径(P)/倾斜角(T)/表达式(E)] <0.0>： //@0,0,-15 Enter
命令：_extrude
当前线框密度： ISOLINES=4，闭合轮廓创建模式 = 实体
选择要拉伸的对象或 [模式(MO)]：_MO 闭合轮廓创建模式 [实体(SO)/曲面(SU)]<实体>：_SO
选择要拉伸的对象或 [模式(MO)]：       //选择如图 11-31 所示的边界
选择要拉伸的对象或 [模式(MO)]：       //Enter
指定拉伸的高度或 [方向(D)/路径(P)/倾斜角(T)/表达式(E)] <-15.0>：
                                      //@0,0,35 Enter，拉伸结果如图 11-32 所示
```

图 11-29 切换视图

图 11-30 选择面域

图 11-31 选择边界

Step 07 使用快捷键 VS 激活"视觉样式"命令，对拉伸实体进行灰度着色，效果如图 11-33 所示。

图 11-32　拉伸结果　　　　　　　　　　图 11-33　着色效果

● **选项解析**

◇ "模式"选项用于设置拉伸对象是生成实体还是曲面。

◇ "倾斜角"选项用于将闭合或非闭合对象按照一定的角度进行拉伸，如图 11-34 所示。

◇ "方向"选项用于将闭合或非闭合对象按照光标指引的方向进行拉伸，如图 11-35 所示。

图 11-34　角度拉伸示例　　　　　　　　　图 11-35　方向拉伸示例

◇ "表达式"选项用于输入公式或方程式以指定拉伸高度。

◇ "路径"选项用于将闭合或非闭合对象按照指定的直线或曲线路径进行拉伸，如图 11-36 所示。

图 11-36　路径拉伸

11.3.2　旋转实体

　　"旋转"命令不但可以将闭合或非闭合的二维图形绕坐标轴旋转为曲面，还可以将闭合二维图形旋转为三维实体。下面通过典型的实例，学习旋转实体的创建技能，具体操作步骤如下。

Step 01 打开随书光盘中的 "\素材文件\11-2.dwg" 文件。

Step 02 综合使用 "修剪" 和 "删除" 命令，将图形编辑成如图 11-37 所示的结构。

Step 03 使用快捷键 PE 激活"编辑多段线"命令，将闭合轮廓线编辑为一条闭合边界，然后将当前视图切换为西南视图，结果如图 11-38 所示。

图 11-37　编辑结果　　　　　　　　　　　　　　图 11-38　切换视图

Step 04 单击"常用"选项卡→"建模"面板→"旋转"按钮🔄，执行"旋转"命令，将闭合边界旋转为三维实心体，命令行操作如下。

```
命令：_revolve
当前线框密度：ISOLINES=12，闭合轮廓创建模式 = 实体
选择要旋转的对象或 [模式(MO)]：_MO 闭合轮廓创建模式 [实体(SO)/曲面(SU)] <实体>：
_SO 选择要旋转的对象或 [模式(MO)]：        //选择闭合边界
选择要旋转的对象或 [模式(MO)]：          //Enter
指定轴起点或根据以下选项之一定义轴 [对象(O)/X/Y/Z] <对象>：//捕捉中心线的左端点
指定轴端点：                      //捕捉中心线另一端端点
指定旋转角度或 [起点角度(ST)/反转(R)/表达式(EX)] <360>：
                              //Enter，结束命令，旋转结果如图 11-39 所示
```

Step 05 使用快捷键 HI 激活"消隐"命令，对模型进行消隐，效果如图 11-40 所示。

Step 06 修改旋转实体的颜色为青色，然后使用快捷键 VS 激活"视觉样式"命令，对模型进行着色，结果如图 11-41 所示。

图 11-39　旋转结果　　　　　图 11-40　消隐效果　　　　　图 11-41　着色效果

● **选项解析**

◇ "模式"选项用于设置旋转对象是生成实体还是曲面。

◇ "对象"选项用于选择现有的直线或多段线等作为旋转轴，轴的正方向是从这条直线上的最近端点指向最远端点。

◇ "X 轴"选项主要使用当前坐标系的 x 轴正方向作为旋转轴的正方向。

◇ "Y 轴"选项使用当前坐标系的 y 轴正方向作为旋转轴的正方向。

11.3.3 剖切实体

"剖切"命令不但可以切开现有曲面，也可以对实体进行剖切，移去不需要的部分，保留指定的部分。下面通过具体实例，学习实体的剖切技能，具体操作步骤如下。

Step 01 打开随书光盘中的"\素材文件\11-3.dwg"文件。

Step 02 将对象捕捉模式设置为端点捕捉和象限点捕捉。

Step 03 单击"常用"选项卡→"实体编辑"面板→"剖切"按钮，对旋转实心体进行剖切，命令行操作如下。

```
命令：_slice
选择要剖切的对象：                              //选择如图 11-42 所示的回转体
选择要剖切的对象：                              //Enter，结束选择
指定 切面 的起点或 [平面对象(O)/曲面(S)/Z 轴(Z)/视图
(V)/XY(XY)/YZ(YZ)/ZX(ZX)/三点(3)] <三点>：      //XY 激活"XY 平面"选项
指定 XY 平面上的点 <0,0,0>：                     //捕捉如图 11-43 所示的端点
在所需的侧面上指定点或 [保留两个侧面()] <保留两个侧面>：//捕捉如图 11-44 所示的象限点
```

图 11-42　选择回转体

图 11-43　捕捉端点

Step 04 剖切后的结果如图 11-45 所示。

图 11-44　捕捉象限点

图 11-45　剖切结果

● **选项解析**

◇ "三点"选项是系统默认的一种剖切方式，用于通过指定三个点来确定剖切平面。

◇ "平面对象"选项用于选择一个目标对象，如以圆、椭圆、圆弧、样条曲线或多段线等，作为实体的剖切面，进行剖切实体。

◇ "曲面"选项用于选择现在的曲面进行剖切对象。

◇ "Z 轴"选项用于通过指定剖切平面的法线方向来确定剖切平面，即 XY 平面上 Z 轴（法线）上指定的点定义剖切面。

✦ "视图"选项也是一种剖切方式，该选项所确定的剖切面与当前视口的视图平面平行，用户只需指定一点，即可确定剖切平面的位置。

✦ XY/YZ/ZX 三个选项分别代表三种剖切方式，分别用于将剖切平面与当前用户坐标系的 XY 平面/YZ 平面/ZX 平面对齐，用户只需指定点即可定义剖切面的位置。XY 平面、YZ 平面、ZX 平面位置，是根据屏幕当前的 UCS 坐标系情况而定的。

11.3.4 扫掠实体

"扫掠"命令不担可以将闭合或非闭合的二维图形沿路径扫掠为曲面，还可以将闭合二维图形沿路径扫掠为三维实体。下面通过具体实例学习扫掠实体的创建技能，具体操作步骤如下。

Step 01 新建文件。

Step 02 执行"西南等轴测"命令，将当前视图切换为西南视图。

Step 03 使用快捷键 C 激活"圆"命令，绘制半径为 6 的圆。

Step 04 选择菜单栏"绘图" → "螺旋"命令，绘制圈数为 6 的螺旋线，命令行操作如下。

```
命令: _helix
圈数 = 3.0000        扭曲=CCW
指定底面的中心点:                       //在绘图区拾取点
指定底面半径或 [直径(D)] <53.0000>:   //45 Enter
指定顶面半径或 [直径(D)] <45.0000>:   //45 Enter
指定螺旋高度或 [轴端点(A)/圈数(T)/圈高(H)/扭曲(W)] <130.33>: //t Enter
输入圈数 <3.0000>:                     //5 Enter
指定螺旋高度或 [轴端点(A)/圈数(T)/圈高(H)/扭曲(W)] <130.33>:
                                       //120 Enter，结果如图 11-46 所示
```

Step 05 单击"建模"面板上的 按钮，执行"扫掠"命令，创建扫掠实体，命令行操作如下。

```
命令: _sweep
当前线框密度: ISOLINES=12
选择要扫掠的对象:                       //选择刚绘制的圆图形
选择要扫掠的对象:         //Enter
选择扫掠路径或 [对齐(A)/基点(B)/比例(S)/扭曲(T)]:
                         //选择螺旋作为路径，结果如图 11-47 所示
```

Step 06 执行"视觉样式"命令，对模型进行着色显示，效果如图 11-48 所示。

图 11-46 绘制螺旋线

图 11-47 扫掠结果

图 11-48 着色效果

11.3.5　抽壳实体

"抽壳"命令用于将三维实心体按照指定的厚度，创建为一个空心的薄壳体，或将实体的某些面删除，以形成薄壳体的开口，如图 11-49 所示。

图 11-49　抽壳示例

执行"抽壳"命令主要有以下几种方式。

◆ 单击"常用"选项卡→"实体编辑"→"抽壳"按钮◙。
◆ 选择菜单栏"修改"→"实体编辑"→"抽壳"命令。
◆ 在命令行输入 Solidedit 后按 Enter 键。

下面通过典型的小实例，学习抽壳实体的创建方法和相关技能，具体操作步骤如下。

Step 01　新建文件。

Step 02　执行"西南等轴测"命令，将当前视图切换为西南视图。

Step 03　单击"常用"选项卡→"建模"面板→"长方体"按钮◻，执行"长方体"命令，创建长宽都为 200、高度为 150 的长方体，如图 11-50 所示。

Step 04　单击"实体编辑"面板上的◙按钮，执行"抽壳"命令，对长方体进行抽壳，命令行操作如下。

```
命令: _solidedit
实体编辑自动检查: SOLIDCHECK=1
输入实体编辑选项 [面(F)/边(E)/体(B)/放弃(U)/退出(X)] <退出>: _body
输入实体编辑选项[压印(I)/分割实体(P)/抽壳(S)/清除(L)/检查(C)/放弃(U)/退出(X)]
<退出>: _shell
    选择三维实体:                      //选择长方体
    删除面或 [放弃(U)/添加(A)/全部(ALL)]:      //在如图 11-51 所示的位置单击
    删除面或 [放弃(U)/添加(A)/全部(ALL)]:      //在如图 11-52 所示的位置单击
```

图 11-50　创建长方体　　图 11-51　指定单击位置　　图 11-52　指定单击位置

```
    删除面或 [放弃(U)/添加(A)/全部(ALL)]:      //Enter，结束面的选择
    输入抽壳偏移距离:                  //10 Enter，设置抽壳距离
```

已开始实体校验。

已完成实体校验。

输入实体编辑选项[压印(I)/分割实体(P)/抽壳(S)/清除(L)/检查(C)/放弃(U)/退出(X)]
<退出>:

//XEnter，退出实体编辑模式

输入实体编辑选项 [面(F)/边(E)/体(B)/放弃(U)/退出(X)] <退出>:

//XEnter，结束命令，抽壳后的效果如图 11-53 所示

Step 05 执行"视觉样式"命令，对抽壳实体进行灰度着色，结果如图 11-54 所示。

图 11-53　抽壳结果

图 11-54　灰度着色

11.3.6　干涉检查

"干涉检查"命令用于检测各实体之间是否存在干涉现象，如果所选择的实体之间存在有干涉（即相交）情况，可以将干涉部分提取出来，创建成新的实体，而源实体依然存在，执行"干涉检查"命令主要有以下几种方式。

❖ 单击"常用"选项卡→"实体编辑"面板→"干涉"按钮。

❖ 选择菜单栏"修改"→"三维操作"→"干涉检查"命令。

❖ 在命令行输入 Interfere 后按 Enter 键。

下面通过典型的小实例，学习"干涉检查"命令的使用方法和相关技能，具体操作步骤如下。

Step 01 打开随书光盘中的 "\素材文件\11-4.dwg" 文件，如图 11-55 所示。

图 11-55　打开结果

Step 02 选择菜单栏"修改"→"移动"命令，或使用快捷键 M 激活"移动"命令，对两图形进行位移，命令行操作如下。

```
命令：_move
选择对象：                      //选择如图 11-56 所示的对象
选择对象：                      //Enter，结束选择
指定基点或 [位移(D)] <位移>：     //捕捉如图 11-57 所示的圆心
```

图 11-56　定位基点

图 11-57　定位目标点

指定第二个点或 <使用第一个点作为位移>：

　　　　　　　　　　　　　　//捕捉如图 11-58 所示的圆心，移动结果如图 11-59 所示

图 11-58　选择对象

图 11-59　移动结果

Step 03 选择菜单栏"修改"→"三维操作"→"干涉检查"命令，对位移后两个实体模型进行干涉，命令行操作如下。

命令：_interfere
选择第一组对象或 [嵌套选择(N)/设置(S)]：　　　　//选择如图 11-60 所示的实体模型
选择第一组对象或 [嵌套选择(N)/设置(S)]：　　　　//Enter，结束选择
选择第二组对象或 [嵌套选择(N)/检查第一组(K)] <检查>：//选择如图 11-61 所示的实体模型
选择第二组对象或 [嵌套选择(N)/检查第一组(K)] <检查>：
//Enter，此时系统亮显干涉实体，如图 11-62 所示，同时打开如图 11-63 所示的"干涉检查"
对话框

图 11-60　选择对象

图 11-61　选择对象

图 11-62　亮显干涉实体

Step 04 在"干涉检查"对话框中取消"关闭时删除已创建的干涉对象"复选框，然后单击 关闭(C) 按钮，结束命令。

Step 05 选择菜单栏"修改"→"移动"命令，将干涉后产生的实体进行位移，命令行操作如下。

命令：_move
选择对象：　　　　　　　　　　//选择如图 11-64 所示的干涉实体
选择对象：　　　　　　　　　　//Enter
指定基点或 [位移(D)] <位移>：　　//捕捉圆心作为基点
指定第二个点或 <使用第一个点作为位移>：//在适当位置指定目标点，位移结果如图 11-65 所示

图 11-63 "干涉检查"对话框

图 11-64 选择对象

图 11-65 位移结果

Step 06 选择菜单栏 "视图" → "消隐" 命令，将干涉后的实体进行消隐，结果如图 11-66 所示。

Step 07 选择菜单栏 "视图" → "视觉样式" → "着色" 命令，结果如图 11-67 所示。

图 11-66 消隐效果

图 11-67 着色效果

11.4 创建组合体

本节主要学习 "并集"、"差集" 和 "交集" 三个命令，以快速创建并集实体、差集实体和交集实体等，并将多个实体创建为一个组合实体。

11.4.1 并集

"并集" 命令用于将多个实体、面域或曲面组合成一个实体、面域或曲面，执行 "并集" 命令主要有以下几种方式。

◇ 单击 "常用" 选项卡→ "实体编辑" 面板→ "并集" 按钮⚬。
◇ 选择菜单栏 "修改" → "实体编辑" → "并集" 命令。
◇ 在命令行输入 Union 后按 Enter 键。
◇ 使用快捷键 UNI。

创建如图 11-68（a）所示的圆锥体和圆柱体，然后执行"并集"命令，对圆锥体和圆柱体进行并集，命令行操作如下。

```
命令: _union
选择对象:              //选择长方体
选择对象:              //选择圆柱体
选择对象:              //Enter，并集结果如图 11-68 (b) 所示
```

（a）　　　　　（b）

图 11-68　并集示例

11.4.2　差集

"差集"命令用于从一个实体（或面域）中移去与其相交的实体（或面域），从而生成新的实体（或面域、曲面），执行"差集"命令主要有以下几种方式。

- ◇　单击"常用"选项卡→"实体编辑"面板→"差集"按钮 ⊚。
- ◇　选择菜单栏"修改"→"实体编辑"→"差集"命令。
- ◇　在命令行输入 Subtract 后按 Enter 键。

创建如图 11-69（a）所示的圆锥体和圆柱体，然后执行"差集"命令，对圆锥体和圆柱体进行差集，命令行操作如下。

```
命令: _subtract
选择要从中减去的实体、曲面和面域...
选择对象:                  //选择长方体
选择对象:                  //Enter，结束选择
选择要减去的实体、曲面和面域...
选择对象:                  //选择圆柱体
选择对象:                  //Enter，差集结果如图 11-69 (b) 所示
```

（a）　　　　　　（b）

图 11-69　差集示例

小技巧

当选择完被减对象后一定要按 Enter 键，然后再选择需要减去的对象。

Note

11.4.3 交集

"交集"命令用于将多个实体（或面域、曲面）的公有部分，提取出来形成一个新的实体（或面域、曲面），同时删除公共部分以外的部分。执行"交集"命令主要有以下几种方式：

✦ 单击"常用"选项卡←"实体编辑"面板→"交集"按钮◎。
✦ 选择菜单栏"修改"→"实体编辑"→"交集"命令。
✦ 在命令行输入 Intersect 后按 Enter 键。
✦ 使用快捷键 IN。

创建如图 11-70（a）所示的圆锥体和圆柱体，然后执行"交集"命令，对圆锥体和圆柱体进行交集，命令行操作如下。

```
命令：_intersect
选择对象：                    //选择长方体
选择对象：                    //选择圆柱体
选择对象：                    //Enter，交集结果如图 11-70（b）所示
```

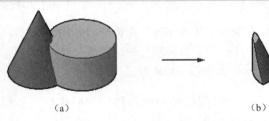

(a)   (b)

图 11-70　交集示例

11.5 上机实训——三维实体建模功能综合练习

本例通过制作如图 11-71 所示的零件三维实体造型，主要对本章所讲述的实体建模功能进行综合练习和巩固应用。

操作步骤如下。

Step 01 新建空白文件。

Step 02 在命令行输入 ISOLINES 和 FACETRES，分别修改实体网格线密度和实体消隐渲染的表面光滑度，命令行操作如下。

图 11-71　实例效果

```
命令：isolines                              //Enter，激活变量
输入 ISOLINES 的新值 <4>：                   //24 Enter
命令：facetres                              //Enter，激活变量
```

输入 FACETRES 的新值 <0.5000>:　　　　　　　　　//10 Enter

Step 03 执行"西南等轴测"命令，将当前视图切换为西南视图。

Step 04 单击"常用"选项卡→"建模"面板→"长方体"按钮 ▣，创建底座模型，命令行操作如下。

```
命令: _box
指定第一个角点或 [中心(C)]:              //在绘图区拾取一点
指定其他角点或 [立方体(C)/长度(L)]:      //@224,128 Enter
指定高度或 [两点(2P)]:                   //向上移动光标，输入 32 Enter，结果如图
11-72 所示
```

Step 05 重复执行"长方体"命令，配合"捕捉自"功能创建长方体，命令行操作如下。

```
命令:                                    //Enter，重复执行命令
BOX
指定第一个角点或 [中心(C)]:              //激活"捕捉自"功能
_from 基点:                              //捕捉如图 11-73 所示的端点
<偏移>:                                  //@69,0 Enter
指定其他角点或 [立方体(C)/长度(L)]:      //@86,128 Enter
指定高度或 [两点(2P)] <32.0000>:         //@0,0,10 Enter，创建结果如图 11-74 所示
```

图 11-72　创建底座　　　　图 11-73　捕捉端点　　　　图 11-74　创建长方体

Step 06 单击"常用"选项卡→"建模"面板→"圆柱体"按钮 ▣，创建底面直径为 35 的圆柱体，命令行操作如下。

```
命令: _cylinder
指定底面的中心点或 [三点(3P)/两点(2P)/切点、切点、半径(T)/椭圆(E)]:
                                         //激活"捕捉自"功能
_from 基点:                              //捕捉如图 11-73 所示的端点
<偏移>:                                  //@39,38 Enter
指定底面半径或 [直径(D)]:                //d Enter
指定直径:                                //35 Enter
指定高度或 [两点(2P)/轴端点(A)] <-22.0000>: //@0,0,32 Enter，结果如图 11-75
所示
```

Step **07** 重复执行 "圆柱体" 命令，配合捕捉自功能创建另一侧的圆柱体，命令行操作如下。

```
命令:                                    //Enter，重复执行命令
CYLINDER 指定底面的中心点或 [三点(3P)/两点(2P)/切点、切点、半径(T)/椭圆(E)]:
                                         //激活 "捕捉自" 功能
_from 基点:                              //捕捉底座长方体的右下角角点
<偏移>:                                   //@-39,38 Enter
指定底面半径或 [直径(D)] <17.5000>:       //Enter
指定高度或 [两点(2P)/轴端点(A)] <32.0000>://@0,0,32 Enter，结果如图 11-76 所示
```

图 11-75　创建柱体

图 11-76　创建右侧柱体

Step **08** 单击 "常用" 选项卡→ "实体编辑" 面板→ "差集" 按钮 ◎，对各实体模型进行差集运算，命令行操作如下。

```
命令: _subtract
选择要从中减去的实体或面域...
选择对象:                    //选择底座方体
选择对象:                    //Enter，结束对象的选择
选择要减去的实体或面域 ..
选择对象:                    //选择如图 11-77 所示的方体和柱体
选择对象:                    //Enter，结束对象的选择
选择对象:                    //Enter，差集结果如图 11-78 所示
```

Step **09** 选择菜单栏 "视图" → "消隐" 命令，结果如图 11-79 所示。

图 11-77　选择减去实体　　　　图 11-78　差集结果　　　　图 11-79　消隐显示

Step **10** 选择菜单栏 "工具" → "新建 UCS" →X 命令，将当前坐标系进行旋转 90°，并将其移至如图 11-80 所示的位置。

Step **11** 选择菜单栏 "视图" → "三维视图" → "平面视图" → "当前 UCS" 命令，将当前视图切换为平面视图，如图 11-81 所示。

图 11-80　移动坐标系

图 11-81　切换平面视图

Step 12 选择菜单栏"绘图"→"多段线"命令，配合极轴追踪功能绘制闭合轮廓线，命令行操作如下。

```
命令: _pline
指定起点:                                    //32,0 Enter
指定下一个点或 [圆弧(A)/半宽(H)/长度(L)/放弃(U)/宽度(W)]:
//向上引出 90 度的极轴矢量，输入 168 Enter
指定下一点或 [圆弧(A)/闭合(C)/半宽(H)/长度(L)/放弃(U)/宽度(W)]: //a Enter
指定圆弧的端点或[角度(A)/圆心(CE)/闭合(CL)/方向(D)/半宽(H)/直线(L)/半径(R)/第
二个点(S)/放弃(U)/宽度(W)]:          //向右引出 0 度方向矢量，输入 156 Enter
指定圆弧的端点或[角度(A)/圆心(CE)/闭合(CL)/方向(D)/半宽(H)/直线(L)/半径(R)/第
二个点(S)/放弃(U)/宽度(W)]:                   //L Enter
指定下一点或 [圆弧(A)/闭合(C)/半宽(H)/长度(L)/放弃(U)/宽度(W)]:
//向下引出 270 度方向矢量，输入 168 Enter
指定下一点或 [圆弧(A)/闭合(C)/半宽(H)/长度(L)/放弃(U)/宽度(W)]:
//C Enter，结果如图 11-82 所示
```

Step 13 重复执行"多段线"命令，配合"捕捉自"功能绘制内部的闭合轮廓线，命令行操作如下。

```
命令: _pline
指定起点:                              //激活"捕捉自"功能
_from 基点:                            //捕捉刚绘制的多段线弧的圆心
<偏移>:                               //@35,0 Enter，定位起点
当前线宽为 0.0000
指定下一个点或 [圆弧(A)/半宽(H)/长度(L)/放弃(U)/宽度(W)]://@0,-56 Enter
指定下一点或 [圆弧(A)/闭合(C)/半宽(H)/长度(L)/放弃(U)/宽度(W)]: //a Enter
指定圆弧的端点或[角度(A)/圆心(CE)/闭合(CL)/方向(D)/半宽(H)/直线(L)/半径(R)/第
二个点(S)/放弃(U)/宽度(W)]:               //@-70,0 Enter
指定圆弧的端点或[角度(A)/圆心(CE)/闭合(CL)/方向(D)/半宽(H)/直线(L)/半径(R)/第
二个点(S)/放弃(U)/宽度(W)]:               //l Enter
指定下一点或 [圆弧(A)/闭合(C)/半宽(H)/长度(L)/放弃(U)/宽度(W)]: //@0,56 Enter
指定下一点或 [圆弧(A)/闭合(C)/半宽(H)/长度(L)/放弃(U)/宽度(W)]: //a Enter
指定圆弧的端点或[角度(A)/圆心(CE)/闭合(CL)/方向(D)/半宽(H)/直线(L)/半径(R)/第
二个点(S)/放弃(U)/宽度(W)]:               //CLEnter，绘制结果如图 11-83 所示
```

Step 14 选择菜单栏"修改"→"偏移"命令，将刚绘制的闭合多段线向外偏移 17 个单位，结果如图 11-84 所示。

图 11-82　绘制结果

图 11-83　绘制结果

图 11-84　偏移结果

Step 15 选择菜单栏"绘图"→"建模"→"拉伸"命令，将三条闭合多段线拉伸为三维实

体，命令行操作如下。

```
命令: _extrude
当前线框密度:  ISOLINES=4，闭合轮廓创建模式 = 实体
选择要拉伸的对象或 [模式(MO)]: _MO 闭合轮廓创建模式 [实体(SO)/曲面(SU)] <实体>: _SO
选择要拉伸的对象或 [模式(MO)]:            //选择最外侧的闭合多段线
选择要拉伸的对象或 [模式(MO)]:            //Enter
指定拉伸的高度或 [方向(D)/路径(P)/倾斜角(T)/表达式(E)] <0.0>: //@0,0,28 Enter
命令: _extrude
当前线框密度:  ISOLINES=4，闭合轮廓创建模式 = 实体
选择要拉伸的对象或 [模式(MO)]: _MO 闭合轮廓创建模式 [实体(SO)/曲面(SU)] <实体>: _SO
选择要拉伸的对象或 [模式(MO)]:            //选择内侧的两条多段线
选择要拉伸的对象或 [模式(MO)]:            //Enter
指定拉伸的高度或 [方向(D)/路径(P)/倾斜角(T)/表达式(E)] <-15.0>: //@0,0,100 Enter
```

Step 16 将当前视图恢复为西南视图，结果如图 11-85 所示。

Step 17 选择菜单栏"视图"→"消隐"命令，结果如图 11-86 所示。

Step 18 执行 UCS 命令，重新设置当前用户坐标系，并对新设置的坐标系进行平移，命令行操作如下。

```
命令: ucs                          //Enter，激活命令
当前 UCS 名称: *俯视*
指定 UCS 的原点或 [面(F)/命名(NA)/对象(OB)/上一个(P)/视图(V)/世界(W)/X/Y/Z/Z
轴(ZA)] <世界>:                    //捕捉如图 11-86 所示的端点 a
在正 X 轴范围上指定点<接受>:        //捕捉端点 b
在 UCS XY 平面的正 Y 轴范围上指定点<接受>: //捕捉端点 c，结果如图 11-87 所示
```

图 11-85 切换视图　　　　图 11-86 消隐效果　　　　图 11-87 创建坐标系

```
命令:                              //Enter，重复执行命令
指定 UCS 的原点或 [面(F)/命名(NA)/对象(OB)/上一个(P)/视图(V)/世界(W)/X/Y/Z/Z
轴(ZA)] <世界>:                    //捕捉中点 d
指定 X 轴上的点或 <接受>:          //Enter，移动结果如图 11-88 所示
```

Step 19 单击"常用"选项卡→"建模"面板→"圆柱体"按钮，配合"捕捉自"功能创建同心圆柱体，命令行操作如下。

```
命令: _cylinder
指定底面的中心点或 [三点(3P)/两点(2P)/切点、切点、半径(T)/椭圆(E)]:
```

```
                                    //激活"捕捉自"功能
_from 基点：                        //0,0 Enter
<偏移>：                            //@-36,0,43 Enter
指定底面半径或 [直径(D)] <45.8093>：  //d Enter
指定直径 <91.6186>：                 //35 Enter
指定高度或 [两点(2P)/轴端点(A)] <100.0000>：//@0,0,-190 Enter，结果如图 11-89 所示
命令：                              //Enter，重复执行命令
CYLINDER 指定底面的中心点或 [三点(3P)/两点(2P)/切点、切点、半径(T)/椭圆(E)]：
                                    //捕捉如图 11-89 所示的圆心
指定底面半径或 [直径(D)] <17.5000>：//d Enter
指定直径 <35.0000>：                 //70 Enter
指定高度或 [两点(2P)/轴端点(A)] <-190.0000>：
                                    //沿 Z 轴负方向移动光标，输入 190 Enter，结果如图 11-90 所示
```

图 11-88　移动坐标系　　　　图 11-89　创建内侧柱体　　　　图 11-90　创建外侧柱体

Step 20 单击"常用"选项卡→"实体编辑"面板→"差集"按钮，对柱体和拉伸体模型进行差集，命令行操作如下。

```
命令：_subtract
选择要从中减去的实体或面域...
选择对象：              //选择如图 11-91 所示的两个拉伸实体和外侧圆柱体
选择对象：              //Enter，结束选择
选择要减去的实体或面域 ..
选择对象：              //选择如图 11-92 所示的内部拉伸实体和内部柱体
选择对象：              //Enter，差集结果如图 11-93 所示
```

图 11-91　选择被减实体　　　图 11-92　选择减去实体　　　图 11-93　差集结果

Step 21 单击"常用"选项卡→"建模"面板→"长方体"按钮，创建如图 11-94 所示的

Note

长方体。

Step 22 配合中点捕捉功能，将刚创建的长方体进行位移，命令行操作如下。

```
命令: _move
选择对象:                        //选择长方体
选择对象:                        //Enter，结束选择
指定基点或 [位移(D)] <位移>:      //捕捉如图 11-95 所示的中点
指定第二个点或 <使用第一个点作为位移>://捕捉如图 11-96 所示的中点，结果如图 11-97 所示
```

图 11-94 创建长方体

图 11-95 定位基点

图 11-96 定位目标点

图 11-97 移动结果

Step 23 单击"常用"选项卡→"实体编辑"面板→"剖切"按钮，配合中点捕捉和端点捕捉功能，对位移后的长方体进行剖切，命令行操作如下。

```
命令: _slice
选择要剖切的对象:                //选择位移后的长方体
选择要剖切的对象:                //Enter，结束对象的选择
指定 切面 的起点或 [平面对象(O)/曲面(S)/Z 轴(Z)/视图(V)/XY/YZ/ZX/三点(3)] <三
点>:                            //3 Enter，激活"三点"选项
指定平面上的第一个点:            //捕捉如图 11-98 所示的端点
指定平面上的第二个点:            //捕捉如图 11-99 所示的端点
指定平面上的第三个点:            //捕捉如图 11-100 所示的中点
```

图 11-98 定位第一点

图 11-99 定位第二点

图 11-100 定位第三点

在所需的侧面上指定点或 [保留两个侧面(B)] <保留两个侧面>:

//捕捉如图 11-101 所示的端点, 剖切结果如图 11-102 所示

Step 24 将坐标系恢复为世界坐标系, 然后使用快捷键 UNI 激活 "并集" 命令, 将所有模型进行合并。

图 11-101　捕捉端点

图 11-102　剖切结果

Step 25 使用快捷键 F 执行 "圆角" 命令, 对底板垂直棱边进行圆角, 命令行操作如下。

```
命令: F                           //Enter
FILLET 当前设置: 模式 = 修剪, 半径 = 0.0000
选择第一个对象或 [放弃(U)/多段线(P)/半径(R)/修剪(T)/多个(M)]:  //r Enter
指定圆角半径 <0.0000>:              //15 Enter
选择第一个对象或 [放弃(U)/多段线(P)/半径(R)/修剪(T)/多个(M)]:
                                //选择如图 11-103 所示的两条垂直棱边 1
输入圆角半径或 [表达式(E)] <15.0000>:  //Enter
选择边或 [链(C)/环(L)/半径(R)]:     //选择如图 11-103 所示的两条垂直棱边 2
选择边或 [链(C)/环(L)/半径(R)]:     //Enter, 圆角后的消隐效果如图 11-104 所示
已选定 2 个边用于圆角。
```

图 11-103　剖切结果

图 11-104　圆角结果

Step 26 选择菜单栏 "修改" → "倒角" 命令, 对底板柱孔进行倒角, 命令行操作如下。

```
命令: _chamfer
("修剪" 模式) 当前倒角距离 1 = 0.0000, 距离 2 = 0.0000
选择第一条直线或 [放弃(U)/多段线(P)/距离(D)/角度(A)/修剪(T)/方式(E)/多个(M)]:
                                //选择柱孔
基面选择...
指定基面倒角距离或 [表达式(E)] <0.0000>:    //5 Enter
指定其他曲面倒角距离或 [表达式(E)] <5.0000>: //Enter
```

选择边或 [环(L)]:   //选择如图 11-105 所示的两个边
选择边或 [环(L)]:   //倒角结果如图 11-106 所示

图 11-105   选择倒角边   图 11-106   倒角结果

Step 27 重复执行 "倒角" 命令，设置两个倒角距离为 7.5，创建如图 11-107 所示的两条倒角。

Step 28 重复执行 "倒角" 命令，设置两个倒角距离为 10，创建如图 11-108 所示的两条倒角，其消隐效果如图 11-109 所示。

图 11-107   倒角结果   图 11-108   倒角结果   图 11-109   消隐效果

Step 29 执行 "俯视" 命令，将视图切换到俯视图，结果如图 11-110 所示。

Step 30 使用快捷键 MI 激活 "镜像" 命令，捕捉如图 11-111 所示位置的中点作为镜像线上的点，对模型进行镜像，结果如图 11-112 所示。

图 11-110   切换视图   图 11-111   捕捉中点

Step 31 使用快捷键 UNI 激活 "并集" 命令，对所有实体进行并集。

Step 32 将视图切换到东南视图，然后执行 "视觉样式" 命令，对模型进行着色显示，结果如图 11-113 所示。

Step 33 单击 "常用" 选项卡→ "建模" 面板→ "长方体" 按钮▢，执行 "长方体" 命令，根据命令行提示创建长方体，命令行操作如下。

```
命令: _box
指定第一个角点或 [中心(C)]:                   //捕捉如图 11-114 所示的中点
指定其他角点或 [立方体(C)/长度(L)]: //@112,128 ,246Enter, 结果如图 11-115 所示
```

图 11-112　镜像结果

图 11-113　切换视图

图 11-114　捕捉中点

图 11-115　创建结果

Step **34** 选择菜单栏"修改"→"三维操作"→"干涉检查"命令, 对实体模型进行干涉, 命令行操作如下。

```
命令: _interfere
选择第一组对象或 [嵌套选择(N)/设置(S)]:          //选择如图 11-116 所示的实体模型
选择第一组对象或 [嵌套选择(N)/设置(S)]:          //Enter, 结束选择
选择第二组对象或 [嵌套选择(N)/检查第一组(K)] <检查>://选择图 11-117 所示长方体
选择第二组对象或 [嵌套选择(N)/检查第一组(K)] <检查>:
                    //Enter, 此时系统亮显干涉实体, 如图 11-118 所示
```

图 11-116　选择实体

图 11-117　选择长方体

图 11-118　亮显干涉实体

Step **35** 在打开的"干涉检查"对话框中取消"关闭时删除已创建的干涉对象"复选框, 如图 11-119 所示, 然后单击 关闭(C) 按钮, 结束命令。

Step 36 选择菜单栏"修改"→"实体编辑"→"差集"命令，对长方体进行差集，命令行操作如下。

```
命令: _subtract
选择要从中减去的实体、曲面和面域...
选择对象:                    //选择如图11-120所示的模型
选择对象:                    //Enter，结束选择
选择要减去的实体、曲面和面域...
选择对象:                    //选择如图11-121所示的长方体
选择对象:                    //Enter，差集结果如图11-122所示
```

图 11-119 "干涉检查"对话框

图 11-120 选择被减实体

Step 37 使用快捷键M执行"移动"命令，对干涉实体进行位移，结果如图11-123所示。

图 11-121 选择长方体

图 11-122 差集结果

图 11-123 位移结果

Step 38 执行"保存"命令，将图形另名存盘为"上机实训.dwg"。

11.6 小结与练习

11.6.1 小结

本章主要详细讲述了各种基本几何实体和复杂几何实体的创建方法和编辑技巧，相信读者在学完本章的内容后，能灵活运用各类工具快速构造零件的立体模型，以形象直观地表达物体的三维特征。通过本章的学习，应熟练掌握如下知识。

（1）基本几何体。具体包括多段体、长方体、圆柱体、圆锥体、棱锥面、圆环体、

球体和楔体。

（2）复杂几何体。具体包括拉伸实体、回转实体、放样实体、剖切实体和扫掠实体。

（3）组合实体。具体包括并集实体、差集实体和交集实体。

11.6.2　练习

1. 综合运用所学知识，根据零件二视图制作零件实体造型，如图 11-124 所示。

图 11-124　练习一

2. 综合运用所学知识，根据图示尺寸制作零件的三维实体造型，如图 11-125 所示。

图 11-125　练习二

第12章

三维机械模型的编辑细化

　　本章主要学习 AutoCAD 的三维编辑功能。通过本章的学习，应掌握立体模型的阵列、镜像、旋转、对齐、移动等基本操作技能。除此之外，还需要了解和掌握实体面、实体边的编辑，学会使用基本编辑功能和实体面编辑功能，去构建和完善结构复杂的三维物体。

内容要点

- ◆ 三维操作
- ◆ 编辑实体面
- ◆ 编辑实体边
- ◆ 上机实训——三维操作与编辑功能综合练习

12.1　三维操作

本节将学习"三维旋转"、"三维镜像"、"三维阵列"、"三维对齐"、"三维移动"五个命令。

12.1.1　三维旋转

"三维旋转"命令用于在三维视图中显示旋转夹点工具，并围绕基点旋转对象。执行"三维旋转"命令主要有以下几种方式。

❖ 单击"常用"选项卡→"修改"面板→"三维旋转"按钮⊕。
❖ 选择菜单栏"修改"→"三维操作"→"三维旋转"命令。
❖ 在命令行输入 3Drotate 后按 Enter 键。

下面通过简单的小实例，主要学习"三维旋转"命令的使用方法和相关技能，具体操作步骤如下。

Step 01 打开随书光盘中的"\素材文件\12-1.dwg"文件，如图 12-1 所示。

Step 02 单击"常用"选项卡→"修改"面板→"三维旋转"按钮⊕，将零件模型进行三维旋转，命令行操作过程如下。

```
命令：_3drotate
UCS 当前的正角方向：ANGDIR=逆时针　ANGBASE=0
选择对象：            //选择图 12-1 所示的对象
选择对象：            //Enter，结束选择
指定基点：            //捕捉如图 12-2 所示的中点
拾取旋转轴：          //在如图 12-3 所示方向上单击左键，定位旋转轴
指定角的起点或输入角度：//-90 Enter，结束命令
正在重生成模型。
```

图 12-1　打开结果

图 12-2　定位基点

Step 03 旋转结果如图 12-4 所示。

图 12-3　定位旋转轴

图 12-4　旋转结果

另外，使用命令 Rotate3d 也可以在三维操作空间内对立体模型进行旋转，命令行提示如下。

```
命令：rotate3d
当前正向角度：ANGDIR=逆时针 ANGBASE=0
选择对象：        //选择长方体
选择对象：        //Enter，结束选择
指定轴上的第一个点或定义轴依据 [对象(O)/最近的(L)/视图(V)/X 轴(X)/Y 轴(Y)/Z 轴
(Z)/两点(2)]：     //定位轴的一个点或选择某一个选项
```

12.1.2 三维镜像

"三维镜像"命令用于在三维空间中按照指定的对称面进行镜像立体模型，执行"三维镜像"命令主要有以下几种方式。

❖ 单击"常用"选项卡→"修改"面板→"三维镜像"按钮 ▓ 。
❖ 选择菜单栏"修改"→"三维操作"→"三维镜像"命令。
❖ 在命令行输入 Mirror3D 后按 Enter 键。

下面通过简单的小实例，主要学习"三维镜像"命令的使用方法和相关技能，具体操作步骤如下。

Step 01 打开随书光盘中的"\素材文件\12-2.dwg"文件，如图 12-5 所示。

Step 02 单击"常用"选项卡→"修改"面板→"三维镜像"按钮 ▓ ，对模型进行镜像，命令行操作如下。

```
命令：_mirror3d
选择对象：                                //选择图 12-5 所示的对象
选择对象：                                //Enter，结束选择
指定镜像平面 (三点) 的第一个点或 [对象(O)/最近的(L)/Z 轴(Z)/视图(V)/XY 平面
(XY)/YZ 平面(YZ)/ZX 平面(ZX)/三点(3)] <三点>: //YZ Enter，激活"ZX 平面"选项
指定 YZ 平面上的点 <0,0,0>:                //捕捉如图 12-6 所示的圆心
是否删除源对象？[是(Y)/否(N)] <否>:         //Enter，结束命令
```

Step 03 镜像结果如图 12-7 所示。

图 12-5　打开结果　　　　　图 12-6　捕捉端点　　　　　图 12-7　镜像结果

● **选项解析**

❖ "对象"选项用于选定某一对象所在的平面作为镜像平面，该对象可以是圆弧或二维多段线。

- ◇ "最近的"选项用于以上次镜像使用的镜像平面作为当前镜像平面。
- ◇ "Z 轴"选项用于在镜像平面及镜像平面的 Z 轴法线指定点。
- ◇ "视图"选项用于在视图平面上指定点，进行空间镜像。
- ◇ "XY 平面"选项用于以当前坐标系的 XY 平面作为镜像平面。
- ◇ "YZ 平面"选项用于以当前坐标系的 YZ 平面作为镜像平面。
- ◇ "ZX 平面"选项用于以当前坐标系的 ZX 平面作为镜像平面。
- ◇ "三点"选项用于指定三个点，以定位镜像平面。

12.1.3 三维阵列

"三维阵列"命令用于将三维物体按照环形或矩形的方式，在三维空间中进行规则排列，执行"三维阵列"命令有以下几种方式。

- ◇ 选择菜单栏"修改"→"三维操作"→"三维阵列"命令。
- ◇ 在命令行输入 3Darray 后按 Enter 键。
- ◇ 在命令行输入 3A。

下面通过简单的小实例，主要学习"三维阵列"命令的使用方法和相关技能，具体操作步骤如下。

Step 01 打开随书光盘中的"\素材文件\12-3.dwg"文件，如图 12-8 所示。

Step 02 选择菜单栏"修改"→"三维操作"→"三维阵列"命令，对圆柱体进行空间阵列，命令行操作如下。

图 12-8 打开结果

```
命令：_3darray
正在初始化...  已加载 3DARRAY
选择对象：                        //选择圆柱体
选择对象：                        //Enter，结束选择
输入阵列类型 [矩形(R)/环形(P)] <矩形>：  //Enter，激活"矩形"选项
输入行数 (---) <1>：              //2 Enter
输入列数 (|||) <1>：              //2 Enter
输入层数 (...) <1>：              //2 Enter
指定行间距 (---)：                //-29 Enter
指定列间距 (|||)：                //13 Enter
指定层间距 (...)：                //-5.9 Enter，阵列结果如图 12-9 所示
```

Step 03 选择菜单栏"视图"→"消隐"命令，效果如图 12-10 所示。

图 12-9 矩形阵列

图 12-10 消隐效果

与"阵列"命令一样，"三维阵列"命令不但可以将对象进行矩形阵列，还可以将对象在三维空间内进行环形排列，如图 12-11 所示，三维环形阵列的命令行操作如下。

```
命令：_3darray
选择对象：                                    //选择滚珠造型
选择对象：                                    //Enter，结束选择
输入阵列类型 [矩形(R)/环形(P)] <矩形>：        //P Enter
输入阵列中的项目数目：                          //15 Enter
指定要填充的角度 (+=逆时针，-=顺时针) <360>：//Enter
旋转阵列对象？ [是(Y)/否(N)] <Y>：            //YEnter
指定阵列的中心点：                             //捕捉如图 12-11（a）所示的圆心
指定旋转轴上的第二点：                          //捕捉另一侧圆心，阵列结果如图 12-11（b）所示
```

（a）　　　　　　　　　　　（b）

图 12-11　环形阵列示例

12.1.4　三维对齐

"三维对齐"命令主要以定位源平面和目标平面的形式，将两个三维对象在三维操作空间中进行对齐。

执行"三维对齐"命令主要有以下几种方式。

❖　单击"常用"选项卡→"修改"面板→"三维对齐"按钮凸。
❖　选择菜单栏"修改"→"三维操作"→"三维对齐"命令。
❖　在命令行输入 3Dalign 后按 Enter 键。
❖　在命令行输入 3AL 后按 Enter 键。

下面通过简单的小实例，主要学习"三维对齐"命令的使用方法和相关技能，具体操作步骤如下。

Step 01 打开随书光盘中的 "\素材文件\12-4.dwg"文件。

Step 02 选择菜单栏"修改"→"复制"命令，将模型复制一份，结果如图 12-12 所示。

Step 03 单击"常用"选项卡→"修改"面板→"三维对齐"按钮凸，对模型进行空间对齐，命令行操作过程如下。

图 12-12　复制结果

```
命令: _3dalign
选择对象:                                //选择复制出的对象
选择对象:                                //Enter，结束选择
指定源平面和方向 ...
指定基点或 [复制(C)]:                     //捕捉图 12-12 所示的端点 A
指定第二个点或 [继续(C)] <C>:              //捕捉端点 B
指定第三个点或 [继续(C)] <C>:              //捕捉端点 C
指定目标平面和方向 ...
指定第一个目标点:                         //捕捉端点 a
指定第二个目标点或 [退出(X)] <X>:          //捕捉端点 b
指定第三个目标点或 [退出(X)] <X>:          //捕捉端点 c
```

Step 04 对齐结果如图 12-13 所示。

Step 05 使用"并集"命令将两个对象进行合并，结果如图 12-14 所示。

图 12-13　三维对齐　　　　　　　图 12-14　并集结果

小技巧

"复制"选项主要用于在对齐两对象时，将用于对齐的源对象复制一份，而源对象则保持不变，如图 12-15 所示。

图 12-15　选项示例

12.1.5　三维移动

"三维移动"命令主要用于将对象在三维操作空间内进行位移，执行"三维移动"命令主要有以下几种方式。

♦　单击"常用"选项卡→"修改"面板→"三维移动"按钮。
♦　选择菜单栏"修改"→"三维操作"→"三维移动"命令。
♦　在命令行输入 3Dmove 后按 Enter 键。

Note

◇　在命令行输入 3m 后按 Enter 键。

执行"三维移动"命令后，其命令行操作提示如下。

```
命令：_3dmove
选择对象：                    //选择移动对象
选择对象：                    //Enter，结束选择
指定基点或 [位移(D)] <位移>：  //定位基点
指定第二个点或 <使用第一个点作为位移>：//定位目标点
正在重生成模型。
```

12.2　编辑实体边

本节主要学习实体棱边的编辑功能，具体有"倒角边"、"圆角边"、"压印边"和"复制边"四个命令。

12.2.1　倒角边

"倒角边"命令主要用于将实体的棱边按照指定的距离进行倒角编辑，执行"倒角边"命令主要有以下几种方式。

◇　单击"实体"选项卡→"实体编辑"面板→"倒角边"按钮 。
◇　选择菜单栏"修改"→"实体编辑"→"倒角边"命令。
◇　在命令行输入 Chamferedge 后按 Enter 键。

下面通过简单的小实例，主要学习"倒角边"命令的使用方法和相关技能，具体操作步骤如下。

Step 01 打开随书光盘中的"\素材文件\12-5.dwg"文件，如图 12-16 所示。

Step 02 使用快捷键 VS 激活"视觉样式"命令，对模型进行概念着色显示，结果如图 12-17 所示。

图 12-16　打开结果　　　　　　　　　图 12-17　着色效果

Step 03 单击"实体"选项卡→"实体编辑"面板→"倒角边"按钮 ，对实体边进行倒角编辑，命令行操作如下。

```
命令: _chamferedge 距离 1 = 1.0000, 距离 2 = 1.0000
选择一条边或 [环(L)/距离(D)]:            //选择如图 12-18 所示的边
选择属于同一个面的边或 [环(L)/距离(D)]:   //d Enter
指定距离 1 或 [表达式(E)] <1.0000>:       //4 Enter
指定距离 2 或 [表达式(E)] <1.0000>:       //4 Enter
选择属于同一个面的边或 [环(L)/距离(D)]:   //Enter
按 Enter 键接受倒角或 [距离(D)]:          //Enter, 结束命令
```

Step 04 倒角后的结果如图 12-19 所示。

图 12-18　选择倒角边

图 12-19　倒角结果

● **选项解析**

◇ "环"选项用于一次选中倒角基面内的所有棱边。

◇ "距离"选项用于设置倒角边的倒角距离。

◇ "表达式"选项用于输入倒角距离的表达式，系统会自动计算出倒角距离值。

12.2.2　圆角边

"圆角边"命令主要用于将实体的棱边按照指定的半径进行圆角编辑，执行"圆角边"命令主要有以下几种方式。

◇ 单击"实体"选项卡→"实体编辑"面板→"圆角边"按钮 。

◇ 选择菜单栏"修改"→"实体编辑"→"圆角边"命令。

◇ 在命令行输入 Filletedge 后按 Enter 键。

下面通过简单的小实例，主要学习"圆角边"命令的使用方法和相关技能。具体操作步骤如下。

Step 01 打开随书光盘中的"\素材文件\12-6.dwg"文件，如图 12-20 所示。

Step 02 使用快捷键 HI 激活"消隐"命令，对模型进行消隐显示，结果如图 12-21 所示。

Step 03 单击"实体"选项卡→"实体编辑"面板→"圆角边"按钮 ，对实体边进行圆角编辑，命令行操作如下。

```
命令: _filletedge
半径 = 1.0000
选择边或 [链(C)/半径(R)]:            //选择如图 12-22 所示的边
```

```
选择边或 [链(C)/半径(R)]:                    //r Enter
输入圆角半径或 [表达式(E)] <1.0000>:        //1.5 Enter
选择边或 [链(C)/半径(R)]:                    //Enter，效果如图 12-23 所示
已选定 1 个边用于圆角
按 Enter 键接受圆角或 [半径(R)]:             //Enter，结束命令，圆角结果如图 12-24 所示
```

图 12-20　打开结果　　　　　　图 12-21　消隐效果　　　　　　图 12-22　选择倒角边

Step 04 使用快捷键 HI 激活"消隐"命令，对模型进行消隐，结果如图 12-25 所示。

图 12-23　圆角预览效果　　　　图 12-24　圆角结果　　　　　　图 12-25　消隐结果

● **选项解析**

◇ "链"选项。如果各棱边是相切的关系，则选择其中的一个边，所有棱边都将被选中，同时进行圆角。

◇ "半径"选项用于为随后选择的棱边重新设定圆角半径。

◇ "表达式"选项用于输入圆角半径表达式，系统会自动计算出圆角半径。

12.2.3　压印边

"压印边"命令用于将圆、圆弧、直线、多段线、样条曲线或实体等对象，压印到三维实体上，使其成为实体的一部分。

执行"压印边"命令主要有以下几种方式。

◇ 单击"实体"选项卡→"实体编辑"面板→"压印"按钮 🖉。

◇ 选择菜单栏"修改"→"实体编辑"→"压印边"命令。

◇ 在命令行输入 Imprint 后按 Enter 键。

下面通过简单的小实例，主要学习"压印边"命令的使用方法和相关技能，具体操作步骤如下。

Step 01 打开随书光盘中的 "\素材文件\12-7.dwg" 文件，如图 12-26 所示。

Step 02 使用快捷键 M 激活 "移动" 命令，配合中点捕捉功能，选择右侧的三个二维闭合图形进行位移，结果如图 12-27 所示，消隐效果如图 12-28 所示。

图 12-26　打开结果　　　图 12-27　位移效果　　　图 12-28　消隐效果

Step 03 单击 "实体" 选项卡→ "实体编辑" 面板→ "压印" 按钮 ，将右侧的三个闭合边界压印到左侧方体模型的上表面，命令行操作如下。

```
命令：_imprint
选择三维实体或曲面：                    //选择实体模型
选择要压印的对象：                      //选择如图 12-29 所示的二维边界
是否删除源对象 [是(Y)/否(N)] <N>：      //Y Enter
选择要压印的对象：                       //选择如图 12-30 所示的二维边界
是否删除源对象 [是(Y)/否(N)] <N>：      //Y Enter
选择要压印的对象：                      //选择如图 12-31 所示的二维边界
是否删除源对象 [是(Y)/否(N)] <N>：      //Y Enter
选择要压印的对象：                       //Enter，结束命令
```

图 12-29　选择压印对象　　　　　　　图 12-30　选择压印对象

Step 04 压印结果如图 12-32 所示。

Step 05 单击 "实体编辑" 面板上的 按钮，对压印后产生的表面拉伸 4 个单位，其着色效果如图 12-33 所示。

图 12-31　选择压印对象　　　图 12-32　压印结果　　　图 12-33　面拉伸效果

Note

12.2.4　复制边

"复制边"命令主要用于复制实心体的边棱，如图 12-34 所示，执行"复制边"命令主要有以下几种方式。

　　❖　单击"实体"选项卡→"实体编辑"面板→"复制边"按钮 📁。
　　❖　选择菜单栏"修改"→"实体编辑"→"复制边"命令。
　　❖　在命令行输入 Solidedit 后按 Enter 键。

图 12-34　复制边棱

执行"复制边"命令后，其命令行操作提示如下。

```
命令: _solidedit
实体编辑自动检查: SOLIDCHECK=1
输入实体编辑选项 [面(F)/边(E)/体(B)/放弃(U)/退出(X)] <退出>: _edge
输入边编辑选项 [复制(C)/着色(L)/放弃(U)/退出(X)] <退出>: _copy
选择边或 [放弃(U)/删除(R)]:          //选择需要复制的实体棱边
选择边或 [放弃(U)/删除(R)]:          //结束边的选择
指定基点或位移:      //指定基点
指定位移的第二点:     //指定目标点
输入边编辑选项 [复制(C)/着色(L)/放弃(U)/退出(X)] <退出>:    //退出实体编辑操作
实体编辑自动检查: SOLIDCHECK=1
输入实体编辑选项 [面(F)/边(E)/体(B)/放弃(U)/退出(X)] <退出>:  //退出命令
```

12.3　编辑实体面

本节主要学习实体面的编辑细化功能，具体有"拉伸面"、"倾斜面"、"移动面"、"偏移面"、"旋转面"等五个命令。

12.3.1　拉伸面

"拉伸面"命令用于对实心体的表面进行编辑，将实体面按照指定的高度或路径进行拉伸，以创建出新的形体，执行"拉伸面"命令主要有以下几种方式。

　　❖　单击"实体"选项卡→"实体编辑"面板→"拉伸面"按钮 📳。

◆　选择菜单栏"修改"→"实体编辑"→"拉伸面"命令。

◆　在命令行输入 Solidedit 后按 Enter 键。

下面通过简单的小实例，主要学习"拉伸面"命令的使用方法和相关技能，具体操作步骤如下。

Step 01　打开随书光盘中的"\素材文件\12-8.dwg"文件，如图 12-35 所示。

Step 02　单击"实体"选项卡→"实体编辑"面板→"拉伸面"按钮 ，对实体的上表面向内锥化，锥化高度为 10、角度为 5°，命令行操作如下。

```
命令：_solidedit
实体编辑自动检查：SOLIDCHECK=1
输入实体编辑选项 [面(F)/边(E)/体(B)/放弃(U)/退出(X)] <退出>：_face
输入面编辑选项[拉伸(E)/移动(M)/旋转(R)/偏移(O)/倾斜(T)/删除(D)/复制(C)/颜色
(L)/材质(A)/放弃(U)/退出(X)] <退出>：
  _extrude
选择面或 [放弃(U)/删除(R)]：          //在实体的上表面单击，选择如图 12-36 所示的实体面
选择面或 [放弃(U)/删除(R)/全部(ALL)]：     //Enter，结束选择
指定拉伸高度或 [路径(P)]：            //10 Enter，输入拉伸高度
指定拉伸的倾斜角度 <0>：              //5 Enter，输入角度
已开始实体校验
已完成实体校验
输入面编辑选项[拉伸(E)/移动(M)/旋转(R)/偏移(O)/倾斜(T)/删除(D)/复制(C)/颜色
(L)/材质(A)/放弃(U)/退出(X)] <退出>：     //X Enter，退出编辑过程
实体编辑自动检查：SOLIDCHECK=1
输入实体编辑选项 [面(F)/边(E)/体(B)/放弃(U)/退出(X)] <退出>：
                                //X Enter，结束命令，拉伸结果如图 12-37 所示
```

图 12-35　打开结果　　　　图 12-36　选择实体上表面　　　　图 12-37　向内锥化

⫶⫶⫶ 小技巧

在选择实体表面时，如果不慎选择了多余的面，可以按住 Shift 键单击，将多余的面从选择集中删除。

Step 03　重复执行"拉伸面"命令，继续对实体的上表面进行锥化，锥化高度为 10、角度为 −5°，命令行操作如下。

```
命令：_solidedit
实体编辑自动检查：SOLIDCHECK=1
输入实体编辑选项 [面(F)/边(E)/体(B)/放弃(U)/退出(X)] <退出>：_face
```

输入面编辑选项[拉伸(E)/移动(M)/旋转(R)/偏移(O)/倾斜(T)/删除(D)/复制(C)/颜色(L)/材质(A)/放弃(U)/退出(X)] <退出>:

_extrude

选择面或 [放弃(U)/删除(R)]: //在实体的上表面单击，选择如图12-38所示的实体面

选择面或 [放弃(U)/删除(R)/全部(ALL)]: //Enter，结束选择

指定拉伸高度或 [路径(P)]: //10 Enter，输入拉伸高度

指定拉伸的倾斜角度 <0>: //-5 Enter，输入角度

⁑ 小技巧

如果输入的角度值为正值时，实体面将实体的内部倾斜（锥化）；如果输入的角度为负值时，实体面将向实体的外部倾斜（锥化）。

已开始实体校验

已完成实体校验

输入面编辑选项[拉伸(E)/移动(M)/旋转(R)/偏移(O)/倾斜(T)/删除(D)/复制(C)/颜色(L)/材质(A)/放弃(U)/退出(X)] <退出>: //X Enter，退出编辑过程

实体编辑自动检查: SOLIDCHECK=1

输入实体编辑选项 [面(F)/边(E)/体(B)/放弃(U)/退出(X)] <退出>:

//X Enter，结束命令，结果如图12-39所示

图12-38　选择实体上表面　　　　　图12-39　向外锥化

⁑ 小技巧

在面拉伸过程中，如果用户输入的高度值和锥度值都较大时，可能会使实体面到达所指定的高度之前，就已缩小成为一个点，此时AutoCAD将会提示拉伸操作失败。

12.3.2　倾斜面

"倾斜面"命令主要用于通过倾斜实体的表面，使实体表面产生一定的锥度，如图12-40所示。

执行"倾斜面"命令主要有以下几种方式。

◇　单击"实体"选项卡→"实体编辑"面板→"倾斜面"按钮🖳。

◇　选择菜单栏"修改"→"实体编辑"→"倾斜面"命令。

✧　在命令行输入 Solidedit 后按 Enter 键。

图 12-40　倾斜面示例

下面通过简单的小实例，主要学习"倾斜面"命令的使用方法和相关技能，具体操作步骤如下。

Step 01 打开随书光盘中的 "\素材文件\12-9.dwg" 文件，如图 12-40（a）所示。

Step 02 单击"实体"选项卡→"实体编辑"面板→"倾斜面"按钮，对实体面进行倾斜，命令行操作如下。

```
命令: _solidedit
实体编辑自动检查: SOLIDCHECK=1
输入实体编辑选项 [面(F)/边(E)/体(B)/放弃(U)/退出(X)] <退出>: _face
输入面编辑选项[拉伸(E)/移动(M)/旋转(R)/偏移(O)/倾斜(T)/删除(D)/复制(C)/颜色
(L)/材质(A)/放弃(U)/退出(X)] <退出>: _taper
选择面或 [放弃(U)/删除(R)]:            //将光标放在圆孔边沿上单击左键，如图 12-41 所示
选择面或 [放弃(U)/删除(R)/全部(ALL)]: 找到 2 个面，已删除 1 个
                        //按住 Shift 键在大面的边沿上单击左键，将此面排
除在选择集之外，如图 12-42 所示
```

图 12-41　选择面

图 12-42　删除面

```
选择面或 [放弃(U)/删除(R)/全部(ALL)]:      //Enter
指定基点:                              //捕捉如图 12-43 所示的圆心
指定沿倾斜轴的另一个点:                  //捕捉如图 12-44 所示的圆心
指定倾斜角度:                          //45 Enter
已开始实体校验
已完成实体校验
输入面编辑选项[拉伸(E)/移动(M)/旋转(R)/偏移(O)/倾斜(T)/删除(D)/复制(C)/颜色
(L)/材质(A)/放弃(U)/退出(X)] <退出>:           //X Enter
实体编辑自动检查: SOLIDCHECK=1
输入实体编辑选项 [面(F)/边(E)/体(B)/放弃(U)/退出(X)] <退出>:    //X Enter
```

Step 03 倾斜结果如图 12-45 所示。

图 12-43　捕捉圆心　　　　　　图 12-44　捕捉圆心　　　　　　图 12-45　倾斜结果

小技巧

在倾斜面时，倾斜的方向是由锥角的正负号及定义矢量时的基点决定的。如果输入的倾角为正值，则 AutoCAD 将已定义的矢量绕基点向实体内部倾斜面，否则向实体外部倾斜。

12.3.3　移动面

"移动面"命令是通过移动实体的表面来修改实体的尺寸或改变孔或槽的位置等。在移动面过程中将保持面的法线方向不变。

执行"移动面"命令主要有以下几种方式。

　◇　单击"常用"选项卡→"实体编辑"面板→"移动面"按钮。

　◇　选择菜单栏"修改"→"实体编辑"→"移动面"命令。

　◇　在命令行输入 Solidedit 后按 Enter 键。

下面通过简单的小实例，主要学习"移动面"命令的使用方法和相关技能，具体操作步骤如下。

Step 01 执行"打开"命令，打开随书光盘中的"\素材文件\12-2.dwg"文件。

Step 02 单击"常用"选项卡→"实体编辑"面板→"移动面"按钮，对实体面进行移动，命令行操作如下。

```
命令: _solidedit
实体编辑自动检查: SOLIDCHECK=1
输入实体编辑选项 [面(F)/边(E)/体(B)/放弃(U)/退出(X)] <退出>: _face
输入面编辑选项[拉伸(E)/移动(M)/旋转(R)/偏移(O)/倾斜(T)/删除(D)/复制(C)/颜色
(L)/材质(A)/放弃(U)/退出(X)] <退出>: _move
选择面或 [放弃(U)/删除(R)]:                //选择如图 12-46 所示的柱孔面
选择面或 [放弃(U)/删除(R)/全部(ALL)]: //Enter
指定基点或位移:                          //拾取任一点
指定位移的第二点:                        //@-40,0,0 Enter
已开始实体校验
已完成实体校验
输入面编辑选项[拉伸(E)/移动(M)/旋转(R)/偏移(O)/倾斜(T)/删除(D)/复制(C)/颜色
(L)/材质(A)/放弃(U)/退出(X)] <退出>:                //Enter
实体编辑自动检查: SOLIDCHECK=1
```

输入实体编辑选项 [面(F)/边(E)/体(B)/放弃(U)/退出(X)] <退出>:　　//X Enter

Step 03 操作结果如图 12-47 所示。

图 12-46　选择面　　　　　　　　　　　　　　　　图 12-47　移动面

⠿ 小技巧

如果用户指定了两点，AutoCAD 将根据两点定义的矢量来确定移动的距离和方向。若在提示"指定基点或位移："时输入了一个点的坐标，而在"指定位移的第二点："时按 Enter 键，那么 AutoCAD 将根据输入的坐标值面沿着面的法线方向进行移动面。

12.3.4　偏移面

"偏移面"命令主要通过偏移实体的表面来改变实体及孔、槽等特征的大小，执行"偏移面"命令主要有以下几种方式。

◇　单击"实体"选项卡→"实体编辑"面板→"偏移面"按钮 ⬚。

◇　选择菜单栏"修改"→"实体编辑"→"偏移面"命令。

◇　在命令行输入 Solidedit 后按 Enter 键。

下面通过简单的小实例，主要学习"偏移面"命令的使用方法和相关技能，具体操作步骤如下。

Step 01 执行"打开"命令，打开随书光盘中的"\素材文件\12-10.dwg"文件，如图 12-47 所示。

Step 02 单击"实体"选项卡→"实体编辑"面板→"偏移面"按钮 ⬚，对实体面进行偏移，命令行操作如下。

```
命令: _solidedit
实体编辑自动检查: SOLIDCHECK=1
输入实体编辑选项 [面(F)/边(E)/体(B)/放弃(U)/退出(X)] <退出>: _face
输入面编辑选项[拉伸(E)/移动(M)/旋转(R)/偏移(O)/倾斜(T)/删除(D)/复制(C)/颜色
(L)/材质(A)/放弃(U)/退出(X)] <退出>: _offset
选择面或 [放弃(U)/删除(R)]:　　　　　　　//选择如图 12-48 所示的柱孔面
选择面或 [放弃(U)/删除(R)/全部(ALL)]:　　//Enter
指定偏移距离:　　　　　　　　　　　　　//-4 Enter
```

已开始实体校验

已完成实体校验

输入面编辑选项[拉伸(E)/移动(M)/旋转(R)/偏移(O)/倾斜(T)/删除(D)/复制(C)/颜色(L)/材质(A)/退出(X)] <退出>：　　　　//Enter

实体编辑自动检查：SOLIDCHECK=1

输入实体编辑选项 [面(F)/边(E)/体(B)/放弃(U)/退出(X)] <退出>：//Enter

Step 03 偏移结果如图 12-49 所示。

图 12-48　选择面　　　　　　　　　　　图 12-49　偏移面

::::: 小技巧

在偏置实体面时，用户可以直接输入数值或拾取两点来指定偏移的距离，AutoCAD 将根据偏移距离沿表面的法线进行移动面。当输入的偏移距离为正值时，AutoCAD 将使表面向其外法线方向偏移；若输入的距离为负值时，被编辑的表面将向相反的方向偏移。

12.3.5　旋转面

"旋转面"命令主要通过旋转实体的表面来改变实体面的倾斜角度，或将一些孔、槽等旋转到新位置，执行"旋转面"命令主要有以下几种方式。

◇　单击"常用"选项卡→"实体编辑"面板→"旋转面"按钮。

◇　选择菜单栏"修改"→"实体编辑"→"旋转面"命令。

◇　在命令行输入 Solidedit 后按 Enter 键。

下面通过简单的小实例，主要学习"旋转面"命令的使用方法和相关技能，具体操作步骤如下。

Step 01 执行"打开"命令，打开随书光盘中的"\素材文件\12-11.dwg"文件，如图 12-49 所示。

Step 02 单击"常用"选项卡→"实体编辑"面板→"旋转面"按钮，对实体面进行旋转，命令行操作如下。

命令：_solidedit

实体编辑自动检查：SOLIDCHECK=1

输入实体编辑选项 [面(F)/边(E)/体(B)/放弃(U)/退出(X)] <退出>：_face

输入面编辑选项[拉伸(E)/移动(M)/旋转(R)/偏移(O)/倾斜(T)/删除(D)/复制(C)/颜色
(L)/材质(A)/放弃(U)/退出(X)] <退出>:　_rotate

选择面或 [放弃(U)/删除(R)]:　　　　　　　//选择如图 12-50 所示的面

选择面或 [放弃(U)/删除(R)/全部(ALL)]:　//Enter

指定轴点或 [经过对象的轴(A)/视图(V)/X 轴(X)/Y 轴(Y)/Z 轴(Z)] <两点>:

　　　　　　　　　　　　//捕捉如图 12-51 所示的圆心

图 12-50　选择面

图 12-51　捕捉圆心

正在检查 820 个交点...

在旋转轴上指定第二个点:　　　　　　//捕捉如图 12-52 所示的圆心

指定旋转角度或 [参照(R)]:　　　　　//-15 Enter

已开始实体校验

已完成实体校验

输入面编辑选项[拉伸(E)/移动(M)/旋转(R)/偏移(O)/倾斜(T)/删除(D)/复制(C)/颜色
(L)/材质(A)/放弃(U)/退出(X)] <退出>:　　　　//Enter

实体编辑自动检查: SOLIDCHECK=1

输入实体编辑选项 [面(F)/边(E)/体(B)/放弃(U)/退出(X)] <退出>:

　　　　　　　　　　　　//X Enter, 退出命令

Step 03 实体面的旋转结果如图 12-53 所示。

图 12-52　捕捉圆心

图 12-53　旋转结果

▓▓▓ 小技巧

在旋转实体面时,用户可以通过拾取两点、选择直线或设置旋转轴平行于坐标轴的方法
来确定旋转轴。另外,用户输入面的旋转角度为正或负值的情况下,旋转轴的正方向可
以由右手螺旋法则确定。

● 选项解析

➢ "两点"选项用于指定两点来确定旋转轴，轴的正方向是由第一个选择点指向第二个选择点。

➢ "视图"选项：旋转轴垂直于当前视图，并且通过拾取的点。

➢ "X 轴" / "Y 轴" / "Z 轴"选项：旋转轴平行于 x、y、z 轴，并且通过拾取点。旋转轴的正方向与坐标轴的正方向一致。

➢ "经过对象的轴"选项：用于以通过图形对象的轴来定义旋转轴。利用图形对象定义旋转轴，有以下几种情况。

◇ 当对象为直线时，旋转轴即为选择的直线。

◇ 当对象为圆、圆弧或椭圆时，旋转轴则垂直于圆、圆弧或椭圆所在的平面，并且通过圆心或椭圆心。

◇ 当对象为多段线时，多段线的起点和终点的连线就是旋转轴。

◇ 当对象为样条曲线时，旋转轴则通过样条曲线的起点和终点。

12.4 上机实训——三维操作与编辑功能综合练习

本节通过制作如图 12-54 所示的机械零件三维实体模型，对本章所讲述的三维操作、实体面边编辑功能进行综合练习和巩固应用，操作步骤如下。

图 12-54　实例效果

Step 01 新建空白文件。

Step 02 激活状态栏上的"对象捕捉"和"对象捕捉追踪"功能，并将捕捉模式设置为圆心捕捉和切点捕捉。

Step 03 使用快捷键 C 激活画圆命令，配合圆心捕捉和对象追踪功能绘制同心圆，命令行操作过程如下。

```
命令: _circle
指定圆的圆心或 [三点(3P)/两点(2P)/切点、切点、半径(T)]: //在绘图区拾取一点作为圆心
指定圆的半径或 [直径(D)] <366.3242>: //30 Enter
```

```
命令: _circle
指定圆的圆心或 [三点(3P)/两点(2P)/切点、切点、半径(T)]: //捕捉刚绘制的圆的圆心
指定圆的半径或 [直径(D)] <30.0000>:    //45 Enter
命令: _circle
指定圆的圆心或 [三点(3P)/两点(2P)/切点、切点、半径(T)]: //激活"捕捉自"功能
_from 基点:                            //捕捉刚绘制的圆的圆心
<偏移>:                               //@100,0 Enter
指定圆的半径或 [直径(D)] <45.0000>:    //12 Enter
命令: _circle
指定圆的圆心或 [三点(3P)/两点(2P)/切点、切点、半径(T)]: //捕捉刚绘制的圆的圆心
指定圆的半径或 [直径(D)] <12.0000>:    //18 Enter, 绘制结果如图 12-55 所示
```

Step 04 使用快捷键 L 激活 "直线" 命令，配合切点捕捉功能绘制圆的外公切线，结果如图 12-56 所示。

图 12-55　绘制圆

图 12-56　绘制公切线

Step 05 选择菜单栏 "修改" → "修剪" 命令，以两条公切线作为剪切边界，对右侧的大圆进行修剪，结果如图 12-57 所示。

Step 06 使用快捷键 BO 激活 "边界" 命令，设置参数如图 12-58 所示，然后在如图 12-59 所示的虚线区域内拾取一点，创建闭合边界。

图 12-57　修剪结果

图 12-58　"边界创建" 对话框

小技巧

在创建边界后，需要使用 "删除" 命令将原图线删除。

Step 07 在命令行输入 ISOLINES，设置实体线框密度值为 25，具体操作如下。

```
命令：isolines
输入 ISOLINES 的新值 <4>:          //25 Enter，设置变量值
```

Step 08 选择菜单栏"视图"→"三维视图"→"东北等轴测"命令，将视图切换为东北视图，结果如图 12-60 所示。

图 12-59　创建闭合边界　　　　　　　　　图 12-60　切换视图

Step 09 单击"常用"选项卡→"建模"面板→"拉伸"按钮 ，执行"拉伸"命令，将提取的多段线边界和同心圆拉伸为三维实体，命令行操作如下。

```
命令：_extrude
当前线框密度：  ISOLINES=25，闭合轮廓创建模式 = 实体
选择要拉伸的对象或 [模式(MO)]:_MO 闭合轮廓创建模式 [实体(SO)/曲面(SU)] <实体>:
_SO
  选择要拉伸的对象或 [模式(MO)]:          //选择如图 12-61 所示的同心圆
  选择要拉伸的对象或 [模式(MO)]:          //Enter
指定拉伸的高度或 [方向(D)/路径(P)/倾斜角(T)/表达式(E)] <0.0>:
                           //@0,0,20 Enter ，拉伸结果如图 12-62 所示
```

图 12-61　选择拉伸对象　　　　　　　　　图 12-62　拉伸结果

```
命令：_extrude
当前线框密度：  ISOLINES=25，闭合轮廓创建模式 = 实体
选择要拉伸的对象或 [模式(MO)]:_MO 闭合轮廓创建模式 [实体(SO)/曲面(SU)] <实体>:_SO
选择要拉伸的对象或 [模式(MO)]:          //选择如图 12-63 所示的边界
选择要拉伸的对象或 [模式(MO)]:          //Enter
指定拉伸的高度或 [方向(D)/路径(P)/倾斜角(T)/表达式(E)] <-15.0>:
                           //@0,0,12 Enter，拉伸结果如图 12-64 所示
```

图 12-63　选择拉伸对象　　　　　　　　　图 12-64　拉伸结果

Step 10 使用快捷键 SU 激活"差集"命令，对刚创建的拉伸实体进行差集运算，命令行操作如下。

```
命令:_subtract                    //激活"差集"命令
选择要从中减去的实体或面域...
选择对象:                          //选择如图 12-65 所示的拉伸实体
选择对象:                          //Enter，结束对象的选择
选择要减去的实体或面域 ..
选择对象:                          //选择如图 12-66 所示的拉伸实体
选择对象:                          //Enter，结束命令
命令:_subtract                    //Enter，重复执行命令
选择要从中减去的实体或面域...
选择对象:                          //选择如图 12-67 所示的拉伸实体
选择对象:                          //Enter，结束对象的选择
选择要减去的实体或面域 ..
选择对象:                          //选择如图 12-68 所示的拉伸实体
选择对象:                          //Enter，结束命令
```

小技巧

如果用户需要观察差集后的面域形态，可以使用"概念着色"命令进行着色显示，效果如图 12-69 所示。

图 12-65　选择大面域

图 12-66　选择小面域

图 12-67　选择异形面域

图 12-68　选择圆形面域

图 12-69　概念着色

Step 11 选择菜单栏"修改"→"三维操作"→"三维镜像"命令，对差集后的实体进行三维镜像，命令行操作如下。

```
命令:_mirror3d
选择对象:                          //选择如图 12-70 所示的对象
选择对象:                          //Enter
```

Note

指定镜像平面（三点）的第一个点或 [对象(O)/最近的(L)/Z 轴(Z)/视图(V)/XY 平面(XY)/YZ 平面(YZ)/ZX 平面(ZX)/三点(3)] <三点>: //YZ Enter
　指定 YZ 平面上的点 <0,0,0>: //捕捉如图 12-71 所示的圆心
　是否删除源对象？[是(Y)/否(N)] <否>: //Enter，镜像结果如图 12-72 所示

图 12-70　选择结果　　　　图 12-71　捕捉圆心　　　　图 12-72　镜像结果

Step 12 选择菜单栏"修改"→"实体编辑"→"并集"命令，选择所有实体对象，组合为一个实体，结果如图 12-73 所示，其着色效果如图 12-74 所示。

图 12-73　并集结果　　　　　　　　图 12-74　着色结果

Step 13 单击"常用"选项卡→"修改"面板→"三维旋转"按钮⊕，对并集实体进行三维旋转，命令行操作如下。

命令: _3drotate
UCS 当前的正角方向: ANGDIR=逆时针 ANGBASE=0
选择对象: //选择并集后的实体
选择对象: //Enter
指定基点: //捕捉如图 12-75 所示的圆心
拾取旋转轴: //拾取如图 12-76 所示的旋转轴
指定角的起点或输入角度: //-45 Enter，旋转结果如图 12-77 所示
正在重生成模型。

图 12-75　捕捉圆心　　　　　　　图 12-76　定位旋转轴

Step 14 设置系统变量 FACETRES 的值设置为 10，然后对旋转后的模型进行消隐显示，结果如图 12-78 所示。

图 12-77　旋转结果

图 12-78　消隐结果

Step 15 恢复为线框显示，然后使用快捷键 F 激活"圆角"命令，选择如图 12-79 所示的棱边进行圆角，圆角半径为 1.5，圆角结果如图 12-80 所示。

图 12-79　选择棱边

图 12-80　圆角结果

Step 16 使用快捷键 HI 激活"消隐"命令，结果如图 12-81 所示。

Step 17 单击"实体"选项卡→"实体编辑"面板→"拉伸面"按钮，对零件模型进行实体编辑，命令行操作如下。

```
命令: _solidedit
实体编辑自动检查: SOLIDCHECK=1
输入实体编辑选项 [面(F)/边(E)/体(B)/放弃(U)/退出(X)] <退出>: _face
输入面编辑选项[拉伸(E)/移动(M)/旋转(R)/偏移(O)/倾斜(T)/删除(D)/复制(C)/颜色
(L)/材质(A)/放弃(U)/退出(X)] <退出>: _extrude
选择面或 [放弃(U)/删除(R)]:                 //选择如图 12-82 所示拉伸面
```

图 12-81　消隐结果

图 12-82　选择拉伸面

```
选择面或 [放弃(U)/删除(R)/全部(ALL)]:      //Enter
指定拉伸高度或 [路径(P)]:                   //8 Enter
指定拉伸的倾斜角度 <15>:                     //30 Enter
已开始实体校验
已完成实体校验
输入面编辑选项[拉伸(E)/移动(M)/旋转(R)/偏移(O)/倾斜(T)/删除(D)/复制(C)/颜色
(L)/材质(A)/放弃(U)/退出(X)] <退出>:        //Enter
实体编辑自动检查: SOLIDCHECK=1
输入实体编辑选项 [面(F)/边(E)/体(B)/放弃(U)/退出(X)] <退出>:
                                //Enter，结束命令，拉伸结果如图 12-83 所示
```

Step 18 对模型进行概念着色，然后单击"实体编辑"面板上的按钮，激活"偏移面"命令，对柱形孔进行偏移，命令行操作如下。

```
命令：_solidedit
实体编辑自动检查：SOLIDCHECK=1
输入实体编辑选项 [面(F)/边(E)/体(B)/放弃
(U)/退出(X)] <退出>：_face
输入面编辑选项[拉伸(E)/移动(M)/旋转(R)/偏
移(O)/倾斜(T)/删除(D)/复制(C)/颜色(L)/材质
(A)/放弃(U)/退出(X)] <退出>：_offset
选择面或 [放弃(U)/删除(R)]：          //选择如图12-84所示的柱孔面
选择面或 [放弃(U)/删除(R)/全部(ALL)]：   //Enter
指定偏移距离：                        //2 Enter
已开始实体校验
已完成实体校验
输入面编辑选项[拉伸(E)/移动(M)/旋转(R)/偏移(O)/倾斜(T)/删除(D)/复制(C)/颜色
(L)/材质(A)/放弃(U)/退出(X)] <退出>：   //Enter
实体编辑自动检查：SOLIDCHECK=1
输入实体编辑选项 [面(F)/边(E)/体(B)/放弃(U)/退出(X)] <退出>：
                                     //Enter，偏移结果如图12-85所示
```

图 12-83　拉伸结果

图 12-84　选择柱孔面

图 12-85　偏移结果

Step 19 使用快捷键 C 激活"圆"命令，以圆孔上表面圆心作为圆心，绘制半径为 13.5 的圆，如图 12-86 所示。

Step 20 单击"实体"选项卡→"实体编辑"面板→"压印"按钮 ，将圆图形压印到实体表面上，命令行操作如下。

```
命令：_imprint
选择三维实体或曲面：                  //选择实体模型
选择要压印的对象：                    //选择半径为13.5的圆
是否删除源对象 [是(Y)/否(N)] <N>：  //y Enter
选择要压印的对象：                    //Enter，结束命令，压印结果如图12-87所示
```

图 12-86　绘制结果

图 12-87　压印结果

Step 21 单击"实体"选项卡→"实体编辑"面板→"拉伸面"按钮 ，对压印后产生的表面进行拉伸，命令行操作如下。

```
命令：_solidedit
```

实体编辑自动检查：SOLIDCHECK=1

输入实体编辑选项 [面(F)/边(E)/体(B)/放弃(U)/退出(X)] <退出>：_face

输入面编辑选项[拉伸(E)/移动(M)/旋转(R)/偏移(O)/倾斜(T)/删除(D)/复制(C)/颜色

(L)/材质(A)/放弃(U)/退出(X)] <退出>：_extrude

　　选择面或 [放弃(U)/删除(R)]：　　　　　　　　//选择如图12-88所示拉伸面

　　选择面或 [放弃(U)/删除(R)/全部(ALL)]：　　//Enter

　　指定拉伸高度或 [路径(P)]：　　　　　　　　//-5 Enter

　　指定拉伸的倾斜角度 <30>：　　　　　　　　//0 Enter

　　已开始实体校验

　　已完成实体校验

输入面编辑选项[拉伸(E)/移动(M)/旋转(R)/偏移(O)/倾斜(T)/删除(D)/复制(C)/颜色

(L)/材质(A)/放弃(U)/退出(X)] <退出>：　　　　//Enter

实体编辑自动检查：SOLIDCHECK=1

输入实体编辑选项 [面(F)/边(E)/体(B)/放弃(U)/退出(X)] <退出>：

　　　　　　　　　　　　　　　//Enter，拉伸结果如图12-89所示

　　图 12-88　选择拉伸面　　　　　　　　图 12-89　拉伸结果

Step 22 参照第 18～21 操作步骤，综合使用"偏移面"、"压印"、"拉伸面"等命令，编辑右侧的孔结构，结果如图 12-90 所示。

图 12-90　编辑结果

Step 23 使用快捷键 R 激活"旋转"命令，对模型进行旋转，命令行操作如下。

命令：_rotate

UCS 当前的正角方向：ANGDIR=逆时针　ANGBASE=0

选择对象：　　　　　　　　　　　　　//旋转图12-90所示的模型

选择对象：　　　　　　　　　　　　　//Enter

指定基点：　　　　　　　　　　　　　//捕捉如图12-91所示的圆心

指定旋转角度，或 [复制(C)/参照(R)] <0>：//22.5 Enter，旋转结果如图12-92所示

　　图 12-91　捕捉圆心　　　　　　　　图 12-92　旋转结果

```
命令：_rotate
UCS 当前的正角方向：ANGDIR=逆时针  ANGBASE=0
选择对象：                         //旋转图 12-92 所示的模型
选择对象：                         //Enter
指定基点：                         //捕捉如图 12-93 所示的圆心
指定旋转角度，或[复制(C)/参照(R)] <23>：//C Enter
旋转一组选定对象
指定旋转角度，或 [复制(C)/参照(R)] <23>：//-45 Enter，旋转结果如图 12-94 所示
```

图 12-93　捕捉圆心

图 12-94　旋转结果

Step 24 执行"并集"命令，对图 12-94 所示的模型进行并集，结果如图 12-95 所示。

Step 25 执行"二维线框"命令，将着色方式设置为二维线框，如图 12-96 所示。

图 12-95　并集结果

图 12-96　线框着色

Step 26 单击"实体"选项卡→"实体编辑"面板→"圆角边"按钮，设置圆角半径为7.5，创建如图 12-97 所示的两处圆角。

Step 27 单击"实体"选项卡→"实体编辑"面板→"圆角边"按钮，设置圆角半径为5，创建左右两侧的两处圆角，结果如图 12-98 所示。

图 12-97　圆角结果

图 12-98　圆角结果

Step 28 使用快捷键 VS 激活"视觉样式"命令，对模型进行概念着色，结果如图 12-99 所示。

Step 29 单击"常用"选项卡→"修改"面板→"三维旋转"按钮，将零件模型进行三维旋转，命令行操作过程如下。

```
命令：_3drotate
UCS 当前的正角方向：ANGDIR=逆时针  ANGBASE=0
选择对象：                         //选择如图 12-99 所示的对象
```

选择对象：	//Enter，结束选择
指定基点：	//捕捉如图 12-100 所示的圆心
拾取旋转轴：	//在如图 12-101 所示方向上单击左键，定位旋转轴
指定角的起点或输入角度：	//-90 Enter，结束命令，旋转结果如图 12-102 所示
正在重生成模型	

图 12-99　着色效果

图 12-100　捕捉圆心

图 12-101　拾取旋转轴

图 12-102　旋转结果

Step 30 执行"保存"命令，将当前图形另名存储为"上机实训.dwg"。

12.5　小结与练习

12.5.1　小结

本章主要详细讲述了三维模型的基本操作功能和实体面、边的修改编辑功能，并通过众多详细的实例，对本章重点知识进行了剖析和引导。通过本章的学习，应了解和掌握如下知识。

（1）三维操作。了解和掌握模型的空间阵列、空间镜像、空间旋转、对齐、移动以及实体的边角细化功能。

（2）面的拉伸与移动。掌握实体面的高度拉伸和路径拉伸功能，掌握使用面的移动功能进行更改面孔等的尺寸与位置。

（3）面的偏移与旋转。掌握如何通过面的偏移功能更改实体面的尺寸及孔槽的大小等，通过面旋转功能更改实体面的角度。

（4）面的锥化。掌握如何通过面锥化功能更改实体面的倾斜角度。

（5）边的编辑。掌握复制边、压印边、倒角边以及圆角边等工具的操作方法。

12.5.2 练习

1. 综合运用所学知识，根据零件二视图制作零件实体造型，如图 12-103 所示。

图 12-103 练习一

2. 综合运用所学知识，根据零件二视图制作零件实体造型，如图 12-104 所示。

图 12-104 练习二

第四篇　实用技能篇

扫描二维码，观看视频

建议 WiFi 情况下观看

第13章

制作机械设计绘图样板

样板文件就是包含一定的绘图环境和专业参数的设置，但并未绘制图形对象的空白文件，当将此空白文件保存为".dwt"格式后就成为样板图文件。用户在样板文件的基础上开始绘图，能够避免许多参数的重复性设置，使绘制的图形更符合规范、更标准，保证图面质量。本章通过制作机械绘图样板文件，学习绘图样板的具体内容和相关参数的具体设置过程。

内容要点

◆ 样板的制作思路　　　　　　　　　◆ 上机实训一——设置机械样板绘图环境
◆ 上机实训二——设置机械样板图层与特性　◆ 上机实训三——设置机械样板文字样式
◆ 上机实训四——绘制机械样板尺寸样式　　◆ 上机实训五——机械绘图样板的页面布局

13.1 样板的制作思路

样板文件的制作思路如下。

◇ 设置工程样板图的绘图环境，具体有图形界限、图形单位、单位精度、捕捉模式、追踪模式以及常用变量的设置等。

◇ 为样板图设置多种不同图层以及图层颜色、线型、线宽及打印等特性，以便组织复杂的图形。

◇ 为样板设置常用样式，如文字样式、尺寸样式等。

◇ 为样板进行页面布局及配置图框。

◇ 最后将包含各种变量参数的文件进行样板存储。

13.2 上机实训一——设置机械样板绘图环境

下面开始设置工程样板文件。首先为样板图设置图形界限、图形单位、捕捉追踪以及常用系统变量等绘图环境，操作步骤如下。

Step 01 执行"新建"命令，在打开的对话框中选择如图 13-1 所示的基础样板，新建空白文件。

Step 02 选择菜单栏"格式"→"单位"命令，在打开的如图 13-2 所示的"图形单位"对话框中设置长度、角度等参数。

图 13-1 选择样板

图 13-2 "图形单位"对话框

Step 03 选择菜单栏"格式"→"图形界限"命令，设置默认作图区域，命令行操作如下。

```
命令: '_limits
重新设置模型空间界限:
指定左下角点或 [开(ON)/关(OFF)] <0.0,0.0>: //Enter，以原点作为左下角点
指定右上角点 <420.0,297.0>:              //210,297 Enter，采用默认设置
```

Note

小技巧

设置图形界限时，只需定位左下角点和右上角点即可。当设置好图形界限之后，必须使用全部缩放功能，将图形界限最大化显示，否则所设置的图形界限没有意义。

Step 04 选择菜单栏"视图" → "缩放" → "全部"命令，将设置的图形界限进行最大化显示。

Step 05 单击"工具"菜单中的"绘图设置"命令，启用状态栏上的"对象捕捉"和追踪功能。

小技巧

如果用户需要使用极轴或动态输入等功能，可以分别展开"极轴追踪"和"动态输入"等选项卡，进行各种参数的设置。

Step 06 由于线型比例的原因，有些线型可能显示不出自身的特点，此时可以使用系统变量 LTSCALE 调整线型的显示比例，命令行操作如下。

```
命令:_ltscale                    //Enter，激活系统变量
输入新线型比例因子 <1.0000>:      //Enter，输入线型的比例
```

Step 07 使用系统变量 DIMSCALE 可以设置和调整尺寸标注样式的比例，命令行操作如下。

```
命令:_dimscale                   //Enter，激活此系统变量
输入 DIMSCALE 的新值 <1>:         //Enter，输入尺寸比例
```

Step 08 使用系统变量 MIRRTEXT 可以设置镜像文字的可读性，命令行操作如下。

```
命令:_mirrtext                   //Enter，激活此系统变量
输入 MIRRTEXT 的新值 <0>:         //Enter，采用默认设置
```

小技巧

当变量 MIRRTEXT 值为 0 时，镜像后的文字具有可读性；当变量 MIRRTEXT 为 1 时，镜像后的文字不可读，如图 13-3 所示。

图 13-3　文字镜像示例

Step 09 在绘图过程中经常需要引用一些属性块，属性值的输入一般有"对话框"和"命令行"两种方式，而用于控制这两种方式的为变量 ATTDIA 的值，命令行操作如下。

```
命令: ATTDIA                     // Enter 激活此系统变量
输入 ATTDIA 的新值 <0>:           //1 Enter，将此变量值设置为1
```

小技巧

当变量 ATTDIA=0 时，系统将以"命令行"形式提示输入属性值；当 ATTDIA=1 时，系统将以"对话框"形式提示输入属性值。

Step 10 执行"保存"命令，将当前文件命名存储为"上机实训一.dwg"。

13.3　上机实训二——设置机械样板图层与特性

　　接下来为机械样板设置常用的图层及图层特性，以方便用户对复杂的图形资源进行组织、规划和控制等，操作步骤如下。

Step 01 继续上节操作，或者打开随书光盘中的"\效果文件\第 13 章\上机实训一.dwg"文件。

Step 02 单击"图层"面板→"图层特性"按钮 🔳，打开"图层特性管理器"对话框，创建一个名为"轮廓线"的图层，如图 13-4 所示。

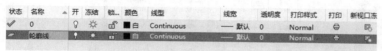

图 13-4　新建图层

Step 03 重复第 2 操作步骤，分别创建"标注线、波浪线、点画线、隐藏线、剖面线、细实线、中心线"等常用图层，结果如图 13-5 所示。

图 13-5　创建新图层

Step 04 单击"点画线"图层，在如图 13-6 所示的颜色图标上单击左键，打开"选择颜色"对话框。

图 13-6　修改图层颜色

379

Step 05 在"选择颜色"对话框中选择"红色"作为图层的颜色，如图 13-7 所示，单击 确定 按钮关闭对话框。

Step 06 重复第 5 操作步骤，分别设置其他图层的颜色，结果如图 13-8 所示。

图 13-7 "选择颜色"对话框　　　　　　　　图 13-8 设置图层颜色

Step 07 单击"点画线"图层，在如图 13-9 位置上单击左键，打开"选择线型"对话框。

图 13-9 指定单击位置

Step 08 单击 加载(L)... 按钮，在弹出的"加载或重载线型"对话框中选择如图 13-10 所示的线型进行加载。

Step 09 单击 确定 按钮返回"选择线型"对话框，结果线型被加载到"选择线型"对话框内，如图 13-11 所示。

图 13-10 "加载或重载线型"对话框　　　　图 13-11 "选择线型"对话框

Step 10 选择加载的线型，单击 确定 按钮，将此线型赋给"点画线"图层，结果如图 13-12 所示。

Step 11 重复第 7~10 操作步骤，分别为其他图层设置线型，结果如图 13-13 所示。

图 13-12　设置图层线型

状态	名称	▲	开	冻结	锁...	颜色	线型	线宽	透明度	打印样式	打印	新视口冻
✓	0		♀	☼	🔓	■白	Continuous	— 默认	0	Normal	⊖	🔳
✍	标注线		♀	☼	🔓	■150	Continuous	— 默认	0	Normal	⊖	🔳
✍	波浪线		♀	☼	🔓	■82	Continuous	— 默认	0	Normal	⊖	🔳
✍	点画线		♀	☼	🔓	■红	ACAD_ISO04W100	— 默认	0	Normal	⊖	🔳
✍	轮廓线		♀	☼	🔓	■白	Continuous	— 默认	0	Normal	⊖	🔳
✍	剖面线		♀	☼	🔓	■82	Continuous	— 默认	0	Normal	⊖	🔳
✍	细实线		♀	☼	🔓	■白	Continuous	— 默认	0	Normal	⊖	🔳
✍	隐藏线		♀	☼	🔓	■洋红	HIDDEN2	— 默认	0	Normal	⊖	🔳
✍	中心线		♀	☼	🔓	■红	CENTER2	— 默认	0	Normal	⊖	🔳

图 13-13　设置线型

⠿ 小技巧

在选择多种线型时，需要按住 Ctrl 键。另外，AutoCAD 为用户提供了多种线型，在默认情况下仅显示"连续实线"线型，当用户需要设置其他线型时，必须先加载所需线型。

Step 12　选择"轮廓线"图层将其激活，在如图 13-14 所示的位置上单击左键，打开"线宽"对话框。

Step 13　在打开的"线宽"对话框中选择 0.30mm 线宽，如图 13-15 所示。

图 13-14　指定单击位置

图 13-15　选择线宽

Step 14　单击"线宽"对话框中的 ▭ 确定 ▭ 按钮，将此线宽赋给"轮廓线"图层，结果如图 13-16 所示。

状态	名称	▲	开	冻结	锁...	颜色	线型	线宽	透明度	打印样式	打印	新视口冻
✓	0		♀	☼	🔓	■白	Continuous	— 默认	0	Normal	⊖	🔳
✍	标注线		♀	☼	🔓	■150	Continuous	— 默认	0	Normal	⊖	🔳
✍	波浪线		♀	☼	🔓	■82	Continuous	— 默认	0	Normal	⊖	🔳
✍	点画线		♀	☼	🔓	■红	ACAD_ISO04W100	— 默认	0	Normal	⊖	🔳
✍	轮廓线		♀	☼	🔓	■白	Continuous	— 0.30...	0	Normal	⊖	🔳
✍	剖面线		♀	☼	🔓	■82	Continuous	— 默认	0	Normal	⊖	🔳
✍	细实线		♀	☼	🔓	■白	Continuous	— 默认	0	Normal	⊖	🔳
✍	隐藏线		♀	☼	🔓	■洋红	HIDDEN2	— 默认	0	Normal	⊖	🔳
✍	中心线		♀	☼	🔓	■红	CENTER2	— 默认	0	Normal	⊖	🔳

图 13-16　设置线宽

::::: 小技巧

在日常的工程制图中，引用的图层及图层名非常多，并且很复杂，而本例则通过设置一些简单、常规的图层，主要引导读者学习层及层特性的设置方法和快速设置技巧。

Step 15 将当前文件另名存储为"上机实训二.dwg"。

13.4 上机实训三——设置机械样板文字样式

在机械制图中，为了控制零件图中数字、字母和汉字等的外观显示效果，需要为其统一设置文字样式，操作步骤如下。

Step 01 继续上节操作，或者打开随书光盘中的"\效果文件\第13章\上机实训二.dwg"文件。

Step 02 单击"注释"面板→"文字样式"按钮 A，执行"文字样式"命令，打开"文字样式"对话框。

Step 03 单击 新建(N)... 按钮，在打开的"新建文字样式"对话框中为新样式赋名，如图13-17所示。

Step 04 单击 确定 按钮返回"文字样式"对话框，然后展开"字体"下拉列表框，设置文字样式的字体为 isocp.shx，在"效果"选项组中设置文字的倾斜角度为15，如图13-18所示。

图 13-17　为新样式赋名　　　　　　　　　　　图 13-18　设置新样式

Step 05 其他参数采用默认设置，单击 应用(A) 按钮，完成新样式的设置过程。

Step 06 参照上述操作步骤，设置一种名为"仿宋"的文字样式，参数的设置如图13-19所示。

Step 07 参照上述操作步骤，设置一种名为"字母与文字"的文字样式，参数的设置如图13-20所示。

图 13-19　设置"仿宋"样式

图 13-20　设置"字母与文字"样式

Step 08 选择"数字和字母"文字样式，单击 置为当前(C) 按钮，将其设为当前样式。

Step 09 将当前文件另名存储为"上机实训三.dwg"。

13.5　上机实训四——设置机械样板尺寸样式

13.4 节学习了文字样式的设置过程，本节主要学习机械制图中尺寸标注样式的具体设置过程，操作步骤如下。

Step 01 继续上节操作，或者打开随书光盘中的"\效果文件\第 13 章\上机实训三.dwg"文件。

Step 02 单击"注释"面板上的"标注样式"按钮 ，打开"标注样式管理器"对话框，如图 13-21 所示。

Step 03 单击 新建(N)... 按钮，打开"创建新标注样式"对话框，为新样式赋名，如图 13-22 所示。

图 13-21　"标注样式管理器"对话框

图 13-22　为新样式赋名

Step 04 单击 继续 按钮，打开"新建标注样式：机械样式"对话框，在"线"选项卡内设置基线间距、起点偏移量等参数，如图 13-23 所示。

Step 05 展开"符号和箭头"选项卡，设置尺寸的箭头、大小以及圆心标记类型等参数，如图 13-24 所示。

图 13-23　设置"线"参数　　　　　　　图 13-24　设置"符号和箭头"参数

Step 06 展开"文字"选项卡，设置文字的样式、颜色、大小等参数，如图 13-25 所示。

Step 07 展开"调整"选项卡，设置尺寸元素的位置及比例等，如图 13-26 所示。

图 13-25　设置文字参数　　　　　　　图 13-26　"调整"选项卡

Step 08 展开"主单位"选项卡，设置尺寸线型参数以及角度标注参数，如图 13-27 所示。

Step 09 单击 确定 按钮返回"标注样式管理器"对话框，结果新设置的尺寸样式出现在此对话框中，如图 13-28 所示。

图 13-27　"主单位"选项卡　　　　　　图 13-28　"标注样式管理器"对话框

Step 10 单击 置为当前(U) 按钮，将"机械样式"设置为当前样式，同时关闭对话框。

Step 11 将文件另名存储为"上机实训四.dwg"。

13.6　上机实训五——机械绘图样板的页面布局

当设置好绘图环境以及所需样式等内容后，接下来为样板进行打印页面的布局及图表框的配置，以体现出样板文件的完整性和方便图纸的后期输出，操作步骤如下。

Step 01 继续上节操作，或者打开随书光盘中的"\效果文件\第 13 章\上机实训四.dwg"文件。

Step 02 单击绘图区底部的"布局 1"标签，进入到如图 13-29 所示的布局空间。

图 13-29　布局空间

Step 03 选择菜单栏"文件"→"页面设置管理器"命令，打开如图 13-30 所示的"页面设置管理器"对话框。

Step 04 单击 新建(N)... 按钮，打开"新建页面设置"对话框，为新页面赋名，如图 13-31 所示。

图 13-30　"页面设置管理器"对话框　　　　图 13-31　为新页面赋名

Note

Step 05 单击 确定(O) 按钮进入"页面设置-布局 1"对话框，然后设置打印设备、图纸尺寸、打印样式、打印比例等各页面参数，如图 13-32 所示。

Step 06 单击 确定 按钮返回"页面设置管理器"对话框，将刚设置的新页面设置为当前。

Step 07 单击 关闭(C) 按钮，关闭"页面设置管理器"对话框，新布局的页面设置效果如图 13-33 所示。

图 13-32 设置页面参数　　　　　　　　　　　图 13-33 页面设置效果

Step 08 使用"删除"命令，选择布局内的矩形视口边框进行删除，结果如图 13-34 所示。

Step 09 单击"块"面板上的"插入块"按钮 🔳，执行"插入块"命令，插入随书光盘中的"\图块文件\A4-V.dwg"文件，并设置块参数如图 13-35 所示。

图 13-34 删除默认视口

图 13-35 设置块参数

Step 10 单击 确定 按钮，结果 A4-V 图表框被插入到当前布局中的原点位置上，如图 13-36 所示。

图 13-36　插入结果

Step 11 单击绘图区下侧的"模型"标签，恢复到模型空间。

Step 12 执行"另存为"命令，在打开的对话框中设置文件的存储类型和文件名，如图 13-37 所示。

Step 13 单击 保存(S) 按钮，打开"样板选项"对话框，输入"A4-V 幅面的公制单位样板文件"，如图 13-38 所示。

图 13-37　"图形另存为"对话框

图 13-38　"样板选项"对话框

Step 14 单击 确定 按钮，结果创建了制图样板文件，保存于 AutoCAD 安装目录下的 Template 文件夹目录下。

Step 15 使用"另存为"命令，将文件另名存储为"上机实训五.dwg"。

13.7 小结与练习

13.7.1 小结

本章在简单了解机械制图规范以及样板文件的概念及功能等知识的前提下，详细讲述了机械图样板文件的制作过程和制作技巧。另外，本章在制作过程中仅起到抛砖引玉的作用，样板文件中相关参数的设置并不是固定不变的，读者可以根据自己所要绘制的专业图形来设置样板文件中的各种变量。

13.7.2 练习

参照本章 A4-V 幅面的样板的制作过程，运用相关知识，制作并保存 A3-H 幅面的绘图样板。

第14章

绘制轴套类零件图

本章在概述轴套类零件理论知识的前提下，通过绘制连接轴零件与连接套零件视图，主要学习机械轴套类零件的具体绘制过程和相关绘图技巧。

内容要点

◆ 轴套类零件概述
◆ 轴套类零件设计效果
◆ 轴套类零件设计思路
◆ 轴套类零件设计过程

14.1 轴套类零件概述

轴套类零件是机器中经常遇到的典型零件之一，此类零件多用来支承安装回转体零件、传递动力或对别的零件进行定位等，其基本形状多是轴向尺寸较长的圆柱体，且大多数是由几个不同直径的阶台形圆柱体组成的。

另外，为了与所配零件联接，在此类零件上一般都带有各种槽、孔、螺纹角、圆角、锥度等结构。

● 轴套类零件视图表达

由于轴套类零件的形体比较简单，一般将其轴线水平放置，用一个主视图即可，这样既符合形体特征原则，又符合加工位置原则。对于凸轮轴和曲轴等，由于它们的主要工作面不与主轴线对称，因此需要增加其他视图。

当使用一个主视图对零件上的一些结构（如油槽、键槽等）表达不清楚，而增加视图又没有必要时，可以采用剖面、局部剖视、局剖视图等方法进行表达。此种视图的表达方式，是绘制轴套类零件常用的方式。

● 轴套类零件尺寸标注

尺寸标注与零件的加工方法、制造成本密切相关。由于轴套类零件一般在车床上加工制成，结合其在部件上的功能，常以轴线、轴肩面或端面作为基准。具体标注尺寸时，可采用以下三种形式。

 ◇ 并联式。零件中同一方向的尺寸，从一基准出发进行标注。
 ◇ 串联式。零件中同一方向的尺寸，逐段连续标注，前一个尺寸的终结面为后一个尺寸的基准。
 ◇ 混合式。零件上同一方向的尺寸，同时采用并联和串联两种形式。

14.2 轴套类零件设计效果

● 轴类零件效果

本例通过绘制连接轴零件主视图与系列辅助视图，主要学习轴类零件视图的绘制方法和具体的绘制过程。连接轴零件的最终效果如图 14-1 所示。

● 套类零件效果

本例通过绘制连接套零件的主视图和剖视图，主要学习连接套类零件图的绘制方法和具体的绘制过程。连接套零件的最终效果如图 14-2 所示。

图 14-1　轴类零件效果

图 14-2　套类零件效果

14.3　轴套类零件设计思路

● **轴零件设计思路**

✧ 调用"机械样板.dwt"样板文件。

✧ 使用"矩形"、"直线"命令配合"捕捉自"功能绘制主视图。

✧ 使用"倒角"、"偏移"、"圆角"、"修剪"命令对主视图进行修整和完善。

✧ 使用"偏移"、"圆"、"修剪"、"图案填充"等命令绘制 A-A 断面图。

✧ 使用"拉长"、"偏移"、"圆"等命令绘制 B-B 断面图。

✧ 使用"直线"、"圆"、"偏移"、"修剪"、"拉长"等命令绘制 C-C 剖视图。

✧ 使用"直线"、"偏移"、"圆"、"图案填充"、"环形阵列"等命令绘制 D-D 剖面图。

✧ 使用"保存"命令将图形命名存盘。

● **连接套零件设计思路**

✧ 调用"机械样板.dwt"样板文件。

◆ 使用"构造线"、"偏移"、"修剪"命令绘制视图定位辅助线。

◆ 使用"偏移"、"线型"、"圆"命令绘制零件主视图。

◆ 使用"构造线"、"修剪"、"倒角"等命令绘制剖视图。

◆ 使用"图案填充"命令绘制填充剖面线。

◆ 使用"保存"命令将图形命名存盘。

14.4 轴套类零件设计过程

下面将详细学习连接轴零件和连接套类零件等各种视图的绘制方法和绘制技巧，具体内容如下。

14.4.1 上机实训一——绘制轴零件主视图

本小节主要学习连接轴零件主视图的绘制过程和相关绘图技巧，具体操作步骤如下。

Step 01 执行"新建"命令，调用随书光盘中的"\样板文件\机械样板.dwt"文件 。

Step 02 使用快捷键 Z 激活"视图缩放"功能，将当前视图的高度调整为 300 个绘图单位。

Step 03 展开"图层"面板上的"图层控制"列表，将"轮廓线"设置为当前图层，如图 14-3 所示。

Step 04 选择菜单栏"格式"→"线宽"功能，在打开的"线宽设置"对话框中设置线宽如图 14-4 所示。

图 14-3 "图层控制"列表   图 14-4 "线宽设置"对话框

Step 05 选择菜单栏"绘图"→"矩形"命令，绘制长为 35、宽为 26 的矩形。

Step 06 重复执行"矩形"命令，配合"捕捉自"和端点捕捉功能，绘制其他位置的矩形轮廓线。命令行操作如下：

```
命令: _rectang
指定第一个角点或 [倒角(C)/标高(E)/圆角(F)/厚度(T)/宽度(W)]: //激活"捕捉自"功能
_from 基点:                        //捕捉刚绘制的矩形右下角点
<偏移>:                           //@22.5,-17 Enter
指定另一个角点或 [面积(A)/尺寸(D)/旋转(R)]:
```

```
                                     //@25,60 Enter，结束命令，结果如图 14-5 所示
命令：_rectang                         //Enter
指定第一个角点或 [倒角(C)/标高(E)/圆角(F)/厚度(T)/宽度(W)]：//激活"捕捉自"功能
_from 基点：                           //捕捉刚绘制的矩形右下角点
 <偏移>：                              //@4,-7.5 Enter
指定另一个角点或 [面积(A)/尺寸(D)/旋转(R)]：//@10,75 Enter，结果如图 14-6 所示
```

图 14-5　绘制结果

图 14-6　绘制结果

```
命令：_rectang                         //Enter
指定第一个角点或 [倒角(C)/标高(E)/圆角(F)/厚度(T)/宽度(W)]：//激活"捕捉自"功能
_from 基点：                           //捕捉刚绘制的矩形右下角点
 <偏移>：                              //@33.5,10.25 Enter
指定另一个角点或 [面积(A)/尺寸(D)/旋转(R)]：
 //@122.5,54.5 Enter，结束命令，绘制结果如图 14-7 所示
命令：_rectang                         //Enter
指定第一个角点或 [倒角(C)/标高(E)/圆角(F)/厚度(T)/宽度(W)]：//激活"捕捉自"功能
_from 基点：                           //捕捉刚绘制的矩形右下角点
 <偏移>：                              //@23,6Enter
指定另一个角点或 [面积(A)/尺寸(D)/旋转(R)]：
                                     //@15,42.5 Enter，结束命令，结果如图 14-8 所示
```

图 14-7　绘制结果

图 14-8　绘制结果

```
命令：_rectang                         / Enter
指定第一个角点或 [倒角(C)/标高(E)/圆角(F)/厚度(T)/宽度(W)]：//激活"捕捉自"功能
_from 基点：                           //捕捉刚绘制的矩形右下角点
 <偏移>：                              //@5,1.75Enter
指定另一个角点或 [面积(A)/尺寸(D)/旋转(R)]：
                                     //@18,39 Enter，绘制结果如图 14-9 所示
```

图 14-9　绘制结果

```
命令：_rectang                         //Enter
指定第一个角点或 [倒角(C)/标高(E)/圆角(F)/厚度(T)/宽度(W)]：//激活"捕捉自"功能
```

```
_from 基点：                              //捕捉刚绘制的矩形右下角点
  <偏移>：                               //@0,8.5Enter
指定另一个角点或 [面积(A)/尺寸(D)/旋转(R)]：
                                        //@22.5,22 Enter，绘制结果如图 14-10 所示
```

图 14-10　绘制结果

Step 07 将各矩形分解，然后配合中点捕捉和"对象追踪"功能，在"中心线"图层内绘制如图 14-11 所示的中心线。

图 14-11　绘制中心线

Step 08 选择菜单栏"修改"→"偏移"命令，将水平中心线进行对称偏移，命令行操作如下。

```
命令：_offset
当前设置：删除源=否  图层=源  OFFSETGAPTYPE=0
指定偏移距离或 [通过(T)/删除(E)/图层(L)] <通过>：   //11.5 Enter
选择要偏移的对象，或 [退出(E)/放弃(U)] <退出>：     //选择水平中心线
指定要偏移的那一侧上的点，或 [退出(E)/多个(M)/放弃(U)] <退出>：
                                              //在中心线上侧拾取一点
选择要偏移的对象，或 [退出(E)/放弃(U)] <退出>：     //选择水平中心线
指定要偏移的那一侧上的点，或 [退出(E)/多个(M)/放弃(U)]<退出>：
                                              //在中心线上侧拾取一点
选择要偏移的对象，或 [退出(E)/放弃(U)] <退出>：     //Enter
命令：_offset                                  //Enter
当前设置：删除源=否  图层=源  OFFSETGAPTYPE=0
指定偏移距离或 [通过(T)/删除(E)/图层(L)] <11.5>：  17.5 Enter
选择要偏移的对象，或 [退出(E)/放弃(U)] <退出>：     //选择水平中心线
指定要偏移的那一侧上的点，或 [退出(E)/多个(M)/放弃(U)] <退出>：
                                              //在中心线上侧拾取一点
选择要偏移的对象，或 [退出(E)/放弃(U)] <退出>：     //选择水平中心线
指定要偏移的那一侧上的点，或 [退出(E)/多个(M)/放弃(U)] <退出>：
                                              //在中心线上侧拾取一点
选择要偏移的对象，或 [退出(E)/放弃(U)] <退出>：     //Enter，结果如图 14-12 所示
```

图 14-12　偏移结果

Step **09** 选择菜单栏"修改"→"延伸"命令,以两侧的水平中心线作为边界,对垂直轮廓线 1 进行两端延伸,结果如图 14-13 所示。

图 14-13　延伸结果

Step **10** 选择菜单栏"修改"→"修剪"命令,以两条垂直轮廓线 1 和 2 作为边界,对偏移出的四条水平中心线进行修剪,结果如图 14-14 所示。

图 14-14　修剪结果

Step **11** 选择菜单栏"修改"→"偏移"命令,将水平中心线进行对称偏移 27、27.5、28 个绘图单位,结果如图 14-15 所示。

图 14-15　偏移结果

Step **12** 选择菜单栏"修改"→"修剪"命令,以图 14-15 所示的垂直轮廓线 1 和 2 作为边界,对两侧的水平中心线进行修剪,结果如图 14-16 所示。

Step **13** 选择菜单栏"修改"→"修剪"命令,以图 14-15 所示的垂直轮廓线 3 和 2 作为边界,对两侧的水平中心线进行修剪,结果如图 14-17 所示。

图 14-16　修剪结果

图 14-17　修剪结果

Step **14** 选择菜单栏"修改"→"圆角"命令,对图 14-17 所示的四条轮廓线进行编辑,命令行操作如下。

```
命令: _fillet
当前设置: 模式 = 修剪, 半径 = 0.0
选择第一个对象或 [放弃(U)/多段线(P)/半径(R)/修剪(T)/多个(M)]://m Enter
```

选择第一个对象或 [放弃(U)/多段线(P)/半径(R)/修剪(T)/多个(M)]:
　　　　　　　　　　　　　　　　//在水平中心线1的左端单击

选择第二个对象，或按住 Shift 键选择对象以应用角点或 [半径(R)]:
　　　　　　　　　　　　　　　　//在垂直轮廓线3的上端单击

选择第一个对象或 [放弃(U)/多段线(P)/半径(R)/修剪(T)/多个(M)]:
　　　　　　　　　　　　　　　　//在垂直轮廓线3的下端单击

选择第二个对象，或按住 Shift 键选择对象以应用角点或 [半径(R)]:
　　　　　　　　　　　　　　　　//在水平中心线4的左端单击

选择第一个对象或 [放弃(U)/多段线(P)/半径(R)/修剪(T)/多个(M)]://Enter

⠿ 小技巧

在圆角半径为0的情况下对两条图线圆角，圆角的结果是使两图线垂直相交于一点。此种技巧是常用的一种操作技巧。

命令:_fillet　　　　　　　　　　　　　　　　//Enter
当前设置: 模式 = 修剪, 半径 = 0.0
选择第一个对象或 [放弃(U)/多段线(P)/半径(R)/修剪(T)/多个(M)]: //t Enter
输入修剪模式选项 [修剪(T)/不修剪(N)] <修剪>: 　　//N Enter
选择第一个对象或 [放弃(U)/多段线(P)/半径(R)/修剪(T)/多个(M)]: //r Enter
指定圆角半径 <0.0>: 　　　　　　　　　　//1 Enter
选择第一个对象或 [放弃(U)/多段线(P)/半径(R)/修剪(T)/多个(M)]: //m Enter
选择第一个对象或 [放弃(U)/多段线(P)/半径(R)/修剪(T)/多个(M)]:
　　　　　　　　　　　　　　　　//在水平中心线1的左端单击

选择第二个对象，或按住 Shift 键选择对象以应用角点或 [半径(R)]:
　　　　　　　　　　　　　　　　//在垂直轮廓线2的上端单击

选择第一个对象或 [放弃(U)/多段线(P)/半径(R)/修剪(T)/多个(M)]:
　　　　　　　　　　　　　　　　//在垂直轮廓线2的下端单击

选择第二个对象，或按住 Shift 键选择对象以应用角点或 [半径(R)]:
　　　　　　　　　　　　　　　　//在水平中心线4的左端单击

选择第一个对象或 [放弃(U)/多段线(P)/半径(R)/修剪(T)/多个(M)]:
　　　　　　　　　　　　　　　　//Enter，圆角结果如图14-18所示

Step 15　选择菜单栏"修改"→"修剪"命令，以圆角后产生的两条圆弧作为边界，对两侧的水平中心线进行修剪，结果如图14-19所示。

图14-18　圆角结果

图14-19　修剪结果

Step 16 选择菜单栏"修改"→"偏移"命令，将水平中心线进行对称偏移 22.5、18.5、3 个绘图单位，将垂直轮廓线 1 向右偏移 21 个绘图单位，结果如图 14-20 所示。

图 14-20　偏移结果

Step 17 选择菜单栏"修改"→"修剪"命令，以图 14-20 所示的垂直轮廓线 1、2 和 3 作为边界，对两侧的水平中心线进行修剪；以垂直轮廓线 4 和 3 作为边界，对内部的两条水平中心线进行修剪，结果如图 14-21 所示。

Step 18 选择菜单栏"修改"→"偏移"命令，将水平中心线进行对称偏移 17、18 个绘图单位，结果如图 14-22 所示。

图 14-21　修剪结果　　　　　　　　　图 14-22　偏移结果

Step 19 选择菜单栏"修改"→"修剪"命令，以图 14-22 所示的垂直轮廓线 2、3 作为边界，对外侧的水平中心线进行修剪；以垂直轮廓线 1 和 2 作为边界，对偏移出的另外两条水平中心线进行修剪，结果如图 14-23 所示。

图 14-23　修剪结果

Step 20 使用夹点编辑功能对垂直轮廓线 1 进行缩短，对水平中心线 2、3、4、5 进行拉长 1.2 个单位，结果如图 14-24 所示。

图 14-24　编辑结果

Step 21 夹点显示图 14-24 所示的各位置的水平轮廓线，修改其图层为"轮廓线"图层，结果如图 14-25 所示。

图 14-25　更改图层

Step 22 单击"修改"面板→"倒角"按钮，对轮廓线进行倒角细化，命令行操作过程如下。

```
命令: _chamfer
("不修剪"模式) 当前倒角距离 1 = 0.0, 距离 2 = 0.0
选择第一条直线或 [放弃(U)/多段线(P)/距离(D)/角度(A)/修剪(T)/方式(E)/多个(M)]:
                                          //T Enter
输入修剪模式选项 [修剪(T)/不修剪(N)] <不修剪>:    //T Enter
选择第一条直线或 [放弃(U)/多段线(P)/距离(D)/角度(A)/修剪(T)/方式(E)/多个(M)]:
                                          //A Enter
指定第一条直线的倒角长度 <0.0>:              //1 Enter
指定第一条直线的倒角角度 <0>:                //45 Enter
选择第一条直线或 [放弃(U)/多段线(P)/距离(D)/角度(A)/修剪(T)/方式(E)/多个(M)]:
                                          //m Enter

选择第一条直线或 [放弃(U)/多段线(P)/距离(D)/角度(A)/修剪(T)/方式(E)/多个(M)]:
                              //在垂直轮廓线 1 的上端单击左键
选择第二条直线, 或按住 Shift 键选择直线以应用角点或 [距离(D)/角度(A)/方法(M)]:
                              //在水平轮廓线 2 的左端单击左键
选择第一条直线或 [放弃(U)/多段线(P)/距离(D)/角度(A)/修剪(T)/方式(E)/多个(M)]:
                              //在垂直轮廓线 1 的下端单击左键
选择第二条直线, 或按住 Shift 键选择直线以应用角点或 [距离(D)/角度(A)/方法(M)]:
                              //在水平轮廓线 3 的左端单击左键
选择第一条直线或 [放弃(U)/多段线(P)/距离(D)/角度(A)/修剪(T)/方式(E)/多个(M)]:
                              //在垂直轮廓线 5 的下端单击左键
选择第二条直线, 或按住 Shift 键选择直线以应用角点或 [距离(D)/角度(A)/方法(M)]:
                              //在水平轮廓线 6 的右端单击左键
选择第一条直线或 [放弃(U)/多段线(P)/距离(D)/角度(A)/修剪(T)/方式(E)/多个(M)]:
                              //在垂直轮廓线 5 的上端单击左键
选择第二条直线, 或按住 Shift 键选择直线以应用角点或 [距离(D)/角度(A)/方法(M)]:
                              //在水平轮廓线 4 的右端单击左键
选择第一条直线或 [放弃(U)/多段线(P)/距离(D)/角度(A)/修剪(T)/方式(E)/多个(M)]:
                              //在垂直轮廓线 8 的上端单击左键
选择第二条直线, 或按住 Shift 键选择直线以应用角点或 [距离(D)/角度(A)/方法(M)]:
                              //在水平轮廓线 7 的右端单击左键
选择第一条直线或 [放弃(U)/多段线(P)/距离(D)/角度(A)/修剪(T)/方式(E)/多个(M)]:
                              //在垂直轮廓线 8 的下端单击左键
选择第二条直线, 或按住 Shift 键选择直线以应用角点或 [距离(D)/角度(A)/方法(M)]:
                              //在水平轮廓线 9 的右端单击左键
选择第一条直线或 [放弃(U)/多段线(P)/距离(D)/角度(A)/修剪(T)/方式(E)/多个(M)]:
                              //在垂直轮廓线 c 的下端单击左键
选择第二条直线, 或按住 Shift 键选择直线以应用角点或 [距离(D)/角度(A)/方法(M)]:
                              //在水平轮廓线 b 的右端单击左键
选择第一条直线或 [放弃(U)/多段线(P)/距离(D)/角度(A)/修剪(T)/方式(E)/多个(M)]:
                              //在垂直轮廓线 c 的上端单击左键
```

选择第二条直线，或按住 Shift 键选择直线以应用角点或 [距离(D)/角度(A)/方法(M)]：
　　　　　　　　　　　　　　　　　　　　//在水平轮廓线 a 的右端单击左键

选择第一条直线或 [放弃(U)/多段线(P)/距离(D)/角度(A)/修剪(T)/方式(E)/多个(M)]：
　　　　　　　　　　　　　　　//Enter，结束命令，圆角结果如图 14-26 所示

图 14-26　倒角结果

▒▒▒ 小技巧

在对轮廓线进行倒角时，需要注意倒角线的选择顺序。不同的选择顺序，倒角的结果是不同的。

Step 23 使用快捷键 L 激活"直线"命令，配合端点和垂足点捕捉功能，绘制倒角位置的垂直轮廓线，结果如图 14-27 所示。

图 14-27　绘制结果

Step 24 选择菜单栏"修改"→"圆角"命令，对图 14-27 所示的轮廓线 1、2、3、4、5 和 6 进行圆角，命令行操作如下。

命令：_fillet
当前设置：模式 = 修剪，半径 = 1.0
选择第一个对象或 [放弃(U)/多段线(P)/半径(R)/修剪(T)/多个(M)]：　//t Enter
输入修剪模式选项 [修剪(T)/不修剪(N)] <修剪>：　　　　　　　　　//N Enter
选择第一个对象或 [放弃(U)/多段线(P)/半径(R)/修剪(T)/多个(M)]：　//m Enter
选择第一个对象或 [放弃(U)/多段线(P)/半径(R)/修剪(T)/多个(M)]：
　　　　　　　　　　　　　　　　//在垂直轮廓线 1 的上端单击左键
选择第二个对象，或按住 Shift 键选择对象以应用角点或 [半径(R)]：
　　　　　　　　　　　　　　　　//在水平轮廓线 3 的右端单击左键
选择第一个对象或 [放弃(U)/多段线(P)/半径(R)/修剪(T)/多个(M)]：
　　　　　　　　　　　　　　　　//在垂直轮廓线 1 的下端单击左键
选择第二个对象，或按住 Shift 键选择对象以应用角点或 [半径(R)]：
　　　　　　　　　　　　　　　　//在水平轮廓线 2 的右端单击左键
选择第一个对象或 [放弃(U)/多段线(P)/半径(R)/修剪(T)/多个(M)]：
　　　　　　　　　　　　　　　　//在垂直轮廓线 4 的下端单击左键
选择第二个对象，或按住 Shift 键选择对象以应用角点或 [半径(R)]：
　　　　　　　　　　　　　　　　//在水平轮廓线 6 的右端单击左键

选择第一个对象或 [放弃(U)/多段线(P)/半径(R)/修剪(T)/多个(M)]:
　　　　　　　　　　　　　　//在垂直轮廓线 4 的上端单击左键
选择第二个对象，或按住 Shift 键选择对象以应用角点或 [半径(R)]:
　　　　　　　　　　　　　　//在水平轮廓线 5 的右端单击左键
选择第一个对象或 [放弃(U)/多段线(P)/半径(R)/修剪(T)/多个(M)]:
　　　　　　　　　　　　　　//Enter，结束命令，圆角结果如图 14-28 所示

Step 25 使用快捷键 TR 激活"修剪"命令，以圆角后产生的四条圆弧作为边界，对图 14-28 所示的轮廓线 1、2、3 和 4 进行修剪，结果如图 14-29 所示。

图 14-28　圆角结果　　　　　　　　　　　　　　　图 14-29　修剪结果

Step 26 调整视图，使图形完全显示，结果如图 14-30 所示。

图 14-30　主视图最终效果

Step 27 使用"多段线"命令在"轮廓线"图层内绘制如图 14-31 所示的剖面符号和键槽轮廓线。

图 14-31　绘制结果

至此，连接轴零件主视图绘制完毕，下一小节将学习各类辅助视图的具体绘制过程。

14.4.2　上机实训二——绘制轴零件辅助视图

绘制 A-A 断面图。

Step 01 继续上节操作，并将"中心线"设置为当前图层。

Step 02 选择菜单栏"绘图"→"构造线"命令，绘制两条相互垂直的构造

线，作为定位辅助线，如图 14-32 所示。

Step 03 将"轮廓线"设置为当前图层。

Step 04 选择菜单栏"修改"→"偏移"命令，对两条构造线进行对称偏移 15 个单位，并使偏移出的构造线位于"轮廓线"图层上，结果如图 14-33 所示。

图 14-32　绘制构造线　　　　　　　　　图 14-33　偏移构造线

⊞ 小技巧

巧妙使用"偏移"命令中的"图层"选项，可以控制偏移对象的所在层。如果使偏移出的对象位于源图层，此时可以激活"源"次选项功能；如果使偏移出的对象位于当前图层，此时可以激活"当前"次选项。

Step 05 使用快捷键 C 激活"圆"命令，以构造线的交点作为圆心，绘制直径为 35 的圆，结果如图 14-34 所示。

Step 06 使用快捷键 TR 激活"修剪"命令，以偏移出的四条构造线作为边界，对圆进行修剪，结果如图 14-35 所示。

图 14-34　绘制圆　　　　　　　　　　图 14-35　修剪圆

Step 07 重复执行"修剪"命令，以修剪后产生的四条圆弧作为边界，对构造线进行修剪，修剪结果如图 14-36 所示。

Step 08 重复执行"修剪"命令，以修剪后产生的四条直线段作为边界，对中心线进行修剪，修剪结果如图 14-37 所示。

Step 09 使用快捷键 LEN 激活"拉长"命令，对中心线进行两端拉长 4.5 个单位，结果如图 14-38 所示。

图 14-36　修剪构造线　　　图 14-37　修剪结果　　　图 14-38　拉长结果

Step 10 将"剖面线"设置为当前图层，然后使用快捷键 H 激活"图案填充"命令，并激活"图案填充和渐变色"对话框，设置填充图案及填充参数如图 14-39 所示，为断面图填充如图 14-40 所示的剖面线。

图 14-39 设置填充图案及参数　　　　图 14-40 填充结果

绘制 B-B 剖面图。

Step 11 将"中心线"设置为当前图层，然后选择菜单栏"绘图"→"直线"命令，绘制两条相互垂直的直线作为中心线，如图 14-41 所示。

Step 12 将"轮廓线"设置为当前图层。

Step 13 使用快捷键 C 激活"圆"命令，以中心线的交点作为圆心，绘制直径为 55 的轮廓圆，如图 14-42 所示。

Step 14 使用快捷键 O 激活"偏移"命令，将水平中心线对称偏移 7 个单位，将垂直中心线对称偏移 20.5 个单位，结果如图 14-43 所示。

图 14-41 绘制中心线　　　图 14-42 绘制轮廓圆　　　图 14-43 偏移结果

Step 15 使用快捷键 TR 激活"修剪"命令，以偏移出的两条垂直图线和轮廓圆作为边界，对水平图线和中心线进行修剪，结果如图 14-44 所示。

Step 16 重复执行"修剪"命令，以四条水平图线作为边界，对垂直图线和轮廓圆进行修剪，结果如图 14-45 所示。

Step 17 使用快捷键 LEN 激活"拉长"命令，将两条中心线向两端拉长 4.5 个单位，结果如图 14-46 所示。

图 14-44 修剪结果　　　图 14-45 修剪结果　　　图 14-46 拉长结果

小技巧

在偏移中心线时，要注意当前的偏模式，当前的图层模式需要设为"当前"。

Step 18 将"剖面线"设置为当前图层，然后使用快捷键 H 激活"图案填充"命令，设置填充图案及填充参数如图 14-47 所示，为断面图填充如图 14-48 所示的剖面线。

图 14-47　设置填充图案及参数

图 14-48　填充结果

绘制 C-C 剖视图。

Step 19 将"中心线"设置为当前图层，然后绘制两条相互垂直的直线作为中心线，如图 14-49 所示。

Step 20 将"轮廓线"设置为当前图层，然后以中心线的交点作为圆心，绘制直径分别为 38.5 和 42.5 的两个同心轮廓圆，如图 14-50 所示。

图 14-49　绘制中心线

图 14-50　绘制轮廓圆

Step 21 使用快捷键"O"激活"偏移"命令，将垂直中心线向右偏移 16.8 个单位，将水平中心线对称偏移 3 个单位，结果如图 14-51 所示。

小技巧

在偏移中心线时，要注意当前的偏模式，当前的图层模式需要设为"图层=当前"。

Step 22 使用快捷键 TR 激活"修剪"命令，选择如图 14-52 所示的两条边作为边界，对内侧的圆进行修剪，并将修剪后产生的圆弧放到"细实线"图层上，结果如图 14-53 所示。

Step 23 重复执行"修剪"命令，以如图 14-54 所示的图线作为边界，对水平图线和中心线进行修剪，结果如图 14-55 所示。

Step 24 重复执行"修剪"命令，以修剪后产生的两条水平图线作为边界，对垂直图线进行修剪，结果如图 14-56 所示。

图 14-51　偏移结果

图 14-52　选择边界

图 14-53　修剪结果

图 14-54　选择边界

图 14-55　修剪结果

图 14-56　修剪结果

Step 25 将"剖面线"设置为当前图层，然后使用快捷键 H 激活"图案填充"命令，设置填充图案及填充参数如图 14-57 所示，为断面图填充如图 14-58 所示的剖面线。

Step 26 使用快捷键 LEN 激活"拉长"命令，将两条中心线分别向两端拉长 4.5 个单位，结果如图 14-59 所示。

图 14-57　设置填充图案及参数

图 14-58　填充结果

图 14-59　拉长结果

绘制 D-D 断面图。

Step 27 将"中心线"设置为当前图层，然后绘制两条相互垂直的直线作为中心线，如图 14-60 所示。

Step 28 将"轮廓线"设置为当前图层，然后绘制直径为 36 和 39 的两个同心轮廓圆，如图 14-61 所示。

Step 29 使用快捷键 O 执行"偏移"命令，对垂直中心线对称偏移 3 个单位，结果如图 14-62 所示。

图 14-60　绘制中心线

图 14-61　绘制同心圆

图 14-62　偏移结果

Step 30 使用快捷键 TR 执行"修剪"命令，对轮廓圆和中心线进行修剪，结果如图 14-63 所示。

Step 31 使用快捷键 AR 执行"环形阵列"命令，框选如图 14-64 所示的对象阵列 10 份，结果如图 14-65 所示。

图 14-63 修剪圆

图 14-64 窗口选择

图 14-65 阵列结果

Step 32 执行修剪命令，以阵列出的图线作为边界，对内侧的圆弧进行修剪，结果如图 14-66 所示。

Step 33 使用快捷键 LEN 执行"拉长"命令，将两条中心线分别向两端拉长 4.5 个单位，结果如图 14-67 所示。

Step 34 将"剖面线"设置为当前图层，然后使用"图案填充"命令，为断面图填充如图 14-75 所示的剖面线，填充图案为 ANSI31，填充比例为 1.4。

图 14-66 修剪结果

图 14-67 拉长结果

图 14-68 填充结果

至此，连接轴零件辅助视图绘制完毕，下一小节将学习连接轴零件尺寸的具体标注技能。

14.4.3 上机实训三——为轴类零件图标注尺寸

Step 01 继续上节操作，并将"标注线"设置为当前图层。

Step 02 选择菜单栏"标注"→"标注样式"命令，将"机械样式"样式设置为当前样式，并修改基线间距为 6、标注比例为 1.2。

Step 03 选择菜单栏"标注"→"线性"命令，配合捕捉与追踪功能标注第一个尺寸对象，命令行操作如下。

```
命令: _dimlinear
指定第一个尺寸界线原点或 <选择对象>:         //捕捉如图 14-69 所示的端点
指定第二条尺寸界线原点:                       //捕捉如图 14-70 所示的端点
指定尺寸线位置或[多行文字(M)/文字(T)/角度(A)/水平(H)/垂直(V)/旋转(R)]:
```

//向下引导光标，在适当位置拾取一点，结果如图 14-71 所示

图 14-69　捕捉端点　　　　图 14-70　定位第二原点　　　　图 14-71　标注结果

Step 04 选择菜单栏"标注"→"基线"命令，继续标注零件图的基线尺寸，命令行操作如下。

```
命令：_dimbaseline
指定第二条尺寸界线原点或 [放弃(U)/选择(S)] <选择>：//捕捉如图 14-72 所示的端点
标注文字 = 61.5
指定第二条尺寸界线原点或 [放弃(U)/选择(S)] <选择>：//捕捉如图 14-73 所示的端点
标注文字 = 96.5
指定第二条尺寸界线原点或 [放弃(U)/选择(S)] <选择>：//Enter，退出基线标注状态
选择基准标注：                              //Enter，标注结果如图 14-74 所示
```

图 14-72　捕捉端点　　　　　　　　　　图 14-73　捕捉端点

图 14-74　标注结果

Step 05 选择菜单栏"标注"→"连续"命令，选择上侧尺寸作为基准尺寸，标注如图 14-75 所示的连续尺寸。

图 14-75　标注结果

Step 06 参照上述操作，综合使用"线性"、"连续"等命令分别标注其他位置的线性尺寸，标注结果如图 14-76 所示。

图 14-76　标注其他尺寸

Step 07 设置"角度标注"为当前标注样式，同时修改标注比例为 1.2，然后选择菜单栏"标注"→"直径"命令，为零件图标注直径尺寸，命令行操作如下。

命令：_dimradius
选择圆弧或圆：　　　　　　　　　　　　　　　　　　　//选择如图 14-77 所示的圆弧
标注文字 = 35
指定尺寸线位置或 [多行文字(M)/文字(T)/角度(A)]：
　　　　　　　　　　　　　　　　　　　　　　　//拾取点，标注结果如图 14-78 所示

Step 08 使用快捷键 LE 激活"快速引线"命令，或配合端点捕捉功能标注倒角尺寸，结果如图 14-79 所示。

图 14-77　选择圆弧

图 14-78　标注结果

图 14-79　标注结果

Step 09 选择菜单栏"标注"→"半径"命令，标注零件图的圆角尺寸，命令行操作如下。

命令：_dimradius
选择圆弧或圆：　　　　　　　　　　　　　　　　　　　//选择如图 14-80 所示的圆弧
标注文字 = 1
指定尺寸线位置或 [多行文字(M)/文字(T)/角度(A)]：//Enter，结果如图 14-81 所示

图 14-80　选择圆弧

图 14-81　标注结果

小技巧

在标注直径尺寸和半径尺寸时，需要使用"角度标注"标注样式。

至此，连接轴零件图中的各类尺寸标注完毕，下一小节将学习连接轴零件图尺寸公差和形位公差的标注技巧。

14.4.4 上机实训四——为轴类零件图标注公差

Step 01 继续上节操作。

Step 02 选择菜单栏"标注"→"线性"命令，配合端点捕捉功能标注零件的尺寸公差，命令行操作如下。

```
命令：_dimlinear
指定第一个尺寸界线原点或 <选择对象>：        //捕捉如图 14-82 所示的端点
指定第二条尺寸界线原点：                    //捕捉如图 14-83 所示的端点
```

图 14-82 捕捉端点   图 14-83 捕捉端点

```
指定尺寸线位置或[多行文字(M)/文字(T)/角度(A)/水平(H)/垂直(V)/旋转(R)]：
//MEnter，打开"文字编辑器"选项卡面板
```

Step 03 在标注文字左侧添加直径符号，在右侧输入公差后缀 "-0.14^-0.63"，如图 14-84 所示。

Step 04 选择公差后缀后单击"堆叠"按钮 $\frac{b}{a}$，使尺寸后缀进行堆叠，结果如图 14-85 所示。

图 14-84 添加尺寸后缀   图 14-85 堆叠结果

Step 05 返回绘图区指定尺寸线位置，然后参照第 2~4 操作步骤，使用"线性"和"直径"命令标注右侧的尺寸公差，标注结果如图 14-86 所示。

图 14-86　标注其他尺寸公差

Step **06** 标注形位公差。使用快捷键 LE 激活"快速引线"命令，配合最近点捕捉功能标注零件图的形位公差，命令行操作如下。

命令：_qleader
指定第一个引线点或 [设置(S)] <设置>：
//SEnter，在打开的"引线设置"对话框中设置参数，如图 14-87 和图 14-88 所示

图 14-87　设置"注释"参数

图 14-88　设置"引线和箭头"参数

Step **07** 单击 [　确定　] 按钮，然后根据命令行的提示标注零件图的形位公差，命令行操作如下。

指定第一个引线点或 [设置(S)] <设置>：　//捕捉如图 14-89 所示的最近点
指定下一点：　　　　　　　　　　　　　　//在上侧适当位置定位第二引线点
指定下一点：　//在左侧适当位置定位第三引线点，打开"形位公差"对话框

Step **08** 在"形位公差"对话框中单击"符号"颜色块，从打开的"特征符号"对话框中单击如图 14-90 所示的公差符号。

图 14-89　定位第一引线点

图 14-90　"特征符号"对话框

Step 09 此时返回"形位公差"对话框，在"公差 1"选项组中单击颜色块，添加直径符号，然后设置其他参数，如图 14-91 所示。

图 14-91　设置公差符号与值

Step 10 单击 确定 按钮，关闭"形位公差"对话框，结果如图 14-92 所示。

图 14-92　标注结果

　　至此，连接轴零件图尺寸公差与形位公差标注完毕，下一小节将学习连接轴零件图表面粗糙度和基准代号等内容的具体标注过程。

14.4.5　上机实训五——为轴类零件标注粗糙度

Step 01 继续上节操作。

Step 02 设置"细实线"为当前层，然后使用快捷键 I 执行"插入块"命令，采用默认参数插入随书光盘中的"\图块文件\粗糙度.dwg"属性块，结果如图 14-93 所示。

Step 03 使用快捷键 I 执行"插入块"命令，设置旋转角度为 90，插入左侧的"粗糙度"属性块，属性值为 3.2，结果如图 14-94 所示。

图 14-93　插入结果

图 14-94　插入结果

Step 04 重复执行"插入块"命令，配合"旋转"和"复制"命令，分别标注轴零件其他位置的粗糙度，结果如图 14-95 所示。

图 14-95 标注其他粗糙度

Step 05 执行"单行文字"命令，设置字体高度为 4.5，为零件图标注字母符号，如图 14-96 所示。

图 14-96 标注结果

Step 06 使用快捷键 I 执行"插入块"命令，采用默认参数插入随书光盘中的"\图块文件\ 基准代号.dwg"属性块，结果如图 14-97 所示。

Step 07 执行"保存"命令，将图形另名存储为"绘制连接轴零件图.dwg"。

图 14-97 标注基准代号

14.4.6 上机实训六——绘制连接套零件主视图

本小节主要学习连接套零件主视图的绘制过程和相关绘图技巧，具体操作步骤如下。

Step 01 执行"新建"命令，调用随书光盘中的"\样板文件\机械样板.dwt"文件。

Step 02 使用快捷键 LT 激活"线型"命令，设置线型比例为2。

Step 03 将"中心线"设置为当前图层，然后绘制两条相互垂直的构造线作为视图中心线。

Step 04 使用快捷键 C 激活"圆"命令，以构造线的交点作为圆心，绘制直径为 138 的中心圆，结果如图 14-98 所示。

Step 05 将"轮廓线"设置为当前图层，然后以构造线的交点作为圆心，绘制直径为 170、84、80 和 62 的四个同心圆，如图 14-99 所示。

图 14-98　绘制中心线与中心圆

图 14-99　绘制同心轮廓圆

Step 06 重复执行"圆"命令，配合交点捕捉功能绘制半径为 7 的小圆，绘制结果如图 14-100 所示。

Step 07 使用快捷键 AR 执行"环形阵列"命令，以如图 14-101 所示圆心作为阵列中心点，将刚绘制的小圆进行环形阵列 6 份，结果如图 14-102 所示。

图 14-100　绘制结果

图 14-101　捕捉圆心

Step 08 将"隐藏线"设置为当前图层，然后以构造线的交点作为圆心，绘制直径为 100 和 70 的同心圆，如图 14-103 所示。

Step 09 展开"图层"面板中的"图层控制"下拉列表，将"中心线"设置为当前图层。

Step 10 使用快捷键 L 激活"直线"命令，配合捕捉或追踪功能，绘制小圆的垂直中心线，其夹点效果如图 14-104 所示。

图 14-102　阵列结果

图 14-103　绘制结果

图 14-104　编辑结果

Step 11 使用快捷键 AR 激活"环形阵列"命令，捕捉如图 14-105 所示的交点作为阵列中心点，对刚绘制的圆孔中心线进行环形阵列 6 份，阵列结果如图 14-106 所示。

Step 12 在无命令执行的前提下夹点显示如图 14-107 所示的两条垂直中心线，然后按Delete键进行删除。

图 14-105　捕捉交点　　　　图 14-106　阵列结果　　　　图 14-107　夹点效果

　　至此，连接套零件主视图绘制完毕，下一小节将学习连接套零件剖视图的具体绘制过程。

14.4.7　上机实训七——绘制连接套零件剖视图

Step 01 继续上节操作。

Step 02 展开"图层"面板中的"图层控制"下拉列表，将"轮廓线"设为当前图层。

Step 03 使用快捷键 XL 激活"构造线"命令，配合对象捕捉功能，根据视图间的对正关系绘制如图 14-108 所示的五条构造线。

Step 04 选择菜单栏"修改"→"偏移"命令，将垂直的构造线向左偏移 247 和 225 个单位，结果如图 14-109 所示。

图 14-108　绘制构造线　　　　　　　　图 14-109　偏移结果

Step 05 选择菜单栏"修改"→"修剪"命令，对偏移出的构造线进行修剪，编辑出主视图外部结构轮廓，结果如图 14-110 所示。

Step 06 使用快捷键 XL 激活"构造线"命令，配合对象捕捉功能，根据视图间的对正关系绘制如图 14-111 所示的五条构造线。

Step 07 选择菜单栏"修改"→"偏移"命令，将最左侧的垂直的轮廓线向右偏移 60 个单位，将最右侧的垂直的轮廓线向左偏移 58 和 88 个单位，结果如图 14-112 所示。

Step 08 选择菜单栏"修改"→"修剪"命令，对构造线进行修剪，编辑出内部的台阶孔结构，结果如图 14-113 所示。

图 14-110　修剪结果　　　　　　　　　图 14-111　绘制构造线

图 14-112　偏移结果　　　　　　　　　图 14-113　修剪结果

Step 09 选择菜单栏"修改"→"倒角"命令，创建台阶孔两端的倒角，命令行操作如下。

```
命令: _chamfer
("修剪"模式) 当前倒角距离 1 = 0.0, 距离 2 = 0.0
选择第一条直线或 [放弃(U)/多段线(P)/距离(D)/角度(A)/修剪(T)/方式(E)/多个(M)]:
                                      //t Enter, 激活"修剪"选项
输入修剪模式选项 [修剪(T)/不修剪(N)] <修剪>:  //N Enter
选择第一条直线或 [放弃(U)/多段线(P)/距离(D)/角度(A)/修剪(T)/方式(E)/多个(M)]:
//a Enter, 激活"角度"选项
指定第一条直线的倒角长度 <0.0>:    //2 Enter
指定第一条直线的倒角角度 <0>:     //45 Enter
选择第一条直线或 [放弃(U)/多段线(P)/距离(D)/角度(A)/修剪(T)/方式(E)/多个(M)]:
 //m Enter, 激活"多个"选项
选择第一条直线或 [放弃(U)/多段线(P)/距离(D)/角度(A)/修剪(T)/方式(E)/多个(M)]:
                                 //在图 14-114 所示轮廓线 1 的上端单击
选择第二条直线, 或按住 Shift 键选择直线以应用角点或 [距离(D)/角度(A)/方法(M)]:
                                 //在轮廓线 2 的左端单击
选择第一条直线或 [放弃(U)/多段线(P)/距离(D)/角度(A)/修剪(T)/方式(E)/多个(M)]:
                                 //在轮廓线 3 的右端单击
选择第二条直线, 或按住 Shift 键选择直线以应用角点或 [距离(D)/角度(A)/方法(M)]:
                                 //在轮廓线 4 的上端单击
选择第一条直线或 [放弃(U)/多段线(P)/距离(D)/角度(A)/修剪(T)/方式(E)/多个(M)]:
                                 //Enter, 倒角结果如图 14-115 所示
```

Step 10 使用快捷键 TR 激活"修剪"命令，以刚创建的两条倒角线作为边界，对内部的水平轮廓线进行修剪，结果如图 14-116 所示。

Step 11 使用快捷键 L 激活"直线"命令，配合捕捉和追踪功能绘制倒角位置的垂直轮廓线，结果如图 14-117 所示。

图 14-114 指定倒角线 图 14-115 倒角结果

图 14-116 修剪结果 图 14-117 绘制结果

Step 12 使用快捷键 XL 激活"构造线"命令，配合对象捕捉功能，根据视图间的对正关系绘制如图 14-118 所示的三条水平构造线。

图 14-118 绘制构造线

Step 13 使用快捷键 TR 激活"修剪"命令，对三条构造线进行修剪，结果如图 14-119 所示。

Step 14 使用夹点拉伸功能适当调整通孔位置的中心线长度，结果如图 14-120 所示。

图 14-119 修剪结果 图 14-120 调整结果

Step 15 使用快捷键 S 执行"拉伸"命令，对轮廓线进行拉伸编辑，命令行操作如下。

```
命令:_stretch
以交叉窗口或交叉多边形选择要拉伸的对象...
选择对象:                          //窗交选择如图 14-121 所示的图线
```

415

```
选择对象:                              //Enter
指定基点或 [位移(D)] <位移>:           //拾取任一点
指定第二个点或 <使用第一个点作为位移>: //@-4,0 Enter
命令:_stretch
以交叉窗口或交叉多边形选择要拉伸的对象...
选择对象:                              //窗交选择如图14-122所示的图线
选择对象:                              //Enter
指定基点或 [位移(D)] <位移>:           //拾取任一点
指定第二个点或 <使用第一个点作为位移>://@-4,0 Enter,拉伸结果如图14-123所示
```

图 14-121　窗交选择

图 14-122　窗交选择

Step 16 使用快捷键 MI 激活"镜像"命令，对通孔和台阶孔结构进行镜像，结果如图 14-124 所示。

图 14-123　拉伸结果

图 14-124　镜像结果

Step 17 使用快捷键 H 执行"图案填充"命令，并激活"图案填充和渐变色"对话框，设置填充图案与参数如图 14-125 所示，为主视图填充如图 14-126 所示的剖面线。

图 14-125　设置填充图案与参数

图 14-126　填充结果

Step 18 重复执行"图案填充"命令，设置填充图案与参数如图 14-127 所示，为主视图填

充如图 14-128 所示的剖面线。

Step 19 使用快捷键 TR 执行"修剪"命令，对构造线进行修剪，将其转化为视图的中心线，结果如图 14-129 所示。

Step 20 使用快捷键 LEN 执行"拉长"命令，将视图中心线分别向两端拉伸 14 个单位，结果如图 14-130 所示。

Note

图 14-127　设置填充图案与参数

图 14-128　填充结果

图 14-129　修剪结果

图 14-130　拉长结果

Step 21 执行"保存"命令，将图形另名存储为"绘制连接套零件图.dwg"。

14.5 小结与练习

14.5.1 小结

在机械制造业中，轴套类零件起着支撑和传递运动的重要作用，本章通过典型的操作实例，从视图的选择定位，到各视图的绘制、编辑和完善，综合多种制图命令，详细讲述了轴套类零件的常规绘制方法、绘制技巧和具体的绘制过程。在绘制此类零件时，一般需要根据图形的结构采用恰当的绘制方式，以降低图形的绘制难度，这是编辑图形细节的关键。

14.5.2 练习

综合所学知识，绘制并标注如图 14-131 所示的传动轴零件视图。

图 14-131 练习题

第15章

绘制盘盖类零件图

本章在概述盘盖类零件理论知识的前提下，通过绘制法兰盘零件与压盖零件视图，主要学习机械盘盖类零件图的具体绘制过程和相关绘图技巧。

内容要点

- ◆ 盘盖类零件概述
- ◆ 盘盖类零件设计效果
- ◆ 盘盖类零件设计思路
- ◆ 盘盖类零件设计过程

15.1　盘盖类零件概述

盘盖类零件一般是沿着轴线方向长度较短的回转体，或几何形状比较简单的板状体。根据此类零件在设备中的功能和作用，常有孔、肋、辐板、辐条等结构，有不少零件还常有键槽、销孔、螺纹等结构。

● 盘盖类零件视图表达

盘盖类零件一般使用两个基本视图，一个表示其形体特征，一个表示其宽度（厚度）。哪一个作为主视图，要根据具体情况而定。

从加工角度考虑，由于盘盖类零件多在车床上加工，所以常把轴线水平位置、表示其宽度的视图作为主视图；但根据形体特征，又常把轴线垂直于正投影面的视图作为主视图。

不论主视图如何确定，沿轴线水平放置的视图，一般都采用全剖视或半剖视的方法，以显示其内部结构。

● 盘盖类零件尺寸标注

根据盘盖零件的形体特征，径向（或高度方向）尺寸一般是以轴线为基准；轴向（宽度方向）尺寸常以具有精度要求高的端面（或结合面）为基准，且多采用并联式标注尺寸。

为了图面清晰和便于看图，径向尺寸又多集中标注在非圆视图上，内外尺寸分别标注在视图两侧。均匀分布的孔的定位尺寸，常标注直径或角度，定形尺寸多用旁注方法。

15.2　盘盖类零件设计效果

● 盘类零件效果

本例通过绘制法兰盘零件主视图与左视图，主要学习盘类零件视图的绘制方法和具体的绘制技巧，法兰盘零件的最终效果如图 15-1 所示。

图 15-1　法兰盘零件效果

● **盖类零件效果**

　　本例章通过绘制压盖零件的主视图与俯视图，主要学习盖类零件视图的绘制方法和具体的绘制技巧。压盖零件视图的最终效果如图 15-2 所示。

图 15-2　阀盖零件效果

15.3　盘盖类零件设计思路

● **盘零件设计思路**

✧　调用"机械样板.dwt"样板文件，并简单设置绘图环境。
✧　使用"构造线"命令绘制二视图定位线。
✧　使用"圆"、"阵列"命令绘制法兰盘左视图。
✧　使用"偏移"、"修剪"、"圆角"、"镜像"命令绘制主视图外部结构。
✧　使用"偏移"、"构造线"、"修剪"、"镜像"命令绘制主视图内部结构。
✧　使用"图案填充"命令绘制剖面线。
✧　使用"拉长"命令绘制二视图中心线。
✧　使用"保存"命令将图形存盘。

● **盖零件设计思路**

✧　调用"机械样板.dwt"样板文件，并简单设置绘图环境。
✧　使用"构造线"、"偏移"命令绘制定位中心线。
✧　使用"圆"、"环形阵列"、"修剪"等命令绘制压盖俯视图。
✧　使用"构造线"、"修剪"、"图案填充"等命令绘制压盖主视图。
✧　使用"修剪"、"拉长"命令编辑完善二视图中心线。
✧　使用"保存"命令将图形存盘。

15.4 盘盖类零件设计过程

下面将详细学习法兰盘零件和压盖零件等各种视图的绘制方法和绘制技巧，具体内容如下。

15.4.1 上机实训———绘制盘类零件左视图

Step 01 执行"新建"命令，以随书光盘中的"\样板文件\机械样板.dwt" 作为基础样板，新建空白文件。

Step 02 启用状态栏上的"极轴追踪"和"对象捕捉"功能，并设置捕捉模式和追踪模式，如图 15-3 所示。

Step 03 选择菜单栏"格式"→"线宽"命令，开启线宽的显示功能，如图 15-4 所示。

图 15-3　设置捕捉追踪模式　　　　　　　　图 15-4　开启线宽功能

Step 04 使用快捷键 Z 激活"视图缩放"功能，将当前视图高度调整为 100 个单位，命令行操作如下。

```
命令:_zoom                                        //Enter
指定窗口的角点，输入比例因子 (nX 或 nXP)，或者[全部(A)/中心(C)/动态(D)/范围(E)/
上一个(P)/比例(S)/窗口(W)/对象(O)] <实时>:         //c Enter
指定中心点：                                       //Enter
输入比例或高度 <102.7>:                            //100 Enter
```

Step 05 使用快捷键 LA 激活"图层"命令，在打开的"图层特性管理器"对话框中双击"中心线"，将其设置为当前操作层，如图 15-5 所示。

Step 06 使用快捷键 LT 执行"线型"命令，在打开的"线型管理器"对话框中设置线型比例，如图 15-6 所示。

Step 07 选择菜单栏"绘图"→"构造线"命令，绘制如图 15-7 所示的构造线作为两视图定位辅助线。

图 15-5 "图层特性管理器"对话框

图 15-6 "线型管理器"对话框

图 15-7 绘制辅助线

Step 08 使用快捷键 LA 执行"图层"命令，设置"轮廓线"作为当前图层。

Step 09 单击"绘图"面板→"圆"按钮⊙，绘制左视图中的同心轮廓圆，命令行操作如下。

```
命令: _circle
指定圆的圆心或 [三点(3P)/两点(2P)/切点、切点、半径(T)]:  //捕捉右侧构造线的交点
指定圆的半径或 [直径(D)]:          //d Enter
指定圆的直径:                     //9 Enter
命令:_circle                     //Enter
指定圆的圆心或 [三点(3P)/两点(2P)/切点、切点、半径(T)]:  //@ Enter
指定圆的半径或 [直径(D)] <4.5>:   //d Enter
指定圆的直径 <9.0>:               //13 Enter
命令:_circle                     //Enter
指定圆的圆心或 [三点(3P)/两点(2P)/切点、切点、半径(T)]:  //@ Enter
指定圆的半径或 [直径(D)] <6.5>:   //d Enter
指定圆的直径 <13.0>:              //14.8 Enter
命令:_circle                     //Enter
指定圆的圆心或 [三点(3P)/两点(2P)/切点、切点、半径(T)]:  //@ Enter
指定圆的半径或 [直径(D)] <7.4>:   //d Enter
指定圆的直径 <14.8>:              //26.4 Enter
命令:_circle                     //Enter
指定圆的圆心或 [三点(3P)/两点(2P)/切点、切点、半径(T)]:  //@ Enter
指定圆的半径或 [直径(D)] <13.2>:  //d Enter
指定圆的直径 <26.4>:              //29
命令:_circle                     //Enter
指定圆的圆心或 [三点(3P)/两点(2P)/切点、切点、半径(T)]:  //@ Enter
```

423

Note

```
指定圆的半径或 [直径(D)] <14.5>://d Enter
指定圆的直径 <29.0>:          //36 Enter
命令:_circle                 //Enter
指定圆的圆心或 [三点(3P)/两点(2P)/切点、切点、半径(T)]: //@ Enter
指定圆的半径或 [直径(D)] <18.0>://d Enter
指定圆的直径 <36.0>:          //48.8 Enter
命令:_circle                 //Enter
指定圆的圆心或 [三点(3P)/两点(2P)/切点、切点、半径(T)]: //@ Enter@
指定圆的半径或 [直径(D)] <24.4>://d Enter
指定圆的直径 <48.8>:          //58.4 Enter，结束命令，绘制结果如图15-8所示
```

Step ⑩ 在无命令执行的前提下，夹点显示如图15-9所示的圆图形，然后展开"图层控制"下拉列表，修改其图层为"细实线"。

图15-8　绘制同心圆　　　　　　　　图15-9　夹点效果

Step ⑪ 在无命令执行的前提下，夹点显示如图15-10所示的圆图形，然后打开"特性"窗口，修改其图层为"中心线"，结果如图15-11所示。

图15-10　夹点显示　　　　　　　　图15-11　"特性"窗口

⁙⁙ 小技巧

巧妙通过"图层控制"下拉列表和"特性"窗口，可以快速更改所选对象的所在图层，另外，也可使用状态栏上的"快捷特性"功能快速更改所选对象的所在图层。

Step ⑫ 关闭"特性"窗口，并取消对象的夹点显示效果，结果如图15-12所示。

Step ⑬ 使用快捷键C执行"圆"命令，捕捉如图15-13所示的象限点作为圆心，绘制直径

为 3.6 的小圆，结果如图 15-14 所示。

图 15-12　操作结果　　　　图 15-13　捕捉象限点　　　　图 15-14　绘制结果

Step 14 单击"修改"面板→"环形阵列"按钮 ⚏，选择直径为 3.6 的小圆进行环形阵列，命令行操作如下。

```
命令：_arraypolar
选择对象：                          //选择直径为 3.6 的小圆
选择对象：
类型 = 极轴   关联 = 是
指定阵列的中心点或 [基点(B)/旋转轴(A)]：    //捕捉如图 15-15 所示的圆心
选择夹点以编辑阵列或 [关联(AS)/基点(B)/项目(I)/项目间角度(A)/填充角度(F)/行
(ROW)/层(L)/旋转项目(ROT)/退出(X)] <退出>：  //I Enter
    输入阵列中的项目数或 [表达式(E)] <6>：    //Enter
    选择夹点以编辑阵列或 [关联(AS)/基点(B)/项目(I)/项目间角度(A)/填充角度(F)/行
(ROW)/层(L)/旋转项目(ROT)/退出(X)] <退出>：    //AS Enter
    创建关联阵列 [是(Y)/否(N)] <是>：        //N Enter
    选择夹点以编辑阵列或 [关联(AS)/基点(B)/项目(I)/项目间角度(A)/填充角度(F)/行
(ROW)/层(L)/旋转项目(ROT)/退出(X)] <退出>：   //Enter，阵列结果如图 15-16 所示
```

图 15-15　捕捉圆心　　　　　　　　图 15-16　阵列结果

至此，法兰盘零件左视图绘制完毕，下一小节将学习法兰盘零件主剖视图的具体绘制过程。

15.4.2　上机实训二——绘制盘类零件剖视图

Step 01 继续上节操作。

Step 02 选择菜单栏"修改"→"偏移"命令，使用"距离偏移"方式，将左侧的垂直构造线进行偏移，命令行操作过程如下。

```
命令: _offset
当前设置: 删除源=否  图层=源  OFFSETGAPTYPE=0
指定偏移距离或 [通过(T)/删除(E)/图层(L)] <通过>:    //L Enter，激活"图层"选项
输入偏移对象的图层选项 [当前(C)/源(S)] <源>:       //C Enter，激活"当前"选项
指定偏移距离或 [通过(T)/删除(E)/图层(L)] <通过>:  //18.5 Enter
选择要偏移的对象，或 [退出(E)/放弃(U)] <退出>:      //单击左侧的垂直构造线
指定要偏移的那一侧上的点，或 [退出(E)/多个(M)/放弃(U)] <退出>:
                                           //在所选构造线的左侧拾取一点
选择要偏移的对象，或 [退出(E)/放弃(U)] <退出>:    //Enter
命令: _offset                                //Enter
当前设置: 删除源=否  图层=当前  OFFSETGAPTYPE=0
指定偏移距离或 [通过(T)/删除(E)/图层(L)] <18.5>: //6.5 Enter
选择要偏移的对象，或 [退出(E)/放弃(U)] <退出>:    //选择偏移出的垂直构造线
指定要偏移的那一侧上的点，或 [退出(E)/多个(M)/放弃(U)] <退出>:
                                           //在所选构造线的左侧拾取一点
选择要偏移的对象，或 [退出(E)/放弃(U)] <退出>:
命令: _offset                                //Enter
当前设置: 删除源=否  图层=当前  OFFSETGAPTYPE=0
指定偏移距离或 [通过(T)/删除(E)/图层(L)] <6.5>: //16.5 Enter
选择要偏移的对象，或 [退出(E)/放弃(U)] <退出>:    //选择偏移出的垂直构造线
指定要偏移的那一侧上的点，或 [退出(E)/多个(M)/放弃(U)] <退出>:
                                           //在所选构造线的左侧拾取一点
选择要偏移的对象，或 [退出(E)/放弃(U)] <退出>: //Enter，结果如图 15-17 所示
```

Step 03 使用快捷键 XL 执行"构造线"命令，根据视图间的对正关系，配合"对象捕捉"功能绘制如图 15-18 所示的水平构造线。

图 15-17　偏移结果　　　　　图 15-18　绘制构造线

Step 04 使用快捷键 TR 执行"修剪"命令，对构造线进行修剪，编辑出主视图外轮廓结构，结果如图 15-19 所示。

图 15-19　修剪结果

Step 05 将圆柱孔的中心线放到"中心线"图层上,将右侧的垂直轮廓线放到"轮廓线"图层上,结果如图 15-20 所示。

Step 06 选择菜单栏"修改"→"圆角"命令,对图 15-20 所示的轮廓线 1、2、3、4 和 5 进行圆角,命令行操作如下。

```
命令: _fillet
当前设置: 模式 = 不修剪, 半径 = 0.0
选择第一个对象或 [放弃(U)/多段线(P)/半径(R)/修剪(T)/多个(M)]:    //t Enter
输入修剪模式选项 [修剪(T)/不修剪(N)] <不修剪>:                  //t Enter
选择第一个对象或 [放弃(U)/多段线(P)/半径(R)/修剪(T)/多个(M)]:    //r Enter
指定圆角半径 <0.0>:                                        //1 Enter
选择第一个对象或 [放弃(U)/多段线(P)/半径(R)/修剪(T)/多个(M)]:   // m Enter
选择第一个对象或 [放弃(U)/多段线(P)/半径(R)/修剪(T)/多个(M)]:
                           //选择图 15-20 所示的轮廓线 1
选择第二个对象,或按住 Shift 键选择对象以应用角点或 [半径(R)]:
                           //选择图 15-20 所示的轮廓线 2
选择第一个对象或 [放弃(U)/多段线(P)/半径(R)/修剪(T)/多个(M)]:
                           //选择图 15-20 所示的轮廓线 3
选择第二个对象,或按住 Shift 键选择对象以应用角点或 [半径(R)]:
                           //选择图 15-20 所示的轮廓线 4
选择第一个对象或 [放弃(U)/多段线(P)/半径(R)/修剪(T)/多个(M)]:
                           //选择图 15-20 所示的轮廓线 3
选择第二个对象,或按住 Shift 键选择对象以应用角点或 [半径(R)]:
                    //选择图 15-20 所示的轮廓线 5
选择第一个对象或 [放弃(U)/多段线(P)/半径(R)/修剪(T)/多个(M)]:
                    //Enter,结束命令,圆角结果如图 15-21 所示
```

图 15-20　更改图层后的效果　　　　　　　　图 15-21　圆角结果

Step 07 使用快捷键 MI 执行"镜像"命令,对中心线上侧的轮廓结构图进行镜像,命令行操作如下。

```
命令:_mirror                     //Enter
选择对象:                        //拉出如图 15-22 所示的窗口选择框
选择对象:                        //Enter
指定镜像线的第一点:               //捕捉如图 15-23 所示的端点
指定镜像线的第二点:               //@1,0 Enter
要删除源对象吗? [是(Y)/否(N)] <N>:  //Enter,镜像结果如图 15-24 所示
```

图 15-22　窗口选择　　　　图 15-23　捕捉端点　　　　图 15-24　镜像结果

Step 08 使用快捷键 XL 执行"构造线"命令，根据视图间的对正关系，配合"对象捕捉"功能绘制如图 15-25 所示的水平构造线。

图 15-25　绘制结果

Step 09 使用快捷键 O 执行"偏移"命令，将主视图两侧的垂直轮廓线进行偏移，命令行操作如下。

```
命令：_offset                                      //Enter
当前设置：删除源=否   图层=当前   OFFSETGAPTYPE=0
指定偏移距离或 [通过(T)/删除(E)/图层(L)] <16.5>：   //1.1 Enter
选择要偏移的对象，或 [退出(E)/放弃(U)] <退出>：      //选择垂直轮廓线1
指定要偏移的那一侧上的点，或 [退出(E)/多个(M)/放弃(U)] <退出>：
                                                  //在所选轮廓线的左侧拾取一点
选择要偏移的对象，或 [退出(E)/放弃(U)] <退出>：     //Enter
命令：_offset                                      //Enter
当前设置：删除源=否   图层=当前   OFFSETGAPTYPE=0
指定偏移距离或 [通过(T)/删除(E)/图层(L)] <1.1>：    //3.76 Enter
选择要偏移的对象，或 [退出(E)/放弃(U)] <退出>：     //选择偏移出的轮廓线
指定要偏移的那一侧上的点，或 [退出(E)/多个(M)/放弃(U)] <退出>：
                                                  //在所选轮廓线的左侧拾取一点
选择要偏移的对象，或 [退出(E)/放弃(U)] <退出>：     //Enter
命令：_offset                                      //Enter
当前设置：删除源=否   图层=当前   OFFSETGAPTYPE=0
指定偏移距离或 [通过(T)/删除(E)/图层(L)] <3.8>：    //1.5 Enter
选择要偏移的对象，或 [退出(E)/放弃(U)] <退出>：     //选择垂直轮廓线2
指定要偏移的那一侧上的点，或 [退出(E)/多个(M)/放弃(U)] <退出>：
                                                  //在所选轮廓线的右侧拾取一点
选择要偏移的对象，或 [退出(E)/放弃(U)] <退出>：     //Enter
命令：_offset                                      //Enter
当前设置：删除源=否   图层=当前   OFFSETGAPTYPE=0
指定偏移距离或 [通过(T)/删除(E)/图层(L)] <1.5>：    //12
```

选择要偏移的对象，或 ［退出(E)/放弃(U)］ <退出>:　　　//选择偏移出的轮廓线
指定要偏移的那一侧上的点，或 ［退出(E)/多个(M)/放弃(U)］ <退出>:
　　　　　　　　　　　　　　　　　　　　　//在所选轮廓线的右侧拾取一点
选择要偏移的对象，或 ［退出(E)/放弃(U)］ <退出>:　　//Enter
命令:_offset　　　　　　　　　　　　　　　//Enter
当前设置: 删除源=否　图层=当前　OFFSETGAPTYPE=0
指定偏移距离或 ［通过(T)/删除(E)/图层(L)］ <12.0>://2 Enter
选择要偏移的对象，或 ［退出(E)/放弃(U)］ <退出>:　　//选择偏移出的轮廓线
指定要偏移的那一侧上的点，或 ［退出(E)/多个(M)/放弃(U)］ <退出>:
　　　　　　　　　　　　　　　　　　　　　//在所选轮廓线的右侧拾取一点
选择要偏移的对象，或 ［退出(E)/放弃(U)］ <退出>:　　//Enter，结果如图 15-26 所示

图 15-26　偏移结果

Step 10 选择菜单栏"修改"→"修剪"命令，对偏移出的轮廓线和水平构造线进行修剪，编辑出主视图的内部结构，结果如图 15-27 所示。

Step 11 夹点显示图 15-27 所示的水平轮廓线 A，然后展开"图层控制"下拉列表，将其放到"细实线"图层上，再将水平构造线向上偏移 7.4 个单位，结果如图 15-28 所示。

Step 12 选择菜单栏"绘图"→"直线"命令，配合交点捕捉和端点捕捉功能，绘制如图 15-29 所示的两条倾斜轮廓线。

图 15-27　修剪结果　　　　　图 15-28　偏移结果　　　　　图 15-29　绘制结果

Step 13 使用快捷键 E 执行"删除"命令，删除偏移出的水平构造线。

Step 14 使用快捷键 MI 执行"镜像"命令，对内部的结构图进行镜像，命令行操作如下。

命令:_mirror　　　　　　　　　　　　　//Enter
选择对象:　　　　　　　　　　　//拉出如图 15-30 所示的窗口选择框
选择对象:　　　　　　　　　　　//拉出如图 15-31 所示的窗口选择框
指定镜像线的第一点:　　　　　　//捕捉水平构造线上的一点

指定镜像线的第二点： //@1,0 Enter
要删除源对象吗？[是(Y)/否(N)] <N>： //Enter，镜像结果如图 15-32 所示

图 15-30　窗口选择　　　　图 15-31　窗口选择　　　　图 15-32　镜像结果

Step 15 使用快捷键 S 执行"拉伸"命令，配合窗交选择功能对主视图进行拉伸，命令行操作如下。

命令：_stretch //Enter
以交叉窗口或交叉多边形选择要拉伸的对象...
选择对象： //拉出如图 15-33 所示的窗交选择框
选择对象： //Enter
指定基点或 [位移(D)] <位移>： /拾取任一点
指定第二个点或 <使用第一个点作为位移>： //@2.5,0，拉伸结果如图 15-34 所示

图 15-33　窗交选择　　　　　　　图 15-34　拉伸结果

Step 16 展开"图层"面板上的"图层控制"下拉列表，设置"剖面线"为当前操作层。

Step 17 使用快捷键 H 执行"图案填充"命令，并激活"图案填充和渐变色"对话框，设置填充图案与参数如图 15-35 所示，然后拾取如图 15-36 所示的区域进行填充剖面线，填充结果如图 15-37 所示。

Step 18 重复执行"图案填充"命令，设置填充图案与参数如图 15-38 所示，然后返回绘图区拾取如图 15-39 所示的区域进行填充剖面线，填充结果如图 15-40 所示。

Step 19 使用快捷键 TR 执行"修剪"命令，以两视图外轮廓线作为边界，对两条构造线进行修剪，使其转化为图形的中心线，结果如图 15-41 所示。

图 15-35　设置填充图案与参数

图 15-36　拾取填充区域　　　　图 15-37　填充结果

图 15-38　设置填充图案与参数

图 15-39　拾取填充区域　　　　图 15-40　填充结果

Step 20 使用快捷键 LEN 执行"拉长"命令，将两视图中心线分别向两端拉长 3 个绘图单位，结果如图 15-42 所示。

图 15-41　修剪结果　　　　　　　　图 15-42　拉长视图中心线

⣿ 小技巧

在拉长中心线时，可以使用"增量"选项，也可以使用"动态"选项，将中心线进行动态拉长。

Step 21 重复执行 "拉长" 命令，对主剖视图两端的柱孔中心线分别向两端拉长 1.5 个单位，最终结果如图 15-43 所示。

图 15-43　拉长孔中心线

Step 22 执行 "保存" 命令，将图形另名存储为 "绘制法兰盘零件图.dwg"。

15.4.3　上机实训三——绘制盖类零件俯视图

Step 01 执行 "新建" 命令，以随书光盘中的 "\样板文件\机械样板.dwt" 作为基础样板，新建空白文件。

Step 02 打开状态栏上的 "对象捕捉"、"极轴追踪" 和 "线宽" 等功能。

Step 03 使用快捷键 Z 执行 "视图缩放" 命令，将视图高度调整为 350 个绘图单位。

Step 04 展开 "图层" 面板中的 "图层控制" 下拉列表，将 "中心线" 设置为当前图层。

Step 05 使用快捷键 XL 执行 "构造线" 命令，绘制两条相互垂直的构造线作为视图定位基准线。

Step 06 使用快捷键 O 执行 "偏移" 命令，分别将水平构造线和垂直构造线对称偏移 78 个单位，结果图 15-44 所示。

Step 07 展开 "图层" 面板中的 "图层控制" 下拉列表，将 "轮廓线" 设置为当前图层。

Step 08 执行 "圆" 命令，配合交点捕捉功能，绘制俯视图中的同心轮廓圆，命令行操作如下。

```
命令: _circle
指定圆的圆心或 [三点(3P)/两点(2P)/切点、切点、半径(T)]:
                              //捕捉下侧辅助线的交点作为圆心

指定圆的半径或 [直径(D)]:             //d Enter
指定圆的直径:                        //30 Enter
命令: _circle                       //重复执行画圆命令
指定圆的圆心或 [三点(3P)/两点(2P)/切点、切点、半径(T)]: //@ Enter
指定圆的半径或 [直径(D)] <15.00>:    //d Enter
指定圆的直径 <30.00>:               //85 Enter
命令: _circle                       //重复执行画圆命令
指定圆的圆心或 [三点(3P)/两点(2P)/切点、切点、半径(T)]: //@ Enter
指定圆的半径或 [直径(D)] <42.50>:    //d Enter
指定圆的直径 <85.00>:               //140 Enter，绘制结果如图 15-45 所示
```

图 15-44　偏移结果

图 15-45　绘制同心圆

Step 09 重复执行 "圆" 命令，配合交点捕捉功能绘制直径分别为 40 和 22 的同心圆，结果如图 15-46 所示。

Step 10 使用快捷键 C，再次执行 "圆" 命令，绘制半径为 25 的两个相切圆，结果如图 15-47 所示。

图 15-46　绘制结果

图 15-47　绘制相切圆

Step 11 单击 "修改" 面板→ "环形阵列" 按钮，对刚绘制的同心圆和相切圆进行阵列，命令行操作如下。

```
命令: _arraypolar
选择对象:                          //窗口选择如图 15-48 所示的两个同心圆
选择对象:                  //Enter
类型 = 极轴  关联 = 是
指定阵列的中心点或 [基点(B)/旋转轴(A)]:  //捕捉如图 15-49 所示的圆心
选择夹点以编辑阵列或 [关联(AS)/基点(B)/项目(I)/项目间角度(A)/填充角度(F)/行
(ROW)/层(L)/旋转项目(ROT)/退出(X)] <退出>:       //I Enter
输入阵列中的项目数或 [表达式(E)] <6>:   //4 Enter
选择夹点以编辑阵列或 [关联(AS)/基点(B)/项目(I)/项目间角度(A)/填充角度(F)/行
(ROW)/层(L)/旋转项目(ROT)/退出(X)] <退出>:          //AS Enter
创建关联阵列 [是(Y)/否(N)] <是>:          //N Enter
选择夹点以编辑阵列或 [关联(AS)/基点(B)/项目(I)/项目间角度(A)/填充角度(F)/行
(ROW)/层(L)/旋转项目(ROT)/退出(X)] <退出>:          //Enter, 阵列结果如图 15-50 所示
```

图 15-48　窗口选择

图 15-49　捕捉圆心

Step 12 使用快捷键 TR 执行"修剪"命令，对所有位置的相切圆进行修剪，结果如图 15-51 所示。

图 15-50　阵列结果

图 15-51　修剪结果

Step 13 重复执行"修剪"命令，以 8 条圆弧作为边界，对圆图形进行修剪，结果如图 15-52 所示。

Step 14 使用快捷键 TR 执行"修剪"命令，以俯视图外轮廓边作为边界，对构造线进行修剪，将其转换为视图的中心线，结果如图 15-53 所示。

Step 15 选择菜单栏"修改"→"拉长"命令，将长度增量设置为 9，分别对各位置的中心线进行两端拉长，结果如图 15-54 所示。

图 15-52　修剪结果

图 15-53　修剪结果

图 15-54　拉长结果

至此，压盖零件俯视图绘制完毕，下一小节将学习压盖零件主剖视图的具体绘制过程。

15.4.4　上机实训四——绘制盖类零件主视图

Step 01 继续上节操作。

Step 02 展开"图层"面板中的"图层控制"下拉列表,将"中心线"设置为当前图层。

Step 03 执行"构造线"命令,根据视图间的对正关系,配合交点捕捉功能绘制如图 15-55 所示的三条垂直构造线。

Step 04 重复执行"构造线"命令,根据视图间的对正关系,配合交点捕捉功能绘制如图 15-56 所示的垂直构造线。

Step 05 重复执行"构造线"命令,在俯视图的上侧绘制一条水平的构造线,如图 15-57 所示。

图 15-55　绘制结果　　　　　图 15-56　绘制结果　　　　　图 15-57　绘制水平构造线

Step 06 单击"修改"面板→"偏移"按钮 ⚏ ,对上侧的水平构造线进行偏移,命令行操作如下。

```
命令: _offset
当前设置: 删除源=否　图层=源　OFFSETGAPTYPE=0
指定偏移距离或 [通过(T)/删除(E)/图层(L)] <通过>:　　//l Enter
输入偏移对象的图层选项 [当前(C)/源(S)] <源>:　　　　//c Enter
指定偏移距离或 [通过(T)/删除(E)/图层(L)] <通过>:　　//17 Enter
选择要偏移的对象,或 [退出(E)/放弃(U)] <退出>:　　　 //单击上侧的水平构造线
指定要偏移的那一侧上的点,或 [退出(E)/多个(M)/放弃(U)] <退出>:
                                   //在所选构造线上侧拾取一点
选择要偏移的对象,或 [退出(E)/放弃(U)] <退出>:　　　　//Enter
命令:_offset                                      //Enter
当前设置: 删除源=否　图层=当前　OFFSETGAPTYPE=0
指定偏移距离或 [通过(T)/删除(E)/图层(L)] <17.00>: //28 Enter
选择要偏移的对象,或 [退出(E)/放弃(U)] <退出>:　　//单击偏移出的水平构造线
指定要偏移的那一侧上的点,或 [退出(E)/多个(M)/放弃(U)] <退出>:
                                   //在所选构造线上侧拾取一点
选择要偏移的对象,或 [退出(E)/放弃(U)] <退出>:　　//Enter,结果如图 15-58 所示
```

Step 07 重复执行"偏移"命令,将最右侧的垂直构造线向右偏移 9 个单位。

Step 08 选择菜单栏"修改"→"修剪"命令,对各位置的构造线进行修剪,编辑出主视图的轮廓结构,结果如图 15-59 所示。

Step 09 绘制主视图内部凹槽。单击"修改"面板→"偏移"按钮 ，将主视图两侧的垂直轮廓线分别向内侧偏移 42.5 和 49.5 个单位，结果如图 15-60 所示。

Step 10 重复执行"偏移"命令，将主视图最下侧的水平轮廓线向上侧偏移 4 个单位，结果如图 15-61 所示。

图 15-58　偏移结果　　　　　　　　　　　　　图 15-59　修剪结果

图 15-60　偏移结果　　　　　　　　　　　　　图 15-61　偏移水平轮廓线

Step 11 单击"修改"面板→"修剪"按钮 ，对构造线进行修剪，编辑出主视图主体结构，结果如图 15-62 所示。

Step 12 选择菜单栏"修改"→"拉长"命令，将两侧的垂直中心线分别向两端拉长 9 个单位，将中间的垂直中心线分别向两端拉长 12 个单位，结果如图 15-63 所示。

图 15-62　修剪结果　　　　　　　　　　　　　图 15-63　拉长结果

Step 13 展开"图层"面板中的"图层控制"下拉列表，将"剖面线"设置为当前层。

Step 14 使用快捷键 H 执行"图案填充"命令，设置填充图案及填充参数如图 15-64 所示，为主视图填充如图 15-65 所示的剖面线。

图 15-64　设置填充图案与参数　　　　　　　　图 15-65　填充结果

　　至此，压盖零件主视图绘制完毕，下一小节将学习盖类零件视图尺寸与公差的具体标注过程。

15.4.5　上机实训五——标注盖类零件尺寸与公差

Step 01 继续上节操作。

Step 02 展开"图层"面板上的"图层控制"下拉列表，将"标注线"设为当前层。

Step 03 使用快捷键 D 执行"标注样式"命令，将"机械样式"设置为当前标注样式，然后修改标注比例如图 15-66 所示。

Step 04 按下 F3 功能键，打开状态栏上的"对象捕捉"功能。

Step 05 选择菜单栏"标注"→"线性"命令，分别配合端点捕捉标注压盖俯视图中的水平尺寸，命令行操作如下。

图 15-66　设置当前样式与比例

```
命令：_dimlinear
指定第一个尺寸界线原点或 <选择对象>：      //捕捉如图 15-67 所示的端点
指定第二条尺寸界线原点：                  //捕捉如图 15-68 所示的端点
指定尺寸线位置或[多行文字(M)/文字(T)/角度(A)/水平(H)/垂直(V)/旋转(R)]：
                            //向上引导光标，在适当位置拾取一点，结果如图 15-69 所示
```

图 15-67　捕捉端点

图 15-68　定位第二原点

图 15-69　标注结果

Step 06 重复执行"线性"命令，配合端点捕捉或交点捕捉功能标注如图 15-70 所示的水平尺寸。

Step 07 重复执行"线性"命令，配合端点捕捉或交点捕捉功能标注如图 15-71 所示的压盖主视图尺寸。

图 15-70　标注结果

图 15-71　标注结果

Step 08 选择菜单栏"标注"→"线性"命令，配合端点或交点捕捉功能标注零件的尺寸公差，命令行操作如下。

```
命令：_dimlinear
指定第一个尺寸界线原点或 <选择对象>：         //捕捉如图 15-72 所示的交点
指定第二条尺寸界线原点：                       //捕捉如图 15-73 所示的端点
指定尺寸线位置或[多行文字(M)/文字(T)/角度(A)/水平(H)/垂直(V)/旋转(R)]：
                                              //M Enter，打开"文字编辑器"选项卡面板
```

图 15-72　捕捉交点

图 15-73　捕捉端点

Step 09 在标注文字左侧添加直径符号，在标注文字右侧输入公差后缀"+0.02^- 0"，如图 15-74 所示。

Step 10 选择公差后缀后单击"堆叠"按钮 ᵇ，使尺寸后缀进行堆叠，结果如图 15-75 所示。

图 15-74　添加尺寸后缀

图 15-75　堆叠结果

Step 11 返回绘图区指定尺寸线位置，标注结果如图 15-76 所示。

Step 12 参照第 8~10 操作步骤，使用"线性"命令标注右侧的尺寸公差，标注结果如图 15-77 所示。

图 15-76　标注结果

图 15-77　标注其他尺寸公差

Step 13 执行 "标注样式" 命令，将 "角度标注" 设置为当前标注样式，并修改标注比例为 2.2。

Step 14 选择菜单栏 "标注" → "半径" 命令，标注左视图 M8 螺钉孔位置的角度，命令行操作如下。

```
命令: _dimdiameter
选择圆弧或圆:                              //选择如图 15-78 所示的圆弧
标注文字 = 20
指定尺寸线位置或 [多行文字(M)/文字(T)/角度(A)]: //t Enter
输入标注文字 <20>:                         //4xR20 Enter
指定尺寸线位置或 [多行文字(M)/文字(T)/角度(A)]:
                              //指定尺寸线位置，标注结果如图 15-79 所示
```

Step 15 重复执行 "半径" 命令，分别标注其他的半径尺寸，标注结果如图 15-80 所示。

图 15-78　选择圆弧

图 15-79　标注结果

图 15-80　标注其他半径尺寸

　　至此，压盖零件二视图各类尺寸与尺寸公差标注完毕，下一小节将学习压盖零件表面粗糙度与技术要求的标注过程。

15.4.6　上机实训六——标注盖零件粗糙度与技术要求

Step 01 继续上节操作。

Step 02 展开 "图层" 面板中的 "图层控制" 下拉列表，将 "细实线" 设置为当前层。

Step 03 使用快捷键 I 执行 "插入块" 命令，设置块参数如图 15-81 所示，插入随书光盘中

的 "\图块文件\粗糙度.dwg" 属性块，命令行操作如下。

```
命令:_insert                              //Enter，执行"插入块"命令
指定插入点或 [基点(B)/比例(S)/X/Y/Z/旋转(R)]:
                                          //在主视图下侧水平尺寸线上单击左键
输入属性值
输入粗糙度值: <3.2>:                       //Enter，结果如图 15-82 所示
```

图 15-81　设置参数　　　　　　　　　　图 15-82　标注结果

Step 04 选择菜单栏 "修改" → "镜像" 命令，对刚插入的粗糙度图块进行水平镜像和垂直镜像，并将两次镜像出的粗糙度进行位移，结果如图 15-83 所示。

Step 05 使用快捷键 CO 执行 "复制" 命令，将位移后的粗糙度属性块分别复制到其他位置，结果如图 15-84 所示。

图 15-83　镜像并位移　　　　　　　　　图 15-84　复制结果

Step 06 在复制出的粗糙度属性块上双击左键，打开 "增强属性编辑器" 对话框，然后修改属性值如图 15-85 所示。

图 15-85　修改属性值

Step 07 重复执行上一步骤，分别修改其他位置的粗糙度属性值，结果如图 15-86 所示。

Step 08 执行 "插入块" 命令，设置块参数如图 15-87 所示，标注主视图下侧的粗糙度，结果如图 15-88 所示。

图 15-86 修改结果

图 15-87 设置参数

图 15-88 插入结果

Step 09 使用快捷键 ST 执行 "文字样式" 命令，将 "字母与文字" 设置为当前文字样式。

Step 10 使用快捷键 T 执行 "多行文字" 命令，打开 "文字编辑器" 选项卡，然后设置字高为 15，输入如图 15-89 所示的技术要求标题。

图 15-89 输入标题

Step 11 按 Enter 键，在多行文字输入框内分别输入技术要求的内容，如图 15-90 所示，其中字体高度为 13。

图 15-90 输入内容

Step 12 将光标移至技术要求标题前，添加空格，如图 15-91 所示。

图 15-91 添加空格

Step 13 重复执行"多行文字"命令，在视图右上侧标注如图 15-92 所示的"其余"字样，
其中字体高度为 14。

图 15-92　标注结果

Step 14 执行"保存"命令，将图形另名存储为"绘制压盖零件图.dwg"。

15.5　小结与练习

15.5.1　小结

在机械制造业中，盘盖类零件主要起轴向定位、防尘和密封作用，本章通过典型的
操作实例，从视图的选择定位，到各视图的绘制、编辑和完善，综合使用了多种制作命
令，详细学习了盘类和盖类零件的常规绘制方法、绘制技巧和具体的绘制过程。

在具体操作过程中，巧妙使用了"偏移"命令中的"距离偏移"和"当前图层"功
能，使偏移出的目标对象自动继承当前图层的特性。

15.5.2　练习

1. 综合运用所学知识，绘制并标注如图 15-93 所示的零件图。

技术要求
1. 未注圆角R4。
2. 未注倒角2x45°。
3. 调制处理齿面硬度160-190HB。

图 15-93　练习一

2. 综合运用所学知识，绘制并标注如图 15-94 所示的零件图。

图 15-94　练习二

第16章

叉杆类零件设计

本章在概述叉杆类零件理论知识的前提下，通过绘制叉架零件与连杆零件视图，主要学习机械叉杆类零件的具体绘制过程和相关绘图技巧。

内容要点

- ◆ 叉杆类零件概述
- ◆ 叉杆类零件设计效果
- ◆ 叉杆类零件设计思路
- ◆ 叉杆类零件设计过程

Note

16.1　叉杆类零件概述

叉架类零件是机器操纵机构中起操纵、支承作用的一种零件，如叉架、支座、连杆、杠杆、叉架、手柄等。此类零件的形体多数是不规则的，但仔细观察，此类零件通常由支撑部分、工作部分和连接部分三部分组成。支撑部分和工作部分多为变形基本体，结构比较简单，而连接部分多为不同截面形状的肋或杆构成，特别是因空间的限制，其形状多为弯曲或扭斜。零件上常见结构有凸台、凹坑、油孔、斜度等。

● 视图表达

由于叉杆类零件工作位置和加工位置方向多变，所以一般需要采用两个或两个以上的基本视图进行表达，且选择最能反映形体特征的方向为主视图投影方向。对于倾斜部分，常采用斜视图的表达方式；对于支撑部分和工作部分，常采用局部视图、局部剖视等表达方法；对于连接部分的不同形状，则常用剖面等表达方法；当零件中主要结构不在同一平面上时，可采用旋转视图或旋转剖视等表达方法。

● 尺寸标注

由于叉杆类零件形体多不规则，尺寸标注有一定的难度，通常以主要孔的轴线（中心线）、对称面、安装面或较大的加工端面作为基准；对于孔间中心距、孔轴线到基准面、重要平面间的距离，应直接标出。

同一结构的定形尺寸，要尽可能地集中在一个视图上标注。对于铸件上的工艺结构，如拔模斜度、铸造圆角等，都应清楚地标注出来。

16.2　叉杆类零件设计效果

● 叉架零件效果

本例通过绘制叉架零件主视图和俯视图，主要学习叉架类零件视图的绘制方法和具体的绘制技巧。叉架零件的最终效果如图 16-1 所示。

● 连杆零件效果

本例通过绘制连杆零件主视图和俯视图，主要学习杆类零件视图的绘制方法和具体的绘制技巧。连杆零件的最终效果如图 16-2 所示。

图 16-1　实例效果

图 16-2　实例效果

16.3　叉杆类零件设计思路

- ## 叉架零件设计思路

  ✧ 调用"机械样板.dwt"，并简单设置绘图环境。

  ✧ 使用"多段线"命令配合"坐标输入"功能绘制零件主视图主体结构。

  ✧ 使用"偏移"、"修剪"、"样条曲线"、"圆角"等命令绘制主视图细部结构。

  ✧ 使用"圆"、"阵列"、"镜像"、"偏移"、"构造线"、"修剪"等命令绘制俯视图。

  ✧ 使用"修剪"、"拉长"等命令绘制视图中心线。

  ✧ 使用"保存"命令将图形存盘。

- ## 连杆零件设计思路

  ✧ 调用"机械样板.dwt"，并简单设置绘图环境。

◇　使用"构造线"命令绘制二视图定位基准线。

◇　使用"圆"、"复制"、"偏移"、"修剪"、"直线"等命令绘制连杆的俯视图轮廓。

◇　使用"构造线"、"样条曲线"、"偏移"、"修剪"等命令绘制连杆的主视图轮廓。

◇　使用"圆角"、"倒角"、"直线"等命令对连杆主视图结构进行细化编辑和完善。

◇　使用"图案填充"命令为连杆主视图进行填充剖面线。

◇　使用"修剪"、"拉长"等命令绘制连杆二视图的中心线。

◇　使用"保存"命令将图形存盘。

16.4　叉杆类零件设计过程

下面将详细学习叉架零件和连杆零件等各种视图的绘制方法和绘制技巧，具体内容如下。

16.4.1　上机实训一——绘制叉架零件主视图

Step 01 执行"新建"命令，调用随书光盘中的"\样板文件\机械样板.dwt"文件。

Step 02 展开"图层控制"下拉列表，将"轮廓线"设置为当前层。

Step 03 单击"绘图"面板→"多段线"按钮 ⊃，配合坐标输入功能绘制主视图外轮廓，命令行操作如下。

```
命令: _pline
指定起点:                                              //在绘图区拾取一点
当前线宽为 0.0
指定下一个点或 [圆弧(A)/半宽(H)/长度(L)/放弃(U)/宽度(W)]: //@32,0 Enter
指定下一点或 [圆弧(A)/闭合(C)/半宽(H)/长度(L)/放弃(U)/宽度(W)]://@32.33<-30 Enter
指定下一点或 [圆弧(A)/闭合(C)/半宽(H)/长度(L)/放弃(U)/宽度(W)]://@0,-30 Enter
指定下一点或 [圆弧(A)/闭合(C)/半宽(H)/长度(L)/放弃(U)/宽度(W)]: //@91,0 Enter
指定下一点或 [圆弧(A)/闭合(C)/半宽(H)/长度(L)/放弃(U)/宽度(W)]: //a Enter
指定圆弧的端点或[角度(A)/圆心(CE)/闭合(CL)/方向(D)/半宽(H)/直线(L)/半径(R)/第
二个点(S)/放弃(U)/宽度(W)]:                             //@15,-15 Enter
指定圆弧的端点或[角度(A)/圆心(CE)/闭合(CL)/方向(D)/半宽(H)/直线(L)/半径(R)/第二
个点(S)/放弃(U)/宽度(W)]:                               //l Enter
指定下一点或 [圆弧(A)/闭合(C)/半宽(H)/长度(L)/放弃(U)/宽度(W)]: //@0,-18 Enter
指定下一点或 [圆弧(A)/闭合(C)/半宽(H)/长度(L)/放弃(U)/宽度(W)]: //@-18,0 Enter
指定下一点或 [圆弧(A)/闭合(C)/半宽(H)/长度(L)/放弃(U)/宽度(W)]: //@0,15 Enter
指定下一点或 [圆弧(A)/闭合(C)/半宽(H)/长度(L)/放弃(U)/宽度(W)]: //@-108,0 Enter
指定下一点或 [圆弧(A)/闭合(C)/半宽(H)/长度(L)/放弃(U)/宽度(W)]://@0,24 Enter
指定下一点或 [圆弧(A)/闭合(C)/半宽(H)/长度(L)/放弃(U)/宽度(W)]: //@-40,0 Enter
指定下一点或 [圆弧(A)/闭合(C)/半宽(H)/长度(L)/放弃(U)/宽度(W)]://cEnter
命令:PLINE
```

指定起点：　　　　　　　　　　　　　　　　　　　//捕捉刚绘制的多段线右下角点

当前线宽为 0.0

指定下一个点或 [圆弧(A)/半宽(H)/长度(L)/放弃(U)/宽度(W)]：　　//@45,0 Enter

指定下一点或 [圆弧(A)/闭合(C)/半宽(H)/长度(L)/放弃(U)/宽度(W)]：//a Enter

指定圆弧的端点或[角度(A)/圆心(CE)/闭合(CL)/方向(D)/半宽(H)/直线(L)/半径(R)/第二
个点(S)/放弃(U)/宽度(W)]：　　　　　　　　　　　//@15,15 Enter

指定圆弧的端点或[角度(A)/圆心(CE)/闭合(CL)/方向(D)/半宽(H)/直线(L)/半径(R)/第二
个点(S)/放弃(U)/宽度(W)]：　　　　　　　　　　　//l Enter

指定下一点或 [圆弧(A)/闭合(C)/半宽(H)/长度(L)/放弃(U)/宽度(W)]：//@0,26 Enter

指定下一点或 [圆弧(A)/闭合(C)/半宽(H)/长度(L)/放弃(U)/宽度(W)]：//@36,0 Enter

指定下一点或 [圆弧(A)/闭合(C)/半宽(H)/长度(L)/放弃(U)/宽度(W)]：//@0,44 Enter

指定下一点或 [圆弧(A)/闭合(C)/半宽(H)/长度(L)/放弃(U)/宽度(W)]：//@-36,0 Enter

指定下一点或 [圆弧(A)/闭合(C)/半宽(H)/长度(L)/放弃(U)/宽度(W)]：//@0,10 Enter

指定下一点或 [圆弧(A)/闭合(C)/半宽(H)/长度(L)/放弃(U)/宽度(W)]：//@-22,0 Enter

指定下一点或 [圆弧(A)/闭合(C)/半宽(H)/长度(L)/放弃(U)/宽度(W)]：//@0,-62 Enter

指定下一点或 [圆弧(A)/闭合(C)/半宽(H)/长度(L)/放弃(U)/宽度(W)]：
　　　　　　　　　　　　　　　　　　//a Enter，激活"圆弧"选项

指定圆弧的端点或[角度(A)/圆心(CE)/闭合(CL)/方向(D)/半宽(H)/直线(L)/半径(R)/第二
个点(S)/放弃(U)/宽度(W)]：　　　　　　　　　　　//@-15,-15 Enter

指定圆弧的端点或[角度(A)/圆心(CE)/闭合(CL)/方向(D)/半宽(H)/直线(L)/半径(R)/第二
个点(S)/放弃(U)/宽度(W)]：　　　　　　　　　　　//l Enter

指定下一点或 [圆弧(A)/闭合(C)/半宽(H)/长度(L)/放弃(U)/宽度(W)]：
　　　　　　　　　　　　　　　　　　//向左捕捉与垂直轮廓的交点

指定下一点或 [圆弧(A)/闭合(C)/半宽(H)/长度(L)/放弃(U)/宽度(W)]：
　　　　　　　　　　　　　　　　　　//Enter，绘制结果如图16-3所示

Step 04 单击"修改"面板→"分解"按钮，将绘制的多段线分解，然后设置"中心线"
为当前层。

Step 05 单击"绘图"面板→"直线"按钮，配合中点捕捉功能绘制如图 16-4 所示的中
心线。

图 16-3　绘制外轮廓　　　　　　　　　　　图 16-4　绘制中心线

Step 06 单击"修改"面板→"偏移"按钮，将中心线对称偏移 10 个单位。

Step 07 单击"修改"面板→"修剪"按钮，以主视图外轮廓线作为修剪边界，对偏移出
的图线进行修剪，修剪结果如图 16-5 所示。

Step 08 选择修剪后的两条线段放到"隐藏线"图层上，然后将最左侧垂直轮廓线向右偏移
15 单位，结果如图 16-6 所示。

图 16-5　修剪结果

图 16-6　偏移结果

Step 09 展开"图层控制"下拉列表，将"轮廓线"层设置为当前层。

Step 10 执行"圆"命令，以图 16-6 所示的交点 O 为圆心，绘制半径为 14 的轮廓圆，结果如图 16-7 所示。

Step 11 单击"修改"面板→"修剪"按钮 ✕，对刚绘制的圆进行修剪，结果如图 16-8 所示。

图 16-7　绘制圆

图 16-8　修剪圆

Step 12 单击"绘图"面板→"直线"按钮 ✏，以圆弧两端点为起点，绘制垂直线，结果如图 16-9 所示。

Step 13 单击"修改"面板→"圆角"按钮 ◻，在"不修剪"圆角模式下创建如图 16-10 所示的两处圆角，圆角半径为 1。

图 16-9　绘制直线

图 16-10　圆角结果

Step 14 单击"修改"面板→"修剪"按钮 ✕，以圆角轮廓为修剪边界，修剪垂直线，结果如图 16-11 所示。

Step 15 选择中间的垂直图线放置"中心线"层，然后将水平中心线向下偏移 16 个单位，结果如图 16-12 所示。

图 16-11　修剪结果

图 16-12　偏移结果

Step 16 单击"绘图"面板→"圆"按钮 ⊙ ，以偏移所得的线段与垂直中心线交点为圆心，绘制半径为 3.5 和 4 的同心圆，结果如图 16-13 所示。

Step 17 单击"修改"面板→"修剪"按钮 +− ，对圆和中心线进行修剪，结果如图 16-14 所示。

　　　　图 16-13　绘制同心圆　　　　　　　　　　　　图 16-14　修剪结果

Step 18 单击"修改"面板→"偏移"按钮 ⚐ ，将水平中心线向下偏移 40 个单位；将最左侧垂直轮廓线向左偏移 10 个单位，结果如图 16-15 所示。

Step 19 选择偏移出的两条线段，将其夹点拉伸至如图 16-16 所示的状态，以定位圆心。

　　　　图 16-15　偏移结果　　　　　　　　　　　　图 16-16　夹点编辑

Step 20 将"隐藏线"设为当前图层，然后以夹点拉伸后产生的两条线交点作为圆心，绘制半径为 50 的圆，结果如图 16-17 所示。

Step 21 单击"修改"面板→"修剪"按钮 +− ，对刚绘制的圆进行修剪，结果如图 16-18 所示。

Step 22 将左侧的垂直图线放置到"中心线"上，然后将两条图线夹点拉伸至如图 16-19 所示的状态。

Step 23 绘制中间固定结构。单击"修改"面板→"偏移"按钮 ⚐ ，将线段 AB 向右偏移 11 个单位，结果如图 16-20 所示。

　　　　图 16-17　绘制圆　　　　　　　　　　　　　图 16-18　修剪圆

　　　　图 16-19　夹点拉伸　　　　　　　　　　　　图 16-20　偏移结果

Step 24 使用夹点编辑功能对偏移出的垂直图线拉伸，调整其长度，结果如图 16-21 所示。

Step 25 单击"修改"面板→"偏移"按钮 ，将刚编辑后的垂直线段对称偏移 4 和 7 个单位；将过 A 点的水平轮廓线向下偏移 8 个单位，结果如图 16-22 所示。

图 16-21 夹点编辑　　　　　　　　　　　　图 16-22 偏移结果

Step 26 单击"修改"面板→"修剪"按钮 ，将偏移出的各图线进行修剪，结果如图 16-23 所示。

Step 27 单击"修改"面板→"偏移"按钮 ，将阶梯孔中心线向右偏移 60 个单位；然后将偏移后的线段对称偏移 2 个单位，结果如图 16-24 所示。

图 16-23 修剪结果　　　　　　　　　　　　图 16-24 偏移结果

Step 28 选择阶梯孔中心线和 Φ4 孔中心线放到"中心线"层上，并对其进行夹点拉伸，使其超出轮廓线 2 个单位，结果如图 16-25 所示。

Step 29 将"波浪线"设置为当前层，然后单击"绘图"面板→"样条曲线"按钮 ，配合最近点捕捉功能绘制如图 16-26 所示的剖切线。

图 16-25 操作结果　　　　　　　　　　　　图 16-26 绘制剖切线

Step 30 将"剖面线"设为当前层，然后单击"绘图"面板→"图案填充"按钮 ，以默认参数填充如图 16-27 所示的剖面线。

Step 31 绘制右侧支撑结构。单击"修改"面板→"偏移"按钮 ，将水平中心线对称偏移 12 和 24 个单位，将垂直轮廓线 L 向右偏移 8 个单位，结果如图 16-28 所示。

Step 32 单击"修改"面板→"修剪"按钮 ，对偏移出的图线进行修剪，结果如图 16-29 所示。

Step 33 选择修剪后的线段放置到"轮廓线"上，然后将垂直线 L 向右偏移 15 个单位，结果如图 16-30 所示。

图 16-27　填充结果　　　　　　　　　　图 16-28　偏移结果

图 16-29　修剪结果　　　　　　　　　　图 16-30　操作结果

Step 34 绘制螺钉孔。将线段 EF 对称偏移 2 和 3 个单位；将水平轮廓线 AE 向下偏移 6 和 7 个单位，结果如图 16-31 所示。

Step 35 将线段 EF 放到"中心线"上，然后单击"修改"面板→"修剪"按钮━，将图线编辑成图 16-32 所示的状态。

Step 36 将"轮廓线"设置为当前层，单击"绘图"面板"直线"按钮，配合"端点捕捉"功能绘制如图 16-33 所示的两条斜线段。

图 16-31　偏移结果　　　　　图 16-32　修剪结果　　　　　图 16-33　绘制斜线段

Step 37 单击"修改"面板→"偏移"按钮，将最右侧垂直轮廓线向左偏移 5 个单位，结果如图 16-34 所示。

Step 38 单击"绘图"面板"直线"按钮，以 A 为起点，补画主视图内部轮廓，命令行操作如下。

```
命令：_line 指定第一点：          //捕捉点 A
指定下一点或 [放弃(U)]：          //@0,2Enter
```

```
指定下一点或 [放弃(U)]:              //向左捕捉φ4 轮廓的交点
指定下一点或 [闭合(C)/放弃(U)]:     //@-2,-2 Enter
指定下一点或 [闭合(C)/放弃(U)]:     //Enter，结果如图 16-35 所示
```

Step 39 删除不需要的垂直图线，然后以刚绘制的线段为修剪边界，修剪螺钉孔轮廓，结果如图 16-36 所示。

图 16-34 偏移结果

图 16-35 绘制结果

图 16-36 修剪结果

Step 40 单击"绘图"面板"直线"按钮，绘制退刀槽，命令行操作如下。

```
命令: _line
指定第一点:                          //捕捉垂直线段 L 的下端点
指定下一点或 [放弃(U)]:              //@0,-0.5 Enter
指定下一点或 [放弃(U)]:              //@2,0 Enter
指定下一点或 [闭合(C)/放弃(U)]:     //@0,0.5 Enter
指定下一点或 [闭合(C)/放弃(U)]:     //Enter，结果如图 16-37 所示
```

Step 41 单击"修改"面板→"镜像"按钮，以主视图水平中心线为镜像线，镜像退刀槽轮廓，结果如图 16-38 所示。

Step 42 单击"修改"面板→"修剪"按钮，修剪退刀槽轮廓，结果如图 16-39 所示。

图 16-37 绘制退刀槽

图 16-38 镜像退刀槽

图 16-39 修剪退刀槽轮廓

Step 43 单击"修改"面板→"倒角"按钮，对主视图轮廓线 1、2、3 进行倒角，倒角尺寸为 1×45°，倒角结果如图 16-40 所示。

Step 44 将"剖面线"设置为当前层，然后单击"绘图"面板→"样条曲线"按钮，绘制如图 16-41 所示的剖切线。

Note

图 16-40　倒直角　　　　　　　　　图 16-41　绘制剖切线

Step 45 单击"绘图"面板"图案填充"按钮 ，执行"图案填充"命令，采用默认参数，填充 ANSI31 图案，填充结果如图 16-42 所示。

图 16-42　填充结果

至此，叉架零件主视图绘制完毕，下一小节将学习叉架零件俯视图的具体绘制过程。

16.4.2　上机实训二——绘制叉架零件俯视图

Step 01 继续上节操作。展开"图层"面板→"图层控制"下拉列表，将"中心线"设置为当前层。

Step 02 单击"绘图"面板→"直线"按钮 ，在下侧绘制一条水平直线作为俯视图中心线。

Step 03 将"轮廓线"设置为当前层，然后单击"绘图"面板→"构造线"按钮 ，根据视图间的对正关系绘制垂直构造线作为辅助线，如图 16-43 所示。

图 16-43　绘制结果

Step 04 单击"绘图"面板→"直线"按钮 ，以辅助线与俯视图中心线交点为起点，绘制俯视图外轮廓，命令行操作如下。

```
命令：_line
指定第一点：                    //捕捉辅助线与俯视图中心线交点
指定下一点或 [放弃(U)]：         //@0,24Enter
```

```
指定下一点或 [放弃(U)]:              //@40,0Enter
指定下一点或 [闭合(C)/放弃(U)]:       //@0,16Enter
指定下一点或 [闭合(C)/放弃(U)]:       //@126,0Enter
指定下一点或 [闭合(C)/放弃(U)]:       //@0,-8Enter
指定下一点或 [放弃(U)]:              //@60,0 Enter
指定下一点或 [放弃(U)]:              //@0,-10.5 Enter
指定下一点或 [闭合(C)/放弃(U)]:       //@2,0 Enter
指定下一点或 [闭合(C)/放弃(U)]:       //@0,0.5 Enter
指定下一点或 [闭合(C)/放弃(U)]:       //@34,0Enter
指定下一点或 [闭合(C)/放弃(U)]:       //@0,-22Enter
指定下一点或 [闭合(C)/放弃(U)]:       //Enter，结果如图 16-44 所示
```

Step 05 单击"修改"面板→"删除"按钮，删除垂直的构造线。

Step 06 使用快捷键 L 执行"直线"命令，补画主视图内部垂直的轮廓线，结果如图 16-45 所示。

图 16-44 绘制结果

图 16-45 绘制结果

Step 07 单击"绘图"面板→"直线"按钮，从主视图向俯视图引垂直的构造线作为辅助线，结果如图 16-46 所示。

Step 08 单击"修改"面板→"修剪"按钮，以俯视图外轮廓与水平中心线为修剪边界，修剪辅助线，结果如图 16-47 所示。

图 16-46 绘制辅助线

图 16-47 修剪结果

Step 09 单击"绘图"面板→"直线"按钮，从主视图向俯视图引辅助线，如图 16-48 所示。

Step 10 单击"绘图"面板→"圆"按钮，以左侧垂直辅助线的下端点作为圆心，绘制半径为 2 和 3 的同心圆，结果如图 16-49 所示。

Step 11 将"隐藏线"设置为当前层，然后单击"绘图"面板→"多段线"按钮，以小圆的上象限点为起点，绘制多段线，命令行操作如下。

图 16-48 绘制辅助线

```
命令：_pline
指定起点：                                    //捕捉刚绘制的小圆上限点
当前线宽为 0.0
指定下一个点或 [圆弧(A)/半宽(H)/长度(L)/放弃(U)/宽度(W)]:          //@36,0Enter
指定下一点或 [圆弧(A)/闭合(C)/半宽(H)/长度(L)/放弃(U)/宽度(W)]://a Enter
指定圆弧的端点或[角度(A)/圆心(CE)/闭合(CL)/方向(D)/半宽(H)/直线(L)/半径(R)/第
二个点(S)/放弃(U)/宽度(W)]:                   //@2,-2 Enter
指定圆弧的端点或[角度(A)/圆心(CE)/闭合(CL)/方向(D)/半宽(H)/直线(L)/半径(R)/第
二个点(S)/放弃(U)/宽度(W)]:                   //Enter，结果如图 16-50 所示
```

图 16-49 绘制同心圆   图 16-50 绘制结果

Step 12 使用快捷键 E 执行"删除"命令，删除两条垂直辅助线，结果如图 16-51 所示。

Step 13 单击"绘图"面板→"直线"按钮，从主视图向俯视图引出如图 16-52 所示的辅助线。

图 16-51 删除结果   图 16-52 绘制辅助线

Step 14 单击"修改"面板→"修剪"按钮，对刚绘制的辅助线进行修剪，结果如图 16-53 所示。

Step 15 将"中心线"设置为当前图层，然后单击"绘图"面板→"直线"按钮，从主视图阶梯孔及ϕ4孔中心线处向俯视图引辅助线，结果如图 16-54 所示。

图 16-53 修剪结果   图 16-54 绘制辅助线

Step 16 单击"修改"面板→"偏移"按钮 ☁，将俯视图水平中心线向上偏移 30 个单位，结果如图 16-55 所示。

图 16-55　偏移结果

Step 17 将"轮廓线"设置为当前层，然后以辅助线与偏移所得的水平线的交点为圆心，绘制半径为 4 和 7 的同心圆，结果如图 16-56 所示。

Step 18 选择过同心圆圆心的相互垂直的两线段，对其进行修剪和夹点拉伸，调整其长度，结果如图 16-57 所示。

图 16-56　绘制同心圆

图 16-57　调整中心线长度

Step 19 单击"修改"面板→"偏移"按钮 ☁，将水平中心线向上偏移 10 个单位。

Step 20 单击"修改"面板→"修剪"按钮 ⊢，对刚偏移出的水平图线进行修剪，结果如图 16-58 所示。

Step 21 选择修剪后的水平图线，将其放置到"隐藏线"层上，然后将下侧的水平中心线向上偏移 17.89 个单位，结果如图 16-59 所示。

图 16-58　修剪结果

图 16-59　偏移结果

Step 22 单击"绘图"面板→"直线"按钮 ╱，从主视图向俯视图引出如图 16-60 所示的垂直辅助线。

Step 23 单击"修改"面板→"修剪"按钮 ⊢，对偏移出的水平图线和刚绘制的垂直辅助线进行修剪，并将修剪后的图线放到"轮廓线"层上，结果如图 16-61 所示。

图 16-60　绘制辅助线

图 16-61　修剪结果

Step 24 单击"绘图"面板→"直线"按钮，从主视图向俯视图引出如图 16-62 所示的垂直辅助线。

Step 25 单击"绘图"面板→"圆弧"按钮，以 B 点为起点、A 点为终点，绘制半径为 17.01 的圆弧，结果如图 16-63 所示。

图 16-62　绘制辅助线

图 16-63　绘制圆弧

Step 26 删除辅助线，然后单击"修改"面板→"偏移"按钮，将俯视图水平中心线向上偏移 24 个单位，结果如图 16-64 所示。

图 16-64　偏移结果

Step 27 单击"绘图"面板→"圆弧"按钮，以 B 点为起点，A 点为终点，绘制半径为 79.25 的圆弧，结果如图 16-65 所示。

Step 28 使用快捷键 E 执行"删除"命令，删除偏移出的水平图线，结果如图 16-66 所示。

图 16-65　绘制圆弧

图 16-66　删除结果

Step 29 单击"绘图"面板→"多段线"按钮，配合坐标输入功能绘制切线轮廓，命令行操作如下。

```
命令: _pline
指定起点:                                        //捕捉垂直线 L 的下端点
当前线宽为 0.0
指定下一个点或 [圆弧(A)/半宽(H)/长度(L)/放弃(U)/宽度(W)]:  //@0,-1Enter
指定下一点或 [圆弧(A)/闭合(C)/半宽(H)/长度(L)/放弃(U)/宽度(W)]:  //a Enter
指定圆弧的端点或[角度(A)/圆心(CE)/闭合(CL)/方向(D)/半宽(H)/直线(L)/半径(R)/第
二个点(S)/放弃(U)/宽度(W)]:                        //@2<210 Enter
```

指定圆弧的端点或[角度(A)/圆心(CE)/闭合(CL)/方向(D)/半宽(H)/直线(L)/半径(R)/第二个点(S)/放弃(U)/宽度(W)]: //Enter, 结果如图16-67所示

Step 30 单击"修改"面板→"倒角"按钮◿, 对俯视图最右侧垂直轮廓端点处倒直角, 倒角尺寸为1×45°, 结果如图16-68所示。

图16-67 绘制切线

图16-68 倒直角

Step 31 单击"绘图"面板→"直线"按钮✓, 配合端点捕捉功能绘制倒角线, 结果如图16-69所示。

Step 32 单击"修改"面板→"镜像"按钮⚶, 以俯视图水平中心线为镜像线, 镜像俯视图轮廓, 结果如图16-70所示。

图16-69 绘制倒角线

图16-70 镜像结果

Step 33 单击"修改"面板→"延伸"按钮⇁, 以俯视图水平中心线为延伸边界, 延伸阶梯孔的垂直中心线, 结果如图16-71所示。

Step 34 单击"绘图"面板→"圆"按钮⊙, 以延伸后的垂直中心线与水平中心线的交点为圆心, 绘制两个半径为2的圆, 结果如图16-72所示。

图16-71 延伸结果

图16-72 绘制圆

Step 35 单击"绘图"面板→"多段线"按钮⤵, 以主视图O点为起点补画切线轮廓, 命令行操作如下。

```
命令: _pline
指定起点:                           //捕捉点O
当前线宽为 0.0
指定下一个点或 [圆弧(A)/半宽(H)/长度(L)/放弃(U)/宽度(W)]:   //@0,32Enter
指定下一点或 [圆弧(A)/闭合(C)/半宽(H)/长度(L)/放弃(U)/宽度(W)]:
//aEnter, 激活"圆弧"选项
```

指定圆弧的端点或[角度(A)/圆心(CE)/闭合(CL)/方向(D)/半宽(H)/直线(L)/半径(R)/第二个点(S)/放弃(U)/宽度(W)]: //@2<150 Enter
指定圆弧的端点或[角度(A)/圆心(CE)/闭合(CL)/方向(D)/半宽(H)/直线(L)/半径(R)/第二个点(S)/放弃(U)/宽度(W)]: //Enter，绘制结果如图16-73所示

图 16-73 绘制结果

至此，叉架零件俯视图绘制完毕，下一小节将学习叉架零件图各类尺寸的具体标注过程。

16.4.3 上机实训三——为叉架零件图标注尺寸

Step 01 继续上节操作。

Step 02 展开"图层"面板→"图层控制"下拉列表，将"标注线"设置为当前层。

Step 03 使用快捷键 D 执行"标注样式"命令，将"机械样式"设为当前标样式，并修改标注比例为 1.5。

Step 04 选择菜单栏"标注"→"线性"命令，标注俯视图尺寸，命令行操作如下。

```
命令: _dimlinear
指定第一个尺寸界线原点或 <选择对象>:    //捕捉如图 16-74 所示的端点
指定第二条尺寸界线原点:                //捕捉如图 16-75 所示的端点
指定尺寸线位置或[多行文字(M)/文字(T)/角度(A)/水平(H)/垂直(V)/旋转(R)]: //T Enter
输入标注文字 <6>:                      //%%C44h6 Enter
指定尺寸线位置或[多行文字(M)/文字(T)/角度(A)/水平(H)/垂直(V)/旋转(R)]:
                                      //在适当位置拾取点，标注结果如图 16-76 所示
标注文字 = 44
```

图 16-74 捕捉端点   图 16-75 捕捉端点   图 16-76 标注结果

Step 05 重复执行"线性"命令，配合"对象捕捉"功能标注其他位置的线性尺寸，标注结果如图 16-77 所示。

图 16-77　标注其他线性尺寸

小技巧

在标注其他位置的线性尺寸时，可以充分使用"线性"命令中的"文字"选项或"多行文字"选项，为尺寸文字添加尺寸前缀或后缀。

Step 06　执行"标注样式"命令，将"角度标注"设为当前样式，并修改标注比例为 1.5。

Step 07　选择菜单栏"标注"→"半径"命令，标注圆弧的半径尺寸，命令行操作如下。

命令：_dimdiameter
选择圆弧或圆：　　　　　　　　　　　　//选择如图 16-78 所示的圆弧
标注文字 = 14
指定尺寸线位置或 [多行文字(M)/文字(T)/角度(A)]：
　　　　　　　　　　　　//指定尺寸线位置，标注结果如图 16-79 所示

图 16-78　选择圆弧

图 16-79　标注结果

Step 08　选择菜单栏"标注"→"直径"命令，标注零件图的直径尺寸，命令行操作如下。

命令：_dimdiameter
选择圆弧或圆：　　　　　　　　　　　　//选择如图 16-80 所示的圆
标注文字 = 14
指定尺寸线位置或 [多行文字(M)/文字(T)/角度(A)]://T Enter
输入标注文字 <20>：　　　　　　　　//4%%C4
指定尺寸线位置或 [多行文字(M)/文字(T)/角度(A)]：
　　　　　　　　　　　　//指定尺寸线位置，标注结果如图 16-81 所示

图 16-80 选择圆   图 16-81 标注结果

Step 09 参照第 8~9 操作步骤，分别使用"半径"和"直径"命令，标注其他位置的半径
尺寸和直径尺寸，结果如图 16-82 所示。

图 16-82 标注其他尺寸

Step 10 选择菜单栏"标注"→"角度"命令，标注零件图的角度尺寸，命令行操作如下。

```
命令: _dimdiameter
选择圆弧、圆、直线或 <指定顶点>:        //选择如图 16-83 所示的轮廓线
选择第二条直线:                         //选择如图 16-84 所示的轮廓线
指定标注弧线位置或 [多行文字(M)/文字(T)/角度(A)/象限点(Q)]:
                                        //指定尺寸线位置，标注结果如图 16-85 所示
标注文字 = 30
```

图 16-83 选择轮廓线   图 16-84 选择第二条轮廓线

图 16-85 标注结果

至此，叉架零件图各类尺寸标注完毕，下一节将学习叉架零件图公差与基准代号的具体标注过程。

16.4.4　上机实训四——标注叉架零件公差与基准代号

Step 01 继续上节操作。

Step 02 使用快捷键 ED 激活"编辑文字"命令，根据命令行的提示选择俯视图尺寸文字为 60 的对象，打开"文字编辑器"选项卡。

Step 03 在反白显示的尺寸文字后输入公差后缀，如图 16-86 所示。

图 16-86　输入公差后缀

Step 04 关闭"文字编辑器"选项卡，尺寸公差标注后的效果如图 16-87 所示。

图 16-87　标注尺寸公差

Step 05 标注形位公差。使用快捷键 LE 激活"快速引线"命令，配合最近点捕捉功能标注零件图的形位公差，命令行操作如下。

```
命令: _qleader
指定第一个引线点或 [设置(S)] <设置>:
//SEnter, 在打开的"引线设置"对话框中设置如图 16-88 和图 16-89 所示的参数
```

图 16-88　设置注释参数

图 16-89　设置引线和箭头

Step 06 单击 确定 按钮，然后根据命令行的提示标注零件图的形位公差，命令行操作如下。

> 指定第一个引线点或 [设置(S)] <设置>：//捕捉如图 16-90 所示的最近点
> 指定下一点：   //在上侧适当位置定位第二引线点，打开"形位公差"对话框

Step 07 在"形位公差"对话框中单击"符号"颜色块，从打开的"特征符号"对话框中单击如图 16-91 所示的公差符号。

图 16-90 定位第一引线点　　　　　　图 16-91 "特征符号"对话框

Step 08 此时返回"形位公差"对话框，在"公差 1"选项组中单击颜色块，添加直径符号，然后设置其他参数，如图 16-92 所示。

Step 09 单击 确定 按钮，关闭"形位公差"对话框，结果如图 16-93 所示。

图 16-92 设置公差符号与值　　　　　　图 16-93 标注结果

Step 10 重复执行"快速引线"命令，修改引线参数如图 16-94 所示，为零件图标注如图 16-95 所示的形位公差。

图 16-94 修改参数　　　　　　图 16-95 标注形位公差

Step 11 展开"图层"面板→"图层控制"下拉列表，将"细实线"设置为当前图层。

Step 12 使用快捷键 I 执行"插入块"命令，插入随书光盘"\图块文件\基准代号.dwg"，其中块参数设置如图 16-96 所示，命令行操作如下。

```
命令:_insert                                        //Enter，激活"插入块"命令
指定插入点或 [基点(B)/比例(S)/旋转(R)]:          //在所需位置单击左键
输入属性值
输入基准代号: <A>:                                  //CEnter，结果如图 16-97 所示
正在重生成模型
```

图 16-96　设置参数

Step 13 重复执行"插入块"命令，将 X 轴向比例设为 1.3、Y 轴向比例设为 -1.3，插入右侧的基准代号，命令行操作如下。

```
命令:_insert                                        //Enter，激活"插入块"命令
指定插入点或 [基点(B)/比例(S)/旋转(R)]:          //在所需位置单击左键
输入属性值
输入基准代号: <A>:                                  //DEnter，结果如图 16-98 所示
正在重生成模型
```

图 16-97　插入结果

图 16-98　插入结果

　　至此，叉架零件图公差和基准代号标注完毕，下一小节将学习叉架零件图粗糙度与技术要求等内容的标注过程。

16.4.5　上机实训五——标注叉架粗糙度与技术要求

Step 01 继续上节操作。

Step 02 展开"图层"面板→"图层控制"下拉列表，将"细实线"设置为当前层。

Step 03 使用快捷键 I 执行"插入块"命令，设置参数如图 16-99 所示，为叉架标注"粗糙度"，命令行操作如下。

```
命令:_INSERT                                        //Enter，激活"插入块"命令
指定插入点或 [基点(B)/比例(S)/旋转(R)]: //在所需位置单击左键
输入属性值
输入粗糙度值: <0.8>:                                //12.5Enter，插入结果如图 16-100 所示
正在重生成模型。
```

图 16-99　设置块参数　　　　　　图 16-100　插入结果

小技巧

在插入属性块时，要注意块的缩放比例、插入点以及旋转角度的设置技巧等，一般情况下，需要选中"在屏幕上指定"复选框。

Step 04 使用快捷键 I 执行"插入块"命令，设置插入参数如图 16-101 所示，插入结果如图 16-102 所示。

图 16-101　设置参数　　　　　　图 16-102　插入结果

Step 05 在刚插入的粗糙度属性块上双击左键，修改属性的旋转角度为 90、对正方式为右上，结果如图 16-103 所示。

Step 06 使用快捷键 I 执行"插入块"命令，以 1.4 倍的比例插入"粗糙度"，命令行操作如下。

```
命令:_insert                        //Enter，激活"插入块"命令
指定插入点或 [基点(B)/比例(S)/旋转(R)]: //在所需位置单击左键
输入属性值
输入粗糙度值: <0.8>:                 //3.2Enter，插入结果如图 16-103 所示
正在重生成模型
```

Step 07 使用快捷键 MI 激活"镜像"命令，将刚插入的粗糙度性块进行水平镜像，然后执行"移动"命令，将镜像出的粗糙度进行位移，结果如图 16-104 所示。

图 16-103　标注结果　　　　　　图 16-104　镜像并位移

Step 08 使用快捷键 CO 执行"复制"命令，将标注的粗糙度分别复制到其他位置上，必要时可绘制指示线，结果如图 16-105 所示。

图 16-105　复制结果

Step 09 使用快捷键 ED 执行"编辑文字"命令，选择复制出的粗糙度属性块，在打开的"增强属性编辑器"中修改属性值，如图 16-106 所示。

图 16-106　修改属性值

Step 10 单击右上角的"选择块"按钮，返回绘图区，选择俯视图孔结构位置的粗糙度属性块，修改其属性值，结果如图 16-107 所示。

Step 11 使用"插入块"命令，在主视图的右上角，以 1.96 倍的缩放比例插入随书光盘中的"/图块文件/粗糙度 02.dwg"。

Step 12 使用快捷键"T"执行"多行文字"命令，为零件图标注如图 16-107 所示的技术要求，其中标题文字的高度为 12、技术要求内容的文字高度为 10。

图 16-107　修改结果

Step 13 执行"保存"命令，将图形另名保存为"绘制叉架零件二视图.dwg"。

16.4.6　上机实训六——绘制连杆零件俯视图

Step 01 以随书光盘中的"\样板文件\机械样板.dwt"作为基础样板，新建空白文件。

Step 02 使用快捷键 Z 激活"视图缩放"命令，将视图高度调整为 180 个单位，并设置对象捕捉模式为端点、交点和垂足点捕捉。

Step 03 展开"图层"面板→"图层控制"下拉列表，将"中心线"层设置为当前图层。

Step 04 选择菜单栏"绘图"→"构造线"命令，绘制水平和垂直的构造线作为定位辅助线，如图 16-108 所示。

图 16-108　绘制基准线

Step 05 将"轮廓线"设置为当前图层，然后使用快捷键 C 执行"圆"命令，配合交点捕捉功能绘制三个同心轮廓圆，命令行操作如下。

```
命令:_circle                        //Enter
指定圆的圆心或 [三点(3P)/两点(2P)/切点、切点、半径(T)]:
                            //捕捉左下侧构造线的交点
指定圆的半径或 [直径(D)]:          //10 Enter
命令:_circle                        //Enter
指定圆的圆心或 [三点(3P)/两点(2P)/切点、切点、半径(T)]:  //@ Enter
指定圆的半径或 [直径(D)] <10.0>:  //11 Enter
命令:_circle                        //Enter
指定圆的圆心或 [三点(3P)/两点(2P)/切点、切点、半径(T)]:  //@ Enter
指定圆的半径或 [直径(D)] <11.0>:  //20 Enter，绘制结果如图 16-109 所示
```

Step 06 选择菜单栏"修改"→"复制"命令，配合交点捕捉功能对三个同心圆进行复制，结果如图 16-110 所示。

图 16-109　绘制结果　　　　　　图 16-110　复制结果

Step 07 使用快捷键 O 执行"偏移"命令，对构造线进行偏移，命令行操作如下。

```
命令：_offset                                              //Enter
当前设置：删除源=否　图层=源　OFFSETGAPTYPE=0
指定偏移距离或 [通过(T)/删除(E)/图层(L)] <180.0>:  //L Enter
输入偏移对象的图层选项 [当前(C)/源(S)] <源>:      //c Enter
指定偏移距离或 [通过(T)/删除(E)/图层(L)] <180.0>:  //60 Enter
选择要偏移的对象，或 [退出(E)/放弃(U)] <退出>:      //选择左侧的垂直构造线
指定要偏移的那一侧上的点，或 [退出(E)/多个(M)/放弃(U)] <退出>:
                                              //在所选构造线的右侧拾取点
选择要偏移的对象，或 [退出(E)/放弃(U)] <退出>:      //选择右侧的垂直构造线
指定要偏移的那一侧上的点，或 [退出(E)/多个(M)/放弃(U)] <退出>:
                                              //在所选构造线的左侧拾取点
选择要偏移的对象，或 [退出(E)/放弃(U)] <退出>:      //Enter
命令：_offset                                              //Enter
当前设置：删除源=否　图层=当前　OFFSETGAPTYPE=0
指定偏移距离或 [通过(T)/删除(E)/图层(L)] <60.0>:  //12.5 Enter
选择要偏移的对象，或 [退出(E)/放弃(U)] <退出>:      //选择下侧的水平构造线
指定要偏移的那一侧上的点，或 [退出(E)/多个(M)/放弃(U)] <退出>:
                                              //在所选构造线的上侧拾取点
选择要偏移的对象，或 [退出(E)/放弃(U)] <退出>:      //选择下侧的水平构造线
指定要偏移的那一侧上的点，或 [退出(E)/多个(M)/放弃(U)] <退出>:
                                              //在所选构造线的下侧拾取点
选择要偏移的对象，或 [退出(E)/放弃(U)] <退出>:      //Enter，结果如图 16-111 所示
```

图 16-111　偏移结果

Step 08 选择菜单栏"绘图"→"直线"命令，配合交点捕捉和切点捕捉功能绘制如图 16-112 所示的两条切线。

Step 09 使用快捷键 TR 执行"修剪"命令，对图线进行修剪，结果如图 16-113 所示。

图 16-112　绘制结果　　　　图 16-113　修剪结果

Step 10 将"波浪线"设置为当前图层，然后使用"样条曲线"命令，配合最近点捕捉功能绘制如图 16-114 所示的两条边界线。

Step **11** 执行"修剪"命令，以两条样条曲线作为边界，对两条水平的轮廓线进行修剪，
结果如图 16-115 所示。

图 16-114　绘制结果

图 16-115　修剪结果

至此，连杆零件俯视图绘制完毕，下一小节将学习连杆零件主视图的具体绘制过程。

16.4.7　上机实训七——绘制连杆零件主视图

Step **01** 继续上节操作。

Step **02** 展开"图层"面板→"图层控制"下拉列表，将"轮廓线"设置为当前图层。

Step **03** 使用快捷键 O 执行"偏移"命令，对上侧的水平构造线进行偏移，命令行操作
如下。

```
命令:_offset                                      //Enter
当前设置: 删除源=否   图层=当前   OFFSETGAPTYPE=0
指定偏移距离或 [通过(T)/删除(E)/图层(L)] <60.0>: //12.5 Enter
选择要偏移的对象，或 [退出(E)/放弃(U)] <退出>:    //选择上侧的水平构造线
指定要偏移的那一侧上的点，或 [退出(E)/多个(M)/放弃(U)] <退出>:
                                                 //在所选构造线的上侧拾取点
选择要偏移的对象，或 [退出(E)/放弃(U)] <退出>:    //选择上侧的水平构造线
指定要偏移的那一侧上的点，或 [退出(E)/多个(M)/放弃(U)] <退出>:
                                                 //在所选构造线的下侧拾取点
选择要偏移的对象，或 [退出(E)/放弃(U)] <退出>:    //Enter
命令:_offset                                      //Enter
指定偏移距离或 [通过(T)/删除(E)/图层(L)] <12.5>:  //6 Enter
选择要偏移的对象，或 [退出(E)/放弃(U)] <退出>:    //选择上侧的水平构造线
指定要偏移的那一侧上的点，或 [退出(E)/多个(M)/放弃(U)] <退出>:
                                                 //在所选构造线的上侧拾取点
选择要偏移的对象，或 [退出(E)/放弃(U)] <退出>:    //选择上侧的水平构造线
指定要偏移的那一侧上的点，或 [退出(E)/多个(M)/放弃(U)] <退出>:
                                                 //在所选构造线的下侧拾取点
选择要偏移的对象，或 [退出(E)/放弃(U)] <退出>:    //Enter，结果如图 16-116 所示
```

图 16-116　偏移结果

Step 04 重复执行"偏移"命令,对两条垂直的构造线进行偏移,命令行操作如下。

```
命令:_offset                                          //Enter
当前设置: 删除源=否  图层=当前  OFFSETGAPTYPE=0
指定偏移距离或 [通过(T)/删除(E)/图层(L)] <6>:      //20Enter
选择要偏移的对象,或 [退出(E)/放弃(U)] <退出>:      //选择左侧的垂直构造线
指定要偏移的那一侧上的点,或 [退出(E)/多个(M)/放弃(U)] <退出>:
                                                      //在所选构造线的左侧拾取点
选择要偏移的对象,或 [退出(E)/放弃(U)] <退出>:      //选择右侧的垂直构造线
指定要偏移的那一侧上的点,或 [退出(E)/多个(M)/放弃(U)] <退出>:
                                                      //在所选构造线的右侧拾取点
选择要偏移的对象,或 [退出(E)/放弃(U)] <退出>:      //Enter
命令:_offset                                          //Enter
当前设置: 删除源=否  图层=当前  OFFSETGAPTYPE=0
指定偏移距离或 [通过(T)/删除(E)/图层(L)] <20>:     //60Enter
选择要偏移的对象,或 [退出(E)/放弃(U)] <退出>:      //再次选择左侧的垂直构造线
指定要偏移的那一侧上的点,或 [退出(E)/多个(M)/放弃(U)] <退出>:
                                                      //在所选构造线的右侧拾取点
选择要偏移的对象,或 [退出(E)/放弃(U)] <退出>:      //再次选择右侧的垂直构造线
指定要偏移的那一侧上的点,或 [退出(E)/多个(M)/放弃(U)] <退出>:
                                                      //在所选构造线的左侧拾取点
选择要偏移的对象,或 [退出(E)/放弃(U)] <退出>:      //Enter,结果如图 16-117 所示
```

Step 05 选择菜单栏"修改"→"修剪"命令,对各构造线进行修剪,编辑出主视图外轮廓结构,结果如图 16-118 所示。

图 16-117　偏移结果

图 16-118　修剪结果

Step 06 选择菜单栏"修改"→"复制"命令,配合"极轴追踪"和"对象捕捉"功能,对俯视图中的两条样条曲线进行复制,命令行操作如下。

```
命令: _copy
选择对象:                                   //选择两条样条曲线边界
选择对象:                                   //Enter
当前设置: 复制模式 = 多个
指定基点或 [位移(D)/模式(O)] <位移>:        //捕捉如图 16-119 所示的端点
指定第二个点或 [阵列(A)] <使用第一个点作为位移>:  //捕捉如图 16-120 所示的交点
```

图 16-119　捕捉端点

图 16-120　捕捉交点

471

指定第二个点或 [阵列(A)/退出(E)/放弃(U)] <退出>:

　　//Enter，复制结果如图 16-121 所示

Step 07 执行"修剪"命令，以复制出的两条样条曲线作为边界，对主视图两侧的水平轮廓线进行修剪，结果如图 16-122 所示。

图 16-121　复制结果　　　　　　　　　　　　　图 16-122　修剪结果

Step 08 选择菜单栏"修改"→"倒角"命令，对主视图外轮廓线进行倒角，命令行操作如下。

命令: _chamfer
（"修剪"模式）当前倒角距离 1 = 0.0，距离 2 = 0.0
选择第一条直线或 [放弃(U)/多段线(P)/距离(D)/角度(A)/修剪(T)/方式(E)/多个(M)]:
　　　　　　　　　　　　　　　　　　//a Enter
指定第一条直线的倒角长度 <0.0>:　　//1 Enter
指定第一条直线的倒角角度 <0>:　　//45 Enter
选择第一条直线或 [放弃(U)/多段线(P)/距离(D)/角度(A)/修剪(T)/方式(E)/多个(M)]:
　　　　　　　　　　　　　　　　　　//m Enter
选择第一条直线或 [放弃(U)/多段线(P)/距离(D)/角度(A)/修剪(T)/方式(E)/多个(M)]:
　　　　　　　　　　　　　　//在图 16-122 所示的垂直轮廓线 1 的上端单击
选择第二条直线，或按住 Shift 键选择直线以应用角点或 [距离(D)/角度(A)/方法(M)]:
　　　　　　　　　　　　　　//在图 16-122 所示的水平轮廓线 2 的左端单击
选择第一条直线或 [放弃(U)/多段线(P)/距离(D)/角度(A)/修剪(T)/方式(E)/多个(M)]:
选择第二条直线，或按住 Shift 键选择直线以应用角点或 [距离(D)/角度(A)/方法(M)]:
　　　　　　　　　　　　　　//在垂直轮廓线 1 的下端单击
选择第一条直线或 [放弃(U)/多段线(P)/距离(D)/角度(A)/修剪(T)/方式(E)/多个(M)]:
　　　　　　　　　　　　　　//在水平轮廓线 3 的左端单击
选择第二条直线，或按住 Shift 键选择直线以应用角点或 [距离(D)/角度(A)/方法(M)]:
　　　　　　　　　　　　　　//在垂直轮廓线 5 的下端单击
选择第一条直线或 [放弃(U)/多段线(P)/距离(D)/角度(A)/修剪(T)/方式(E)/多个(M)]:
　　　　　　　　　　　　　　//在水平轮廓线 6 的右端单击
选择第二条直线，或按住 Shift 键选择直线以应用角点或 [距离(D)/角度(A)/方法(M)]:
　　　　　　　　　　　　　　//在垂直轮廓线 5 的上端单击
选择第一条直线或 [放弃(U)/多段线(P)/距离(D)/角度(A)/修剪(T)/方式(E)/多个(M)]:
　　　　　　　　　　　　　　//在水平轮廓线 4 的右端单击
选择第一条直线或 [放弃(U)/多段线(P)/距离(D)/角度(A)/修剪(T)/方式(E)/多个(M)]:

//Enter，结束命令，结果如图 16-123 所示

图 16-123　倒角结果

Step 09 选择菜单栏"修改"→"偏移"命令，根据视图间的对正关系，绘制如图 16-124 所示的四条垂直构造线。

图 16-124　绘制结果

Step 10 选择菜单栏"修改"→"修剪"命令，以主视图外轮廓线作为边界，对四条垂直构造线进行修剪，结果如图 16-125 所示。

图 16-125　修剪结果

Step 11 选择菜单栏"修改"→"倒角"命令，对主视图外轮廓线和修剪后产生的垂直轮廓线进行倒角，命令行操作如下。

```
命令：_chamfer
（"修剪"模式）当前倒角长度 = 1.0，角度 = 45
选择第一条直线或 [放弃(U)/多段线(P)/距离(D)/角度(A)/修剪(T)/方式(E)/多个(M)]：
                                    //T Enter
输入修剪模式选项 [修剪(T)/不修剪(N)] <修剪>：//N Enter
选择第一条直线或 [放弃(U)/多段线(P)/距离(D)/角度(A)/修剪(T)/方式(E)/多个(M)]：
                                    //m Enter
选择第一条直线或 [放弃(U)/多段线(P)/距离(D)/角度(A)/修剪(T)/方式(E)/多个(M)]：
                            //在图 16-125 所示的垂直轮廓线 1 的上端单击
选择第二条直线，或按住 Shift 键选择直线以应用角点或 [距离(D)/角度(A)/方法(M)]：
                            //在图 16-125 所示的水平轮廓线 4 的左端单击
选择第一条直线或 [放弃(U)/多段线(P)/距离(D)/角度(A)/修剪(T)/方式(E)/多个(M)]：
                            //在垂直轮廓线 1 的下端单击
选择第二条直线，或按住 Shift 键选择直线以应用角点或 [距离(D)/角度(A)/方法(M)]：
                            //在水平轮廓线 3 的左端单击
```

选择第一条直线或 [放弃(U)/多段线(P)/距离(D)/角度(A)/修剪(T)/方式(E)/多个(M)]:
　　　　　　　　　　　　//在垂直轮廓线 2 的上端单击
选择第二条直线，或按住 Shift 键选择直线以应用角点或 [距离(D)/角度(A)/方法(M)]:
　　　　　　　　　　　　//在水平轮廓线 4 的右端单击
选择第一条直线或 [放弃(U)/多段线(P)/距离(D)/角度(A)/修剪(T)/方式(E)/多个(M)]:
　　　　　　　　　　　　//在垂直轮廓线 2 的下端单击
选择第二条直线，或按住 Shift 键选择直线以应用角点或 [距离(D)/角度(A)/方法(M)]:
　　　　　　　　　　　　//在水平轮廓线 3 的右端单击
选择第一条直线或 [放弃(U)/多段线(P)/距离(D)/角度(A)/修剪(T)/方式(E)/多个(M)]:
　　　　　　　　　　　　//Enter，结束命令，结果如图 16-126 所示

图 16-126　倒角结果

Step 12 选择菜单栏"修改"→"修剪"命令，以倒角后产生的四条倾斜图线作为边界，对柱孔两侧的垂直轮廓线进行修剪，结果如图 16-127 所示。

图 16-127　修剪结果

Step 13 使用快捷键 L 执行"直线"命令，配合端点捕捉功能绘制倒角位置的水平轮廓线，结果如图 16-128 所示。

图 16-128　绘制结果

Step 14 参照第 11～13 操作步骤，综合使用"倒角"、"修剪"、"直线"命令，绘制右侧柱孔的内部结构，结果如图 16-129 所示。

图 16-129　绘制右侧孔结构

Step 15 选择菜单栏"修改"→"圆角"命令，对主视图外轮廓线进行圆角编辑，命令行操作如下。

```
命令: _fillet
当前设置: 模式 = 不修剪, 半径 = 0.0
选择第一个对象或 [放弃(U)/多段线(P)/半径(R)/修剪(T)/多个(M)]: //r Enter
指定圆角半径 <0.0>: 　　　　　　//2 Enter
选择第一个对象或 [放弃(U)/多段线(P)/半径(R)/修剪(T)/多个(M)]: //t Enter
输入修剪模式选项 [修剪(T)/不修剪(N)] <不修剪>: 　　　　//T Enter
```

选择第一个对象或 [放弃(U)/多段线(P)/半径(R)/修剪(T)/多个(M)]: //m Enter
选择第一个对象或 [放弃(U)/多段线(P)/半径(R)/修剪(T)/多个(M)]:
　　　　　　　　　　　　//单击图 16-129 所示的垂直轮廓线 1
选择第二个对象，或按住 Shift 键选择对象以应用角点或 [半径(R)]:
　　　　　　　　　　　　//单击水平轮廓线 2
选择第一个对象或 [放弃(U)/多段线(P)/半径(R)/修剪(T)/多个(M)]:
　　　　　　　　　　　　//单击垂直轮廓线 3
选择第二个对象，或按住 Shift 键选择对象以应用角点或 [半径(R)]:
　　　　　　　　　　　　//单击水平轮廓线 4
选择第一个对象或 [放弃(U)/多段线(P)/半径(R)/修剪(T)/多个(M)]:
　　　　　　　　　　　　//Enter，结束命令，结果如图 16-130 所示

图 16-130　圆角结果

Step 16　选择菜单栏"绘图"→"样条曲线"命令，配合最近点捕捉功能，在"波浪线"图层内绘制如图 16-131 所示的样条曲线作为边界线。

Step 17　执行"图层"命令，在打开的"图层特性管理器"对话框中双击"剖面线"，将此图层设置为当前图层。

Step 18　选择菜单栏"绘图"→"图案填充"命令，采用默认参数，为主视图填充 ANSI31 图案，填充结果如图 16-132 所示。

图 16-131　绘制结果

图 16-132　填充结果

Step 19　使用快捷键 TR 执行"修剪"命令，以两视图外轮廓线作为剪切边界，对构造线进行修剪，将其转化图中心线，结果如图 16-133 所示。

Step 20　选择菜单栏"修改"→"拉长"命令，将长度增量设置为 5，分别对两视图的中心线两端拉长，拉长结果如图 16-134 所示。

图 16-133　修剪结果

图 16-134　拉长结果

Step 21　执行"保存"命令，将图形另名存储为"绘制连杆零件二视图.dwg"。

16.5 小结与练习

16.5.1 小结

　　叉杆类零件是机器操纵机构中起操纵、支撑作用的一种零件，本章主要综合多种常用制图命令以及捕捉、追踪等辅助绘图功能，以叉架零件和连杆零件为例，详细讲述了叉杆零件种种视图的表达、定位、绘制方法及绘制技巧。另外，在绘图过程中，充分使用了点的坐标输入和捕捉功能，进行点的精确定位。

16.5.2 练习

　　1. 综合运用所学知识，绘制并标注如图 16-135 所示的零件图。

图 16-135　练习一

　　2. 综合运用所学知识，绘制并标注如图 16-136 所示的零件图。

图 16-136　练习二

第17章

箱壳类零件设计

本章在概述箱壳类零件理论知识的前提下，通过绘制涡轮箱零件与半轴壳零件视图，主要学习机械箱壳类零件的具体绘制过程和相关绘图技巧。

内容要点

- ◆ 箱壳类零件概述
- ◆ 箱壳类零件设计效果
- ◆ 箱壳类零件设计思路
- ◆ 箱壳类零件设计过程

17.1 箱壳类零件概述

箱壳类零件的结构形体一般比较复杂，多由曲面和平面构成半封闭的空腔，支承轴类零件和容纳安装其他零件，如机座、泵体、箱体和壳体等。另外，根据功能要求，此类零件上常有成对出现的轴孔、平面、螺孔，以及油孔、油槽、凸台、凹坑、肋板等结构。下面将从两个方面对箱壳类零件进行概述。

● **视图表达**

由于箱壳类零件的形状结构比较复杂，视图的选择和配置要特别慎重，一般在照顾主要加工位置的情况下，常按照工作位置的端正摆放来确定主视图的投影方向，并采用至少两个、甚至更多的基本视图及剖视、剖面等多种表达方式，才能把其形状结构表达清楚。因此，看图时，需要将几个视图结合起来分析，逐个看懂各部分的形状。

● **尺寸标注**

由于箱壳类零件的结构复杂，尺寸数量较多且有的尺寸精度要求较高，所以更需要认真确定长、宽、高三个方向的基准，然后按照形体分析和结构分析的方法确定各定位尺寸和定形尺寸的总格局。

一般采用安装底平面为高度方向的基准，使设计基准与工艺基准尽可能得到统一；长和宽方向的基准，常选用对称平面、与零件的结合面或重要孔的轴线（点画线）；为了加工测量方便和装配需要，还常选用一些轴线、端面作为辅助基准。对于重要孔间的中心距，重要轴线与重要平面间的尺寸以及将会影响产品规格的质量的尺寸，一定要直接标出。

17.2 箱壳类零件设计效果

● **箱体零件效果**

本例通过绘制涡轮箱零件的主视图、左视图和俯视图，主要学习箱体类零件视图的绘制方法和具体的绘制技巧。涡轮箱零件视图的最终效果如图 17-1 所示。

● **壳体零件效果**

本例通过绘制半轴壳体零件的主视图和左视图，主要学习壳体类零件视图的绘制方法和具体的绘制技巧。半轴壳零件视图的最终效果如图 17-2 所示。

图 17-1　实例效果 1

技术要求
1. 未注圆角R3
2. 未注倒角1×45°
3. 铸件应经时效退火。

图 17-2　实例效果 2

17.3　箱壳类零件设计思路

● 箱体零件设计思路

❖ 调用"机械样板.dwt"样板文件，并设置绘图环境。

❖ 使用"直线"、"偏移"、"修剪"、"圆角"等命令绘制箱体主视图。

❖ 使用"圆"、"阵列"、"修剪"、"偏移"、"打断于点"等命令绘制箱体的俯视图。

❖ 根据视图间的对正关系，使用"直线"、"偏移"、"圆角"、"修剪"、"图案填充"等命令绘制箱体左视图，并填充剖面线。

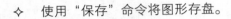

✧ 使用"保存"命令将图形存盘。

● **壳体零件设计思路**

✧ 调用"机械样板.dwt"样板文件，并设置绘图环境。

✧ 使用"构造线"、"圆"、"阵列"等命令绘制壳体零件的左视图。

✧ 使用"构造线"、"偏移"、"修剪"等命令绘制主视图外部结构图。

✧ 使用"构造线"、"偏移"、"倒角"、"修剪"等命令绘制主视图内部结构图。

✧ 使用"构造线"、"修剪"、"偏移"、"图案填充"命令绘制主视图孔结构和剖面线。

✧ 使用"修剪"、"拉长"命令绘制壳体二视图中心线。

✧ 使用"保存"命令将图形存盘。

17.4 箱壳类零件设计过程

下面将详细学习涡轮箱零件和半轴壳零件各种视图的绘制方法和绘制技巧，具体内容如下。

17.4.1 上机实训一——绘制箱体零件俯视图

Step 01 执行"新建"命令，调用随书光盘中的"\样板文件\机械样板.dwt"文件。

Step 02 选择菜单栏"格式"→"线型"命令，在打开的"线型管理器"对话框中设置线型比例为 0.8。

Step 03 展开"图层控制"下拉列表，将"轮廓线"设置为当前图层，然后打开线宽的显示功能。

Step 04 选择菜单栏"绘图"→"矩形"命令，绘制半径为 3 的圆角矩形，命令行操作如下。

```
命令: _rectang
指定第一个角点或 [倒角(C)/标高(E)/圆角(F)/厚度(T)/宽度(W)]:
                                    //f Enter，激活"圆角"选项
指定矩形的圆角半径 <0.0>:           //3 Enter
指定第一个角点或 [倒角(C)/标高(E)/圆角(F)/厚度(T)/宽度(W)]:
                                    //在绘图区拾取一点作为左下角点
指定另一个角点或 [面积(A)/尺寸(D)/旋转(R)]:   //@32,62 Enter，结束命令
```

Step 05 将"中心线"设置为当前图层，然后配合中点捕捉功能绘制如图 17-3 所示的两条中心线。

Step 06 使用快捷键 O 执行"偏移"命令，将水平构造线对称偏移 41 个单位，将垂直构造线向左偏移 23 个单位、向右偏移 37 个单位，结果如图 17-4 所示。

图 17-3　绘制结果

图 17-4　偏移结果

Step 07 单击"修改"面板→"圆角"按钮 ⌐，执行"圆角"命令，对偏移出的构造线进行编辑，命令行操作如下。

```
命令: _fillet
当前设置: 模式 = 修剪, 半径 = 0.0
选择第一个对象或 [放弃(U)/多段线(P)/半径(R)/修剪(T)/多个(M)]:
                                        //m Enter, 激活"多个"选项
选择第一个对象或 [放弃(U)/多段线(P)/半径(R)/修剪(T)/多个(M)]:
                                        //单击左侧垂直构造线
选择第二个对象, 或按住 Shift 键选择对象以应用角点或 [半径(R)]:
                                        //单击上侧水平构造线
选择第一个对象或 [放弃(U)/多段线(P)/半径(R)/修剪(T)/多个(M)]:
                                        //单击上侧水平构造线
选择第二个对象, 或按住 Shift 键选择对象以应用角点或 [半径(R)]:
                                        //单击右侧垂直构造线
选择第一个对象或 [放弃(U)/多段线(P)/半径(R)/修剪(T)/多个(M)]:
                                        //单击右侧垂直构造线
选择第二个对象, 或按住 Shift 键选择对象以应用角点或 [半径(R)]:
                                        //单击下侧水平构造线
选择第一个对象或 [放弃(U)/多段线(P)/半径(R)/修剪(T)/多个(M)]:
                                        //单击下侧水平构造线
选择第二个对象, 或按住 Shift 键选择对象以应用角点或 [半径(R)]:
                                        //单击左侧垂直构造线
选择第一个对象或 [放弃(U)/多段线(P)/半径(R)/修剪(T)/多个(M)]:
                                        //Enter, 圆角结果如图 17-5 所示
```

Step 08 在无命令执行的前提下，夹点显示圆角编辑后的四条图线，然后展开"图层控制"下拉列表，将其放到"轮廓线"图层上，结果如图 17-6 所示。

图 17-5　圆角结果

图 17-6　更改图层

Step 09 单击"修改"面板→"偏移"按钮 ⟐，执行"偏移"命令，将图 17-6 所示的图线 1 向下偏移 3 个单位，将图线 2 向左偏移 14 个单位，将图线 3 向上偏移 1 个单位，结果如图 17-7 所示。

Step 10 单击"修改"面板→"圆角"按钮 ⟋，执行"圆角"命令，对偏移出的构造线进行圆角，命令行操作如下。

```
命令: _fillet
当前设置: 模式 = 修剪，半径 = 0.0
选择第一个对象或 [放弃(U)/多段线(P)/半径(R)/修剪(T)/多个(M)]:    //r Enter
指定圆角半径 <0.0>:                    //3 Enter
选择第一个对象或 [放弃(U)/多段线(P)/半径(R)/修剪(T)/多个(M)]:    //m Enter
选择第一个对象或 [放弃(U)/多段线(P)/半径(R)/修剪(T)/多个(M)]:
                                  //在图 17-7 所示轮廓线 1 的左端单击
选择第二个对象，或按住 Shift 键选择对象以应用角点或[半径(R)]:
                                  //在图 17-7 所示轮廓线 2 的上端单击
选择第一个对象或 [放弃(U)/多段线(P)/半径(R)/修剪(T)/多个(M)]:
                                  //在图 17-7 所示轮廓线 3 的左端单击
选择第二个对象，或按住 Shift 键选择对象以应用角点或[半径(R)]:
                                  //在图 17-7 所示轮廓线 2 的下端单击
选择第一个对象或 [放弃(U)/多段线(P)/半径(R)/修剪(T)/多个(M)]:
                                  //Enter，结束命令，圆角结果如图 17-8 所示
```

Step 11 重复执行"圆角"命令，继续对图线进行圆角编辑，命令行操作如下。

```
命令: _fillet
当前设置: 模式 = 修剪，半径 = 3.0
选择第一个对象或 [放弃(U)/多段线(P)/半径(R)/修剪(T)/多个(M)]:    //t Enter
输入修剪模式选项 [修剪(T)/不修剪(N)] <修剪>:  //N Enter
选择第一个对象或 [放弃(U)/多段线(P)/半径(R)/修剪(T)/多个(M)]:
                                  //m Enter，激活"多个"选项
选择第一个对象或 [放弃(U)/多段线(P)/半径(R)/修剪(T)/多个(M)]:
                                  //在图 17-8 所示轮廓线 1 的下端单击
选择第二个对象，或按住 Shift 键选择对象以应用角点或 [半径(R)]:
                                  //在图 17-8 所示轮廓线 2 的左端单击
选择第一个对象或 [放弃(U)/多段线(P)/半径(R)/修剪(T)/多个(M)]:
                                  //在图 17-8 所示轮廓线 1 的上端单击
选择第二个对象，或按住 Shift 键选择对象以应用角点或 [半径(R)]:
                                  //在图 17-8 所示轮廓线 3 的左端单击
选择第一个对象或 [放弃(U)/多段线(P)/半径(R)/修剪(T)/多个(M)]:
                                  //Enter，圆角结果如图 17-9 所示
```

Step 12 单击"修改"面板→"修剪"按钮 ⊢，以刚产生的两条圆角弧线作为边界，对内部的两条水平图线进行修剪，结果如图 17-10 所示。

Step 13 单击"修改"面板→"偏移"按钮 ⟐，将垂直构造线对称偏移 19.5 个单位，将水平构造线向上偏移 34 个单位，向下偏移 36 个单位，结果如图 17-11 所示。

图 17-7 偏移结果

图 17-8 圆角结果 1

图 17-9 圆角结果 2

Step 14 使用快捷键 C 执行 "圆" 命令，配合交点捕捉功能，在 "轮廓线" 图层内绘制直径为 3 和 4 的同心圆，并将直径为 4 的圆放到 "细实线" 图层上，结果如图 17-12 所示。

图 17-10 修剪结果

图 17-11 偏移结果

图 17-12 绘制同心圆

Step 15 执行 "修剪" 命令，以通过圆心的两条构造线作为边界，对直径为 4 的圆进行修剪，结果如图 17-13 所示。

Step 16 使用快捷键 AR 执行 "阵列" 命令，选择如图 17-14 所示的圆及圆弧进行阵列 2 行 2 列，列偏移为 39、行偏移为 70，阵列结果如图 17-15 所示。

图 17-13 修剪结果

图 17-14 窗口选择

Step 17 单击 "修改" 面板→ "修剪" 按钮 ，以阵列后产生的四条圆弧作为边界，对构造线进行修剪，将其转化为图形中心线，修剪结果如图 17-16 所示。

Step 18 使用快捷键 LEN 执行 "拉长" 命令，将四条中心线分别向两端拉长 1 个单位，结果如图 17-17 所示。

图 17-15 阵列结果

图 17-16 修剪结果

图 17-17 拉长结果

Step 19 单击"修改"面板→"偏移"按钮，将垂直构造线向左偏移 33 个单位、向右偏移 29 个单位；将水平构造线对称偏移 32 个单位，结果如图 17-18 所示。

Step 20 使用快捷键 C 执行"圆"命令，配合交点捕捉功能绘制直径为 5 的圆，如图 17-19 所示。

Step 21 单击"修改"面板→"修剪"按钮，对构造线进行修剪，结果如图 17-20 所示。

图 17-18 偏移结果 1   图 17-19 绘制结果   图 17-20 修剪结果 1

Step 22 执行"拉长"命令，将俯视图中心线向两端拉长 4 个单位，将圆孔垂直中心线向两端拉长 2 个单位，结果如图 17-21 所示。

Step 23 单击"修改"面板→"偏移"按钮，将水平中心线向上偏移 29 个单位，将垂直中心线对称偏移 11 个单位，结果如图 17-22 所示。

图 17-21 拉长结果   图 17-22 偏移结果 2

Step 24 单击"修改"面板→"修剪"按钮，对偏移出的图线进行修剪，结果如图 17-23 所示。

Step 25 在无命令执行的前提下，夹点显示如图 17-24 所示的三条轮廓线。

Step 26 展开"图层"面板→"图层控制"下拉列表，将其放到"轮廓线"图层，最终结果如图 17-25 所示。

图 17-23 修剪结果 2   图 17-24 夹点显示   图 17-25 最终结果

至此，涡轮箱零件俯视图绘制完毕，下面将学习涡轮箱零件主视图的具体绘制过程。

17.4.2　上机实训二——绘制箱体零件主视图

Step 01 继续上节操作。

Step 02 暂时关闭线宽功能，然后使用快捷键 LA 执行"图层"命令，将"中心线"设置为当前图层。

Step 03 使用快捷键 XL 执行"构造线"命令，绘制如图 17-26 所示的两条构造线，以定位主视图位置。

Step 04 重复执行"构造线"命令，根据视图间的对正关系，配合"对象捕捉"功能绘制如图 17-27 所示的垂直构造线。

Step 05 单击"修改"面板→"偏移"按钮 ，将水平构造线向上偏移 34、41 个单位，向下偏移 41 和 51 个单位，并将偏移出的图线放在"轮廓线"图层上，结果如图 17-28 所示。

图 17-26　绘制结果

图 17-27　绘制结果

图 17-28　偏移结果

小技巧

巧妙使用命令中的"当前"选项功能，可以将偏移出的对象放到当前层上。

Step 06 单击"修改"面板→"修剪"按钮 ⁄，对各构造线进行修剪编辑，结果如图 17-29 所示。

Step 07 在无命令执行的前提下，夹点显示如图 17-30 所示的图线，然后展开"图层控制"下拉列表，更改其图层为"轮廓线"层，取消夹点后的效果如图 17-31 所示。

图 17-29 修剪结果   图 17-30 夹点效果   图 17-31 操作结果

Step 08 将"轮廓线"设置为当前图层，使用快捷键 F 执行"圆角"命令，对修剪后的轮廓线进行圆角编辑，命令行操作如下。

```
命令:fillet                    //Enter
当前设置: 模式 = 修剪，半径 = 0.0
选择第一个对象或 [放弃(U)/多段线(P)/半径(R)/修剪(T)/多个(M)]: //r Enter
指定圆角半径 <0.0>: //3 Enter
选择第一个对象或 [放弃(U)/多段线(P)/半径(R)/修剪(T)/多个(M)]: //m Enter
选择第一个对象或 [放弃(U)/多段线(P)/半径(R)/修剪(T)/多个(M)]:
                         //在图 17-32 所示轮廓线 1 的上端单击
选择第二个对象，或按住 Shift 键选择对象以应用角点或 [半径(R)]:
                         //在轮廓线 2 的左端单击
选择第一个对象或 [放弃(U)/多段线(P)/半径(R)/修剪(T)/多个(M)]:
                         //在图 17-32 所示轮廓线 3 的上端单击
选择第二个对象，或按住 Shift 键选择对象以应用角点或 [半径(R)]:
                         //在轮廓线 4 的左端单击
选择第一个对象或 [放弃(U)/多段线(P)/半径(R)/修剪(T)/多个(M)]:
                         //在图 17-32 所示轮廓线 5 的上端单击
选择第二个对象，或按住 Shift 键选择对象以应用角点或 [半径(R)]:
                         //在轮廓线 4 的右端单击
选择第一个对象或 [放弃(U)/多段线(P)/半径(R)/修剪(T)/多个(M)]:
                         //Enter,圆角结果如图 17-33 所示
```

Step 09 单击"修改"面板→"修剪"按钮 ，将水平构造线对称偏移 20 和 32 个单位，结果如图 17-34 所示。

Step 10 选择菜单栏"绘图"→"构造线"命令，配合端点捕捉功能绘制如图 17-35 所示的垂直构造线。

Step 11 单击"修改"面板→"修剪"按钮 ，对构造线进行修剪，结果如图 17-36 所示。

Step 12 单击"修改"面板→"圆角"按钮，对修剪后的轮廓线进行圆角，圆角半径为3，圆角结果如图 17-37 所示。

图 17-32　定位圆角对象　　　图 17-33　圆角结果　　　图 17-34　偏移结果

图 17-35　绘制结果　　　图 17-36　修剪结果　　　图 17-37　圆角结果

Step 13 单击"修改"面板→"倒角"按钮，对修剪后的轮廓线进行倒角，命令行操作如下。

```
命令：_chamfer
（"修剪"模式）当前倒角长度 = 0.0，角度 = 0
选择第一条直线或 [放弃(U)/多段线(P)/距离(D)/角度(A)/修剪(T)/方式(E)/多个(M)]：
                                           //t Enter
输入修剪模式选项 [修剪(T)/不修剪(N)] <修剪>：    //n Enter
选择第一条直线或 [放弃(U)/多段线(P)/距离(D)/角度(A)/修剪(T)/方式(E)/多个(M)]：
                                           //a Enter，激活"角度"选项
指定第一条直线的倒角长度 <0.0>：               //1 Enter
指定第一条直线的倒角角度 <0>：                 //45 Enter
选择第一条直线或 [放弃(U)/多段线(P)/距离(D)/角度(A)/修剪(T)/方式(E)/多个(M)]：
                                           //m Enter，激活"多个"选项
选择第一条直线或 [放弃(U)/多段线(P)/距离(D)/角度(A)/修剪(T)/方式(E)/多个(M)]：
```

//在图17-38所示轮廓线1的上端单击

选择第二条直线，或按住 Shift 键选择直线以应用角点或 [距离(D)/角度(A)/方法(M)]:
//在轮廓线2的左端单击

选择第一条直线或 [放弃(U)/多段线(P)/距离(D)/角度(A)/修剪(T)/方式(E)/多个(M)]:
//在图17-38所示轮廓线1的下端单击

选择第二条直线，或按住 Shift 键选择直线以应用角点或 [距离(D)/角度(A)/方法(M)]:
//在轮廓线3的左端单击

选择第一条直线或 [放弃(U)/多段线(P)/距离(D)/角度(A)/修剪(T)/方式(E)/多个(M)]:
//在轮廓线4的下端单击

选择第二条直线，或按住 Shift 键选择直线以应用角点或 [距离(D)/角度(A)/方法(M)]:
//在轮廓线6的右端单击

选择第一条直线或 [放弃(U)/多段线(P)/距离(D)/角度(A)/修剪(T)/方式(E)/多个(M)]:
//在轮廓线4的上端单击

选择第二条直线，或按住 Shift 键选择直线以应用角点或 [距离(D)/角度(A)/方法(M)]:
//在轮廓线5的右端单击

选择第一条直线或 [放弃(U)/多段线(P)/距离(D)/角度(A)/修剪(T)/方式(E)/多个(M)]:
//Enter,倒角结果如图17-39所示

Step 14 单击"修改"面板→"修剪"按钮 ，以倒角后产生的四条倾斜图线作为边界，对内部的四条水平图线进行修剪，结果如图17-40所示。

图 17-38 定位倒角线

图 17-39 倒角结果

图 17-40 修剪结果

Step 15 使用快捷键L执行"直线"命令，配合端点捕捉功能绘制如图17-41所示的两条垂直图线。

Step 16 单击"修改"面板→"偏移"按钮 ，将垂直构造线向右偏移29个单位，将水平构造线向下偏移35个单位，结果如图17-42所示。

Step 17 使用快捷键C执行"圆"命令，配合交点捕捉功能绘制如图17-43所示的四个圆形。

图 17-41 绘制结果

图 17-42 偏移结果

图 17-43 绘制结果

Step 18 将偏移出的两条构造线放到"中心线"图层上，并对下侧的水平构造线进行修剪，将其转化为中心线，结果如图 17-44 所示。

Step 19 单击"修改"面板→"偏移"按钮 ⚑，将右侧的垂直构造线对称偏移 3.5 和 5.5 个单位，将水平构造线对称偏移 37 个单位，结果如图 17-45 所示。

Step 20 单击"修改"面板→"修剪"按钮 ⊬，对偏移出的各构造线进行修剪，结果如图 17-46 所示。

图 17-44 操作结果   图 17-45 偏移结果   图 17-46 修剪结果

∷∷ 小技巧

在偏移图线时，需要使用命令中的"图层"选项，事先将图层模式设置为当前，使偏移出的图线放在当前图层上。

Step 21 单击"修改"面板→"偏移"按钮 ⚑，将水平构造线对称偏移 23、23.5、28.5 和 29 个单位，结果如图 17-47 所示。

Step 22 重复执行"偏移"命令，再次将主视图中心位置的水平构造线对称偏移 26 个单位，并将偏移出的两条构造线放到"中心线"图层上，结果如图 17-48 所示。

Step 23 单击"修改"面板→"修剪"按钮 ⊬，执行"修剪"命令，对构造线进行修剪，结果如图 17-49 所示。

图 17-47 偏移结果   图 17-48 偏移结果   图 17-49 修剪结果

∷∷ 小技巧

在偏移构造线时，需要事先将图层的模式设置为源，使偏移出的构造线继承原来的图层特性。

Step **24** 单击"修改"面板→"修剪"按钮 ✂，对构造线进行修剪，将构造线转化为图形中心线，结果如图 17-50 所示。

Step **25** 使用快捷键 LEN 执行"拉长"命令，将中心线向两端拉长 4 个单位，结果如图 17-51 所示。

图 17-50　修剪结果

图 17-51　拉长结果

至此，涡轮箱零件主视图绘制完毕，下面将学习涡轮箱零件左视图的具体绘制过程。

17.4.3　上机实训三——绘制箱体零件左视图

Step **01** 继续上节操作，并将"中心线"设置为当前图层。

Step **02** 使用快捷键 XL 执行"构造线"命令，绘制如图 17-52 所示的两条构造线，以定位左视图。

图 17-52　绘制结果

Step **03** 将"轮廓线"设置为当前图层，然后重复执行"构造线"命令，根据视图间的对正关系，配合端点捕捉或交点捕捉功能绘制如图 17-53 所示的水平构造线。

Step **04** 使用快捷键 C 执行"圆"命令，配合交点捕捉功能绘制如图 17-54 所示的轮廓圆。

图 17-53　绘制水平构造线

图 17-54　绘制轮廓圆

Step 05 使用快捷键 E 执行"删除"命令，删除不需要的水平构造线，结果如图 17-55 所示。

Step 06 在无命令执行的前提下，夹点显示如图 17-56 所示的圆。

图 17-55　删除结果　　　　图 17-56　夹点显示

Step 07 展开"图层控制"下拉列表，将夹点显示的圆放到"中心线"图层上，结果如图 17-57 所示。

Step 08 在无命令执行的前提下，夹点显示如图 17-58 所示的圆，将其放到"细实线"图层上。

Step 09 单击"修改"面板→"修剪"按钮，对外侧的螺纹圆进行修剪，结果如图 17-59 所示。

Step 10 使用快捷键 AR 执行"阵列"命令，将螺纹及圆环形阵列 2 份，填充角度值为-90，结果如图 17-60 所示。

图 17-57　更改图层后的效果　　　　图 17-58　更改所在层

图 17-59　修剪结果　　　　图 17-60　阵列结果

Step 11 单击"修改"面板→"偏移"按钮，执行"偏移"命令，将左视图垂直构造线向左偏移 39、32、30 个单位；向右偏移 30 和 39 个单位，结果如图 17-61 所示。

Note

Step 12 使用快捷键 XL 执行"构造线"命令，根据视图间的对正关系绘制如图 17-62 所示的水平构造线。

图 17-61　偏移结果　　　　　　　　　　　　图 17-62　绘制结果

Step 13 单击"修改"面板→"修剪"按钮 ，对构造线和同心圆进行修剪，编辑出左视图轮廓，结果如图 17-63 所示。

Step 14 在无命令执行的前提下，夹点显示如图 17-64 所示的轮廓线，将其放到"轮廓线"图层上。

Step 15 按下 Esc 键取消图形的夹点显示，结果如图 17-65 所示。

图 17-63　修剪结果　　　　图 17-64　夹点显示　　　　图 17-65　更改图层后的效果

Step 16 单击"修改"面板→"偏移"按钮 ，将图 17-65 所示的轮廓线 1 向上偏移 6 个单位，将轮廓线 2 向上偏移 17 个单位，结果如图 17-66 所示。

Step 17 单击"修改"面板→"偏移"按钮 ，将图 17-66 所示的轮廓线 B 向上偏移 34 个单位；将轮廓线 A 对称偏移 9、11、11.5、13、14.5 和 15 个单位，结果如图 17-67 所示。

Step 18 单击"修改"面板→"修剪"按钮 ，以如图 17-67 所示的图线 A 作为边界，对外侧的圆弧进行延伸，结果如图 17-68 所示。

图 17-66　偏移结果　　　　　　图 17-67　偏移结果　　　　　　图 17-68　延伸结果

Step **19** 单击"修改"面板→"修剪"按钮 ⊬，对图线进行修剪编辑，结果如图 17-69 所示。

Step **20** 在无命令执行的前提下，夹点显示如图 17-70 所示的图线，将其放到"中心线"图层上，结果如图 17-71 所示。

Note

图 17-69　修剪结果

图 17-70　夹点显示

图 17-71　更改图层后的结果

Step **21** 在无命令执行的前提下，夹点显示如图 17-72 所示的图线，将其放到"细实线"图层上。

Step **22** 单击"修改"面板→"倒角"按钮 ◺，对轮廓线进行内部倒角，命令行操作如下。

```
命令: _chamfer
("修剪"模式) 当前倒角长度 = 0.0，角度 = 0
选择第一条直线或 [放弃(U)/多段线(P)/距离(D)/角度(A)/修剪(T)/方式(E)/多个(M)]:
                                        //t Enter
输入修剪模式选项 [修剪(T)/不修剪(N)] <修剪>: //n Enter
选择第一条直线或 [放弃(U)/多段线(P)/距离(D)/角度(A)/修剪(T)/方式(E)/多个(M)]:
                                        //a Enter，激活"角度"选项
指定第一条直线的倒角长度 <0.0>:          //1 Enter
指定第一条直线的倒角角度 <0>:            //45 Enter
选择第一条直线或 [放弃(U)/多段线(P)/距离(D)/角度(A)/修剪(T)/方式(E)/多个(M)]:
                                        //m Enter，激活"多个"选项
选择第一条直线或 [放弃(U)/多段线(P)/距离(D)/角度(A)/修剪(T)/方式(E)/多个(M)]:
                                        //在图 17-73 所示轮廓线 2 的上端单击
选择第二条直线，或按住 Shift 键选择直线以应用角点或 [距离(D)/角度(A)/方法(M)]:
                                        //在轮廓线 1 的右端单击
选择第一条直线或 [放弃(U)/多段线(P)/距离(D)/角度(A)/修剪(T)/方式(E)/多个(M)]:
                                        //在图 17-73 所示轮廓线 2 的下端单击
选择第二条直线，或按住 Shift 键选择直线以应用角点或 [距离(D)/角度(A)/方法(M)]:
                                        //在轮廓线 3 的右端单击
选择第一条直线或 [放弃(U)/多段线(P)/距离(D)/角度(A)/修剪(T)/方式(E)/多个(M)]:
                                        //在图 17-73 所示轮廓线 4 的下端单击
选择第二条直线，或按住 Shift 键选择直线以应用角点或 [距离(D)/角度(A)/方法(M)]:
                                        //在轮廓线 6 的右端单击
选择第一条直线或 [放弃(U)/多段线(P)/距离(D)/角度(A)/修剪(T)/方式(E)/多个(M)]:
                                        //在图 17-73 所示轮廓线 4 的上端单击
选择第二条直线，或按住 Shift 键选择直线以应用角点或 [距离(D)/角度(A)/方法(M)]:
                                        //在轮廓线 5 的右端单击
选择第一条直线或 [放弃(U)/多段线(P)/距离(D)/角度(A)/修剪(T)/方式(E)/多个(M)]:
                                        //Enter，倒角结果如图 17-74 所示
```

图 17-72　夹点显示　　　　图 17-73　定位倒角线　　　　图 17-74　倒角结果

Step 23 单击"修改"面板→"修剪"按钮 ⊁，以倒角后产生的四条倾斜图线作为边界，对内部的四条水平图线进行修剪，修剪结果如图 17-75 所示。

Step 24 执行"直线"命令，配合端点捕捉功能绘制倒角位置的垂直轮廓线，结果如图 17-76 所示。

Step 25 选择菜单栏"修改"→"镜像"命令，窗口选择右侧的螺纹孔进行镜像，镜像结果如图 17-77 所示。

图 17-75　修剪结果　　　　图 17-76　绘制结果　　　　图 17-77　镜像结果

Step 26 打开线宽的显示功能，然后配合最近点捕捉功能，在"波浪线"图层内绘制如图 17-78 所示的样条曲线作为边界线。

Step 27 执行"修剪"命令，以样条曲线作为边界，对同心圆进行修剪，结果如图 17-79 所示。

Step 28 将"剖面线"设为当前层，然后执行"图案填充"命令，激活"图案填充和渐变色"对话框，设置填充图案与参数如图 17-80 所示，为左视图填充如图 17-81 所示的图案。

图 17-78　绘制结果　　　　图 17-79　修剪结果　　　　图 17-80　设置填充图案与参数

Step 29 单击"修改"面板→"修剪"按钮 ⊹，对构造线进行修剪，将构造线转化为左视图
中心线，结果如图 17-82 所示。

Step 30 使用快捷键 LEN 执行"拉长"命令，将中心线向两端拉长 4 个单位，结果如图 17-83
所示。

图 17-81　填充结果　　　　图 17-82　修剪结果　　　　图 17-83　拉长结果

Step 31 选择菜单栏"修改"→"拉长"命令，对主视图和俯视图进行编辑，命令行操作如下。

```
命令: _stretch
以交叉窗口或交叉多边形选择要拉伸的对象...
选择对象:                          //窗交选择如图17-84所示的对象
选择对象::                         //Enter
指定基点或 [位移(D)] <位移>:       //拾取任一点
指定第二个点或 <使用第一个点作为位移>:  //@-5,0 Enter
命令:_stretch                      //Enter
以交叉窗口或交叉多边形选择要拉伸的对象...
选择对象:                          //窗交选择如图17-85所示的对象
选择对象:                          //Enter
指定基点或 [位移(D)] <位移>:       //拾取任一点
指定第二个点或 <使用第一个点作为位移>:
                                  //@2,0 Enter, 拉伸结果如图17-86所示
```

图 17-84　窗交选择　　　　图 17-85　窗交选择　　　　图 17-86　拉伸结果

　　至此，涡轮箱零件左视图绘制完毕，下面将学习涡轮箱零件图尺寸和公差的标注
过程。

17.4.4 上机实训四——标注箱体零件各类尺寸

Step 01 继续上节操作。

Step 02 展开"注释"面板上的"标注样式控制"下拉列表，将"机械样式"设置为当前标注样式，并修改标注比例，如图 17-87 所示。

图 17-87 设置当前样式

Step 03 展开"图层"面板→"图层控制"下拉列表，将"标注线"设置为当前图层。

Step 04 打开状态栏上的"对象捕捉"功能，并将捕捉模式设置端点捕捉和交点捕捉。

Step 05 选择菜单栏"标注"→"线性"命令，配合端点捕捉功能标注主视图上侧的线性尺寸，命令行操作如下。

```
命令：_dimlinear
指定第一个尺寸界线原点或 <选择对象>://捕捉如图 17-88 所示的端点
指定第二个尺寸界线原点：          //捕捉如图 17-89 所示的端点
指定尺寸线位置或[多行文字(M)/文字(T)/角度(A)/水平(H)/垂直(V)/旋转(R)]：
                              //在适当位置定位尺寸线，标注结果如图 17-90 所示
标注文字 =51
```

图 17-88 捕捉端点　　　　图 17-89 捕捉端点　　　　图 17-90 标注结果

Step 06 重复执行"线性"命令，配合端点捕捉功能标注如图 17-91 所示的线性尺寸。

Step 07 单击 "标注" 面板→ "连续" 按钮 ，执行 "连续" 命令，继续标注主视图下侧的
线性尺寸，命令行操作如下。

```
命令：_dimcontinue
指定第二个尺寸界线原点或 [放弃(U)/选择(S)] <选择>：
                    //系统自动进入连续标注状态，此时捕捉如图 17-92 所示的端点
标注文字 = 7
指定第二个尺寸界线原点或 [放弃(U)/选择(S)] <选择>：
                    //系统自动进入连续标注状态，此时捕捉如图 17-93 所示的端点
标注文字 = 32
```

图 17-91　标注结果　　　　　图 17-92　捕捉端点　　　　　图 17-93　捕捉端点

```
指定第二个尺寸界线原点或 [放弃(U)/选择(S)] <选择>：//Enter，退出连续标注状态
选择连续标注：　//Enter，结束命令，标注结果如图 17-94 所示
```

Step 08 选择菜单栏 "标注" → "线性" 命令，配合端点捕捉功能标注主视图左侧的直径尺
寸，命令行操作如下。

```
命令：_dimlinear
指定第一个尺寸界线原点或 <选择对象>：//捕捉如图 17-95 所示的端点
指定第二个尺寸界线原点：　　　　　　//捕捉如图 17-96 所示的端点
指定尺寸线位置或[多行文字(M)/文字(T)/角度(A)/水平(H)/垂直(V)/旋转(R)]：
                    //t Enter，激活 "文字" 选项
输入标注文字 <64>：　　　//%%C22 Enter
指定尺寸线位置或[多行文字(M)/文字(T)/角度(A)/水平(H)/垂直(V)/旋转(R)]：
                    //在适当位置定位尺寸线,标注结果如图 17-97 所示
标注文字 = 22
```

图 17-94　标注结果　　　　　图 17-95　捕捉端点　　　　　图 17-96　捕捉端点

Step 09 参照上述操作，综合使用 "线性" 、 "连续" 等命令，分别标注三视图其他位置的

线性尺寸，标注结果如图 17-98 所示。

图 17-97　标注结果　　　　　　　　　图 17-98　标注结果

Step 10 执行"标注样式"命令，将"角度标注"设为当前样式，并修改标注比例如图 17-99 所示。

Step 11 选择菜单栏"标注"→"直径"命令，标注零件图的直径尺寸，命令行操作如下。

```
命令：_dimdiameter
选择圆弧或圆：                           //选择如图 17-100 所示的圆弧
标注文字 = 4
指定尺寸线位置或 [多行文字(M)/文字(T)/角度(A)]： //T Enter
输入标注文字 <4>：                        //4xM4
指定尺寸线位置或 [多行文字(M)/文字(T)/角度(A)]：
                           //指定尺寸线位置，标注结果如图 17-101 所示
```

图 17-99　设置当前样式与比例　　　　　图 17-100　选择圆弧

Step 12 重复执行"直径"命令，分别标注三视图其他位置的直径尺寸，标注结果如图 17-102 所示。

图 17-101　标注结果

图 17-102　标注其他直径尺寸

Step 13 选择菜单栏"标注"→"半径"命令，标注左视图中的半径尺寸，如图 17-103 所示。

图 17-103　标注结果

　　至此，涡轮箱零件三视图各类尺寸标注完毕，下面将学习涡轮箱零件图尺寸公差的标注过程。

17.4.5　上机实训五——标注箱体零件尺寸公差

Step 01 继续上节操作。

Step 02 使用快捷键 ED 激活"编辑文字"命令，根据命令行的提示选择主视图尺寸文字为 40 的对象，打开"文字编辑器"选项卡。

Step 03 在反白显示的尺寸文字后输入公差后缀，如图 17-104 所示。

Step 04 选择输入的公差后缀进行堆叠，然后关闭"文字编辑器"选项卡，尺寸公差标注后的效果如图 17-105 所示。

图 17-104　输入公差后缀

Note

Step **05** 参照第 2~4 操作步骤，使用"编辑文字"命令标注主视图右侧的尺寸公差，结果如图 17-106 所示。

图 17-105　标注尺寸公差

图 17-106　标注结果

Step **06** 执行"标注样式"命令，将"机械样式"设为当前标注样式。

Step **07** 执行"线性"命令，配合端点捕捉功能标注左视图中的公差尺寸，命令行操作如下。

```
命令：_dimlinear
指定第一个尺寸界线原点或 <选择对象>：      //捕捉如图 17-107 所示的端点
指定第二个尺寸界线原点：                  //捕捉如图 17-108 所示的端点
指定尺寸线位置或[多行文字(M)/文字(T)/角度(A)/水平(H)/垂直(V)/旋转(R)]：
                              //m，激活"多行文字"选项，打开"文字编辑器"选项卡
```

Step **08** 输入公差后缀和直径前缀，如图 17-109 所示。

Step **09** 将输入的公差后缀进行堆叠，然后指定尺寸公差的位置，标注结果如图 17-110 所示。

Step **10** 参照第 7~9 操作步骤，使用"线性"命令继续标注左视图内的尺寸公差，标注结果如图 17-111 所示。

图 17-107　捕捉端点

图 17-108　捕捉端点

至此，涡轮箱零件图尺寸公差标注完毕，下面将为涡轮箱零件图标注技术要求。

图 17-109　输入前后缀

图 17-110　标注结果

图 17-111　标注结果

17.4.6　上机实训六——标注箱体零件技术要求

Step 01 继续上节操作。

Step 02 展开"图层控制"下拉列表，将"细实线"设置为当前图层。

Step 03 使用快捷键 ST 激活"文字样式"命令，将"字母与文字"设为当前文字样式。

Step 04 使用快捷键 M 执行"多行文字"命令，在空白区域拉出矩形框，打开"文字编辑器"选项卡。

Step 05 在"文字格式"编辑器内设置字体高度为 8，然后输入技术要求标题，如图 17-112 所示。

图 17-112　输入技术要求标题

Step 06 按 Enter 键换行，然后设置字体高度为 7，再输入如图 17-113 所示的技术要求内容。

Note

图 17-113　输入技术要求内容

Step 07 按 Enter 键换行，然后输入如图 17-114 所示的技术要求内容。

图 17-114　输入其他行技术要求内容

Step 08 将光标放在"技术要求"标题前，添加空格，如图 17-115 所示。

图 17-115　添加空格

Step 09 关闭文字编辑器，标注结果如图 17-116 所示。

图 17-116　标注结果

Step 10 执行 "保存" 命令，将图形命名存储为 "绘制涡轮箱零件图.dwg"。

17.4.7 上机实训七——绘制壳体零件左视图

Step 01 执行 "新建" 命令，调用随书光盘中的 "\样板文件\机械样板.dwt" 文件。

Step 02 选择菜单栏 "格式" → "线型" 命令，在打开的 "线型管理器" 对话框中设置线型比例为 0.8。

Step 03 展开 "图层" 面板 → "图层控制" 下拉列表，将 "轮廓线" 设置为当前图层。

Step 04 选择菜单栏 "绘图" → "矩形" 命令，绘制半径为 11 的圆角矩形，命令行操作如下。

```
命令: _rectang
指定第一个角点或 [倒角(C)/标高(E)/圆角(F)/厚度(T)/宽度(W)]:  //f Enter
指定矩形的圆角半径 <0.0>:                          //11 Enter
指定第一个角点或 [倒角(C)/标高(E)/圆角(F)/厚度(T)/宽度(W)]:
                                            //在绘图区拾取一点
指定另一个角点或 [面积(A)/尺寸(D)/旋转(R)]:          //@80,80 Enter
```

Step 05 展开 "图层" 面板 → "图层控制" 下拉列表，将 "中心线" 设置为当前图层。

Step 06 选择菜单栏 "绘图" → "构造线" 命令，配合中点捕捉功能绘制如图 17-117 所示的两条构造线。

Step 07 将 "轮廓线" 设置为当前图层，然后执行 "圆" 命令，以构造线交点为圆心，绘制直径为 33 的轮廓圆，如图 17-118 所示。

Step 08 重复执行 "圆" 命令，配合圆心捕捉功能绘制半径为 15、18、21 和 23 的同心圆，如图 17-119 所示。

图 17-117 绘制结果   图 17-118 绘制圆   图 17-119 绘制结果

Step 09 使用快捷键 BR 执行 "打断" 命令，配合最近点捕捉功能，对半径为 18 的圆进行打断，结果如图 17-120 所示。

Step 10 在无命令执行的前提下单击打断后的圆弧，如图 17-121 所示，将其放到 "细实线" 图层上，结果如图 17-122 所示。

Note

图 17-120　打断结果

图 17-121　夹点显示

图 17-122　更改图层

Step 11 选择菜单栏"绘图"→"构造线"命令，使用命令中的"偏移"选项绘制四条构造线，命令行操作如下。

```
命令：_xline
指定点或 [水平(H)/垂直(V)/角度(A)/二等分(B)/偏移(O)]：    //o Enter
指定偏移距离或 [通过(T)] <通过>：            //18 Enter
选择直线对象：                        //选择水平构造线
指定向哪侧偏移：                      //在水平构造线上侧拾取点
选择直线对象：                        //选择水平构造线
指定向哪侧偏移：                      //在水平构造线下侧拾取点
选择直线对象：                        //选择垂直构造线
指定向哪侧偏移：                      //在垂直构造线左侧拾取点
选择直线对象：                        //选择垂直构造线
指定向哪侧偏移：                      //在垂直构造线右侧拾取点
选择直线对象：                        //Enter，绘制结果如图 17-123 所示
```

Step 12 使用快捷键 C 执行"圆"命令，配合圆心捕捉功能绘制四组同心圆，圆的半径分别为 5.5 和 11，绘制结果如图 17-124 所示。

Step 13 使用快捷键 TR 执行"修剪"命令，以如图 17-125 所示的四条构造线作为边界，对四组同心圆进行修剪，结果如图 17-126 所示。

图 17-123　绘制结果

图 17-124　绘制同心圆

图 17-125　选择边界

图 17-126　修剪结果

Step 14 重复执行"修剪"命令，以如图 17-127 所示的四条圆弧和圆角矩形作为边界，对构造线进行修剪，将其转化为图形轮廓线，结果如图 17-128 所示。

图 17-127　选择边界

图 17-128　修剪结果

Step 15 执行"直线"命令，配合捕捉与追踪功能，在"中心线"图层内绘制圆的中心线，结果如图 17-129 所示。

Step 16 选择菜单栏"绘图"→"构造线"命令，配合命令中的"偏移"选项，在"轮廓线"图层内绘制如图 17-130 所示的三条构造线。

图 17-129　绘制中心线

图 17-130　绘制构造线

Step 17 执行"修剪"命令，以两条水平构造线作为边界，对垂直构造线进行修剪，结果如图 17-131 所示。

Step 18 重复执行"修剪"命令，对水平构造线进行修剪，将其转化为图形轮廓线，结果如图 17-132 所示。

图 17-131　修剪结果

图 17-132　修剪结果

至此，半轴壳零件左视图绘制完毕，下面将学习半轴壳零件主视图的具体标注过程。

17.4.8 上机实训八——绘制壳体零件主视图

Step 01 继续上节操作，并将"轮廓线"设置为当前图层。

Step 02 执行"构造线"命令，在俯视图左侧绘制如图 17-133 所示的垂直构造线，以定位主视图。

图 17-133　绘制结果

Step 03 重复执行"构造线"命令，根据视图间的对正关系，配合对象捕捉功能绘制如图 17-134 所示的水平构造线。

Step 04 重复执行"构造线"命令，使用命令中的"偏移"选项，绘制如图 17-135 所示的两条水平构造线。

图 17-134　绘制水平构造线　　　　　　　　图 17-135　绘制水平构造线

Step 05 使用快捷键 TR 执行"修剪"命令，对各构造线进行修剪，编辑出主视图轮廓，结果如图 17-136 所示。

图 17-136　修剪结果

Step 06 执行"构造线"命令，使用命令中的"偏移"选项，绘制如图 17-137 所示的两条垂直构造线。

图 17-137　绘制结果

Step **07** 使用快捷键 TR 执行"修剪"命令，继续对主视图和垂直构造线进行修剪，结果如图 17-138 所示。

图 17-138　修剪结果

Step **08** 在无命令执行的前提下，夹点显示如图 17-139 所示的两条图线，将其放到"中心线"图层上。

Step **09** 执行"圆"命令，配合交点捕捉功能绘制三个同心圆，圆的半径分别为 3、4 和 12.5，如图 17-140 所示。

图 17-139　夹点效果

图 17-140　绘制同心圆

Step **10** 使用快捷键 BR 执行"打断"命令，对半径为 4 的圆进行打断，结果如图 17-141 所示。

Step **11** 选择打断后的圆弧，将其放到"细实线"图层上，结果如图 17-142 所示。

图 17-141　打断结果

图 17-142　更改图层

Step **12** 选择菜单栏"修改"→"倒角"命令，对主视图外轮廓进行倒角编辑，命令行操作如下。

```
命令：_chamfer
（"修剪"模式）当前倒角距离 1 = 0.0，距离 2 = 0.0
选择第一条直线或 [放弃(U)/多段线(P)/距离(D)/角度(A)/修剪(T)/方式(E)/多个(M)]：
                                     //a Enter，激活"角度"选项
指定第一条直线的倒角长度 <0.0>：     //2 Enter
指定第一条直线的倒角角度 <0>：       //45 Enter
选择第一条直线或 [放弃(U)/多段线(P)/距离(D)/角度(A)/修剪(T)/方式(E)/多个(M)]：
```

```
                                                      //m Enter，激活"多个"选项
选择第一条直线或 [放弃(U)/多段线(P)/距离(D)/角度(A)/修剪(T)/方式(E)/多个(M)]:
                                       //在图 17-143 所示轮廓线 1 的左端单击
选择第二条直线，或按住 Shift 键选择直线以应用角点或 [距离(D)/角度(A)/方法(M)]:
                                                 //在轮廓线 2 的上端单击
选择第一条直线或 [放弃(U)/多段线(P)/距离(D)/角度(A)/修剪(T)/方式(E)/多个(M)]:
                                       //在图 17-143 所示轮廓线 3 的左端单击
选择第二条直线，或按住 Shift 键选择直线以应用角点或 [距离(D)/角度(A)/方法(M)]:
                                                 //在轮廓线 2 的下端单击
选择第一条直线或 [放弃(U)/多段线(P)/距离(D)/角度(A)/修剪(T)/方式(E)/多个(M)]:
                                       //Enter，倒角结果如图 17-144 所示
```

图 17-143　定位倒角边

图 17-144　倒角结果

Step 13 执行"直线"命令，配合端点捕捉功能，绘制倒角位置的垂直轮廓线，结果如图 17-145 所示。

Step 14 选择菜单栏"修改"→"圆角"命令，对主视图外轮廓进行圆角编辑，命令行操作如下。

```
命令: _fillet
当前设置: 模式 = 修剪，半径 = 0.0
选择第一个对象或 [放弃(U)/多段线(P)/半径(R)/修剪(T)/多个(M)]: //r Enter
指定圆角半径 <0.0>:                          //5 Enter
选择第一个对象或 [放弃(U)/多段线(P)/半径(R)/修剪(T)/多个(M)]: //t Enter
输入修剪模式选项 [修剪(T)/不修剪(N)] <修剪>: //N Enter
选择第一个对象或 [放弃(U)/多段线(P)/半径(R)/修剪(T)/多个(M)]: //m Enter
选择第一个对象或 [放弃(U)/多段线(P)/半径(R)/修剪(T)/多个(M)]:
                                //在如图 17-146 所示轮廓线 1 的右端单击
选择第二个对象，或按住 Shift 键选择对象以应用角点或 [半径(R)]:
                                         //在轮廓线 3 的上端单击
选择第一个对象或 [放弃(U)/多段线(P)/半径(R)/修剪(T)/多个(M)]:
                                //在如图 17-146 所示轮廓线 2 的右端单击
选择第二个对象，或按住 Shift 键选择对象以应用角点或 [半径(R)]:
                                         //在轮廓线 3 的下端单击
选择第一个对象或 [放弃(U)/多段线(P)/半径(R)/修剪(T)/多个(M)]:
                                //Enter，圆角结果如图 17-147 所示
```

图 17-145　倒角其他图线

图 17-146　定位圆角边

Step 15 执行"修剪"命令，以圆角后产生的两条圆弧作为边界，对两条水平轮廓线进行修剪，结果如图 17-148 所示。

图 17-147　圆角结果

图 17-148　修剪结果

Step 16 选择菜单栏"绘图"→"样条曲线"命令，配合最近点捕捉功能，在"波浪线"图层上绘制如图 17-149 所示的样条曲线作为边界线。

Step 17 展开"图层"面板→"图层控制"下拉列表，将"剖面线"设置为当前图层。

Step 18 选择菜单栏"绘图"→"图案填充"命令，以默认参数为主视图填充如图 17-150 所示的剖面线，其中填充图案为 ANSI31。

图 17-149　绘制结果

图 17-150　填充结果

Step 19 使用快捷键"TR"执行"修剪"命令，对构造线进行修剪，将其转化为视图中心线，结果如图 17-151 所示。

Step 20 使用快捷键"LEN"执行"拉长"命令，将长度增量设置为 5，对孔结构位置的中心线进行拉长，结果如图 17-152 所示。

图 17-151　修剪结果

图 17-152　拉长结果

Step 21 重复执行"拉长"命令，对视图中心线拉长 8 个单位，结果如图 17-153 所示。

图 17-153　拉长结果

Step 21 执行"保存"命令，将图形命名存储为"绘制壳体零件图.dwg"。

17.5　小结与练习

17.5.1　小结

　　箱壳类零件是机器中的主要零件，其形状千变万化，是较为复杂的一种零件。本章主要综合多种常用制图命令以及捕捉、追踪等辅助绘图功能，以绘制箱体零件三视图和壳体零件二视图为例，详细讲述了箱壳零件各种视图的表达、定位、绘制方法及绘制技巧。在绘制过程中，充分使用了视图中的"长对正"、"宽相等"和"高平齐"等对正关系。

17.5.2　练习

1. 综合运用所学知识，绘制如图 17-151 所示的零件图。

图 17-151　练习一

2. 综合运用所学知识，绘制如图 17-152 所示的零件图。

图 17-152　练习二

Note

第18章

各类零件立体造型设计

本章通过制作法兰盘、阀体、壳体、缸体及夹具体等零件的立体模型，主要学习各类机械零件立体造型的制作方法和制作技巧。

内容要点

◆ 上机实训一——制作法兰盘立体造型
◆ 上机实训二——制作阀体零件立体造型
◆ 上机实训三——制作壳体零件立体造型
◆ 上机实训四——制作缸体零件立体造型
◆ 上机实训五——制作夹具零件立体造型

18.1 上机实训———制作法兰盘立体造型

本例通过制作法兰盘零件立体造型，主要对"拉伸"、"三维阵列"、"三维移动"、"三维旋转"、"干涉检查"、"差集"、"倒角"、"圆"、"概念视觉样式"等多种命令进行综合练习和巩固应用。法兰盘零件立体造型的最终效果如图 18-1 所示。

操作步骤如下。

Step 01 快速创建空白文件。

Step 02 使用快捷键 C 执行"圆"命令，绘制法兰盘俯视图，命令行操作如下。

图 18-1　实例效果

```
命令:_circle                                        //Enter
指定圆的圆心或 [三点(3P)/两点(2P)/切点、切点、半径(T)]:   //150,150 Enter
指定圆的半径或 [直径(D)] <40.0>:                       //40 Enter
命令:_circle                                        //Enter，重复执行命令
指定圆的圆心或 [三点(3P)/两点(2P)/切点、切点、半径(T)]:
                                                   //@ Enter，拾取刚绘制圆的圆心
指定圆的半径或 [直径(D)] <40.0>:                       //15 Enter
命令:_circle                                        //Enter，重复执行命令
指定圆的圆心或 [三点(3P)/两点(2P)/切点、切点、半径(T)]:
                                                   //@ Enter，拾取刚绘制圆的圆心
指定圆的半径或 [直径(D)] <15.0>:                       //22 Enter
命令:_circle                                        //Enter，重复执行命令
指定圆的圆心或 [三点(3P)/两点(2P)/切点、切点、半径(T)]:   //150,180 Enter
指定圆的半径或 [直径(D)] <22.0>:                       //4 Enter
命令:_circle                                        //Enter，重复执行命令
指定圆的圆心或 [三点(3P)/两点(2P)/切点、切点、半径(T)]:   //@ Enter
指定圆的半径或 [直径(D)] <4.0>:                        //6 Enter，绘制结果如图 18-2 所示
```

Step 03 选择菜单栏"视图"→"三维视图"→"东南等轴测"命令，将当前视图调整为东南视图，结果如图 18-3 所示。

图 18-2　绘制结果

图 18-3　切换视图

513

Step 04 选择菜单栏"绘图"→"建模"→"拉伸"命令，分别对刚绘制的各圆进行拉伸，命令行操作如下。

```
命令：_extrude
当前线框密度：ISOLINES=4，闭合轮廓创建模式 = 实体
选择要拉伸的对象或 [模式(MO)]：_MO 闭合轮廓创建模式 [实体(SO)/曲面(SU)] <实体>：_SO
选择要拉伸的对象：              //选择图 18-3 所示的圆 1
选择要拉伸的对象：              //选择圆 5
选择要拉伸的对象：              //Enter，结束选择
指定拉伸的高度或 [方向(D)/路径(P)/倾斜角(T)/表达式(E)]：
 //10 Enter，设置拉伸高度
命令：_extrude              //Enter，重复执行命令
当前线框密度：ISOLINES=4，闭合轮廓创建模式 = 实体
选择要拉伸的对象或 [模式(MO)]：_MO 闭合轮廓创建模式 [实体(SO)/曲面(SU)] <实体>：_SO
选择要拉伸的对象：              //选择圆 2
选择要拉伸的对象：              //选择圆 3
选择要拉伸的对象：              //Enter，结束对象的选择
指定拉伸的高度或 [方向(D)/路径(P)/倾斜角(T)/表达式(E)]：    //30 Enter
命令：_extrude              //Enter，重复执行命令
当前线框密度：ISOLINES=4，闭合轮廓创建模式 = 实体
选择要拉伸的对象或 [模式(MO)]：_MO 闭合轮廓创建模式 [实体(SO)/曲面(SU)] <实体>：_SO
选择要拉伸的对象：              //选择圆 4
选择要拉伸的对象：              //Enter，结束对象的选择
指定拉伸的高度或 [方向(D)/路径(P)/倾斜角(T)/表达式(E)]：
                           //3 Enter，结束命令，拉伸结果如图 18-4 所示
```

Step 05 选择菜单栏"修改"→"三维操作"→"三维移动"命令，选择高度为 3 的拉伸实体进行位移，命令行操作如下。

```
命令：_3dmove
选择对象：                  //选择高度为 3 的拉伸实体
选择对象：                  //Enter，结束选择
指定基点或 [位移(D)] <位移>：   //捕捉任意一点
指定第二个点或 <使用第一个点作为位移>：//@0,0,7 Enter，结果如图 18-5 所示
```

图 18-4　拉伸结果

图 18-5　位移结果

Step 06 选择菜单栏"修改"→"三维操作"→"三维阵列"命令，对半径为 4 和 6 的圆柱体进行环形阵列，命令行操作如下。

```
命令：_3darray
正在初始化... 已加载 3DARRAY。
选择对象：                                    //选择两个拉伸圆柱体
选择对象：                                    //Enter，结束选择
输入阵列类型 [矩形(R)/环形(P)] <矩形>：        //p Enter，设置阵列方式
输入阵列中的项目数目：                          //6 Enter，设置阵列个数
指定要填充的角度 (+=逆时针，-=顺时针) <360>：  //Enter，设置阵列角度
旋转阵列对象？[是(Y)/否(N)] <是>：            //Enter，旋转阵列对象
指定阵列的中心点：                            //捕捉大圆柱体的底面圆心
指定旋转轴上的第二点：                         //@0,0,1Enter，阵列结果如图 18-6 所示
```

Step 07 选择菜单栏"修改"→"实体编辑"→"差集"命令，对各拉伸实体进行差集，命令行操作如下。

```
命令：_subtract
选择要从中减去的实体、曲面和面域
选择对象：        //选择图 18-6 所示的拉伸体 O
选择对象：        //选择拉伸体 W
选择对象：        //Enter，结束选择
选择要减去的实体、曲面和面域
选择对象：        //选择其他所有拉伸实体
选择对象：        //Enter，结束命令，结果如图 18-7 所示
```

图 18-6　三维阵列

图 18-7　差集结果

Step 08 使用快捷键 CHA 执行"倒角"命令，对法兰盘模型进行倒角处理，命令行操作如下。

```
命令：_chamfer
("修剪"模式) 当前倒角距离 1 = 0.0，距离 2 = 0.0
选择第一条直线或[放弃(U)/多段线(P)/距离(D)/角度(A)/修剪(T)/方式(E)/多个(M)]：
                        //单击图 18-7 所示的边 1
基面选择...
输入网格选择选项 [下一个(N)/当前(OK)] <当前>：  //Enter
指定基面的倒角距离：              //1.5 Enter，设置基面倒角距离
指定其他网格的倒角距离 <1.5>：    // Enter
选择边或 [环(L)]：               //单击图 18-7 所示的边 1
```

```
选择边或 [环(L)]:                      //Enter，结束命令
命令：_chamfer                        //Enter，重复执行命令
("修剪"模式) 当前倒角距离 1 = 1.5，距离 2 = 1.5
选择第一条直线或 [放弃(U)/多段线(P)/距离(D)/角度(A)/修剪(T)/方式(E)/多个(M)]:
                                     //单击图 18-7 所示的边 2

基面选择...
输入网格选择选项 [下一个(N)/当前(OK)] <当前>:   //Enter
指定基面的倒角距离 <1.5>:               //Enter
指定其他网格的倒角距离 <1.5>:            //Enter
选择边或 [环(L)]:                      //单击图 18-7 所示的边 2
选择边或 [环(L)]:                      //单击边 3
选择边或 [环(L)]:                      //Enter，倒角结果如图 18-8 所示
```

Step 09 修改系统变量 FACETRES 的值为 5，修改模型的颜色为 8 号色。

Step 10 单击"常用"选项卡→"修改"面板→"三维旋转"按钮 ⊕，将零件模型进行三维旋转，命令行操作过程如下。

```
命令：_3drotate
UCS 当前的正角方向：ANGDIR=逆时针  ANGBASE=0
选择对象：                            //选择图 18-9 所示的对象
选择对象：                            //Enter，结束选择
指定基点：                            //捕捉如图 18-9 所示的圆心
拾取旋转轴：                          //在如图 18-10 所示方向上单击左键，定位旋转轴
指定角的起点或输入角度：                //90 Enter，结束命令，旋转结果如图 18-11 所示
正在重新生成模型
```

图 18-8　倒角结果

图 18-9　捕捉圆心

图 18-10　拾取旋转轴

图 18-11　旋转结果

Step 11 使用快捷键 VS 执行"视觉样式"命令，对法兰盘进行概念着色，结果如图 18-12 所示。

Step 12 选择菜单栏"绘图"→"建模"→"长方体"命令，配合坐标输入功能创建长方体，命令行操作如下。

```
命令：_box
指定第一个角点或 [中心(C)]：              //捕捉如图 18-13 所示的圆心
指定其他角点或 [立方体(C)/长度(L)]：//@60,40 Enter
指定高度或 [两点(2P)] <-10.0000>：
                        //@0,0,45 Enter，结束命令，创建结果如图 18-14 所示
```

图 18-12　概念着色效果　　　图 18-13　捕捉圆心　　　图 18-14　创建结果

Step 13 选择菜单栏"修改"→"三维操作"→"干涉检查"命令，对后两个实体模型进行干涉，命令行操作如下。

```
命令：_interfere
选择第一组对象或 [嵌套选择(N)/设置(S)]：            //选择如图 18-15 所示的实体
选择第一组对象或 [嵌套选择(N)/设置(S)]：            //Enter，结束选择
选择第二组对象或 [嵌套选择(N)/检查第一组(K)] <检查>：
                                    //选择如图 18-16 所示的实体模型
选择第二组对象或 [嵌套选择(N)/检查第一组(K)] <检查>：
                        //Enter，此时系统亮显干涉实体，如图 18-17 所示
```

图 18-15　选择实体　　　图 18-16　选择长方体　　　图 18-17　创建干涉体

Step 14 此时打开如图 18-18 所示的"干涉检查"对话框，取消"关闭时删除已创建的干涉对象"复选框，然后单击 按钮，结束命令。

图 18-18 "干涉检查"对话框

Step 15 使用快捷键 VS 执行"视觉样式"命令,对法兰盘进行二维线框着色,结果如图 18-19 所示。

Step 16 单击"常用"选项卡→"修改"面板→"三维移动"按钮 ⊕,将干涉实体进行外移。

```
命令: _3dmove
选择对象:                    //选择如图 18-20 所示的对象
选择对象:                    //Enter,结束选择
指定基点或 [位移(D)] <位移>:    //拾取任一点
指定第二个点或 <使用第一个点作为位移>:
                            //在适当位置定位目标点,结果如图 18-21 所示
正在重新生成模型
```

图 18-19 线框着色　　　　　　　图 18-20 选择干涉体

Step 17 选择菜单栏"修改"→"实体编辑"→"差集"命令,对各拉伸实体进行差集,命令行操作如下。

```
命令: _subtract
选择要从中减去的实体、曲面和面域
选择对象:              //选择如图 18-22 所示的实体
选择对象:              //Enter,结束选择
选择要减去的实体、曲面和面域
选择对象:              //选择如图 18-23 所示的实体
选择对象:              //Enter,结束命令,结果如图 18-24 所示
```

Step 18 使用快捷键 HI 执行"消隐"命令,对视图进行消隐,效果如图 18-25 所示。

Step 19 选择菜单栏"视图"→"视觉样式"→"概念"命令,对模型进行概念着色,最终结果如图 18-1 所示。

图 18-21　位移结果

图 18-22　选择对象

图 18-23　选择长方体

图 18-24　差集结果

图 18-25　消隐效果

Step 20 执行"保存"命令，将模型命名存储为"制作法兰盘立体造型.dwg"。

18.2　上机实训二——制作阀体零件立体造型

　　本例通过制作阀体零件立体造型，主要对"边界"、"旋转"、"圆柱体"、"三维阵列"、"剖切"、"长方体"、"视觉样式"、"视图"、"差集"等多种命令进行综合练习和巩固应用。阀体零件立体造型的最终效果如图 18-26 所示。

图 18-26　实例效果

操作步骤如下：

Step 01 执行"打开"命令，打开随书光盘中的"\素材文件\阀体零件图.dwg"文件。

Step 02 使用快捷键 TR 执行"修剪"命令，修剪并删除不需要的图线，将零件图编辑成如图 18-27 所示的状态。

Step 03 在命令行设置系统变量 ISOINES 的值为 24、设置系统变量 FACETRES 的值为 10。

Step 04 关闭状态栏上的线宽显示功能，然后选择菜单栏"编辑"→"剪切"命令，将编辑后的轮廓图剪切。

Step 05 将视图切换到前视图，然后选择菜单栏"编辑"→"粘贴"命令，将剪切的零件轮廓图粘贴到前视图内。

Step 06 使用快捷键 BO 执行"边界"命令，在图 18-28 所示的 A、B 区域单击左键，创建两条闭合的多段线边界。使用快捷键"S"执行"拉伸"命令，选择边界 A 的右端，水平向右拉伸 0.5 个单位。

图 18-27　编辑结果

图 18-28　指定单击位置

Step 07 单击"修改"面板→"旋转"按钮，将边界创建为三维实心体，命令行操作如下。

```
命令: _cylinder
当前线框密度: ISOLINES=24，闭合轮廓创建模式 = 实体
选择要旋转的对象或 [模式(MO)]: _MO 闭合轮廓创建模式 [实体(SO)/曲面(SU)] <实体>: _SO
选择要旋转的对象或 [模式(MO)]:    //选择如图 18-29 所示的边界
选择要旋转的对象或 [模式(MO)]:    // Enter
指定轴起点或根据以下选项之一定义轴 [对象(O)/X/Y/Z] <对象>:
                                  //捕捉如图 18-30 所示的端点
指定轴端点:              //@1,0 Enter
指定旋转角度或 [起点角度(ST)/反转(R)/表达式(EX)] <360>:
                                  //Enter，旋转结果如图 18-31 所示
```

图 18-29　选择边界

图 18-30　捕捉端点

Step 08 单击"可视化"选项卡→"视图"面板→"西南等轴测"按钮，将当前视图切换

到西南等轴测视图，结果如图18-32所示。

图18-31 旋转结果

图18-32 切换视图

Step 09 单击"修改"面板→"旋转"按钮🔄，执行"旋转"命令，将另一侧的边界创建为三维实心体，结果如图18-33所示。

Step 10 选择菜单栏"工具"→"新建UCS"→"世界"命令，将坐标系恢复为世界坐标系。

Step 11 单击"建模"面板→"圆柱体"按钮🔲，执行"圆柱体"命令，创建圆柱体，命令行操作如下。

```
命令：_cylinder
指定底面的中心点或 [三点(3P)/两点(2P)/切点、切点、半径(T)/椭圆(E)]：
                                    //捕捉如图18-34所示的中点
指定底面半径或 [直径(D)]：          //捕捉如图18-34所示的端点1
指定高度或 [两点(2P)/轴端点(A)]：   //捕捉端点2，结果如图18-35所示
```

图18-33 旋转结果

图18-34 捕捉圆心

Step 12 使用快捷键E执行"删除"命令，删除二维图线，结果如图18-36所示。

图18-35 创建结果

图18-36 删除结果

Step 13 单击"修改"面板→"三维阵列"按钮🔳，对内部的旋转实体进行阵列，命令行操作如下。

```
命令: _3darray
正在初始化... 已加载 3DARRAY
选择对象:                                    //选择下侧的旋转实体
选择对象:                                    //Enter
输入阵列类型 [矩形(R)/环形(P)] <矩形>:        //P Enter
输入阵列中的项目数目:                          //4 Enter
指定要填充的角度 (+=逆时针, -=顺时针) <360>:  //Enter
旋转阵列对象? [是(Y)/否(N)] <Y>:             //Enter
指定阵列的中心点:                             //捕捉如图18-37所示圆心
指定旋转轴上的第二点:          //@0,0,1Enter, 阵列结果如图18-38所示
```

图 18-37　捕捉圆心

图 18-38　阵列结果

Step ⑭　单击"实体编辑"面板上→"并集"按钮◎，执行"并集"命令，选择如图18-39 所示的实体进行并集。

Step ⑮　单击"实体编辑"面板上→"差集"按钮◎，执行"差集"命令，对实体进行差集，命令行操作如下。

```
命令: _subtract
选择要从中减去的实体、曲面和面域...
选择对象:        //选择外侧的圆柱体
选择对象:        // Enter
选择要减去的实体、曲面和面域...
选择对象:        //选择内侧的并集实体
选择对象:        //Enter, 差集后的着色效果如图18-40所示
```

图 18-39　并集结果

图 18-40　着色效果

Step ⑯　选择菜单栏"绘图"→"建模"→"长方体"命令，配合坐标输入功能创建长方体，命令行操作如下。

```
命令: _box
指定第一个角点或 [中心(C)]:                   //捕捉如图18-41所示的象限点
指定其他角点或 [立方体(C)/长度(L)]:           //@100,-50 Enter
指定高度或 [两点(2P)] <-10.0000>:
```

//@0,0,-50 Enter，结束命令，创建结果如图 18-42 所示

图 18-41 捕捉象限点

图 18-42 创建结果

Step 17 选择菜单栏 "修改" → "三维操作" → "干涉检查" 命令，对后两个实体模型进行干涉，命令行操作如下。

命令：_interfere
选择第一组对象或 [嵌套选择(N)/设置(S)]:   //选择如图 18-43 所示的实体
选择第一组对象或 [嵌套选择(N)/设置(S)]:   //Enter，结束选择
选择第二组对象或 [嵌套选择(N)/检查第一组(K)] <检查>:
                                          //选择如图 18-44 所示的实体模型
选择第二组对象或 [嵌套选择(N)/检查第一组(K)] <检查>:
                              //Enter，此时系统亮显干涉实体，如图 18-45 所示

图 18-43 选择实体   图 18-44 选择长方体   图 18-45 创建干涉体

Step 18 此时打开 "干涉检查" 对话框，取消 "关闭时删除已创建的干涉对象" 复选框，然后结束命令。

Step 19 使用快捷键 VS 执行 "视觉样式" 命令，对法兰盘进行二维线框着色。

Step 20 选择菜单栏 "修改" → "实体编辑" → "差集" 命令，对各拉伸实体进行差集，命令行操作如下。

命令：_subtract
选择要从中减去的实体、曲面和面域...
选择对象：   //选择图 18-46 所示的实体
选择对象：   //Enter，结束选择
选择要减去的实体、曲面和面域...
选择对象：   //选择如图 18-47 所示的实体
选择对象：   //Enter，结束命令，差集后的效果如图 18-48 所示

Step 21 使用快捷键 VS 激活 "视觉样式" 命令，对模型进行概念着色，效果如图 18-49 所示。

图 18-46　选择对象　　　　　　　　　图 18-47　选择长方体

图 18-48　差集结果　　　　　　　　　图 18-49　着色效果

Step 22 单击"常用"选项卡→"修改"面板→"三维移动"按钮，对干涉实体进行位移，命令行操作如下。

```
命令：_3dmove
选择对象：                   //选择如图18-50所示的对象
选择对象：                   //Enter，结束选择
指定基点或 [位移(D)] <位移>：    //拾取任一点
指定第二个点或 <使用第一个点作为位移>：
                            //在适当位置定位目标点，结果如图18-51所示
正在重新生成模型。
```

图 18-50　选择对象　　　　　　　　　图 18-51　位移结果

Step 23 执行"保存"命令，将模型命名存储为"制作阀体零件立体造型.dwg"。

18.3 上机实训三——制作壳体零件立体造型

本例通过绘制壳体零件的立体造型，主要对"圆"、"拉伸"、"差集"、"圆柱体"、"长方体"、"三维阵列"、"三维镜像"、"抽壳"等多种重要命令进行综合练习和巩固。壳体零件立体造型的最终效果如图 18-52 所示，操作步骤如下所述。

图 18-52　实例效果

Step 01 新建空白文件。

Step 02 启用对象捕捉和对象追踪功能，并设置捕捉模式为圆心捕捉、象限点捕捉和中点捕捉、端点捕捉等。

Step 03 在命令行设置系统变量 ISOLINES 的值为 24、设置系统变量 FACETRES 的值为 10。

Step 04 选择菜单栏"绘图"→"矩形"命令，配合坐标输入功能绘制箱体底座的外轮廓边，命令行操作如下。

```
命令:_rectang
指定第一个角点或 [倒角(C)/标高(E)/圆角(F)/厚度(T)/宽度(W)]: //f Enter
指定矩形的圆角半径 <0.0>:                                //7 Enter
指定第一个角点或 [倒角(C)/标高(E)/圆角(F)/厚度(T)/宽度(W)]: //Enter
指定另一个角点或 [面积(A)/尺寸(D)/旋转(R)]:
                        //@114,94 Enter, 绘制结果如图 18-53 所示
```

Step 05 使用快捷键 C 执行"圆"命令，配合圆心捕捉功能绘制半径为 4 和 7 的同心圆，结果如图 18-54 所示。

图 18-53　绘制结果

图 18-54　绘制同心圆

Step 06 选择菜单栏"修改"→"阵列"→"矩形阵列"命令，对刚绘制的同心圆进行阵列，命令行操作如下。

```
命令：_arrayrect
选择对象：                                          //选择刚绘制的同心圆
选择对象：                                          //Enter
类型 = 矩形  关联 = 是
选择夹点以编辑阵列或 [关联(AS)/基点(B)/计数(COU)/间距(S)/列数(COL)/行数(R)/层
数(L)/退出(X)] <退出>：                             //COU Enter
    输入列数数或 [表达式(E)] <4>：                   //2 Enter
    输入行数数或 [表达式(E)] <3>：                   //2 Enter
    选择夹点以编辑阵列或 [关联(AS)/基点(B)/计数(COU)/间距(S)/列数(COL)/行数(R)/层
数(L)/退出(X)] <退出>：                             //S Enter
    指定列之间的距离或 [单位单元(U)] <20.1674>：     //100 Enter
    指定行之间的距离 <75>：                          //80 Enter
    选择夹点以编辑阵列或 [关联(AS)/基点(B)/计数(COU)/间距(S)/列数(COL)/行数(R)/层
数(L)/退出(X)] <退出>：                             //AS Enter
    创建关联阵列 [是(Y)/否(N)] <是>：                //N Enter
    选择夹点以编辑阵列或 [关联(AS)/基点(B)/计数(COU)/间距(S)/列数(COL)/行数(R)/层
数(L)/退出(X)] <退出>：                             //Enter，阵列结果如图 18-55 所示
```

Step 07 选择菜单栏"绘图" → "矩形"命令，配合"捕捉自"功能绘制内部的圆角矩形，命令行操作如下。

```
命令：_rectang
当前矩形模式：  圆角=7.0000
指定第一个角点或 [倒角(C)/标高(E)/圆角(F)/厚度(T)/宽度(W)]：//f Enter
指定矩形的圆角半径 <7.0000>：                        //5 Enter
指定第一个角点或 [倒角(C)/标高(E)/圆角(F)/厚度(T)/宽度(W)]://激活"捕捉自"功能
_from 基点：                                        //捕捉左下侧同心圆的圆心
 <偏移>：                                           //@9,-7 Enter
指定另一个角点或 [面积(A)/尺寸(D)/旋转(R)]： //@82,94Enter，结果如图 18-56 所示
```

图 18-55 阵列结果

图 18-56 绘制结果

Step 08 使用快捷键 O 执行"偏移"命令，将刚绘制的圆角矩形向内偏移 5 个单位，结果如图 18-57 所示。

Step 09 选择菜单栏"修改" → "圆角"命令，对偏移出的矩形进行圆角，圆角半径为 5，结果如图 18-58 所示。

图 18-57 偏移结果

图 18-58 圆角结果

Step 10 选择菜单栏"视图"→"三维视图"→"东南等轴测"命令，将当前视图切换为东南视图。

Step 11 单击"建模"面板→"拉伸"按钮 ⬆️，将内侧的两个圆角矩形拉伸为三维实体，命令行操作如下。

```
命令: _extrude
当前线框密度: ISOLINES=24，闭合轮廓创建模式 = 实体
选择要拉伸的对象或 [模式(MO)]: _MO 闭合轮廓创建模式 [实体(SO)/曲面(SU)] <实体>: _SO
选择要拉伸的对象或 [模式(MO)]:     //选择内侧的两个圆角矩形
选择要拉伸的对象或 [模式(MO)]:     //Enter
指定拉伸的高度或 [方向(D)/路径(P)/倾斜角(T)/表达式(E)] <93.1007>:
                        //94 Enter，拉伸结果如图 18-59 所示
```

Step 12 使用快捷键 SU 执行"差集"命令，将两个拉伸实体进行差集运算，命令行操作如下。

```
命令: su               //Enter
SUBTRACT 选择要从中减去的实体、曲面和面域
选择对象:            //选择外侧的拉伸实体
选择对象:            //Enter
选择要减去的实体、曲面和面域
选择对象:            //选择内侧的拉伸实体
选择对象:            //Enter，结束命令，差集后的消隐效果如图 18-60 所示
```

图 18-59 拉伸结果

图 18-60 消隐效果

Step 13 选择菜单栏"工具"→"新建 UCS"→"三点"命令，配合中点捕捉和端点捕捉功能创建如图 18-61 所示的用户坐标系。

Step 14 使用快捷键 C 执行"圆"命令，配合坐标输入功能绘制半径分别为 24、16 和 2 的圆形，命令行操作如下。

```
命令:_circle                                              //Enter
指定圆的圆心或 [三点(3P)/两点(2P)/切点、切点、半径(T)]:    //0,47 Enter
指定圆的半径或 [直径(D)] <7.0000>:                        //24 Enter
命令:_circle
指定圆的圆心或 [三点(3P)/两点(2P)/切点、切点、半径(T)]:    //@ Enter
指定圆的半径或 [直径(D)] <24.0000>:                       //16 Enter
命令:_circle
指定圆的圆心或 [三点(3P)/两点(2P)/切点、切点、半径(T)]:    //0,67 Enter
指定圆的半径或 [直径(D)] <16.0000>:            //2 Enter，绘制结果如图 18-62 所示
```

图 18-61　定义坐标系

图 18-62　绘制结果

Step 15 使用快捷键 AR 执行"阵列"命令，以大同心圆作为中心点，将半径为 2 的圆环形
阵列，命令行操作如下。

```
命令: AR                                                  //Enter
选择对象:                                                 //选择半径为 2 的小圆
选择对象:                                                 //Enter
输入阵列类型 [矩形(R)/路径(PA)/极轴(PO)] <极轴>:          //PO Enter
类型 = 极轴  关联 = 否
指定阵列的中心点或 [基点(B)/旋转轴(A)]:                   //捕捉大同心圆的圆心
选择夹点以编辑阵列或 [关联(AS)/基点(B)/项目(I)/项目间角度(A)/填充角度(F)/行
(ROW)/层(L)/旋转项目(ROT)/退出(X)] <退出>:               //I Enter
输入阵列中的项目数或 [表达式(E)] <6>:                     //4 Enter
选择夹点以编辑阵列或 [关联(AS)/基点(B)/项目(I)/项目间角度(A)/填充角度(F)/行
(ROW)/层(L)/旋转项目(ROT)/退出(X)] <退出>:               //F Enter
指定填充角度(+=逆时针、-=顺时针)或 [表达式(EX)] <360>:   // Enter
选择夹点以编辑阵列或 [关联(AS)/基点(B)/项目(I)/项目间角度(A)/填充角度(F)/行
(ROW)/层(L)/旋转项目(ROT)/退出(X)] <退出>:               // AS Enter
创建关联阵列 [是(Y)/否(N)] <否>:                          //N Enter
选择夹点以编辑阵列或 [关联(AS)/基点(B)/项目(I)/项目间角度(A)/填充角度(F)/行
(ROW)/层(L)/旋转项目(ROT)/退出(X)] <退出>:       //Enter，阵列结果如图 18-63 所示
```

Step 16 单击"建模"面板→"拉伸"按钮，将 6 个圆沿 Z 轴正方向拉伸，命令行操作
如下。

```
命令: _extrude
当前线框密度: ISOLINES=24，闭合轮廓创建模式 = 实体
选择要拉伸的对象或 [模式(MO)]:_MO 闭合轮廓创建模式 [实体(SO)/曲面(SU)] <实体>: _SO
```

选择要拉伸的对象或 [模式(MO)]:　　//选择内侧的两个圆角矩形
选择要拉伸的对象或 [模式(MO)]:　　//Enter
指定拉伸的高度或 [方向(D)/路径(P)/倾斜角(T)/表达式(E)] <93.1007>:
　　　　　　　　　　　　　　//15 Enter, 拉伸结果如图 18-64 所示

图 18-63　阵列结果

图 18-64　拉伸结果

Step 17 选择菜单栏 "修改" → "三维操作" → "三维移动" 命令, 将拉伸后的六个柱体沿 Z 轴负方向移动 5 个单位, 命令行操作如下。

命令: _3dmove
选择对象:　　　　　　　　//选择拉伸后的六个圆柱形拉伸实体
选择对象:　　　　　　　　//Enter
指定基点或 [位移(D)] <位移>:　　//拾取任一点
指定第二个点或 <使用第一个点作为位移>: //@0,0,-5 Enter
正在重新生成模型

Step 18 执行 UCS 命令, 使用 "三点" 功能并配合对象捕捉功能新建如图 18-65 所示的用户坐标系。

Step 19 单击 "建模" 面板→ "圆柱体" 按钮, 创建三个圆柱体, 命令行操作如下。

命令: _cylinder
指定底面的中心点或 [三点(3P)/两点(2P)/切点、切点、半径(T)/椭圆(E)]://0,47 Enter
指定底面半径或 [直径(D)] <190.1726>:　　　　　　//18 Enter
指定高度或 [两点(2P)/轴端点(A)] <15.0000>:　　　//@0,0,-15 Enter
命令: _cylinder
指定底面的中心点或 [三点(3P)/两点(2P)/切点、切点、半径(T)/椭圆(E)]:　//@ Enter
指定底面半径或 [直径(D)] <18.0000>:　　　　　　//14 Enter
指定高度或 [两点(2P)/轴端点(A)] <-15.0000>:　　//@0,0,-15 Enter
命令: _cylinder　　　　　　　　//Enter
指定底面的中心点或 [三点(3P)/两点(2P)/切点、切点、半径(T)/椭圆(E)]://0,63,0 Enter
指定底面半径或 [直径(D)] <14.0000>:　　　　　　//1 Enter
指定高度或 [两点(2P)/轴端点(A)] <-15.0000>: //@0,0,-15 Enter, 结果如图 18-66 所示

图 18-65 定义 UCS

图 18-66 创建结果

Step 20 选择菜单栏"修改"→"三维操作"→"三维阵列"命令，对半径为 1 的小圆柱体进行阵列，命令行操作如下。

```
命令：_3darray
正在初始化...  已加载 3DARRAY
选择对象：          //选择半径为 1 的小圆柱体
选择对象：
输入阵列类型[矩形(R)/环形(P)] <矩形>：          //P
输入阵列中的项目数目：                            //4
指定要填充的角度（+=逆时针，-=顺时针）<360>：
旋转阵列对象？[是(Y)/否(N)] <Y>：
指定阵列的中心点：                      //捕捉同心圆柱体的底面圆心
指定旋转轴上的第二点：
             //捕捉同心圆柱体另一底面圆心，阵列后的效果如图 18-67 所示
```

Step 21 选择菜单栏"修改"→"三维操作"→"三维移动"命令，将六个圆柱体沿 Z 轴正方向移动 5 个单位，命令行操作如下。

```
命令：_3dmove
选择对象：                          //选择六个圆柱形拉伸实体
选择对象：                          //Enter
指定基点或 [位移(D)] <位移>：        //拾取任一点
指定第二个点或 <使用第一个点作为位移>：  //@0,0, 5 Enter
正在重新生成模型
```

Step 22 使用快捷键 VS 执行"视觉样式"命令，对模型进行灰度着色，然后将当前视图切换为俯视图，结果如图 18-68 所示。

图 18-67 阵列结果

图 18-68 切换俯视图

Step 23 使用快捷键 MI 执行"镜像"命令，配合中点捕捉功能对两侧的柱形拉伸实体镜像，结果如图 18-69 所示。

Step 24 执行"东南等轴测"命令，将视图恢复到东南视图，结果如图 18-70 所示。

图 18-69　镜像结果

图 18-70　切换视图

Step 25 使用快捷键 UNI 执行"并集"命令，将外侧的四个大圆柱和中间的差集拉伸实体进行合并，并将内部的 20 个小圆柱体进行合并。

Step 26 使用快捷键 SU 执行"差集"命令，将两个并集实体进行差集，差集后的灰度着色效果如图 18-71 所示。

Step 27 使用快捷键 VS 执行"视觉样式"命令，将模型进行二维线框着色。

Step 28 单击"常用"选项卡→"建模"面板→"拉伸"按钮🔲，将底板进行拉伸，命令行操作如下。

```
命令：_extrude
当前线框密度：ISOLINES=4，闭合轮廓创建模式 = 实体
选择要拉伸的对象或 [模式(MO)]：_MO 闭合轮廓创建模式 [实体(SO)/曲面(SU)] <实体>：_SO
选择要拉伸的对象或 [模式(MO)]：    //选择底板圆角矩形
选择要拉伸的对象或 [模式(MO)]：    //Enter
指定拉伸的高度或 [方向(D)/路径(P)/倾斜角(T)/表达式(E)] <0.0>：
                                  //@0,0,7 Enter

命令：_extrude
当前线框密度：ISOLINES=4，闭合轮廓创建模式 = 实体
选择要拉伸的对象或 [模式(MO)]：_MO 闭合轮廓创建模式 [实体(SO)/曲面(SU)] <实体>：_SO
选择要拉伸的对象或 [模式(MO)]：    //选择底板四组同心圆
选择要拉伸的对象或 [模式(MO)]：    //Enter
指定拉伸的高度或 [方向(D)/路径(P)/倾斜角(T)/表达式(E)] <-15.0>：
                                  //@0,0,11 Enter，拉伸结果如图 18-72 所示
```

图 18-71　差集后的灰度着色效果

图 18-72　拉伸结果

Step 29 使用快捷键 VS 执行"视觉样式"命令，对模型进行灰度着色，效果如图 18-73

531

所示。

Step 30 将视图切换到前视图，将着色方式恢复为线框着色，然后执行"圆"命令，配合"捕捉自"功能和圆心捕捉功能绘制半径为 10 的圆，命令行操作如下。

```
命令：_circle
指定圆的圆心或 [三点(3P)/两点(2P)/切点、切点、半径(T)]：    //激活"捕捉自"功能
_from 基点：                          //捕捉如图 18-74 所示的圆心
<偏移>：                            //@-16,16 Enter
指定圆的半径或 [直径(D)] <1.0000>：   //10 Enter，绘制结果如图 18-75 所示
```

图 18-73　灰度着色效果

图 18-74　捕捉圆心

Step 31 执行"偏移"命令，将刚绘制的圆向外偏移 4 个单位，然后配合"两点之间的中点"和象限点捕捉功能，绘制半径为 1 的小圆，如图 18-76 所示。

图 18-75　绘制结果

图 18-76　操作结果

Step 32 选择菜单栏"视图"→"三维视图"→"东南等轴测"命令，将视图切换到东南视图，结果如图 18-77 所示。

Step 33 使用快捷键 HI 执行"消隐"命令，结果如图 18-78 所示。

图 18-77　切换视图

图 18-78　消隐效果

Step 34 单击"建模"面板→"拉伸"按钮⬆按钮，执行"拉伸"命令，窗口选择如图 18-79

所示的四个圆形，沿 Z 轴负方向拉伸 15 个单位，命令行操作如下。

```
命令：_extrude
当前线框密度：ISOLINES=4，闭合轮廓创建模式 = 实体，闭合轮廓创建模式 = 实体
选择要拉伸的对象或 [模式(MO)]：_MO 闭合轮廓创建模式 [实体(SO)/曲面(SU)] <实体>：_SO
选择要拉伸的对象或 [模式(MO)]：                 //窗口选择如图 18-79 所示的四个圆形
选择要拉伸的对象或 [模式(MO)]：                 //Enter
指定拉伸的高度或 [方向(D)/路径(P)/倾斜角(T)/表达式(E)] <0.0>：
//@0,0,-15 Enter，拉伸后的消隐效果如图 18-80 所示
```

图 18-79　窗口选择

图 18-80　拉伸效果

Step 35 选择菜单栏"修改"→"三维操作"→"三维镜像"命令，选择四个圆柱形拉伸实体进行镜像，命令行操作如下。

```
命令：_mirror3d
选择对象：           //选择四个圆柱形拉伸实体
选择对象：           // Enter
指定镜像平面 (三点) 的第一个点或 [对象(O)/最近的(L)/Z 轴(Z)/视图(V)/XY 平面
(XY)/YZ 平面(YZ)/ZX 平面(ZX)/三点(3)] <三点>：//XY Enter
指定 XY 平面上的点 <0,0,0>：           //捕捉如图 18-81 所示的中点
是否删除源对象？[是(Y)/否(N)] <否>：  //Enter，镜像结果如图 18-82 所示
```

图 18-81　捕捉中点

图 18-82　镜像结果

Step 36 使用快捷键 UNI 执行"并集"命令，选择壳体模型和两个外侧的大圆柱形拉伸实体进行并集。

Step 37 使用快捷键 SU 执行"差集"命令，选择并集实体，对内侧的 6 个柱形拉伸实体进行差集，差集后的消隐效果如图 18-83 所示。

Step 38 将视图切换到西南视图，然后使用快捷键 VS 执行"视觉样式"命令，对模型进行概念着色，效果如图 18-84 所示。

图 18-83　差集效果

图 18-84　着色效果

Step 39 选择菜单栏"绘图"→"建模"→"长方体"命令，配合坐标输入功能创建长方体，命令行操作如下。

```
命令: _box
指定第一个角点或 [中心(C)]:            //捕捉如图 18-85 所示的圆心
指定其他角点或 [立方体(C)/长度(L)]:    //@35,-57 Enter
指定高度或 [两点(2P)] <-10.0000>:      //@0,0,62 Enter，创建结果如图 18-86 所示
```

图 18-85　捕捉圆心

图 18-86　创建结果

Step 40 选择菜单栏"修改"→"实体编辑"→"差集"命令，对各拉伸实体进行差集，命令行操作如下。

```
命令: _subtract
选择要从中减去的实体、曲面和面域
选择对象:        //选择如图 18-87 所示的实体
选择对象:        //Enter，结束选择
选择要减去的实体、曲面和面域
选择对象:        //选择如图 18-88 所示的实体
选择对象:        //Enter，结束命令，差集后的效果如图 18-89 所示
```

Step 41 执行"新建视口"命令，选择如图 18-90 所示的视口模式，将当前视口分割为四个视口，结果如图 18-91 所示。

图 18-87　选择对象

图 18-88　选择长方体

图 18-89　差集结果

图 18-90　选择视口模式

图 18-91　分割视口

Step 42 分别激活左视图三个视口，切换视口内的视图并对其进行二维线框着色和消隐，最终结果如图 18-52 所示。

Step 43 执行"保存"命令，将模型命名存储为"制作壳体零件立体造型.dwg"。

18.4　上机实训四——制作缸体零件立体造型

　　本例通过绘制缸体零件的立体造型，主要对"长方体"、"圆角"、"三维阵列"、"差集"、"拉伸"、"真实视觉样式"、UCS、"三维旋转"等多种命令进行综合练习和巩固应用。缸体零件立体造型的最终制作效果如图 18-92 所示，操作步骤如下所述。

Step 01 快速创建空白文件。

Step 02 选择菜单栏"视图"→"三维视图"→"西南等轴测"命令，将当前视图切换到西南视图。

Step 03 选择菜单栏"绘图"→"建模"→"长方体"命令，创建长方体，命令行操作如下。

图 18-92　实例效果

```
命令: _box
指定第一个角点或 [中心(C)]:        //CE Enter,激活"中心点"选项
```

```
指定中心：                           //0,0,0 Enter，以原点作为中心点
指定角点或 [立方体(C)/长度(L)]：      //L Enter，激活"长度"选项
指定长度：                           //82 Enter
指定宽度：                           //82 Enter
指定高度或 [两点(2P)] <100.0>：      //8 Enter，结果如图 18-93 所示
```

Step 04 使用系统变量 ISOLINES 修改实体模型的线框密度为 24，修改变量 FACETRES 的值为 10。

Step 05 使用快捷键 F 执行"圆角"命令，对长方体的四条垂直棱边进行圆角，命令行操作如下。

```
命令：_fillet                       //Enter，激活命令
当前设置：模式 = 修剪，半径 = 0.0
选择第一个对象或 [放弃(U)/多段线(P)/半径(R)/修剪(T)/多个(M)]：
                                    //选择一条垂直棱边
输入圆角半径或 [表达式(E)]：         //5 Enter，设置圆角半径
选择边或 [链(C)/环(L)/半径(R)]：    //分别选择如图 18-94 所示的四条垂直棱边
选择边或 [链(C)/环(L)/半径(R)]：
                                    //Enter，结束命令，圆角结果如图 18-95 所示

已选定 4 个边用于圆角
```

Step 06 单击"建模"面板→"圆柱体"按钮 🔲，创建圆柱体，命令行操作如下。

```
命令：_cylinder
指定底面的中心点或 [三点(3P)/两点(2P)/切点、切点、半径(T)/椭圆(E)]：
                                    //-30,-30,-4 Enter
指定底面半径或 [直径(D)] <50.0>：    //3.5 Enter
指定高度或 [两点(2P)/轴端点(A)] <8.0>：  //8 Enter，创建结果如图 18-96 所示
```

图 18-93 创建结果

图 18-94 选择圆角边

图 18-95 圆角结果

图 18-96 创建圆柱体

Step 07 选择菜单栏"修改"→"三维操作"→"三维阵列"命令，选择刚创建的圆柱体进

行三维阵列，命令行操作如下。

```
命令: _3darray
正在初始化...  已加载 3DARRAY
选择对象:                          //选择如图 18-97 所示的对象
选择对象:                          //Enter，结束选择
输入阵列类型 [矩形(R)/环形(P)] <矩形>:  //Enter，激活矩形阵列功能
输入行数 (---) <1>:               //2 Enter
输入列数 (|||) <1>:               //2 Enter
输入层数 (...) <1>:               //Enter
指定行间距 (---):                 //60 Enter
指定列间距 (|||):                 //60 Enter，阵列结果如图 18-98 所示
```

图 18-97　创建圆柱体

图 18-98　矩形阵列

Step 08 选择菜单栏 "修改" → "实体编辑" → "差集" 命令，对各实体进行差集，以创建底板上的螺孔，命令行操作如下。

```
命令: _subtract
选择要从中减去的实体、曲面和面域
选择对象:          //选择长方体模型
选择对象:          //Enter，结束选择
选择要减去的实体、曲面和面域
选择对象:          //选择如图 18-99 所示的四个圆柱
选择对象:          //Enter，结束命令，差集后的消隐结果如图 18-100 所示
```

图 18-99　选择圆柱体

图 18-100　差集结果

Step 09 单击 "建模" 面板→ "圆柱体" 按钮，创建同心圆柱体，命令行操作如下。

```
命令: _cylinder
指定底面的中心点或 [三点(3P)/两点(2P)/切点、切点、半径(T)/椭圆(E)]:
                                  //0,0,-4 Enter
指定底面半径或 [直径(D)] <98.0>:   //d Enter，激活 "直径" 选项
```

指定直径 <196.1>:   //40 Enter

指定高度或 [两点(2P)/轴端点(A)] <182.9>://40 Enter，创建结果如图 18-101 所示

命令：_cylinder   //Enter，重复执行命令

指定底面的中心点或 [三点(3P)/两点(2P)/切点、切点、半径(T)/椭圆(E)]://0,0,-4 Enter

指定底面半径或 [直径(D)] <20>:   //d Enter

指定直径 <40>:   //28 Enter

指定高度或 [两点(2P)/轴端点(A)] <40>:   //40 Enter，创建结果如图 18-102 所示

图 18-101　差集结果

图 18-102　创建圆柱体

Step 10 选择菜单栏"修改"→"实体编辑"→"差集"命令，对刚创建的两个圆柱体进行差集，命令行操作如下。

命令：_subtract

选择要从中减去的实体、曲面和面域

选择对象：   //选择大圆柱体

选择对象：   // Enter，结束选择

选择要减去的实体、曲面和面域

选择对象：   //选择小圆柱体

选择对象：   // Enter

Step 11 选择菜单栏"修改"→"实体编辑"→"并集"命令，对底板模型和通孔模型进行合并，结果如图 18-103 所示。

Step 12 执行 UCS 命令，配合坐标输入功能将当前坐标系位移，创建用户坐标系，命令行操作如下。

命令：ucs   // Enter，激活命令

当前 UCS 名称：*世界*

指定 UCS 的原点或 [面(F)/命名(NA)/对象(OB)/上一个(P)/视图(V)/世界(W)/X/Y/Z/Z轴(ZA)] <世界>:   //0,0,36 Enter

指定 X 轴上的点或 <接受>:   //Enter，结果如图 18-104 所示

图 18-103　并集结果

图 18-104　移动坐标系

Step 13 执行"视觉样式"命令，对模型进行三维线框着色，结果如图 18-105 所示。

Step 14 单击"常用"选项卡→"建模"面板→"圆柱体"按钮，创建圆柱体，命令行操作如下。

命令: _cylinder

指定底面的中心点或 [三点(3P)/两点(2P)/切点、切点、半径(T)/椭圆(E)]:

　　　　　　　　　　　　　　　　　　　　//Enter，以原点作为中心点

指定底面半径或 [直径(D)]:　　　　　　　//d Enter，激活"直径"选项

指定直径:　　　　　　　　　　　　　　　//40 Enter

指定高度或 [两点(2P)/轴端点(A)] <182.9>:　//73 Enter，结果如图 18-106 所示

图 18-105　三维线框着色

图 18-106　创建结果

命令: _cylinder　　　　　　　　　　　　　//Enter，重复执行命令

指定底面的中心点或 [三点(3P)/两点(2P)/切点、切点、半径(T)/椭圆(E)]:　//@ Enter

指定底面半径或 [直径(D)]:　　　　　　　//d Enter

指定直径:　　　　　　　　　　　　　　　//48 Enter

指定高度或 [两点(2P)/轴端点(A)] <73>:

　　　　　　　　　　　　　　　　　　　　//62 Enter，结果如图 18-107 所示

命令: _cylinder　　　　　　　　　　　　　//Enter，重复执行命令

指定底面的中心点或 [三点(3P)/两点(2P)/切点、切点、半径(T)/椭圆(E)]://0,0,62 Enter

指定底面半径或 [直径(D)]:　　　　　　　//d Enter

指定直径:　　　　　　　　　　　　　　　//80 Enter

指定高度或 [两点(2P)/轴端点(A)] <62>:

　　　　　　　　　　　　　　　　　　　　//8 Enter，结果如图 18-108 所示

命令: _cylinder　　　　　　　　　　　　　// Enter，重复执行命令

指定底面的中心点或 [三点(3P)/两点(2P)/切点、切点、半径(T)/椭圆(E)]://0,0,70 Enter

指定底面半径或 [直径(D)]:　　　　　　　//d Enter

指定直径:　　　　　　　　　　　　　　　//52 Enter

指定高度或 [两点(2P)/轴端点(A)] <8>:

　　　　　　　　　　　　　　　　　　　　//3 Enter，结束命令，结果如图 18-109 所示

图 18-107　创建结果

图 18-108　创建结果

图 18-109　创建结果

Step 15 重复执行"圆柱体"命令，配合绝对点的坐标输入功能，创建螺孔圆柱体，命令行操作如下。

```
命令：_cylinder
指定底面的中心点或 [三点(3P)/两点(2P)/切点、切点、半径(T)/椭圆(E)]>:
                                        //33,0,62 Enter
指定底面半径或 [直径(D)]:              //d Enter，激活"直径"选项
指定底面直径:                          //7 Enter
指定高度或 [两点(2P)/轴端点(A)] <3>:
                        //8 Enter，结果如图18-110所示，其着色效果如图18-111所示
```

Step 16 更改模型的颜色，并恢复到三维线框着色，然后选择菜单栏"修改"→"三维操作"→"三维阵列"命令，对刚创建的螺孔圆柱进行环形阵列，命令行操作如下。

```
命令：_3darray
选择对象:                  //窗口选择如图18-112所示的对象
选择对象:                  //Enter，结束选择
输入阵列类型 [矩形(R)/环形(P)] <矩形>:  //P Enter，激活"矩形"选项
输入阵列中的项目数目:       //4 Enter，设置阵列数目
指定要填充的角度 (+=逆时针，-=顺时针) <360>:  //Enter，设置阵列角度
旋转阵列对象? [是(Y)/否(N)] <是>:  //Enter，设置旋转模式
指定阵列的中心点:          //捕捉如图18-113所示的圆心
指定旋转轴上的第二点:      //捕捉如图18-114所示的圆心，结果如图18-115所示
```

图 18-110　创建圆柱体　　　　图 18-111　着色效果　　　　图 18-112　窗口选择

图 18-113　捕捉圆心　　　　图 18-114　捕捉圆心　　　　图 18-115　阵列结果

Step 17 选择菜单栏 "修改" → "实体编辑" → "差集" 命令,对圆柱体进行差集,命令行操作如下。

```
命令: _subtract
选择要从中减去的实体、曲面和面域
选择对象:              //选择高度分别为 62 的圆柱体
选择对象:              //选择高度分别为 8 的圆柱体
选择对象:              //选择高度分别为 3 的圆柱体,选择结果如图 18-116 所示
选择对象:              //Enter,结束选择
选择要减去的实体、曲面和面域
选择对象:              //选择高度为 73 的圆柱体
选择对象:              //选择四个螺孔圆柱体,选择结果如图 18-117 所示
选择对象:              //Enter,结束命令,差集后的着色效果如图 18-118 所示
```

　　图 18-116　选择结果　　　　　图 18-117　选择结果　　　　　图 18-118　差集后的着色效果

Step 18 将着色方式设为线框着色,然后执行 "圆柱体" 命令,以当前坐标系的原点作为底面圆心,创建底面半径为 20、高度为 100 的圆柱体,如图 18-119 所示。

Step 19 执行 UCS 命令,将当前坐标系进行旋转,创建新的用户坐标系,命令行操作如下。

```
命令:_ucs                          //Enter,激活命令
指定 UCS 的原点或 [面(F)/命名(NA)/对象(OB)/上一个(P)/视图(V)/世界(W)/X/Y/Z/Z
轴(ZA)] <世界>:                    //X Enter,激活 "X" 选项
指定绕 X 轴的旋转角度 <90.0>:       //Enter,旋转结果如图 18-120 所示
命令:                              //Enter,重复执行命令
指定_UCS 的原点或 [面(F)/命名(NA)/对象(OB)/上一个(P)/视图(V)/世界(W)/X/Y/Z/Z
轴(ZA)] <世界>:                    //0,31,0 Enter
指定 X 轴上的点或 <接受>:          //Enter,结束命令,创建结果如图 18-121 所示
```

　　图 18-119　创建结果　　　　　图 18-120　旋转结果　　　　　图 18-121　位移结果

Step 20 选择菜单栏"绘图"→"建模"→"圆柱体"命令，创建圆柱体，命令行操作如下。

```
命令: _cylinder
指定底面的中心点或 [三点(3P)/两点(2P)/切点、切点、半径(T)/椭圆(E)]>: //0,0 Enter
指定底面半径或 [直径(D)]:              //d Enter，激活"直径"选项
指定底面直径:                          //40 Enter
指定高度或 [两点(2P)/轴端点(A)]:
                                       //45 Enter ，结束命令，结果如图18-122所示
命令: _cylinder                        //Enter，重复执行命令
指定底面的中心点或 [三点(3P)/两点(2P)/切点、切点、半径(T)/椭圆(E)]>:  //@ Enter
指定底面半径或 [直径(D)]:              //d Enter，激活"直径"选项
指定底面直径:                          //30 Enter
指定高度或 [两点(2P)/轴端点(A)]:
                                       //45 Enter，结束命令，结果如图18-123所示
```

Step 21 选择菜单栏"修改"→"实体编辑"→"差集"命令，对刚创建的三个圆柱体进行差集，命令行操作如下。

```
命令: _subtract
选择要从中减去的实体、曲面和面域
选择对象:          //选择底面直径为40、高度45的圆柱体
选择对象:          //选择上端接头的组合实体，选择结果如图18-124所示
选择对象:          //Enter，结束选择
选择要减去的实体、曲面和面域
选择对象:          //选择底面直径为30、高度45的圆柱体
选择对象:          //选择高度为100的圆柱体，选择结果如图18-125所示
选择对象:          //Enter，差集结果如图18-126所示，其着色效果如图18-127所示
```

图 18-122 创建坐标系

图 18-123 创建圆柱体

图 18-124 选择结果

图 18-125 选择结果

图 18-126 差集结果

图 18-127 着色效果

Step **22** 将着色方式设为线框着色，然后执行 UCS 命令，将当前用户坐标系进行位移，目标点为 "0,0,45"，结果如图 18-128 所示。

Step **23** 使用快捷键 C 执行 "圆" 命令，分别绘制直径为 50、30、24 和 13 的圆，命令行操作如下。

```
命令:_circle                                    //Enter, 激活命令
指定圆的圆心或 [三点(3P)/两点(2P)/切点、切点、半径(T)]:    //0,0,0 Enter
指定圆的半径或 [直径(D)]:              //d Enter
指定圆的直径:                          //50 Enter
命令:_circle                          //Enter, 重复执行命令
指定圆的圆心或 [三点(3P)/两点(2P)/切点、切点、半径(T)]:    //0,0,0 Enter
指定圆的半径或 [直径(D)] <25.0>:              //d Enter
指定圆的直径 <50.0>:                   //30 Enter, 结果如图 18-129 所示
命令:_circle                          //Enter, 重复执行命令
指定圆的圆心或 [三点(3P)/两点(2P)/切点、切点、半径(T)]: //35,0 Enter
指定圆的半径或 [直径(D)] <25.0>:              //d Enter
指定圆的直径 <50.0>:                   //24 Enter
命令:_circle                          //Enter, 重复执行命令
指定圆的圆心或 [三点(3P)/两点(2P)/切点、切点、半径(T)]: //35,0 Enter
指定圆的半径或 [直径(D)] <25.0>:              //d Enter
指定圆的直径 <50.0>:                   //13 Enter
命令:_circle                          //Enter, 重复执行命令
指定圆的圆心或 [三点(3P)/两点(2P)/切点、切点、半径(T)]: //-35,0 Enter
指定圆的半径或 [直径(D)] <25.0>:              //d Enter
指定圆的直径 <50.0>:                   //24 Enter
命令:_circle                          //Enter, 重复执行命令
指定圆的圆心或 [三点(3P)/两点(2P)/切点、切点、半径(T)]: //-35,0 Enter
指定圆的半径或 [直径(D)] <25.0>:              //d Enter
指定圆的直径 <50.0>:             //13 Enter, 绘制结果如图 18-130 所示
```

图 18-128　位移结果

图 18-129　绘制同心圆

图 18-130　绘制结果

Step 24 使用快捷键 L 执行"直线"命令，配合切点捕捉和"三维动态观察器"等辅助功能，绘制如图 18-131 所示的公切线。

Note

:::: 小技巧

在绘制公切线时，也可以使用"平面视图"命令，事先将视图切换到当前坐标系的平面视图。

Step 25 使用快捷键 TR 执行"修剪"命令，以公切线作为剪切边界，修剪掉位于剪切边之间的圆弧，结果如图 18-132 所示。

Step 26 使用快捷键 PE 执行"编辑多段线"命令，将刚修剪的闭合轮廓编辑为一条闭合多段线，命令行操作如下。

```
命令：_pedit
选择多段线或 [多条(M)]:                              //m Enter
选择对象：                              //选择如图 18-133 所示的对象
选择对象：                                           //Enter
是否将直线、圆弧和样条曲线转换为多段线？[是(Y)/否(N)]? <Y>  //Enter
输入选项 [闭合(C)/打开(O)/合并(J)/宽度(W)/拟合(F)/样条曲线(S)/非曲线化(D)/线
型生成(L)/反转(R)/放弃(U)]:                          //J Enter
合并类型 = 延伸
输入模糊距离或 [合并类型(J)] <0.0000>:               //Enter
多段线已增加 7 条线段
输入选项 [闭合(C)/打开(O)/合并(J)/宽度(W)/拟合(F)/样条曲线(S)/非曲线化(D)/线
型生成(L)/反转(R)/放弃(U)]:      //Enter，多段线编辑后的夹点效果如图 18-134 所示
```

图 18-131　绘制公切线

图 18-132　修剪结果

图 18-133　选择对象

Step 27 单击"常用"选项卡→"建模"面板→"拉伸"按钮，将底板进行拉伸，命令行操作如下。

```
命令：_extrude
当前线框密度：ISOLINES=4，闭合轮廓创建模式 = 实体
选择要拉伸的对象或 [模式(MO)]:_MO 闭合轮廓创建模式 [实体(SO)/曲面(SU)] <实体>:_SO
选择要拉伸的对象或 [模式(MO)]:
                    //选择闭合多段线和直径为 30、13 的圆，如图 18-135 所示
选择要拉伸的对象或 [模式(MO)]:          //Enter
```

指定拉伸的高度或 [方向(D)/路径(P)/倾斜角(T)/表达式(E)] <0.0>:
//@0,0,-8 Enter, 拉伸结果如图 18-136 所示

图 18-134　夹点效果

图 18-135　选择结果

图 18-136　拉伸结果

Step 28 使用快捷键 SU 执行"差集"命令，将拉伸实体进行差集运算，命令行操作如下。

命令:_subtract　　//Enter
选择要从中减去的实体、曲面和面域...
选择对象:　　//选择外侧的拉伸实体，如图 18-137 所示
选择对象:　　//Enter
选择要减去的实体、曲面和面域...
选择对象:　　//选择内侧的拉伸实体，如图 18-138 所示
选择对象:　　//Enter, 结束命令，差集后的着色效果如图 18-139 所示

图 18-137　选择结果

图 18-138　选择结果

图 18-139　着色效果

Step 29 使用快捷键 UNI 执行并集命令，将所有实体模型合并为一个组合实体，结果如图 18-140 所示。

Step 30 执行 UCS 命令，将坐标系设为世界坐标系，结果如图 18-141 所示。

Step 31 执行"圆"命令，配合圆心捕捉功能，在底板圆孔上绘制如图 18-142 所示的圆。

图 18-140　并集结果

图 18-141　操作结果

图 18-142　绘制结果

Note

Step 32 单击"常用"选项卡→"建模"面板→"拉伸"按钮 ，将圆进行拉伸，命令行操作如下。

```
命令：_extrude
当前线框密度：ISOLINES=4，闭合轮廓创建模式 = 实体
选择要拉伸的对象或 [模式(MO)]：_MO 闭合轮廓创建模式 [实体(SO)/曲面(SU)] <实体>：_SO
选择要拉伸的对象或 [模式(MO)]：       //选择刚绘制的圆图形
选择要拉伸的对象或 [模式(MO)]：       //Enter
指定拉伸的高度或 [方向(D)/路径(P)/倾斜角(T)/表达式(E)] <0.0>：
                              //@0,0,-3 Enter，拉伸结果如图 18-143 所示
```

Step 33 使用快捷键 SU 执行差集命令，将拉伸实体进行差集，结果如图 18-144 所示。

图 18-143　拉伸结果　　　　　　　　　　　　　图 18-144　差集结果

Step 34 参照 31～33 操作步骤，分别制作底板其他三角位置的阶梯孔结构，结果如图 18-145 所示。

Step 35 执行"东南等轴测"命令，将视图切换到东南视图，结果如图 18-146 所示。

Step 36 使用快捷键 VS 激活"视觉样式"命令，对模型进行真实着色，最终效果如图 18-92 所示。

图 18-145　创建结果　　　　　　　　　　　　图 18-146　切换视图

Step 37 执行"保存"命令，将模型命名存储为"制作缸体零件三维造型.dwg"。

18.5 上机实训五——制作夹具零件立体造型

本例通过绘制夹具零件的立体造型，主要对"长方体"、"拉伸"、"三维镜像"、"差集"、"视觉样式"、UCS、"三维视图"等多种命令进行综合练习和巩固应用。夹具零件立体造型的最终制作效果如图 18-147 所示，操作步骤如下。

图 18-147 实例效果

Step 01 执行"新建"命令，创建文件，并把捕捉模式设置为圆心捕捉。

Step 02 选择菜单栏"绘图"→"圆"→"圆心、半径"命令，配合"捕捉自"功能绘制俯视图轮廓线。

```
命令：_circle
指定圆的圆心或 [三点(3P)/两点(2P)/切点、切点、半径(T)]：  //在绘图区拾取一点
指定圆的半径或 [直径(D)]：                                //25 Enter
命令：_circle                                             //Enter
指定圆的圆心或 [三点(3P)/两点(2P)/切点、切点、半径(T)]：  //@Enter
指定圆的半径或 [直径(D)] <25.0000>：                     //40 Enter
命令：_circle                                             //Enter
指定圆的圆心或 [三点(3P)/两点(2P)/切点、切点、半径(T)]：  //激活"捕捉自"功能
_from 基点：                                             //捕捉刚绘制的同心圆圆心
<偏移>：                                                 //@98.5,17.4 Enter
指定圆的半径或 [直径(D)] <40.0000>：                     //10 Enter
命令：_circle                                             //Enter
指定圆的圆心或 [三点(3P)/两点(2P)/切点、切点、半径(T)]：  //@ Enter
指定圆的半径或 [直径(D)] <10.0000>：                     //22 Enter
命令：_circle                                             //Enter
指定圆的圆心或 [三点(3P)/两点(2P)/切点、切点、半径(T)]：  //激活"捕捉自"功能
_from 基点：                                             //捕捉最后绘制的圆的圆心
<偏移>：                                                 //@-30.5,15 Enter
指定圆的半径或 [直径(D)] <22.0000>：                     //12 Enter，绘制结果如图 18-148 所示
```

图 18-148 绘制结果

Step 03 选择菜单栏 "绘图" → "圆" → "相切、相切、半径" 命令，绘制两个相切圆，命令行操作如下。

```
命令: _circle
指定圆的圆心或 [三点(3P)/两点(2P)/切点、切点、半径(T)]: _ttr
指定对象与圆的第一个切点:        //在左侧同心圆的左侧单击
指定对象与圆的第二个切点:        //在右侧同心圆的右侧单击
指定圆的半径 <0.0000>:           //100 Enter
命令: _circle
指定圆的圆心或 [三点(3P)/两点(2P)/切点、切点、半径(T)]: _ttr
指定对象与圆的第一个切点:        //在如图 18-149 所示的位置单击
指定对象与圆的第二个切点:        //在如图 18-150 所示的位置单击
指定圆的半径 <100.0000>:         //50 Enter，结束命令，绘制结果如图 18-151 所示
```

图 18-149　拾取相切对象　　　图 18-150　拾取相切对象　　　图 18-151　绘制结果

Step 04 使用快捷键 TR 执行 "修剪" 命令，对绘制的圆形进行修剪，结果如图 18-152 所示。

Step 05 使用快捷键 XL 执行 "构造线" 命令，通过左侧同心圆圆心绘制一条水平和一条垂直的构造线，结果如图 18-153 所示。

图 18-152　修剪结果　　　　　　　　　　图 18-153　绘制构造线

Step 06 选择菜单栏 "修改" → "偏移" 命令，将垂直的构造线向左偏移 28.8 个绘图单位，将水平构造线对称偏移 7 个单位，结果如图 18-154 所示。

Step 07 使用快捷键 TR 执行 "修剪" 命令，对构造线和内部的圆进行修剪，并删除多余图线，结果如图 18-155 所示。

图 18-154　偏移结果　　　　　　　　　　图 18-155　修剪结果

Step 08 选择菜单栏"绘图"→"边界"命令，分别在图 18-156 所示的 A 和 B 区域单击左键，创建闭合边界，如图 18-157 所示。

图 18-156 合并结果

图 18-157 创建边界

Step 09 在命令行设置变量 ISOLINES 的值为 12。

Step 10 使用快捷键 EXT 执行"拉伸"命令，将各二维边界拉伸为三维实体，命令行操作如下。

```
命令：_extrude                    //Enter
当前线框密度： ISOLINES=12，闭合轮廓创建模式 = 实体
选择要拉伸的对象或 [模式(MO)]：_MO 闭合轮廓创建模式 [实体(SO)/曲面(SU)] <实体>：_SO
选择要拉伸的对象或 [模式(MO)]： //选择如图 18-158 所示的两条边界
选择要拉伸的对象或 [模式(MO)]： //Enter
指定拉伸的高度或 [方向(D)/路径(P)/倾斜角(T)/表达式(E)] <48.7015>： //-50 Enter
命令：_extrude                    //Enter
当前线框密度： ISOLINES=12，闭合轮廓创建模式 = 实体
选择要拉伸的对象或 [模式(MO)]：_MO 闭合轮廓创建模式 [实体(SO)/曲面(SU)] <实体>：_SO
选择要拉伸的对象或 [模式(MO)]： //选择如图 18-159 所示的两条边界
选择要拉伸的对象或 [模式(MO)]： //Enter
指定拉伸的高度或 [方向(D)/路径(P)/倾斜角(T)/表达式(E)] <50>：
                                  //-20 Enter，结束命令
```

图 18-158 选择拉伸边界

图 18-159 选择拉伸边界

Step 11 选择菜单栏"视图"→"三维视图"→"西南等轴测"命令，将当前视图切换为西南视图，结果如图 18-160 所示。

Step 12 使用快捷键 SU 执行"差集"命令，对各拉伸实体进行差集，命令行操作如下。

```
命令：_subtract    //Enter
选择要从中减去的实体、曲面和面域
选择对象： //选择如图 18-161 所示的对象
选择对象： //Enter
选择要减去的实体、曲面和面域
```

选择对象：   //选择如图 18-162 所示的对象
选择对象：   //Enter

图 18-160　切换视图　　　　图 18-161　选择被减实体　　　　图 18-162　选择减去实体

命令：_subtract   //Enter
选择要从中减去的实体、曲面和面域
选择对象：   //选择如图 18-163 所示的对象
选择对象：   //Enter
选择要减去的实体、曲面和面域
选择对象：   //选择如图 18-164 所示的对象
选择对象：   //Enter

Step 13 使用快捷键 E 执行"删除"命令，删除多余图线。

图 18-163　选择被减实体　　　　　　　图 18-164　选择减去实体

Step 14 选择菜单栏"修改"→"倒角"命令，对差集实体进行倒角，命令行操作如下。

命令：_chamfer
（"修剪"模式）当前倒角距离 1 = 1.0000，距离 2 = 1.0000
选择第一条直线或 [放弃(U)/多段线(P)/距离(D)/角度(A)/修剪(T)/方式(E)/多个(M)]:
                      //选择其中的一个实体对象

基面选择...
输入曲面选择选项 [下一个(N)/当前(OK)] <当前(OK)>: OK
                          //Enter
指定基面的倒角距离 <1.0000>:   //1 Enter
指定其他曲面的倒角距离 <1.0000>:   //1 Enter
选择边或 [环(L)]:   //选择如图 18-165 所示的边
选择边或 [环(L)]:   //Enter
命令：_chamfer   //Enter
（"修剪"模式）当前倒角距离 1 = 1.0000，距离 2 = 1.0000
选择第一条直线或 [放弃(U)/多段线(P)/距离(D)/角度(A)/修剪(T)/方式(E)/多个(M)]:

//选择其中的一个实体对象

基面选择...指定基面的倒角距离 <1.0000>:　　　//1 Enter

指定其他曲面的倒角距离 <1.0000>:　　　//1 Enter

选择边或 [环(L)]:　　　//选择如图 18-166 所示的边

选择边或 [环(L)]:　　　//Enter，倒角结果如图 18-167 所示

图 18-165　选择倒角边

图 18-166　选择倒角边

图 18-167　倒角结果

Step 15 使用快捷键 HI 执行"消隐"命令，对模型进行消隐，结果如图 18-168 所示。

Step 16 将视图切换为东北等轴测视图，然后选择菜单栏"修改"→"三维操作"→"三维镜像"命令，对图 18-168 所示的三维模型进行镜像，命令行操作如下。

命令: _mirror3d

选择对象:　　　//选择图 18-168 所示的模型

选择对象:　　　//Enter

指定镜像平面（三点）的第一个点或 [对象(O)/最近的(L)/Z 轴(Z)/视图(V)/XY 平面(XY)/YZ 平面(YZ)/ZX 平面(ZX)/三点(3)] <三点>:　　　//XY Enter

指定 XY 平面上的点 <0,0,0>:　　　//激活"捕捉自"功能

_from 基点:　　　//捕捉如图 18-169 所示的圆心

<偏移>:　　　//@0,0,-37.5 Enter

是否删除源对象? [是(Y)/否(N)] <否>:　　　//Enter，镜像后的结果如图 18-170 所示

图 18-168　消隐效果

图 18-169　捕捉圆心

图 18-170　镜像结果

Step 17 将视图切换到东南视图，然后使用快捷键 UNI 执行"并集"命令，选择所有实体进行合并。

Step 18 选择菜单栏"视图"→"视觉样式"→"概念"命令，对实体进行"概念"着色，结果如图 18-171 所示。

Step 19 选择菜单栏"绘图"→"建模"→"长方体"命令，配合坐标输入功能创建长方体，命令行操作如下。

命令: _box

指定第一个角点或 [中心(C)]:　　　//捕捉如图 18-172 所示的圆心

指定其他角点或 [立方体(C)/长度(L)]: //@125,105 Enter
指定高度或 [两点(2P)] <-10.0000>: //@0,0,-24 Enter，创建结果如图 18-173 所示

图 18-171 着色效果

图 18-172 捕捉圆心

图 18-173 创建长方体

Step **20** 选择菜单栏"修改"→"三维操作"→"三维移动"命令，选择长方体进行位移，命令行操作如下。

命令：_3dmove
选择对象： //选择长方体
选择对象： //Enter，结束选择
指定基点或 [位移(D)] <位移>： //捕捉如图 18-174 所示中点
指定第二个点或 <使用第一个点作为位移>：
　　　　　　　　　　//捕捉如图 18-175 所示的端点，位移结果如图 18-176 所示

正在重新生成模型

图 18-174 捕捉中点

图 18-175 捕捉端点

图 18-176 位移结果

Step **21** 选择菜单栏"修改"→"三维操作"→"干涉检查"命令，对后两个实体模型进行干涉，命令行操作如下。

命令：_interfere
选择第一组对象或 [嵌套选择(N)/设置(S)]： //选择如图 18-177 所示的实体
选择第一组对象或 [嵌套选择(N)/设置(S)]： //Enter，结束选择
选择第二组对象或 [嵌套选择(N)/检查第一组(K)] <检查>：
　　　　　　　　　　//选择如图 18-178 所示的实体模型
选择第二组对象或 [嵌套选择(N)/检查第一组(K)] <检查>：
　　　　　　　　　　//Enter，此时系统亮显干涉实体，如图 18-179 所示

图 18-177 选择对象

图 18-178 选择长方体

图 18-179 创建干涉体

Step 22 此时打开"干涉检查"对话框，取消"关闭时删除已创建的干涉对象"复选框，然后结束命令。

Step 23 选择菜单栏"修改"→"实体编辑"→"差集"命令，对实体进行差集，命令行操作如下。

> 命令: _subtract
> 选择要从中减去的实体、曲面和面域...
> 选择对象:　　　　　//选择图 18-180 所示的实体
> 选择对象:　　　　　//Enter，结束选择
> 选择要减去的实体、曲面和面域...
> 选择对象:　　　　　//选择如图 18-181 所示的实体
> 选择对象:　　　　　//Enter，结束命令，结果如图 18-182 所示

图 18-180　选择被减实体

图 18-181　选择结果

图 18-182　差集结果

Step 24 单击"常用"选项卡→"修改"面板→"三维移动"按钮，将干涉实体进行位移，命令行操作如下。

> 命令: _3dmove
> 选择对象:　　　　　　　　　　　//选择如图 18-183 所示的对象
> 选择对象:　　　　　　　　　　　//Enter，结束选择
> 指定基点或 [位移(D)] <位移>:　　//拾取任一点
> 指定第二个点或 <使用第一个点作为位移>:
> 　　　　　　　　　　　　　　　//在适当位置定位目标点，结果如图 18-184 所示

图 18-183　选择结果

图 18-184　位移结果

Step 25 执行"四个视口"命令，将当前视口分割为四个视口，结果如图 18-185 所示。

图 18-185　分割视口

Step **26** 分别激活左视图三个视口，切换视口内的视图并对其进行二维线框着色，最终结果
如图 18-147 所示。

Step **27** 执行"保存"命令，将模型命名存储为"制作夹具零件立体造型.dwg"。

18.6 小结与练习

18.6.1 小结

前面各章主要讲述了各类零件二维视图的绘制方法和绘制技巧，为了更加形象逼真
地表达出零件的立体状态和内部结构特征，本章则通过五个典型实例学习了盘类、体、
壳体、缸体以及夹具体等各类零件立体造型的快速创建方法和相关建模技巧。

在创建零件的立体模型时，不但要注意各类建模工具的组合搭配技能，还需要注意
应用视图的切换、坐标系的灵活运用以及模型的实时着色等辅助建模技能。

18.6.2 练习

1. 综合运用所学知识，根据零件三视图制作零件的立体造型，如图 18-186 所示。
2. 综合运用所学知识，根据零件二视图制作零件的立体造型，如图 18-187 所示。

图 18-186 练习一

图 18-187 练习二

反侵权盗版声明

　　电子工业出版社依法对本作品享有专有出版权。任何未经权利人书面许可，复制、销售或通过信息网络传播本作品的行为；歪曲、篡改、剽窃本作品的行为，均违反《中华人民共和国著作权法》，其行为人应承担相应的民事责任和行政责任，构成犯罪的，将被依法追究刑事责任。

　　为了维护市场秩序，保护权利人的合法权益，我社将依法查处和打击侵权盗版的单位和个人。欢迎社会各界人士积极举报侵权盗版行为，本社将奖励举报有功人员，并保证举报人的信息不被泄露。

举报电话：（010）88254396；（010）88258888

传　　真：（010）88254397

E-mail:　　dbqq@phei.com.cn

通信地址：北京市万寿路 173 信箱

　　　　　电子工业出版社总编办公室

邮　　编：100036